Das Preussische
GEWERKSCHAFTSRECHT

unter Berücksichtigung
der übrigen deutschen Berggesetze,

kommentiert von

Wilhelm Westhoff,
Rechtsanwalt und Notar zu Dortmund,

in zweiter Auflage bearbeitet von

Fritz Bennhold,
Geheimer Bergrat und vortragender Rat im Ministerium
für Handel und Gewerbe

Bonn,
A. Marcus und E. Webers Verlag
1912

Carl Georgi, Universitäts-Buchdruckerei, Bonn.

Vorwort zur zweiten Auflage

Seit dem Erscheinen der ersten Auflage von Westhoffs Preussischem Gewerkschaftsrecht sind elf Jahre verstrichen, in denen wenn auch nicht gerade in den preussischen gesetzlichen Bestimmungen, so doch in der Literatur und Rechtsprechung, sowie in ausserpreussischen Gesetzen eine rege Fortentwicklung der Grundsätze des Gewerkschaftsrechts stattgefunden hat. Leider ist es dem für die Bergrechtswissenschaft viel zu früh verstorbenen Verfasser der ersten Auflage nicht vergönnt gewesen, durch Herausgabe der inzwischen erforderlich gewordenen zweiten Auflage seines Werkes eine zeitgemässe Ueberarbeitung des Stoffes herbeizuführen. Wie die von ihm hinterlassenen und für die zweite Auflage von mir auch benutzten Aufzeichnungen aber erkennen lassen, hat er bis zu seinem Tode mit ganz besonderer Vorliebe gerade diesen Zweig der Bergrechtswissenschaft gepflegt, und es ist für mich unter diesen Umständen eine besonders dankbare Aufgabe gewesen, der Anregung seiner Erben zu folgen und durch Bearbeitung der zweiten Auflage des verdienstvollen Werkes dessen Brauchbarkeit, wie ich hoffe, auf eine Reihe weiterer Jahre zu erhalten.

An den wissenschaftlichen Grundlagen, auf welche Westhoff seine anerkannt scharfsinnigen Ausführungen aufgebaut hat und die Dank ihrer Bedeutung an Wert nichts verlieren können, ist in der zweiten Auflage nur wenig geändert worden; wo Abweichungen in grundsätzlichen Fragen von der in der ersten Auflage vertretenen Auffassung zum Ausdruck gekommen sind, ist dies besonders hervorgehoben. Im wesentlichen habe ich mich darauf beschränkt, das reichhaltige neue Material, was inzwischen die preussische und ausserpreussische Gesetzgebung, die einschlägige Literatur und Rechtsprechung geliefert hat, in den Guss des alten Werkes hineinzuarbeiten.

Berlin, im Frühjahr 1912

Bennhold

I. Einleitung.

Die Gewerkschaft, die uralte, deutsche Form der bergrechtlichen Gesellschaft, die sich in ihrer charakteristischen Gestalt schon in der ältesten Aufzeichnung deutscher Bergrechte, in den Tridentiner Bergwerksgebräuchen von 1208 findet (vgl. Klostermann, Bergrecht, S. 215 und Opet XXXIV, 234), entspricht auch heute noch einem dringenden Bedürfnisse des wirtschaftlichen Verkehrs. Ihre Verfassung genügt, wie die Verteilung des Grubenbesitzes in dem rheinischen und westfälischen Bergbaubezirke und neuerdings die Entwicklung des deutschen Kalibergbaus zweifellos dartut[1], am besten denjenigen Anforderungen, welche das bergbauliche Unternehmen, namentlich dasjenige mittleren und kleineren Umfanges und das in der Entwicklung begriffene überhaupt, an die Grundlagen seiner gesetzlichen Vereinigungsform zu stellen genötigt ist.

Mag bei dem in grossartigerem Umfange sich bewegenden Bergbau die Form der Aktiengesellschaft gleichberechtigt erscheinen oder sogar vorzuziehen sein, indem dort einerseits der Besitz vieler Bergwerke in einer Hand sich als eine Art Gegenseitigkeitsversicherung gegen die Gefahren des Bergbaues erweist und deshalb eine mehr gelockerte Verbindung der Mitglieder mit dem bergbaulichen Betriebe verträgt, andererseits auch die erforderliche Heranziehung weiterer Kreise zur Abnahme der Gesellschaftsanteile nur durch die Mitwirkung von Börsen und Banken erfolgen kann — für den vorbegrenzten Kreis bergbaulicher Unternehmungen bildet die Gewerkschaft nach wie vor die beste Form der Gesellschaft.

---

[1] Westhoff, Bericht zur Frage des Reichsberggesetzes, Juristische Wochenschrift 1899 S. 512 ff. XLI S. 36 ff.

Gerade bei diesem auf ein oder wenige Bergwerke beschränkten oder noch in der Entwicklung begriffenen Betriebe tritt die Eigenartigkeit des bergbaulichen Unternehmens, die ihm anhaftende Gefahr, die ihm eigentümliche Unübersehbarkeit unglücklicher Zufälle, die durch alles dies bedingte Unmöglichkeit der Vorausberechnung des notwendigen Anlage- und Betriebskapitals besonders zu Tage und bedingt dort diejenige Konstruktion der bergbaulichen Vereinigung, welche in der Zubusse und Ausbeute, in dem Fehlen eines Grundkapitals oder einer Stammeinlage, in der die Gefahren des Zubussezwanges ausgleichenden Möglichkeit der Kaduzierung den wirtschaftlichen Bedürfnissen dieses Bergbaues den prägnanten rechtlichen Ausdruck verliehen hat.

Diesem wirtschaftlichen Bedürfnisse entsprechend ist die Gewerkschaft auch von den sämtlichen Deutschen Bundesstaaten, welche seit 1860 zu einer Kodifikation ihres Bergrechts übergegangen sind (Preussen, Bayern, Sachsen, Württemberg, Baden, Hessen, Oldenburg bzw. des Fürstentums Birkenfeld, Braunschweig, Sachsen-Meiningen, Sachsen-Altenburg, Sachsen-Coburg-Gotha, Anhalt, Schwarzburg-Rudolstadt, Schwarzburg-Sondershausen, Waldeck, Reuss jüngere Linie, Lübeck und Elsass-Lothringen) beibehalten, zum Teil erst in neuerer Zeit nachträglich (Reuss jüngere Linie und Coburg-Gotha), zuletzt in Sachsen-Weimar-Eisenach durch das Berggesetz vom 1. März 1905 eingeführt.

In Mecklenburg-Schwerin, wo seit längerer Zeit der Salzbergbau Bedeutung gewonnen hat, ist durch besonderes Gesetz vom 19. Juni 1896 das Institut der Gewerkschaft übernommen worden.

Die Berggesetzgebung für die deutschen Schutzgebiete (Kaiserliche Bergverordnung für Südwestafrika vom 8. August 1905 und die Kaiserliche Bergverordnung für die afrikanischen und Südsee-Schutzgebiete vom 27. Februar 1906[1] hat dagegen das Institut der Gewerkschaft noch nicht übernommen.

---

[1] Vgl. Westhoff-Schlüter in LI, 249, 272.

Die deutschen Berggesetze stimmen auch in den Grundzügen der gewerkschaftlichen Verfassung insofern überein, als die Gewerkschaft überall als juristische Person anerkannt ist, die Kuxen überall auf Namen lauten und zum beweglichen Vermögen gehören, dass die Gewerken durchweg nach Verhältnis ihrer Anteile an Gewinn und Verlust teilnehmen, und dass endlich jedem Gewerken durch Hingabe seiner Kuxe freisteht, sich von der Zahlung fernerer Zubusse zu befreien.

Im übrigen geht die Verfassung der Gewerkschaft in den einzelnen Bundesstaaten auseinander. Die wesentlichsten Unterschiede gegenüber dem Preussischen Berggesetz sind folgende:

1. Während nach dem Preussischen A.B.G. die Gewerkschaft ipso iure durch den blossen Eigentumserwerb am Bergwerk entsteht, ist nach den Berggesetzen des Königreichs Sachsen, von Baden, Sachsen-Coburg-Gotha, Mecklenburg-Schwerin, Sondershausen und Reuss jüngere Linie, Sachsen-Weimar zur Entstehung der Gewerkschaft ein besonderer Gesellschaftsvertrag erforderlich, für dessen Inhalt mehr oder minder umfangreiche Mussvorschriften aufgestellt sind.

2. Einzelne dieser Staaten (Baden-Coburg-Gotha, Sondershausen, Sachsen-Weimar) haben die rechtliche Existenz der Gewerkschaft noch weitergehend von ihrer öffentlichen Bekanntmachung abhängig gemacht.

3. In Abweichung vom preussischen A.B.G. enthalten die jetzt geltenden Berggesetze von Mecklenburg-Schwerin, Coburg-Gotha, Sondershausen, Sachsen-Weimar und Königreich Sachsen besondere Vorschriften über Auflösung, Liquidation, zum Teil auch über Nichtigkeitserklärung und Entziehung der Rechtsfähigkeit.

4. Das Königl. Sächsische A.B.G. kennt abweichend von allen übrigen Berggesetzen die Gewerkschaft auch für den Grundeigentümerbergbau auf Stein- und Braunkohle.

5. Sachsen, Reuss j. L. und in beschränktem Umfange auch Mecklenburg-Schwerin kennen nicht die Bestimmung des Preussischen Bergrechts, dass die Zahl

der Kuxe entweder 100 oder 1000 betragen muss, sondern überlassen die Festsetzung der Zahl der Kuxe dem Gewerkschaftsstatut.

6. Die Führung des Gewerkenbuches und die Ausfertigung der Kuxscheine erfolgt in Bayern nicht durch die Gewerkschaft, sondern die Bergbehörde.

7. Die Anfechtungsklage des § 115 Preuss. A.B.G. ist den Berggesetzen von Sachsen, Baden und Reuss j. L. unbekannt.

8. Während die Vertretung der Gewerkschaft im Preussischen Berggesetz durch das dort gegebene Normalstatut geregelt ist, überlassen Sachsen und Reuss j. L die nähere Festsetzung dieser Vertretung dem Gesellschaftsvertrage.

An allen diesen partikularrechtlichen Bestimmungen ist durch das B.G.B. nichts geändert, sie sind vielmehr durch Art. 67 E.G. zum B.G.B. aufrechterhalten und zwar nicht nur für die am 1. Januar 1900 bereits bestehenden, sondern überhaupt, also auch für die nachher ins Leben tretenden Gewerkschaften [1].

Nur insoweit ist eine weitere Uebereinstimmung in der gesetzlichen Behandlung der Gewerkschaften erzielt, als gemäss Art. 4 E.G. zum B.G.B., soweit nicht die Sondervorschriften des jeweiligen Berggesetzes entgegenstehen, jetzt überall das B.G.B. ergänzend eintritt [2].

In den deutschen Berggesetzen ist zwar eine ausdrückliche „Verweisung“ dahin, dass, soweit Spezialbestimmungen über die Gewerkschaft nicht gegeben, die allgemeinen Landesgesetze über juristische Personen ergänzend eintreten, durchweg nicht enthalten; nur § 15 des neuen Berggesetzes für das Königreich Sachsen vom 31. August 1910 erklärt eine grössere Anzahl von Bestimmungen des Vereinsrechts des B.G.B. ausdrücklich für entsprechend anwendbar und in § 19 Abs. 2 in gewissem Umfange sogar für unabänderlich. Für die übrigen Berggesetze sind aber die allgemeinen Landesgesetze allgemein stillschweigend als Grund-

[1] Art. 3, 67 E.G. zum B.G.B. Habicht S. 101.

[2] Habicht S. 102.

lage und zur Ergänzung der speziell bergrechtlichen Vorschriften dienend vorausgesetzt worden [1]. Eine derartige stillschweigende Bezugnahme auf das allgemeine Landesrecht hat aber auch als „Verweisung" im Sinn des Art. 4 E.G. zum B.G.B. zu gelten [2].

Ist sonach durch Art. 4 des E.G. eine einheitliche Ergänzung der verschiedenen Bergrechte durch das B.G.B. herbeigeführt, so ist andererseits der Landesgesetzgebung durch die Art. 3 u. 218 E.G. die Möglichkeit nicht benommen, das Gewerkschaftsrecht verschiedenartig auszugestalten. Bisher ist aber von dieser Befugnis in irgendwie fundamentalen Beziehungen kein Gebrauch gemacht worden.

Hervorzuheben bleibt endlich, dass auf die Gewerkschaften aller Deutschen Bundesstaaten auch die §§ 2, 33—35 H.G.B. und die damit zusammenhängenden sonstigen Bestimmungen desselben übereinstimmend Anwendung finden, wobei im Falle etwaiger Kollision des H.G.B. mit den Landesberggesetzen das erstere vorgeht [3].

Das Vorgesagte gilt nicht bloss für diejenigen Gewerkschaften, welche nach dem 1. Januar 1900 zur Entstehung gelangen, sondern auch für die damals **bereits vorhandenen.** Da die landesgesetzliche Regelung des Gewerkschsftsrechts durch Art. 67 E.G. nur insoweit aufrecht erhalten ist, als das jeweilige Landesrecht Sonderbestimmungen über die Gewerkschaft enthält, in allen übrigen Punkten das B.G.B. jetzt auch das Gewerkschaftsrecht regelt, so muss insofern auch Art. 163 E.G. auf die bereits am 1. Januar 1900 vorhandenen Gewerkschaften zur Anwendung kommen [4]. Auch ihre Organisation, ihre Beschlussfassung, ihre Vertretung, ihre Auflösung richtet sich daher, soweit das Landesbergrecht keine speziellen Vorschriften enthält, fortab nach den §§ 25—53 B.G.B. [5]. Dies kann um so weniger einem Zweifel unterliegen, als die Bestimmung des Art. 163 nichts anderes ent-

---

1 Vgl. z. B. Motive zum preuss. A.B.G. VI S. 66.
2 Plank, Anm. 1 dazu.
3 Art. 2 Reichsverfassung, Art. 2, 5, 15 ff. E.G. zum H.G.B.
4 Habicht S. 101. 5 Mugdan I S. 215.

hält, als was ohnehin allgemeinen Rechtsgrundsätzen entspricht[1]. Im A.B.G. für das Königreich Sachsen vom 31. August 1910, § 15 ist diese Geltung der Bestimmungen des B.G.B. zum besonderen Ausdruck gekommen.

II. Verzeichnis der hauptsächlichsten, für das Gewerkschaftsrecht erheblichen Berggesetze, Novellen und Ausführungsgesetze[2].

Anhalt. B.G. vom 30. April 1875 §§ 137—151, XVI 281, neu veröffentlicht durch Bekanntmachung der Anhaltischen Staatsministerei vom 20. März 1896 XLVIII, 15.

Bayern. Jetzt gilt B.G. neuester Fassung vom 13. August 1910.

Baden. B.G. vom 22. Juni 1890 XXXI 483 ff., §§ 80 ff.

Braunschweig. B.G. vom 15. April 1867, §§ 97 ff., VIII S. 273 ff., abgeändert durch Gesetz vom 10. Juni 1893, XXXIV, 428.

Birkenfeld. B.G. vom 18. März 1891 XXXIII, 48 ff.

Coburg-Gotha. B.G. vom 23. Oktober 1899 §§ 166—170, XLI 158 ff. und Gesetz vom 26. Januar 1909, L, 346.

Elsass-Lothringen. B.G. für E.L. vom 16. Dezember 1873, §§ 127—131, XV 2 ff.

Hessen. B.G. vom 28. Januar 1876, Art. 141—145, XVII 158 ff. Hessisches A.G. zum B.G.B. vom 17. Juli 1899 Art. 283, XLI, 397. Auf Grund des Art. 290 des A.G. ist das B.G. vom 28. Januar 1876 am 30. September 1899 in neuer Fassung veröffentlicht. XLI 415 ff.

Lübeck. B.G. vom 28. Oktober 1895, §§ 157—161, XXXVII 421 ff.

---

[1] Foerster-Eccius Bd. I S. 45, Savigny VIII S. 414 ff.

[2] Vgl. auch die Geschichte des deutschen Bergrechts von Westhoff-Schlüter, LI, 93 ff.

Meiningen. B.G. vom 17. April 1868 IX 315 ff., in der jetzt unter Berücksichtigung mehrerer Nachträge geltenden Fassung durch Ministerialblatt-Bekanntmachung vom 18. Februar 1904 (Sammlung der Verordnungen, Bd. 24, S. 201) neu veröffentlicht, Art. 115 ff.

Mecklenburg-Schwerin. Verordnung vom 16. Mai 1879 § 4, XXXIII, 201. Verordnung vom 19. Juni 1896 betr. die Gewerkschaften. XXXVII 439 ff.

Oldenburg. B.G. vom 3. April 1908 §§ 50 ff., XLIX, 198.

Preussen. Allg. B.G. vom 24. Juni 1865 VI 235. Einf.-Verordnung für Nassau vom 22. Februar 1867 VIII 1. Einf.-Verordnung für Oberhessen etc. vom 22. Februar 1867 VIII 29. Einf.-Verordnung für Hannover vom 8. Mai 1867 VIII 145. Einf.-Verordnung für Kurhessen etc. vom 1. Juni 1867 VIII 197. Einf.-Gesetz für Lauenburg vom 6. Mai 1868 IX 289. Einf.-Gesetz für Schleswig-Holstein vom 12. März 1869 X 137. Einf. in das Jadegebiet (Ges. vom 23. März 1873) XIV 324. Gesetz vom 22. Februar 1869, Stein- und Braunkohlenbergbau im Bezirke des kurf.-sächs. Mandats X 115. Gesetz vom 18. Juni 1907, betr. die Abänderung des A.B.G., XLVIII, 309; Gesetz über den Bergwerksbetrieb ausländischer juristischer Personen und den Geschäftsbetrieb ausserpreussischer Gewerkschaften vom 23. Juni 1909 (G.S. S. 619) L, 423 und Ausf.-Verordnung vom 11. Dezember 1909, LI, 19.

Reuss j. L. B.G. vom 9. Oktober 1870 §§ 102—105. XII 278 ff. Gewerkschaftsgesetz vom 29. März 1895 XXXVIII S. 176 ff.

Sachsen-Altenburg. A.B.G. vom 18. April 1872 §§ 87—127, XIII 156 ff. und Gesetz betr. die Rechtsverhältnisse des Kohlenbergbaus von demselben Tage, XIII, 169 ff.

Sachsen-Weimar-Eisenach. B.G. vom 1. März 1905, §§ 113 ff., XLVI, 314 ff., Art. II des Gesetzes vom 20. Dezember 1905, XLVII, 294.

Schaumburg-Lippe. B.G. vom 28. August 1906, §§ 50 ff., XLVII, 298/302.

Schwarzburg-Sondershausen. B.G. vom 6. März 1894 §§ 100—146, XXXVII 38 ff.
Schwarzburg-Rudolstadt. A.B.G. vom 20. März 1894 §§ 158 ff., XXXVII 391 ff.
Königreich Sachsen. A.B.G. in der neuen Fassung des Gesetzes vom 31. August 1910, LII, 17 ff., Abschn. II.
Waldeck-Pyrmont. Ges. vom 1. Januar 1869 betr. Einführung des Preuss. A.B.G. X 143.
Württemberg. B.G. vom 7. Oktober 1874 XV S. 431 ff., Art. 136 ff.

Ferner ist hier noch auf die das Bergrecht betreffenden besonderen Vorschriften der Landesausführungsgesetze zum B.G.B. und zu dessen Nebengesetzen hinzuweisen; sie sind zusammengestellt in XLI, 1—33, 257—267, 397—414.

III. Abkürzungen und Zitate.

G. — Gewerkschaft.
I 1 — Brasserts Zeitschrift für Bergrecht Bd. I S. 1.
Berlin — Entscheidung der Ministerialinstanz.
Bonn, Clausthal, Dortmund, Breslau, Halle — Bescheide der dortigen Oberbergämter.
Brassert, Klostermann-Thielmann, Oppenhoff, Arndt, Westhoff-Schlüter, Menzen — Kommentare zum Allgemeinen Berggesetze für die Preussischen Staaten (A.B.G.)
Klostermann, Gräff, Achenbach — Lehrbücher des Bergrechts.
Esser — Gewerkschaft.
Daubenspeck — Bergrechtliche Entscheidungen des Reichsgerichts. 2 Bände.
Simon — Recht der Berggewerkschaften, Berlin 1900.
Westfälisches Statut I, II u. III — bei Simon S. 51 ff.
Wahle — Sächsisches Berggesetz, Leipzig 1911.

Freiesleben — Handbuch der Sächsischen Berggesetzgebung.
Brassert, Materialien — des Bergrechts des Allgemeinen Preussischen Landrechts.
Klostermann, Entscheidungen — bergrechtliche des Obertribunals.
Plank, Rehbein, Kuhlenbeck, Neumann, Leske, Riedel, Scherer — Kommentare bzw. Lehrbücher des Bürgerlichen Gesetzbuchs (B.G.B.).
Eccius, Dernburg Pr. Pr. — Lehrbücher des Preussischen Privatrechts.
Rehbein, Entscheidungen — des Obertribunals.
Mugdan — Materialien zum B.G.B.
Niedner — Einführungsgesetz zum B.G.B.
Habicht — Einwirkung des B.G.B. auf vorher begründete Rechtsverhältnisse.
Leonhard — Allgemeiner Teil des B.G.B.
Biermann, Foerster-Turnau — Sachenrecht des B.G.B.
Oertmann — Recht der Schuldverhältnisse des B.G.B.
Schultz-Goerlitz (2 Bände), Raussnitz, Wellstein (2 Bände), Koch-Jastrow — Kommentare zu dem Reichsgesetz über die freiwillige Gerichtsbarkeit und das Preussische Ausführungsgesetz dazu.
Oberneck — Grundbuchrecht des B.G.B.
Jaeckel, Wolff — Reichs-Zwangsversteigerungsgesetz.
Wilmowsky, Wolff — Reichskonkursordnung.
Wilmowsky et Levy, Struckmann und Koch, Sydow und Busch — Kommentar zur Zivilprozessordnung.
Daude — Aufgebotsverfahren.
Rehbein W.O. — Wechselordnung.
Staub, Dühringer und Hachenburg, Lehmann und Ring, Puchelt — Kommentare zum Handelsgesetzbuch.
Ring — Aktienrecht.
Heinitz — Preussisches Stempelgesetz.
Stranz und Gerhard — Preussisches Ausführungsgesetz zum B.G.B.
Becher — Deutsche Ausführungsgesetze zum B.G.B. 2 Bde.

Allgemeines Berggesetz für die preussischen Staaten.

Vierter Titel.

Von den Rechtsverhältnissen der Mitbeteiligten eines Bergwerks.

---

§ 94. Zwei oder mehrere Mitbeteiligte eines Bergwerks bilden eine Gewerkschaft.

Die Gewerkschaft kann ihre besondere Verfassung durch ein notariell oder gerichtlich zu errichtendes Statut regeln, welches der Zustimmung von wenigstens drei Vierteilen aller Anteile und der Bestätigung des Oberbergamts bedarf.

Die Bestimmungen der §§ 95 bis 110, 114 Absatz 2 und 123 bis 128 dürfen durch das Statut nicht abgeändert werden.

A. Entstehung der Gewerkschaft.

I. Die **Voraussetzung für die Entstehung einer Gewerkschaft** ist nach § 94 Abs. 1 die **Mitbeteiligung Mehrerer an einem Bergwerk.** An dieser Voraussetzung ist auch durch die Vorschrift in § 38c Abs. 3 A.B.G. in der Fassung des Gesetzes vom 18. Juni 1907 (G.S. S. 119), welche die Bestimmungen im vierten Titel des A.B.G. über die Gewerkschaft auf die Rechtsverhältnisse der Mitbeteiligten an einem Gewinnungsrechte des § 38c a. a. O. für anwendbar erklärt, nichts geändert worden; denn auch die Begründung eines solchen Gewinnungsrechts setzt das Bestehen von Bergwerkseigentum voraus (vgl. § 38c Abs. 1 a. a. O.).

1. Es ist danach zunächst das **Vorhandensein eines Bergwerks** erforderlich. Das A.B.G. definiert das Bergwerk im § 54 „als die ausschliessliche Berechtigung, nach den Bestimmungen des gegenwärtigen Gesetzes,

das in der Verleihungsurkunde benannte Mineral in seinem Felde aufzusuchen und zu gewinnen".

Hiernach kann es keinem Zweifel unterliegen, dass das Bergwerk im Sinne des § 94 nur ein solches sein kann, welches einer Verleihung, also einem staatlichen Hoheitsakt, seine Entstehung verdankt.

Es können also in der Form der gewerkschaftlichen Verfassung regelmässig nur solche bergbauliche Unternehmungen betrieben werden, welche auf die Gewinnung eines der im § 1 des A.B.G. aufgeführten Mineralien gerichtet sind. Die Gewinnung anderer Mineralien kann gewerkschaftlich nur dort betrieben werden, wo landesgesetzlich oder provinzialrechtlich der Kreis der bergbaufreien Mineralien weitergezogen ist, wie in dem § 1 des A.G.B. Darnach können speziell in den nachfolgenden Bundesstaaten bezw. preussischen Landesteilen noch für die Gewinnung folgender Mineralien Gewerkschaften zur Entstehung gelangen:

a) des Dachschiefers in dem früheren Herzogtum Nassau (Art. 2 der Einführ.-Verordn.), Meiningen (§ 1), Waldeck (§ 1), Reuss j. Linie (§ 1);

b) Bitumen in Elsass-Lothringen, Baden (§ 1), Weimar (§ 1), Schaumburg-Lippe (§ 1 Abs. 2), Oldenburg (§ 1);

c) Raseneisenerze in Hessen-Darmstadt (§ 1), Baden (§ 1), Bayern (§ 1);

d) Schwerspat in Gotha (§ 1), preuss. Herrschaft Schmalkalden[1];

e) Flussspat in Gotha (§ 1), Anhalt (§ 1);

f) Tafelschiefer in Meiningen (§ 1), Reuss j. L. (§ 1);

g) Farbenerden in Meiningen (§ 1), Reuss j. L. (§ 1);

h) Wissmut in Baden (§ 1), Weimar (§ 1);

i) Naphta, Bergwachs, Asphalt in Schaumburg-Lippe (§ 1 Abs. 2), Oldenburg (§ 1);

k) Radiumhaltige Mineralien und radioaktive Wasser im Königreich Sachsen (§ 5 Abs. 3).

Nach dem A.B.G. für das Königreich Sachsen ist die Bildung der Gewerkschaft jedenfalls bez. der metal-

[1] Art. 15 des Einführ.-Ges. für Hannover.

lischen Mineralien, wie bei der Stein- und Braunkohle zulässig[1].

Im Einzelnen ist noch folgendes hervorzuheben:

a) Da nach Inhalt der §§ 94, 54, A.B.G. Voraussetzung für die Gewerkschaft nur ist, dass das Bergwerk, durch dessen Erwerb sie begründet wird, seine originäre Entstehung, einem staatlichen Hoheitsakte zu verdanken hat, nicht auch, dass die übrigen Voraussetzungen der Entstehung der Gewerkschaft auch schon im Augenblicke der Verleihung des Bergwerks gegeben sind, so ist es nicht zweifelhaft, dass die Gewerkschaft auch entsteht, wenn das Bergwerk erst durch derivativen Titel, aus dem Eigentum des beliehenen Einzelnen in das Eigentum Mehrerer übergeht: sei es nun, dass das Bergwerk an eine aus mehreren Dritten bestehende Gewerkschaft aufgelassen wird, oder dass der bisherige Alleineigentümer einen Zweiten mitbeteiligt, beides unter der Voraussetzung, dass das Bergwerk auf den Namen der Gewerkschaft im Grundbuche eingetragen, und dadurch nicht bloss der Eigentumserwerb vollzogen, sondern gleichzeitig zum Ausdruck gebracht ist, dass eine Ausschliessung der gewerkschaftlichen Verfassung, gemäss § 133 A.B.G. nicht gewollt wird. Zu bemerken bleibt aber, dass bei der Auflassung nicht besonders beantragt zu werden braucht, dass die Umschreibung des Eigentums am Bergwerk auf den Namen der Gewerkschaft erfolgen solle. Vielmehr muss nach § 94, 133 A.B.G. der Grundbuchrichter, wenn der bisherige Alleineigentümer eines Bergwerks durch Auflassung das Eigentum an dem Bergwerk Mehreren überträgt oder an dem Eigentum einen Zweiten mitbeteiligt, von **Amtswegen**, wenn nicht, von dem Erschienenen ausdrücklich ein Anderes erklärt wird, das Bergwerk im Grundbuch auf den Namen der Gewerkschaft eintragen[2]. Sollte der Grundbuchrichter in solchem Falle irrtümlich das Bergwerk auf den Namen des Mitbeteiligten, etwa als Miteigentümer nach Bruchteilen ein-

---

[1] § 2 Abs. 2 des A.B.G.

[2] So zutreffend Bonn 31./10. 99 XLI S. 122.

getragen haben, so wird die Gewerkschaft als solche Anspruch gegen die Eingetragenen auf Berichtigung des Grundbuches haben[1].

b) Unbedenklich ist auch, dass das Bergwerk im Sinne des § 94 **nicht nur das unter der Herrschaft des A.B.G., sondern auch ein unter der früheren Gesetzgebung staatlich verliehenes Bergwerk** umfasst, also auch auf einem jetzt nicht mehr zulässigen Verleihungstitel, z. B. Distriktsverleihung, Konzession beruhen kann, vorausgesetzt, dass nur auch nach bisherigem Recht die Bergbauberechtigung sich inhaltlich als Bergwerkseigentum und nicht etwa bloss als ius excludendi alios oder als Erbzins oder Erbpachtrecht qualifiziert[2]. Ebenso gilt als Bergwerk im Sinne des § 94 auch ein solches, unter der Herrschaft des früheren Rechts begründetes Bergwerkseigentum, welches ein jetzt nicht mehr bergbaufreies, früher aber der Bergregalität unterliegendes Mineral betrifft[3]. Es muss für die Entstehung der Gewerkschaft genügen, wenn das Bergwerkseigentum seine ursprüngliche Entstehung einem staatlichen Hoheitsakte irgend welcher Art verdankt, mag der Uebergang des Bergwerkseigentums auf eine Personenmehrheit auch erst nach Erlass des A.B.G. erfolgt sein. Für alle diese Fragen muss entscheidend sein, dass nach allgemeinen Rechtsgrundsätzen die rechtlichen Wirkungen des Eigentums sich stets nach dem richten, was das geltende Gesetz bestimmt[4]. Damit in Uebereinstimmung, dass eine gewerkschaftliche Verfassung jedenfalls dann zuzugestehen ist, wo der Erwerb des Bergwerks auf einem staatlichen Hoheitsakt beruht, mag derselbe auch nicht gerade der regelmässige, d. h. der auf Grund vorhergegangener Mutung erfolgten staatlichen Verleihung sein, haben eine Reihe derjenigen Berggesetze, die den

---

[1] Turnau u. Foerster I S. 219, § 894 B.G.B., § 54 R.Gr.B.O.

[2] Vgl. Achenbach S. 210 ff., 246 ff., Brassert, Anm. zu § 250, Westhoff in XLVIII, 79.

[3] Vgl. die im § 69 ff. II 16 A.L.R. aufgeführten Mineralien, welche vielfach vom A.B.G. nicht übernommen sind, z. B. ein Raseneisenerzbergwerk.

[4] Vgl. Art. 181 E.G. zum B.GB., Mugdan I S. 83 ff.; vergl. auch §§ 222 u. 250 Abs. 2 A.B.G.

Salzbergbau dem Staate reservierten und darüber nur durch besondere staatliche Konzession verfügen, auch auf diesen Salzbergbau die gewerkschaftliche Verfassung Anwendung finden lassen: so jetzt sowohl Preussen durch § 38c Abs. 3 A.B.G. in der Fassung des Gesetzes vom 18. Juni 1907, wie auch Königreich Sachsen (§ 5 Abs. 2), Sondershausen (§ 4 des B.G.), Baden[1], Sachsen-Altenburg[2], Braunschweig[3], während dies für andere Bundesstaaten, z. B. Sachsen-Weimar[4], Schwarzburg-Rudolstadt, Lübeck, nach der Fassung der betr. Gesetze zweifelhaft ist, aber auch dort wohl bejaht werden muss.

d) Dagegen ist **Bergwerk** im Sinne des § 94 nicht ein solches, welches auf anderem Wege als dem eines staatlichen Hoheitsaktes entstanden ist, namentlich nicht also eine solche Bergbauberechtigung, die ihre Entstehung **einem Vertrage mit dem Grundeigentümer** verdankt[5].

Wo also auf Grund besonderer landesgesetzlicher oder provinzialrechtlicher Bestimmung solche Mineralien, welche nach § 1 des A.B.G. regelmässig der Bergbaufreiheit unterliegen, dem Grundeigentümer vorbehalten sind, gelangt bei Erwerb eines solchen Bergwerkes durch Mehrere eine Gewerkschaft nicht zur Entstehung. Es gilt dies z. B. für Sachsen-Altenburg[6], wo Stein-, Braunkohle und Graphit, und Sondershausen (§ 1), wo die Braunkohle dem Grundeigentümer vorbehalten ist.

In Uebereinstimmung damit haben auch die preussischen Spezialgesetze, welche für den sogemannten sächsischen Mandatsbezirk, in welchem Steinkohle und Braunkohle als Zubehör des Grundstücks gilt[7] und das Einführ.-Gesetz für die Provinz Hannover, wo Salze und Soolquellen überall, in dem zu dieser Provinz gehörigen Fürstentum Calenberg und Grafschaft Spiegelberg ausser-

---

[1] § 3 B.G., Mecklenburg-Schwerin § 1 G.G., Gotha § 1, Oldenburg und Schaumburg-Lippe, welche überhaupt grundsätzlich alle wertvolleren Mineralien dem Staate vorbehalten haben.

[2] § 1a der Salz-Gesetznovelle.

[3] Art. II der Salz-Gesetznovelle. [4] § 3, § 22, § 37 B.G.

[5] Brassert, Anm. 4 zu § 94; Westhoff in XLVIII, 79/80.

[6] Ges. vom 18./4. 72 betr. den Kohlenbergbau.

[7] § 9 und 10 des Gesetzes vom 22. Febr. 1869, X S. 119 Motive VIII S. 370, Brassert, Anm. 7 zu § 133.

dem noch Stein- und Braunkohle dem Eigentum des Grundbesitzers unterworfen ist[1], die Anwendung des vorstehenden IV. Titels A.B.G. auf die dort entstehenden Bergbaugemeinschaften u. a. gerade auch deshalb abgelehnt, weil nach der ganzen historischen Entwicklung der Gewerkschaft dieselbe nur zur Förderung des staatlich verliehenen Bergwerkseigentums bestimmt sei[2].

Auch die späteren Spezialgesetze, welche den Eisenerzbergbau im Herzogtum Schlesien und der Grafschaft Glatz in Abänderung des § 211 A.B.G.[3] und den Steinkohlen- und Salzbergbau in der Provinz Hannover[4] sonst fast überall den Bestimmungen des A.B.G. unterwarfen, haben doch unter gleicher Begründung die Ausdehnung der gewerkschaftlichen Verfassung auf diesen Bergbau nicht zugelassen. Die gleiche Haltung hat der Gesetzgeber im Gesetz vom 6. Juni 1904, betr. die Aufsuchung und Gewinnung von Erdöl (G.S. S. 105) eingenommen.

Nur das Berggesetz des Königreichs Sachsen, wo nach der historischen Entwicklung des sächsichen Bergrechtes die Stein- und Braunhohle dem Grundeigentümer vorbehalten ist, lässt auch für diesen Grundeigentümerbergbau die Gewerkschaft zu (§§ 2 u. 4).

In Preussen ist schliesslich neuerdings durch § 38c Abs. 3 des Berggesetzes in der Fassung der Novelle vom 18. Juni 1907 die Anwendbarkeit der auf die Gewerkschaft bezüglichen berggesetzlichen Vorschriften für das vererbliche und veräusserliche Gewinnungsrecht mehrerer Mitberechtigter ausgesprochen worden, dessen Errichtung an staatlichem Bergwerkseigentum § 38c Abs. 1 a. a. O. neu vorgesehen hat. Ein solches dingliches Gewinnungsrecht kann an staatlichem Bergwerkseigentum, soweit es in Gemässheit des § 38b a. a. O. zur Aufsuchung und Gewinnung von

[1] Art. 2 und 12 des Einführ.-Ges. für die Provinz Hannover.

[2] R.G. 20./4. 1880 XXII S. 111, für Calenberg, Clausthal 18./11. 1885 und Berlin 18./12. 1885 XXVII S. 138 und 250, Clausthal 3./7. 1879 und Berlin 22./7. 1879 XX S. 400, Berlin 13./7. 1887 XXVIII S. 531.

[3] Gesetz vom 8./4. 1894. [4] Gesetz vom 14. Juli 1895.

Stein-, Kali-, Magnesia- und Borsalzen, sowie der beibrechenden Salze und Solquellen verliehen worden ist, errichtet werden. Die gleiche Regelung für die Aufsuchung und Gewinnung der jetzt gleichfalls dem Staate vorbehaltenen Steinkohle fehlt zur Zeit noch; sie wird wohl demnächst in dem durch Abs. 4 § 2 A.B.G. in der Fassung der Novelle vom 18. Juni 1907 in Aussicht gestellten Gesetz erfolgen.

e) Der gesetzliche Ausschluss der gewerkschaftlichen Verfassung von dem Grundeigentümerbergbau hat vielfach dazu geführt, dieselbe für den letzteren, z. B. den Kalisalzbergbau in der Provinz Hannover und auch für den Braunkohlenbergbau im sogen. sächsischen Mandatsgebiet auf dem Umwege einzuführen, dass eine möglichst 1000 teilige Gewerkschaft von vielleicht geringem Werte, wie sie namentlich bezüglich des Eisenerzbergbaues im Bezirke des Oberbergamts zu Bonn vielfach existieren, „gekauft" und dann auf Grundlage dieser Gewerkschaft der verleihungsfremde Bergbau betrieben wird. In anderen Fällen werden auf ähnliche Weise sogar Fabriken und andere industrielle Unternehmungen in der Form der gewerkschaftlichen Verfassung betrieben.

Die Bergbehörden haben in konstanter Verwaltungspraxis bis in die letzten Jahre es abgelehnt, Statuten solcher Gesellschaften ihre Genehmigung zu erteilen, sofern ersichtlich war, dass dieselben den gesetzlichen Zwecken, für welche die Gewerkschaft bestimmt, fernliegende Ziele zu verfolgen beabsichtigten[1].

Mangels entgegenstehender allgemeiner oder spezieller berggesetzlicher Bestimmungen, muss es aber

---

[1] Cfr. Berlin 13. Juli 1887 XXVIII S 530, wo der Erwerb eines wenig wertvollen, der gewerkschaftlichen Verfassung sich erfreuenden Bergwerks nur dazu dienen sollte, einem bedeutenden, im Fürstentum Kalenberg belegenen Kohlenbergwerk die gewerkschaftliche Verfassung zu sichern; desgleichen Bonn 31. Mai 1879 XX S. 399, wo in Wahrheit Kalksteinbrüche gewerkschaftlich betrieben werden sollten; vergl. auch R.G. 20./4. 1880 XXII 111, Berlin 18./12. 1885 XXVII S. 138, Berlin 22./7. 1879 XX 400 und besonders ausführlich Berlin 9./9. 1897 XXXIX S. 242; sowie 18./4. 1900 XLI S. 375; aber jetzt Berlin 17./1. 1908, XLIX, 334/35.

als recht zweifelhaft bezeichnet werden, ob nicht doch die Ausdehnung des gewerkschaftlichen Betriebes auf solche ausserhalb des auf Verleihung beruhenden Bergbaues liegende Geschäftszwecke gesetzlich zulässig ist[1]. Zugeben muss man, dass der gesamte Inhalt des A.B.G. keinen Zweifel darüber lässt, dass es der Förderung des auf Verleihung beruhenden Bergbaues bestimmt ist. Bezüglich der Gewerkschaft hat aber dieser, an die Regalität des Deutschen Bergrechts anknüpfende Grundsatz im Gesetz selbst nur dahin Ausdruck gefunden, dass die **Entstehung** der Gewerkschaft allein durch den Besitz eines verliehenen Bergwerks vermittelt wird.

Dass aber die einmal entstandene Gewerkschaft auch nur auf den Betrieb verliehenen Bergwerkes beschränkt sei, ist im Gesetze nicht zum Ausdrucke gelangt. Im Gegenteil ergibt sich daraus, dass der Gesetzgeber der Gewerkschaft die Rechte einer juristischen Person verliehen hat, ihre jedenfalls nach aussen hin unumschränkte Rechts- und Handlungsfähigkeit[2]. Wollte der Gesetzgeber den Geschäftskreis der Gewerkschaft auf den Betrieb verliehenen Bergwerkes, einschliesslich etwaiger Nebenbetriebe, beschränken, so musste er dies im Gesetze besonders festsetzen.

Kann deshalb nicht zweifelhaft sein, dass die Gewerkschaft an sich jedenfalls nach Aussen hin befähigt ist, auch nicht verliehenes Bergwerkseigentum oder sonstige gewerbliche Anlagen zu erwerben und zu betreiben, so lange nur der Betrieb des verliehenen Bergwerkes die Hauptsache bleibt, so ermangelt es an jeder gesetzlichen Grundlage, dies für den Fall auszuschliessen, wo die neu zu erwerbende, an sich ausserhalb des Berggesetzes fallende Anlage, im Verhältnis zu dem verliehenen Bergwerk, als Hauptsache erscheint. War dies dennoch die Absicht des Gesetzgebers, so wäre eine besondere gesetzliche Regelung

---

[1] Hense XL S. 327 ff.

[2] Vergl. auch zu § 96. In § 52 des Berggesetzes für Schaumburg-Lippe vom 28. März 1906 und für Oldenburg vom 3. April 1908 ist diese Unbeschränktheit auch ausdrücklich ausgesprochen worden.

um so notwendiger gewesen, weil doch auch infolge nachträglicher Entwicklung das Verhältnis von Haupt- und Nebensache sich ändern kann. Soll der Erwerb dann nachträglich ungültig werden? Soll eine Gewerkschaft, welche gegen den Besitzer eines Salzbergwerks in Hannover Forderungen hat, nicht berechtigt sein, im Wege der Zwangsvollstreckung dessen Rechte auf Salzgewinnung zu erwerben, wenn diese wertvoller sind, wie seine in Westfalen belegene Saline? Man könnte bei dem gänzlichen Schweigen des A.B.G. über diese Frage zu einem andern Resultate gegenüber der an sich unbeschränkten Rechts- und Handlungsfähigkeit der Gewerkschaft nur dann gelangen, wenn man etwa auf Grund allgemeiner oder spezieller berggesetzlichen Bestimmungen annehmen durfte, dass eine Gewerkschaft in dem Augenblicke, wo sie aufhört eine bergbautreibende Gesellschaft zu sein, und sich, sei es ausschliesslich oder doch in der Hauptsache, andern Geschäftszweigen zuwendet, auch aufhört, als „Gewerkschaft" zu existieren, so dass sie von diesem Zeitpunkt an nur noch als nicht rechtsfähiger Verein im Sinne des § 54 B.G.B. oder als rein zivilrechtliche Gesellschaft anzusehen wäre. Solche Rechtssätze sind aber nicht vorhanden.

Dass die Bergbehörde jedenfalls nicht im Stande ist, eine derartige Gewerkschaft zwangsweise zur Auflösung zu bringen, ist zweifellos. Der § 43 des B.G.B. wird jedenfalls eine Handhabe nicht bieten. Denn wenn man auch in solchen Fällen einen „gesetzwidrigen Beschluss der Mitgliederversammlung oder ein gesetzwidriges Verhalten des Vorstandes" annehmen wollte, und wenngleich die Ausdehnung der Gewerkschaftsform auf ein Unternehmen, für das sie nach dem Gesetz nicht bestimmt ist, dem öffentlichen Interesse widerstreiten kann, so dürfte doch jedenfalls eine „Gefährdung des Gemeinwohls" nicht vorliegen[1]. Aber auch eine Auflösung der Gewerkschaft ipso jure tritt nicht ein! Denn auch

[1] Vgl. Parisius-Krüger, Genossenschaftsgesetz II. Aufl. S. 309 und Gesetz m. b. H zu § 62, ferner Riedel B.G.B I S. 92.

ein allgemeiner Rechtssatz dahin, dass juristische Personen ohne weiteres erlöschen, so bald sie beginnen, sich in gesetzwidriger Weise solchen Zwecken zuzuwenden, für welche die Form der juristischen Person nicht gegeben ist, besteht nicht. Im Gegenteil ergibt[1] § 43 des B.G.B., dass die Aufgabe desjenigen Zweckes, für welchen allein das Gesetz die Korporation hat ins Leben treten lassen, ja die Verfolgung direkt staatsgefährlicher Ziele, dieselbe nicht zur Auflösung bringt, vielmehr dem Staate nur die Möglichkeit gewährt, unter den weiteren dort näher angegebenen Voraussetzungen dem Verein die Rechtsfähigkeit zu entziehen.

Auch die weitere Frage, ob nicht wenigstens nach Innen hin eine derartige dem gesetzlichen oder vereinbarten Statut widersprechende Ausdehnung des Geschäftsbetriebes der Gewerkschaft den Gewerken gegenüber unzulässig ist, ob der einzelne Gewerke deshalb z. B. nicht berechtigt ist, die Zahlung der Zubusse in solchen Fällen zu weigern, wo dieselbe zum Betriebe vom Grundeigentümerbergbau oder von Fabriken gefordert wird, wird verneint werden müssen[2].

Der § 102 Abs. 2 A.B.G. ist entscheidend. Darnach muss der Gewerke zur Erfüllung „der Schuldverbindlichkeiten der Gewerkschaft" beitragen. Seine Beitragspflicht erstreckt sich deshalb soweit, als solche Schuldverbindlichkeiten nach Aussen hin gültig begründet sind und resp. begründet werden können. Und auch die §§ 114 ff., das gänzliche Fehlen einer

[1] Cfr. auch § 79 des Genossenschaftsgesetzes wie § 62 des Gesetzes über die Gesellschaft mit beschränkter Haftung.

[2] A.M. O.L.G. Braunschweig 5./10. 1900, XLII, 353. Das dazu ergangene Urteil des R.G. vom 19./1. 1901 hat materiell zu der Frage keine Stellung genommen, wohl aber R.G. 28./9. 1901 und 23./11. 1901, XLIII, 87 und 239, welches der oben vertretenen Auffassung sich anschliesst. Im Gegensatz hierzu hat K.G. 10./4. 1901, XLIII, 109 den Erwerb eines für den Grundeigentümerbergbau bestimmten Grundstücks durch eine Gewerkschaft für ein Umgehungsgeschäft erachtet und deshalb die Eintragung des Grundstücks auf den Namen einer solchen Gewerkschaft, welche ersichtlich bloss zum Zweck des Grundeigentümerbergbaus ins Leben getreten war, abgelehnt.

dem § 271 H.G.B. entsprechenden Anfechtungsklage „wegen Verletzung des Gesetzes oder des Gesellschaftsvertrages“ ergeben, dass, wenn einmal ein formell unter Beobachtung der §§ 111—114 A.B.G. zu Stande gekommener Gewerkschaftsbeschluss vorliegt, im übrigen die Gültigkeit desselben lediglich von der Erreichung der gesetzlichen Majorität abhängt, seine Gültigkeit auch nach Innen hin nicht unter der Behauptung der materiellen Statutwidrigkeit, sondern nur unter der Darlegung, dass er nicht „zum Besten der Gewerkschaft gereiche“, angefochten werden kann.

Man wird deshalb trotz aller Zweifel dafür sich entscheiden müssen, dass nach Lage der gegenwärtigen Gesetzgebung die einmal enstandene Gewerkschaft auch in der Hauptsache sich anderen Betrieben zuwenden kann, als dem des verliehenen Bergwerkes[1]. Denselben Standpunkt nimmt jetzt neuerlich auch, wenigstens vom Standpunkt des öffentlichen Interesses aus die oberste Bergverwaltungsbehörde in Preussen laut des Rekursbescheides vom 17. Januar 1908 XLIX, 334 ein. Ganz zweifelsfrei haben die hier vertretene Ansicht die Berggesetze für Schaumburg-Lippe und Oldenburg (vgl. oben) zum Ausdruck gebracht. Die gleiche Auffassung liegt wohl auch dem Abs. 3 des § 9 des neuen Berggesetzes für das Königreich Sachsen zugrunde.

De lege ferenda wird es sich allerdings empfehlen, demnächst durch geeignete gesetzliche Bestimmungen der Rechts- und Handlungsfähigkeit der Gewerkschaft bestimmte, der ursprünglichen Zweckbestimmung dieser bergbaulichen Gesellschaftsform entsprechende Grenzen zu ziehen.

f) Ein Bergwerk gemäss § 94 ist nur ein solches, welches bereits **verliehen ist.**

Eine Mutungsgesellschaft bildet daher ebenso wenig eine Gewerkschaft[2] wie eine Gemeinschaft von mehreren Berechtigten an einem erst durch Konsoli-

---

[1] Hense a. a. O. ähnlich; ebenso Westhoff in XLVIII, 81.
[2] R.G. 12./11. 1884 XXVII S. 212.

dation[1] oder durch Feldesteilung zu bildenden Bergwerk[2].

g) Die Tatsache, dass das Bergwerk, welches die Gemeinschaft erwirbt, **zu einem ideellen Teile mit Hypotheken belastet ist**, schliesst die gewerkschaftliche Verfassung nicht aus[3].

Der § 98 A.B.G. steht nicht entgegen, er besagt nur, dass die Gewerkschaft selbst das von ihr eigentümlich besessene Bergwerk nur als Ganzes belasten dürfe.

Diese Bestimmung ist ausweise der Motive[4] nur eine Folgerung aus der selbständigen und einheitlichen Persönlichkeit der Gewerken, von der als Alleineigentümerin „ideelle Teile am Bergwerk nicht mehr besessen werden können". Man hat auch durch diese Bestimmung lediglich allen Zweifeln darüber, ob die Gewerken etwa noch als Miteigentümer des Bergwerks betrachtet werden können, begegnen wollen.

2. Die zweite Voraussetzung zur Entstehung einer Gewerkschaft ist die Beteiligung an **einem** Bergwerk.

Eine G. kann daher auch nicht statutarisch gleich für **mehrere selbständige** Bergwerke bestellt werden. Es entstehen vielmehr, wenn dieselbe Personenmehrheit gleichzeitig mehrere Bergwerke erwirbt, so viele G., wie Bergwerke vorhanden sind. Soll nur eine G. gebildet werden, so müssen die mehreren Bergwerke zuvor durch Konsolidationsbeschluss vereinigt werden. Sofern dies nicht angängig, erübrigt nichts als dass die für ein Bergwerk entstehende G. demnächst die andern Bergwerke durch Auflassung erwirbt[5].

3. Die Gewerkschaft verlangt ferner zu ihrer Entstehung **Mitbeteiligung** an einem Bergwerk.

---

[1] R.O.H.G. 21./10. 75 XVII S. 506. 510; 29./4. 78 XIX S. 525; O.Tr. 21./1. 78 XIX S. 395.

[2] R.O.H.G 21./12. 76 XIX S. 253, O.Tr. 9./10. 77 XIX S. 257, Brassert Anm. 4, Klostermann-Thielmann Anm. 2.

[3] A.M. Oppenhoff Anm. 534, Klostermann Anm. 216 zu § 98 und 279 zu § 133, ebenso anscheinend Thielmann.

[4] S. 151 VI.

[5] Halle 7./4. 85 S. 402, Kammergericht in Johow's Jahrbüchern 11./12. 99 XIX S. 8; Westhoff in XLVIII, 82.

Darüber, welcher rechtlichen Art diese **Mitbeteiligung** sein soll, spricht sich das Gesetz nicht ausdrücklich aus. Indes ergibt sich namentlich aus § 114 A.B.G. über die Befugnisse der Gewerkenversammlung, wonach dieselben über die Substanz des Bergwerks durch Verkauf, Tausch, Verpfändung etc. verfügen kann, unzweideutig, dass die Personenmehrheit in einem solchen Verhältnisse zu dem Bergwerk stehen muss, dass sie die dort vorgesehenen Befugnisse aus eigenem Recht auszuüben in der Lage ist.

Man wird daher um so mehr annehmen müssen, dass diese „Mitbeteiligung" des § 94 sich als „Eigentum" der G. am Bergwerk qualifiziert, als auch das gemeine Bergrecht, dessen Gesellschaftsform das A.B.G. in der G. hat konservieren wollen, für die letztere Eigentum am Bergwerk erforderte[1].

Mehrere Pächter oder Niessbraucher eines Bergwerks, oder mehrere Käufer eines solchen, welche sich zwar im Besitze befinden, aber noch der Eintragung zum Grundbuche entbehren, bilden deshalb keine Gewerkschaft[2].

4. Des weiteren wird Mitbeteiligung **Mehrerer** an einem Bergwerke verlangt. Da das Gesetz nicht vorschreibt, dass die „Mehreren" physische Personen sein müssen, so werden unbedenklich auch mehrere juristische Personen (z. B. Aktiengesellschaften, Gewerkschaften) eine G. begründen kann[3].

5. Die gewerkschaftliche Verfassung darf weiterhin **nicht durch besondere Umstände ausgeschlossen** sein. Ungeachtet die Voraussetzungen des § 94 im übrigen vorliegen, tritt nämlich die gewerkschaftliche Verfassung in folgenden Fällen nicht ein:

a) Nach Vorschrift des § 133 Abs. 1, wenn die Rechtsverhältnisse der Mitbeteiligten **durch Vertrag**

---

[1] Arndt Anm. 1, R.G. 12./11. 84 XXVII S. 211.

[2] Brassert Anm. 3, R.O.H.G. 15./9. 79 XXI S. 259.

[3] Esser S. 6, cfr. auch Ring zu Art. 209c S. 414 für die Aktiengesellschaft Petersen und Pechmann, Aktiengesetz S. 335, Kayser Note 7 zu Art. 209, Esser A.G. S. 78, Staub Anm. 4 zu § 182 H.G.B.

oder sonstige Willenserklärung (z. B. letztwillige Verfügung) in notarieller oder gerichtlicher Form **anderweit geregelt** sind. Das Einzelne siehe zu diesem §. Der Fall ist z. B. auch dann gegeben, wenn die mehreren Beliehenen bei ihrem Erscheinen vor dem Grundbuchrichter das Bergwerk auf ihren Namen als Miteigentümer eintragen lassen[1].

b) Nach § 133 Abs. 2 tritt ferner die gewerkschaftliche Verfassung nicht ein, wenn das Bergwerk „den Teilhabern an einer ungeteilten Erbschaft oder einer sonstigen gemeinschaftlichen Masse zufällt" und zwar nach den Motiven deshalb nicht, weil in diesem Fall die Gemeinschaft weder aus bergbaulichen Zwecken hervorgegangen, noch durch dieselben begrenzt ist.

Der Abs. 2 § 133 tritt seinen Wortlaut nach, in ersterem Fall selbst dann ein, wenn das Bergwerk den ganzen Aktivbestand der Erbmasse bildet. Auch macht es keinen Unterschied, ob die Beteiligten gesetzliche oder testamentarische Erben sind. § 133 Abs. 2 tritt anderseits aber nur ein, falls das Bergwerk zu einer Erbschaft gehört. Mehrere Vermächtnisnehmer eines Bergwerks bilden daher eine Gewerkschaft, falls der Erblasser die Entstehung derselben nicht gemäss § 133 Abs. 1 ausgeschlossen hat[2]. Eine „sonstige gemeinschaftliche Masse" liegt namentlich vor bei ehelicher Gütergemeinschaft[3] sowie bei der mit den Abkömmlingen fortgesetzten Gütergemeinschaft des B.G.B. und des Westfälischen Provinzialrechts.

Dass der Fall des Konkurses des bisherigen Alleineigentümers des Bergwerks gleichfalls eine G. nicht entstehen lässt, ist zweifellos, aber nicht aus dem Grunde, weil die Konkursmasse „eine gemeinsame Masse" im Sinne dieses § wäre[4], sondern weil der Konkurs selbst einen Wechsel im Eigentum nicht herbeiführt, das Berg-

---

[1] So auch Berlin 11./5. 1904, XLV, 241 und K.G. 16./6. 1905, XLVI, 534 und 26/4 1906, XLVIII, 156.

[2] Oppenhoff Anm. 724 zu § 133.

[3] Bonn 31./5. 1880 XXI S. 399.

[4] So Brassert S. 350 Anm. 6 und Klostermann-Thielmann Anm. 5 zu § 133.

werk des Konkurses ungeachtet im Alleineigentum des Gemeinschuldners verbleibt[1].

Zweifelhaft kann sein, ob, wenn eine offene Handelsgesellschaft oder eine einfache Kommanditgesellschaft, welche von der herrschenden Ansicht schon früher mit Recht nicht zu den juristischen Personen gezählt wurden[2] und nach dem jetzigen Wortlaute des H.G.B. zweifellos nicht mehr dazu zu zählen sind, ein Bergwerk erwirbt, die gewerkschaftliche Verfassung eintritt.

Nach der Fassung des § 133 Abs. 2 einerseits und andrerseits mit Rücksicht auf die durch das H.G.B. geschaffene weitgehende Gebundenheit des Gesellschaftsvermögens und dessen scharfe Sonderung von dem Privatvermögen der einzelnen Gesellschafter (§§ 124, 161 H.G.B.) wird man die Frage verneinen müssen. Eine derartige Handelsgesellschaft wird daher, falls sie für ein von ihr erworbenes Bergwerk die gewerkschaftliche Verfassung wünscht, nicht selbst als Erwerberin auftreten können, sondern es müssen dies die einzelnen Gesellschafter ohne Bezugnahme auf ihr gesellschaftliches Verhältnis. Es wird aber die Existenz der G. nicht gefährden, wenn diese sodann die Kuxe in die Gesellschaft einwerfen, zumal ja auch durch Vereinigung aller Kuxe in einer Hand die Gewerkschaft nicht erlischt, wie noch weiter unten auszuführen.

Dasselbe, wie für die offene Handelsgesellschaft und Kommanditgesellschaft wird auch für die Gesellschaft des B.G.B. (§§ 705 ff.) gelten müssen. Auch hier ist die dingliche Gebundenheit des Gesellschaftsvermögens (§ 718 B.G.B.) eine so weitgehende[3], dass sie sich mit der vom Berggesetz — nicht bloss durch § 133, sondern auch durch § 104 — geforderten vermögensrechtlichen Selbständigkeit der am Bergwerk Beteiligten nicht verträgt.

---

[1] § 6 R.K.O., Wilmowski Anm. 2 zu dem früheren § 5, Wolff Anm. 2 zu § 6 Anm., Oppenhoff 725 zu § 133 Anm.

[2] Staub Anm. 8 zu § 105 und Anm. 2 zu § 161.

[3] Plank II S. 467, 452.

Die Richtigkeit der diesseitigen Auffassung ergibt sich schon aus der Erwägung, dass das Gesellschaftsvermögen auch hier den Gesellschaftern nur zur gesamten Hand zusteht[1] und dass z. B. schon allein § 719 B.G.B. in direktem Gegensatze zu der statutarischen unabänderlichen Bestimmung des § 104 A.B.G. steht.

c) Nach der herrschenden Meinung soll in allen Fällen, in welchen das von der G. beschlossene Statut Festsetzungen enthält, welche den gemäss § 94 Abs. 3 A.B.G. **unabänderlichen Bestimmungen widersprechen**, überhaupt die gewerkschaftliche Verfassung ausgeschlossen sein und lediglich ein dem allgemeinen Zivilrecht unterliegendes Gesellschaftsverhältnis entstehen[2].

M. D. ist diese Auffassung jedenfalls für das B.G.B. nicht zutreffend[3]. Nach Massgabe der §§ 94 ff. A.B G. tritt, sobald ein Bergwerk einer Gemeinschaft zufällt, als gesetzlich notwendige Gesellschaftsform die G. ein, wofern dieselben nicht durch besondere Willenserklärung ausgeschlossen ist, und zwar greift diese gewerkschaftliche Verfassung mit der weiteren Massgabe Platz, dass für sie die im § 94 ff. A.B.G. gegebenen Vorschriften, die für sie massgebliche Satzung bilden, soweit dieselbe nicht in gesetzlich zulässiger Weise eine Abänderung erfahren hat.

Beschliesst die G. dementgegen ein Statut, welches in einem Punkt dem § 94 Abs. 3 widerspricht, so ist es zunächst nur zweifellos, dass diese Einzelbestimmung des Statuts nichtig ist. (§ 134 B.G.B.)

Zweifelhaft kann aber schon sein, ob vorliegend die Nichtigkeit einer Teilbestimmung die Ungültigkeit des ganzen Statuts zur Folge hat. Regelmässig wird man das Gegenteil anzunehmen haben. (§ 139 B.G.B.) Denn regelmässig wird die Willensmeinung der Gewerkschaft dahin gehen, wenn auch die eine oder andere

---

[1] Klostermann S. 441.

[2] So R.G. 12./12. 81, XXIV S. 352, Daubenspeck I S. 80 ff, O.Tr. 7./1. 74, XVI S. 217 ff., Esser S. 110, Brassert S. 349.

[3] Ebenso Klostermann-Thielmann Anm. 1 zu § 133.

ihrer statutarischen Vorschriften ungültig ist, doch wenigstens die übrigen aufrecht zu erhalten [1].

Sollte man aber nach Lage des einzelnen Falles eine solche Willensrichtung der Paziszenten nicht annehmen können, so kann man daraus doch noch nicht folgern, dass nun nicht bloss das Statut selbst ungültig, sondern die gewerkschaftliche Verfassung überhaupt ausgeschlossen sei.

Im Gegenteil hat doch, wenn das von der G. beschlossene Gewerkschaftsstatut nichtig und deshalb so zu behandeln ist, als wenn es gar nicht beschlossen sei, nunmehr das Gesetz darüber zu entscheiden, welches Rechtsverhältnis eintritt, wenn eine Personenmehrheit ein Bergwerk erwirbt, ohne etwas über das entstehende Rechtsverhältnis bestimmt zu haben; mit anderen Worten: Man wird annehmen müssen, dass in solchem Falle die gewerkschaftliche Verfassung mit den Normalbestimmungen der §§ 94 ff. Platz greift.

Nur dann ist man m. E. berechtigt, bei einem Verstoss gegen § 94 Abs. 3 die gewerkschaftliche Verfassung als ausgeschlossen zu betrachten, wenn der Fall des § 140 B.G.B. vorliegt, d. h. wenn die Paziszenten, wenngleich sie ein Gewerkschaftsstatut zu tätigen erklärten, in Wahrheit eine Vereinbarung gemäss § 133 A.B.G. haben treffen wollen und überdies die sonstigen Voraussetzungen dieses § vorliegen, d. h. wenn also die sämtlichen Gewerken für den Fall der Nichtigkeit bzw. Nichtgenehmigung des Statuts überhaupt die gewerkschaftliche Verfassung haben ausschliessen und einstimmig die Beurteilung ihrer gegenseitigen Rechtsbeziehungen nach allgemeinen zivilrechtlichen Grundsätzen gewollt haben [2].

Von diesem Gesichtspunkt aus dürften die Entscheidungen des R.G. und O.Tr. in den oben erwähnten Fällen, in welchen einer von zwei bzw. drei Gewerken von jeder Verpflichtung zur Leistung von Beiträgen ent-

---

[1] Cfr. auch Motive zum B G.B. I S. 222.

[2] Motive zum B.G.B. a. a. O., Rehbein I S. 193.

bunden sein sollte, richtig sein. Denn wenn die Beteiligten gerade in einer der einerseits für die Kreditwürdigkeit der Gewerkschaft, andererseits aber auch für die Haftung des einzelnen Gewerken wesentlichsten Zwangsbestimmungen die Zubussepflicht ausschliessen, wird man als den präsumtiven Willen der Paziszenten annehmen können, dass sie die damit unverträgliche Gewerkschaftsverfassung nicht gewollt haben[1].

Anders würde aber der vom R.G. a. a. O. als gleichliegend behandelte Fall liegen, wenn ein bisheriger Alleineigentümer behufs Begründung einer Gewerkschaft mit einem Anderen zusammentritt und diesem Kuxen der neu entstandenen Gewerkschaft überträgt, welchen nicht die Zahl 100, sondern 1000 zugrunde liegt.

Hier wird man umgekehrt annehmen dürfen, dass regelmässig der Ausschluss der gewerkschaftlichen Verfassung nicht gewollt war, deshalb § 133 A.B.G. nicht zutrifft, vielmehr die Gemeinschaft als G. zu respektieren und wegen dieser ungültigen Bestimmung, und zwar regelmässig nur bezüglich dieser allein, nicht aber in den übrigen rechtlichen Beziehungen nach dem gesetzlichen Normalstatut zu behandeln ist. Zweckmässig wird in einem solchen Falle die zur Bestätigung der Satzung berufene Behörde, also das Oberbergamt, durch Rückfrage bei den Beteiligten feststellen, ob ihrerseits auf die Bestätigung der bestätigungsreifen Teile der beschlossenen Satzung Wert gelegt wird, wenn auch wesentliche Bestimmungen, z. B. die Tausendteilung nicht bestätigt werden können. Wird diese Frage verneint, so regelt sich denn die ganze Verfassung der Personengemeinschaft nach dem gesetzlichen Normalstatut, andernfalls erhält die abseits der ungültigen Bestimmungen getroffene besondere Verfassungsregelung durch die behördliche Bestätigung Gültigkeit.

6. Nach preussischem Recht war zur Entstehung der Gewerkschaft eine **Eintragung derselben in öffentlichen Registern sowie eine Veröffentlichung ihrer Entstehung und ihrer Vertragsverhältnisse nicht vor-**

---

[1] Ebenso Klostermann-Thielmann Anm. 3 zu § 102.

gesehen. Nur einzelne der neueren Berggesetze bzw. Berggesetznovellen hatten eine öffentliche Bekanntmachung der Entstehung der Gewerkschaft gefordert: So Sondershausen (§§ 100, 102, und 103), Baden (§ 80 ff.), Gotha (§§ 105—110), Sachsen-Weimar (§ 119, § 120). In Preussen bot einen gewissen Ersatz § 117 A.B.G., wonach der Repräsentant oder Grubenvorstand dem Revierbeamten benannt werden muss, sowie eine ministerielle Verfügung vom 14. Dezember 1874[1], wonach die Revierbeamten angewiesen waren, auf Erfordern schriftliche oder mündliche Auskunft darüber zu erteilen, welche Personen bei ihm als Repräsentanten oder Grubenvorstände angegeben seien.

Nunmehr ist durch §§ 2, 33—35 H.G.B. Art. 5 des Einführ.-Ges. dazu für diejenigen Gewerkschaften des neueren preussischen Rechtes, welche „nach Art und Umfang einen in kaufmännischer Weise eingerichteten Geschäftsbetrieb erfordern", die Eintragung der Gewerkschaft zum Handelsregister mit denjenigen Folgen der Eintragung und Nichteintragung, welche sich aus § 15 H.G.B. ergeben, vorgeschrieben Das Nähere hierüber siehe Anhang zu § 96.

In den obengenannten deutschen Bundesstaaten, in denen bereits jetzt eine öffentliche Bekanntmachung vorgeschrieben war, müssen diese Bestimmungen, da die Gewerkschaft jedenfalls erst mit der Eintragung zum Handelsregister „Handelssache" wird[2], noch jetzt als geltend angesehen werden, so dass also z. B. die Gewerkschaft erst als juristische Person mit der erfolgten öffentlichen Bekanntmachung existent wird. Daneben werden allerdings die Bestimmungen des H.G.B. § 2, 33 ff. auch auf diese Gewerkschaften angewendet werden müssen[3].

II. **Zeitpunkt der Entstehung.**

1. Die G. tritt nach Wortlaut des § 94 mit dem Augenblick **ipso jure** ins Leben, wo die Voraussetzungen

---

[1] XVI S. 13.
[2] § 2 H.G.B. Art. 2 E.G. dazu.
[3] Art. 2 der Reichsverfassung, Art. 2, 5, 15 ff. zum H.G.B.

derselben zusammentreffen, wo also eine Personenmehrheit ein Bergwerk eigentümlich erwirbt. Bei derivativem Erwerb eines bereits bestehenden Bergwerks unter Lebenden ist somit der Zeitpunkt der auf Grund der stattgehabten Auflassung erfolgenden Eintragung zum Grundbuch derjenige Moment, in welchem die G. entsteht [1].

Bei Erwerb in der Zwangsversteigerung entsteht die Gewerkschaft ohne weiteres mit der Verkündung des Zuschlages [2]. Bleiben mehrere in der Zwangsversteigerung eines Bergwerkes Meistbietende, so muss daher gemäss § 94 A.B.G. der Zuschlag direkt der unter ihnen entstehenden Gewerkschaft erteilt werden, falls die Ersteher nicht bis zum Zuschlage eine anderweite Vertragsurkunde, gemäss § 133 A.B.G. dem Gerichte einreichen.

Bei neu begründetem Bergwerk beginnt die gewerkschaftliche Verfassung im Augenblick der Verleihung bzw. der oberbergamtlichen Bestätigung der Konsolidation oder Felderteilung [3]. Den Akt der Verleihung, Konsolidation und Felderteilung sieht Westhoff erst in dem Momente als vollendet an, wo der betreffende Verleihungs- etc. Beschluss den Beteiligten zugestellt ist [4]. Diese Ansicht, die auch von Thielmann in seiner Neubearbeitung des Klostermannschen Kommentars geteilt wird, muss Bedenken unterliegen. Wenn sie auf die Analogie der gleichfalls auf Staatshoheitsakt beruhenden Beamtenernennung gestützt wird, so erscheint dieser Vergleich nicht ganz passend: bei der Beamtenernennung wird lediglich ein persönliches Rechtsverhältnis zwischen einem Dritten und dem Staat geschaffen, dessen Begrün-

---

[1] § 873 B.GB., Klostermann-Thielmann Anm. 1, Brassert Anm. 2, R.G. 11./3. 1882, XXIV, 118.

[2] §§ 89, 90 des R.Zw.V.G. vom 24./3. 1897.

[3] § 50 in der neuen Fassung des Art. 37 des Preuss. A.G., Motive zu letzterem S. 58, Turnau II S. 106, Menzen Anm. 3, Arndt Anm. 6 zu § 68 des E.E.G., Brockhoff XIV S. 335, Oberneck R.G.B.O. S. 374.

[4] §§ 32, 33 A.B.G. und analog Dernburg Pr. Pr. II S. 561 bezüglich der gleichfalls auf Staatshoheitsakt beruhenden Beamtenernennung.

dung an den Empfang der Bestallung durch den Beteiligten geknüpft werden mag; bei der Verleihung und Konsolidation usw. von Bergwerkseigentum werden aber sachenähnliche Rechte für den Rechtsverkehr neu geschaffen, deren rechtliche Existenz unabhängig von der Person des Berechtigten besteht. Es ist daher richtiger, den Akt der Verleihung usw. mit dem Ausspruch der Behörde, der übrigens im Falle der Verleihung auch unabhängig von der Zustellung an die Beteiligten unter Erzeugung von Rechtswirkungen auch für Dritte (vgl. § 35, § 36 A.B.G.) veröffentlicht wird, als vollendet anzusehen[1].

2) **Der Zeitpunkt der Entstehung der G. ist von besonderer Bedeutung auch für die Frage der Schuldenhaftung.** Denn frühestens mit diesem Augenblicke beginnt die Haftung der Gewerkschaft bezüglich der für sie kontrahierten oder sie sonst, wie z. B. die Bergschäden, gesetzlich belastenden Schulden. Die weitere Frage, ob die G. auch für diejenigen Schulden ohne weiteres aufzukommen hat, welche von den Gewerken bereits vor Entstehung der G. für dieselbe kontrahiert worden sind, überhaupt, ob die aus solchen vorher abgeschlossenen Geschäften hervorgehenden Rechte und Verbindlichkeiten ohne weiteres auf die neu entstehende G. übergehen, wird richtiger Ansicht nach zu verneinen sein[2]. Die für die Aktiengesellschaft entgegenstehende Auffassung[3] beruht im wesentlichen auf der dem Aktienrecht eigenartigen Gestaltung des Gründungsherganges, vermöge dessen die sämtlichen, auch der Eintragung vorhergehenden Rechtsakte, welche für die Entstehung der Aktiengesellschaft notwendig sind, als ein einheitliches Ganze erachtet werden, so dass die Aktiengesellschaft als mit allen denjenigen Rechten und Pflichten ins Leben tretend gedacht wird, die während der Entstehung zulässiger Weise für sie kontrahiert sind. Daher wird auch bei der Aktiengesell-

---

[1] A.M. freilich auch K.G. 22./2. 1906, XLVII, S. 459.
[2] A.M. Rehbein B.G.B. I S. 41 für die Vereine des B.G.B.
[3] Staub § 200 H.G.B. Anm. 1 und 8, R.G. XXIV S. 20 ff.

schaft eine Verbindlichkeit derselben bezüglich anderer Vorverträge, die mit der Gründung nicht direkt zusammenhängen, nicht angenommen [1]. Vorverträge, welche der Entstehung der G. vorausgegangen sind, können deshalb für dieselbe nur dann als direkt berechtigend und verpflichtend angesehen werden, wenn dies aus anderen Rechtsgründen begründet erscheint, wenn z. B. der Fall einer genehmigten Geschäftsführung ohne Auftrag vorliegt [2].

So dürfte z. B. ein direkter Anspruch des Verkäufers des Bergwerks oder von Grundstücken, welche für die demnächstige Gewerkschaft gekauft sind, anzunehmen sein, falls die Auflassung direkt auf die G. erfolgt.

3. In einzelnen deutschen Bundesstaaten entsteht die Gewerkschaft nicht ipso iure, sondern nur auf Grund besonderen Vertrages und hinzutretender staatlicher Genehmigung. Es ist dies, wie bereits oben erwähnt, in Baden, Sondershausen und Gotha [3], in Sachsen [4], Sachsen-Weimar, in Reuss j. L. und Mecklenburg-Schwerin der Fall.

[1] R.G. XXXII S. 98.

[2] §§ 177 ff. 184, 677 B.G.B., Plank II Anm. 1b zu § 677, R.O.H.G. X S. 205.

[3] Vergl. R.G. abgedruckt in Zeitschr. Kali, 1910, S. 407/08 und Dr. Kunreuther in LI, 278/79. [4] § 9 Wahle Anm. 8.

B. Das Statut.

Nach § 94 A.B.G. ist für die Entstehung der Gewerkschaft die vorherige Abfassung eines Gesellschaftsvertrages oder Statuts nicht notwendig. Die Gewerkschaft entsteht ipso iure, sobald das Bergwerk auf den Namen der Gewerkschaft zum Grundbuche eingetragen oder die Verleihung ausgesprochen worden ist und mit der weiteren Wirkung, dass damit gleichfalls ipso iure, so lange und so weit die Gewerkschaft ein anderes Statut nicht vereinbart, das Normalstatut der §§ 95 ff. des A.B.G. eintritt. In denjenigen deutschen Bundesstaaten, wo die Gewerkschaft nicht ohne weiteres, sondern nur auf Grund besonderen Vertrages entsteht, ist auch die Abfassung eines Statuts Vorbedingung der Entstehung der Gewerkschaft, wobei mehr oder weniger weitgehende Mussvorschriften vorgeschrieben sind: Sachsen (§ 9, § 19), Sondershausen (§§ 100, 102, 103), Baden (§ 80 ff.), Mecklenburg-Schwerin und Reuss j. L., Gotha (§ 107 ff.).

I. **Begriff und Umfang des Statuts.**

Der **Begriff des Statuts** ist im A.B.G. nicht näher ausgesprochen. Seine Feststellung ist aber deshalb von Bedeutung, weil statutarische Beschlüsse nach § 94 besonders erschwerenden materiellen und formellen Erfordernissen unterworfen sind. Nach dem Wortlaut des § 25 B.G.B.[1] muss man annehmen, dass jeder Beschluss, welcher die „Verfassung" der G. regelt, als statutarischer anzusehen ist, gleichgültig, ob er eine erschöpfende Festsetzung dieser Verfassung herbeiführt oder dieselbe nur nach der einen oder anderen Seite hin zu ordnen beabsichtigt.

Jeder Beschluss, welcher die „Verfassung" der G., sei es ganz, sei es teilweise entgegen oder neben dem Gesetz oder früheren Statut ändert, ergänzt oder aufhebt, unterliegt somit bezüglich seiner Gültigkeit den Vorschriften des § 94 Abs. 2[2].

Man wird aber darnach im Hinblick auf die in den §§ 94 ff. niedergelegten Einzelbestimmungen des gesetzlichen Normalstatuts[3] unter „Statut" alle generellen und dauernden Bestimmungen, welche die dort in den §§ 94 ff. A.B.G. aufgeführten Gegenstände, insbesondere die Rechte und Pflichten der Gewerken, die Vertretungsbefugnis des Grubenvorstandes, der Repräsentanten, die Gewerkenversammlung, den Namen und Sitz der Gewerkschaft betreffen, zu begreifen haben.

---

[1] Cfr. auch §§ 29, 30 II 6 A.L.R. § 33 B.G.B.

[2] Brassert Anm. 8, Oppenhoff 537, Menzen Anm. 5, R.O.H.G. 12./10. 1874 XVI S. 232, Achenbach VII S. 177, Esser S. 8 ff.

[3] Cfr. auch §§ 26, 27 II 6 A.L.R.

Fehlt eines der obigen Erfordernisse, so kann von einem statutarischen Beschluss keine Rede sein [1].

Aus diesem Grunde würde es somit z. B. eine statutarische Festsetzung nicht darstellen, wenn eine G. ihre Vertretung bezgl. einer Gattung einzelner Geschäfte oder bezgl. des derzeitigen Grubenvorstandes abweichend von der gesetzlichen oder vereinbarten Satzung regelte [2].

Da sonach nur der materielle Inhalt des Beschlusses über seinen Charakter als statutarischen entscheiden kann, so ist es unerheblich, ob der Beschluss sich auch formell und äusserlich als statutarischer ankündigt. Eine Festsetzung im Statut, welche keine generelle oder dauernde Bestimmung des oben angegebenen Inhalts enthält, wird auch durch die Aufnahme in das Statut nicht etwa zu einer statutarischen. Die in den Erkenntnissen des R.O.H.G. a. a. O. berührte Frage, ob die in das Statut nicht aufgenommenen Bestimmungen des § 94 ff. schon an und für sich oder wenigstens dann als statutarisch anzusehen seien, wenn im allgemeinen im Statut angezogen, war deshalb gleichfalls abwegig. Die in Ergänzung des Statuts eintretenden Bestimmungen des § 94 sind vielmenr bezüglich ihrer etwaigen generellen und dauernden Abänderung stets als statutarische zu behandeln, weil sie durchweg ihrem Inhalt nach sich als verfassungsmässige Festsetzungen qualifizieren.

Ausnahmsweise ist in den Fällen der §§ 120, 121 und 122 gemäss § 124 A.B.G. ein die statutarische Form erfüllender Beschluss auch dann erforderlich, wenn bezüglich der dort vorgesehenen Gegenstände nicht generell, sondern nur im einzelnen Fall die dort behandelten Rechte und Pflichten des Grubenvorstandes geändert werden sollen [3].

II. Erfordernisse der Rechtsgültigkeit des Statuts.

---

[1] Oppenhoff 538 zu § 94.

[2] Urteil des R.O.H.G. 12./10. 1874 XVI S. 234 ff., Brassert dazu a. a. O.

[3] So anscheinend auch Brassert Anm. 1 zu § 124, A.M. Arndt.

1. Zu diesen Erfordernissen gehört nach dem Wortlaut des § zuvörderst die bereits vorhandene **Existenz der G.** Ein „Statut", welches z. B. eine Gesellschaft von mehreren Mutern vereinbaren würde, bevor die Verleihung ausgesprochen worden ist, würde kein „Statut" im Sinne des § 94 sein, also auch nicht die erleichternde Form der $^3/_4$ Majorität geniessen, sondern wie jeder andere Vertrag, die Willensübereinstimmung der Kontrahenten, also Einstimmigkeit erfordern. Da indes das „Statut" erst durch die oberbergamtliche Bestätigung perfekt wird, so mag es zulässig sein, ein solches schon vorher beschlossenes „Statut", nachdem die G. rechtliche Existenz erlangt hat, nachträglich zu genehmigen.

2. **Gesetzmässige Beschlussfassung.** Dieselbe unterliegt in erster Reihe den Vorschriften des A.B.G., es müssen daher entweder alle Gewerken anwesend oder aber doch gesetzmässig geladen sein [1].

Zu dieser Ladung ist u. a. erforderlich, dass sie vom Repräsentanten oder Grubenvorstande ausgehe. Da derselbe zurzeit der Entstehung der Gewerkschaft noch nicht existiert, so wird, falls nicht alle Gewerken zusammenzubringen sind, kein anderer Weg erübrigen, als der des § 122 Abs. 4 A.B.G. Dass der Revierbeamte direkt, etwa auf Antrag von $^1/_4$ der Beteiligten, eine Versammlung zwecks Verlautbarung des Statuts berufen kann, dürfte ausgeschlossen sein, weil Abs. 3 des § 122 das Vorhandensein eines Repräsentanten oder Grubenvorstandes voraussetzt.

3. **Gerichtliche oder notarielle Errichtung.** Es muss darnach eine wirkliche notarielle Verhandlung aufgenommen werden. Eine blosse notarielle oder gerichtliche Beglaubigung der Unterschriften der beteiligten Personen ist nicht ausreichend [2]. Im einzelnen sind über Form und Inhalt des notariellen Protokolls die Erläuterungen zu § 112 zu vergleichen.

4. Endlich verlangt der Absatz 2 zur Gültigkeit des Statuts **oberbergamtliche Bestätigung.**

---

[1] § 112 A.B.G., R.G. 12/11. 1884 XXVII S. 211.
[2] Klostermann-Thielmann Anm. 5 zu § 94.

Dieselbe ist von der Kommission des Herrenhauses gefordert und vom Abgeordnetenhause erst angenommen worden, nachdem seitens der Regierungsvertreter bündig erklärt war, dass eine „bevormundende Kritik der Gewerkschaftsstatuten seitens der Oberbergämter nicht zu befürchten sei“ und man daraus die Gewissheit erhielt, dass die Prüfung seitens dieser Behörde dem „Geiste“ des A.B.G. entsprechen werde. Die fundamentale Grundlage des A.B.G. ist aber nicht bloss in den Motiven [1], sondern auch im Gesetze selbst [2] dahin zum Ausdruck gelangt, dass die Bergbehörde auf die Überwachung des öffentlichen Interesses sich zu beschränken hat.

Die Prüfung des Oberbergamts hat sich somit lediglich damit zu befassen, ob das vorgelegte Statut öffentliche Interessen verletzt. Dabei ist aber die Bergbehörde befugt, jedes öffentliche Interesse in Erwägung zu ziehen, und ist nicht etwa darauf beschränkt, seine Versagungsgründe bloss dem § 196 A.B.G. und der darin umgrenzten bergpolizeilichen Aufgabe der Bergbehörde zu entnehmen [3]. Eine Verletzung öffentlicher Interessen kann darnach in verschiedener Weise vorliegen:

a) Der nächstliegende Fall ist der, dass das Statut formell oder materiell ungültig ist, da dem Staate, als Hüter der Rechtsordnung, nicht zugemutet werden kann, einem ersichtlich ungültigen Statut durch die Bestätigung seitens seiner zuständigen Organe gleichsam das Gepräge der Gesetzlichkeit aufzudrücken [4].

b) Aus gleichem Grunde muss solchen Bestimmungen des Statuts die Bestätigung versagt bleiben, welche die Gefahr einer betrüglichen Ausnutzung des mit der G., sei es als Gewerke, sei es als Gläubiger in Rechtsverkehr tretenden Publikums nahe legen.

In ersterer Beziehung gehören hierher Bestimmungen, welche die Gefahr einer dolosen Vergewaltigung der Minderheit durch die Majorität begründen [5].

---

[1] VI S. 69. [2] z. B. §§ 65, 196. [3] Berlin XLII S. 124.
[4] Esser S. 10.
[5] Strohn VII S. 51, Klostermann-Thielmann, Oppenhoff 542, Arndt Anm. 7.

In letzterer Beziehung kann z. B. die Wahl der Benennung der G. in Betracht kommen, wenn sie Verdunkelungen über die Rechtslage der G. in der Öffentlichkeit herbeizuführen geeignet ist [1].

c) Wahrnehmung eines begründeten öffentlichen Interesses liegt auch vor, wenn der Einführung der 1000 Kuxzahl bei geringwertigen Bergwerken die Bestätigung versagt wird.

Es entspricht durchaus der Stellung des Staates, wenn er von den bergbaulichen Unternehmungen solche Kreise fern zu halten sucht, welche ausser Stande sind, die in Betracht kommenden Verhältnisse richtig zu würdigen, und wenn er nach Möglichkeit die Gefahr einer ungesunden Spekulation, welche bei einer grossen Zahl geringwertiger Anteile besonders nahe liegt, abzuweisen sich bemüht [2]. Es muss das um so mehr zugegeben werden, als die neuere Aktiengesetzgebung bei der Erhöhung des Aktienminimalbetrages in derselben Richtung sich bewegt hat [3].

5. Die erstmalige Feststellung einer Gewerkschaftssatzung unterliegt jetzt nach Tarifstelle 25c Ziff. 1 des preussischen Stempelsteuergesetzes in der Fassung der Bekanntmachung vom 30. Juni 1909 nebst den Ausführungsbestimmungen vom 16. August 1910 einem Fixstempel von 500 M., der nur bei Gewerkschaften mit geringerem Vermögen oder unter sonstigen besonderen Umständen in Abstufungen von vollen Hunderten auf 100 M. ermässigt werden kann; der Stempel wird mit der Mitteilung der oberbergamtlichen Bestätigung an die Gewerkschaft fällig [4].

6. Bezüglich der Wirkung der **Bestätigung gegenüber späterer gerichtlicher Anfechtung** ist im Gesetze nichts bestimmt, somit die freie richterliche Entscheidung über die Rechtsgültigkeit einzelner statu-

---

[1] Berlin 4./10. 1882 XXIV S. 266.

[2] Berlin 11./3. 1871 XX S. 261. Ebenso Berlin 19./11. 1891 XXXIV S. 274, 11./8. 1892 daselbst S. 276, A.M. Esser zu § 101.

[3] Petersen und Pechmann A.G. S. 14, die bei Ring zu Art. 173a mitgeteilten Motive. [4] Vgl. LII, 161.

tarischer Bestimmungen durch die oberbergamtliche Prüfung nicht beschränkt[1].

Dagegen ist die Frage, ob das Statut oder die statutarischen Beschlüsse zum Besten der G. gereichen, nach § 115 Abs. 3 dem Rechtswege entzogen.

III. Die im Abs. 3 als **unabänderlich bezeichneten Bestimmungen können auch nicht durch Einstimmigkeit** der Beteiligten **abgeändert** werden, weil sie sich zum Teil als begrifflich notwendige Konsequenzen aus der juristischen Persönlichkeit der G. darstellen, zum anderen Teil aber die rechtliche Vertretung der G. gegenüber der Behörde betreffen, somit öffentlichen Rechtes sind[2].

Zu den unabänderlichen Bestimmungen gehört auch der § 94 Abs. 2, welcher im § 94 Abs. 3 nicht besonders aufgeführt ist. Wortlaut und der zweifellose Charakter dieser Bestimmung als publici iuris sprechen dafür. Mit Recht hat daher Berlin 10./2. 1893 XXXIV S. 278 die Genehmigung eines Statuts abgelehnt, worin die Änderung des Statutes nur an die Zustimmung von $^3/_4$ der vertretenen Kuxe geknüpft war[3].

Aus gleichem Grunde würde auch eine statutarische Bestimmung unmöglich sein, dass der Repräsentant resp. Grubenvorstand selbständig zur Aufhebung oder Änderung des Statuts berechtigt sein sollen. Noch weniger ist ein Statut bestätigt, welches auch die Umwandlung der Gewerkschaft in eine andere Gesellschaftsform (z. B. Aktiengesellschaft) bloss an die $^3/_4$ Mehrheit knüpfte und mit Recht darauf hinzuweisen, dass nach § 133 A.B.G. nur durch Vertrag, also nur durch Einstimmigkeit sämtlicher Gewerken an Stelle der gewerkschaftlichen Verfassung eine andere gesetzt werden kann[4]. Das nähere ist zu § 133 zu vergleichen.

---

[1] Oppenhoff S. 543 zu § 94, Brassert Anm. 11 zu § 94, Rönne Staatsrecht I S. 489; vgl. auch K.G. 3./3. 1909 bei Dr. Kunreuther, LI, 276/77.

[2] Oppenhoff S. 546 zu § 94, Kommissionsbericht VI S. 321 ff.

[3] Ebenso Bonn 20./11. 1878 XX 118.

[4] Berlin 7./5. 96 XXXVIII 119.

IV. Den **Gewerkschaften alten Rechtes** ist nach dem Wortlaut der §§ 226 und 227 und, da § 235 nur die Annahme der Gesamtheit der Bestimmungen der §§ 94 ff. zulässt, die Möglichkeit versagt, ein Statut im Sinne des § 94 zu errichten[1]. Die G. alten Rechts kann Bestimmungen, welche von den gesetzlichen regelmässigen abweichen, jetzt nicht mehr einmal durch Vertrag, also mit Einstimmigkeit einführen, wie zu § 226 noch weiter auszuführen ist.

Anhang.

Auflösung, Liquidation der Gewerkschaft und Rechtsverhältnisse nach Auflösung.

A. Auflösung.

Das A.B.G. enthält keinerlei Vorschriften über die Auflösung der G. Dem schloss sich auch die grosse Mehrzahl der übrigen deutschen Berggesetze an.

1. Nur einzelne der neueren Bergrechtskodifikationen haben Bestimmungen über die Auflösung und Liquidation getroffen. So Sondershausen (§ 140 ff.), Mecklenburg-Schwerin (§ 38 ff.) und Gotha (§ 147 ff. und Gesetz vom 26. Januar 1909), neuerdings auch Sachsen-Weimar (§§ 168 ff.) und jüngst Königreich Sachsen (§§ 16 ff.). Alle diese Gesetze kennen als gemeinsamen Auflösungsgrund den Beschluss der Mitglieder, für den sie ausser Königreich Sachsen $^3/_4$ Majorität verlangen und zwar das Mecklenburgische und Weimarische Gesetz der vertretenen, die anderen aller Kuxe. Ein weiterer Auf-

---

[1] Brassert Anm. 8, Arndt Anm. 8 und Klostermann-Thielmann Anm. 9 zu § 94; a. M. Strohn VII S. 48.

lösungsgrund ist ihnen die Eröffnung des Konkurses, der aber nach den Berggesetzen von Sondershausen und Gotha nur dann zur Auflösung führt, wenn er durch Ausschüttung der Masse beendigt wird, nicht also z. B. im Falle eines Zwangsvergleiches. Ausserdem kennt Sondershausen und Gotha, Sachsen-Weimar und Königreich Sachsen als weiteren Auflösungsgrund noch Veräusserung oder Verlust des gemeinschaftlichen Bergwerkseigentums durch Entziehung oder Verzicht, Königreich Sachsen endlich noch das Ausscheiden sämtlicher Gewerken.

Die Liquidation ist im wesentlichen in allen diesen Gesetzen übereinstimmend und im Anschluss an das H.G.B. geregelt, wobei das Mecklenburgische Gesetz und Weimar, sowie Königreich Sachsen auch das Sperrjahr übernommen haben. Die Bestimmungen dieser Partikulargesetze über die Auflösung und Liquidation sind durch das B.G.B. nicht berührt [1].

2. Für das preussische Recht, welches die Feststellung der Auflösungstatsachen der Wissenschaft überliess, wurden früher von der herrschenden Meinung [2] als solche aufgeführt:

Beschluss der Beteiligten,
Aufhebung durch den Staat,
Verkauf des Bergwerkseigentums,
Vereinigung sämtlicher Kuxe in einer Hand,
Konkurs.

Bezüglich der drei letztgenannten Aufhebungsgründe neigt indes die neuere Theorie und Rechtsprechung dazu, sie entweder gar nicht, oder nur bedingungsweise als Auflösungsgründe gelten zu lassen [3].

I. Die **Auflösungsgründe**:

Mit der Einführung des B.G.B. richtet sich die Auflösung der G. für diejenigen deutschen Berggesetze, welche bisher spezielle Bedingungen darüber nicht ent-

---

[1] Art. 67 E.G. zum B.G.B.

[2] Brassert Anm. 14 zu § 94.

[3] Westhoff XXX S. 195 ff. und dortige Literaturangabe sowie weiter unten.

hielten, nach dem B.G.B. und zwar gilt das auch für die vorher begründeten Gewerkschaften [1].

Als Auflösungstatsachen führt das B.G.B. folgende drei auf:

1. **Beschluss der Mitglieder** (§ 41 B.G.B.).

2. **Eröffnung des Konkurses**, welche aber an sich der G. nur die juristische Persönlichkeit entzieht;

3. Dasselbe wie ad 2 gilt von der **zwangsweisen Entziehung der Rechtsfähigkeit**, wenn die G. durch gesetzwidriges Verhalten ihrer Mitglieder das öffentliche Wohl gefährdet (§ 43 B.G.B.), z. B. wenn eine G. im Kriegsfalle Kohlen an eine feindliche Macht verkaufen sollte [2].

Als Auflösungsgründe haben ferner noch zu gelten:

4. **Ablauf** der im Statut vorgesehenen **Zeit oder Erledigung** des statutarischen gesetzlichen vorgeschriebenen **Zweckes** [3]. Letzteres würde z. B. bei einer G., welche nur ein einziges Bergwerk besitzt und kein besonderes Statut hat, zutreffen, sobald das Bergwerk gänzlich abgebaut ist.

5. **Verlegung des Sitzes einer G.** in das Ausland, da für die allgemeine Rechtspersönlichkeit einer juristischen Person, insbesondere ihre Entstehung und ihren Bestand das Personalstatut der G. massgebend ist [4]. Die in das Ausland verlegte G. würde deshalb nur dann für das Inland als juristische Person in Kraft bleiben, falls nach den Staatsgesetzen des neuen Sitzes der G. dieselbe dort als juristische Person anerkannt wird. Gleiches, wie bei einer Verlegung ausserhalb des Reichsgebietes muss auch gelten, wenn der Sitz der Gewerkschaft in einen andern

---

[1] Art. 3 E.G. zum B.G.B., Habicht S. 101, vgl. auch oben Einleitung.

[2] Simon S. 45, vgl. auch § 17 Bergges. für das Königr. Sachsen, wo drei Fälle, in denen der Gewerkschaft die Rechtsfähigkeit entzogen werden kann, unterschieden werden.

[3] Leske I S. 93, Riedel I S. 134, Kuhlenbeck zu § 41, Rehbein I S. 51, Neumann zu § 41.

[4] Niedner S. 28, Rehbein I S. 51, Staub H.G.B. Anm. 14 zu § 241, R.G. Entsch. VII S. 70.

deutschen Bundesstaat verlegt wird, sei es nun ein solcher, der das Gewerkschaftsrecht nicht kennt (beide Lippe, Strelitz, Reuss ä. L., Hamburg und Bremen), oder auch in einen andern, welcher die gewerkschaftliche Verfassung wohl kennt [1]. Art. 3 der Reichsverfassung steht jedenfalls nicht entgegen, da er sich nur auf natürliche Personen bezieht. Wohl aber ergibt sich schon aus § 22 B.G.B. [2] und aus der weiteren Erwägung, dass unter dem „Bergwerkseigentum", welches nach den deutschen Berggesetzen die Grundlage der Gewerkschaft zu bilden hat, nach dem ganzen Inhalt dieser Partikulargesetze nur ein solches zu verstehen ist, welches den betr. Landesberggesetzen unterliegt, d. h. innerhalb des betr. Bundesstaats belegen ist — dass bei Verlegung des Sitzes der G. in einen andern Bundesstaat zur Aufrechterhaltung der juristischen Persönlichkeit es erst einer besondern staatlichen Verleihung derselben seitens dieses Bundesstaates bedarf. Um so mehr muss dies gelten, als die unabänderlichen Grundlagen der Gewerkschaften in den einzelnen deutschen Bundesstaaten z. B. hinsichtlich der Kuxzahl nicht überall dieselben sind [3] oder wie in Gotha an besondere Voraussetzungen geknüpft sind [4]. Ob es zulässig ist, dass die Gewerkschaft einen doppelten Sitz im Inlande hat, ist mit Rücksicht auf § 24 B.G.B., der im Gegensatz zu § 7 B.G.B. für die juristischen Personen keinen doppelten Sitz versieht, bestritten: vgl. Westhoff in XLVIII, 83/84.

6. Was den **Verkauf des Bergwerks** anbetrifft, so geht die herrschende Meinung [5] zu weit, wenn sie durch den Verkauf des Bergwerkes stets die Auflösung der G. eintreten lässt.

---

[1] Vgl. auch Westhoff in XLVIII, 84.

[2] § 22 B.G.B., a. M. Strantz und Gerhard S. 85.

[3] A M. Strantz u. Gerhard S. 85; vgl. indes Rönne, Preuss. Staatsrecht IV. Aufl. Bd. IV S. 445; R.G. 14./12. 1881, XXIV, 357; Schwarz, Preuss. Verfassungsurkunde zu Art. 31; Stengel, Wörterbuch des deutschen Verwaltungsrechts S. 341.

[4] Ebenso Berlin 31./3. 1909, L, 417.

[5] Brassert S. 280, Klostermann-Thielmann Anm. 2 zu § 100, Oppenhoff Anm. 567 zu § 100, Arndt Anm. 3 zu § 44, Klostermann Lehrb. S. 234.

In Wirklichkeit stellt der Verkauf des Bergwerkes einen selbständigen Auflösungsgrund nicht dar. Ein allgemeiner Rechtssatz, dass der Verlust des hauptsächlichen Vermögensstückes eine juristische Person auflöse, existierte schon früher nicht [1].

Der Wortlaut des § 94 besagt auch nichts dafür, dass der Besitz des Bergwerkes nicht nur zur Entstehung, sondern auch zum Bestehen der G. erforderlich sei. Auch der Hinweis auf die Analogie des Grundkapitals bei der Aktiengesellschaft, für welche allerdings nach der positiven Bestimmung des H.G.B. die Erhaltung des ersteren als wesentlich für den Bestand der Aktiengesellschaft zu betrachten ist [2], trifft nicht zu. Einmal sind diese Bestimmungen bei der Aktiengesellschaft nicht der Ausfluss eines allgemeinen Rechtsgedankens. Ausserdem besteht aber zwischen der G. und der Aktiengesellschaft der wesentliche Unterschied, dass bei letzterer unter den Aktionären vereinbarungsgemäss zu dem gemeinsamen Betriebe nur das von diesen aufgebrachte Grundkapital verwertet werden soll, die Aktionäre daher auch zu einer Nachzahlung gesetzlich nicht verpflichtet sind [3], während bei der G. der Gewerke nicht bloss zu den Betriebszwecken des ursprünglichen Bergwerkes, sondern auch für andere, jedenfalls andere bergbauliche Unternehmungen im Sinn des § 54 A.B.G. beitragen muss, wenn es der Mehrheit gefällt.

Der Verkauf des Bergwerkseigentums führt daher die Auflösung der G. nur dann [4] herbei, wenn — was allerdings in der Mehrzahl der Fälle zutreffen wird — in dem Verkaufsbeschlusse auch der Willensentschluss der G. zum Ausdruck gelangt, die G. selbst zur Auflösung zu bringen. Dass der Auflösungsbeschluss nicht ausdrücklich gefasst zu werden braucht,

---

[1] Werner bei Gruchot XX S. 483; ebenso R.G. 19./2. 1900, XLII, 340.

[2] §§ 240, 288 ff. H.G.B., Renaud 275, Staub Anm. 13 zu § 240, Ring S. 262.

[3] §§ 211, 212 Staub Anm. 7—9 zu § 211 und Anm. 5 zu § 212.

[4] Ebenso R.G. 2./12. 1905, XLVII, 262/64.

darf dabei einem Bedenken für das B.G.B. nicht unterliegen [1].

Wenn aber ausnahmsweise dem Verkauf des Bergwerkseigentums der G. nicht diese Absicht der Auflösung zugrunde liegt, kann von einer Auflösung der G. nicht die Rede sein. Wenn z. B. eine G. statutarisch sich nicht auf den Betrieb ihres einzigen Bergwerks beschränkt hat, vielmehr überhaupt zum Zwecke bergbaulicher Unternehmungen begründet ist, wird der Verkauf des Bergwerkes die G. nicht zur Auflösung bringen, wenn die G. überhaupt nur den ihr zugrundeliegenden dauernden Zweck bergbaulicher Unternehmungen weiter verfolgen will.

7. Was vorstehend vom Verkauf des Bergwerks gesagt ist, gilt auch für den **Verzicht** auf dasselbe und die gemäss § 156 A.B.G. zu erfolgende Entziehung des Bergwerks durch den Staat.

Im Falle bloss tatsächlicher Dereliktion besteht stets die G. fort, weil die erstere rechtlich ungültig ist [2].

8. Dass die **Vereinigung sämtlicher Kuxe in einer Hand**, bei welcher sich Brassert Anm. 14, Arndt Anm. 1 zu § 100, O.Tr. 21. II 78, XX. S. 353 früher für Auflösung ausgesprochen haben, eine solche herbeiführt, lässt sich weder aus dem in dieser Beziehung irrelevanten Wortlaut des § 94, noch aus sonstigen Gründen folgern. Es greifen vielmehr lediglich die allgemeinen gesetzlichen Bestimmungen Platz, nach denen auch für das bisherige Recht die Reduktion der Zahl der Mitglieder auf eins die juristische Person nicht zum Erlöschen brachte, vielmehr noch eine besondere Willensäusserung des letzten Alleingewerken erforderte [3]. Die-

---

[1] Arg. § 125 B.G.B. Rehbein I S. 152 ff.

[2] Brassert 434, Oppenhoff Anm. 914, a. M. Arndt zu § 161, Klostermann-Thielmann Anm. 3 zu § 161, Westhoff XXXI S. 212 ff.

[3] L. 7 § 2 D. 3, 4; § 177 A.L.R. II, 6. Dieser Ansicht hatten sich für das gegenwärtige Recht auch das R G. 28. XI. 88, XXX, 242, Daubenspeck I S. 167, ferner R.G. 19./2. 1901, XLII, 343 angeschlossen, ebenso Oppenhoff Anm. 566, Esser S. 27 ff., Verwaltungs-Gerichtshof Wien XXIII S. 262, Landgericht Beuthen, Oberlandesger. Breslau XXVI S. 109 ff., Westhoff a. a. O. Klostermann-Thielmann Anm. 2 zu § 100, Frank XXXVI S. 328 ff.

selbe Ansicht muss auch für das B.G.B. gelten[1]. Noch weniger hört selbstredend die G. in dem Falle zu existieren auf, wo die sämtlichen Gewerken bis auf einen auf ihren Kux verzichten. Hier müssen vielmehr zunächst die Kuxe durch den Repräsentanten verkauft werden. Erst nach Feststellung der Unverkäuflichkeit tritt der Zuwachs an den allein übrig bleibenden Gewerken ein, der dann, wie oben angegeben, die G. durch besondere Erklärung zur Auflösung bringen kann[2]. Bei der G. alten Rechts hört bei der Vereinigung aller Kuxe in einer Hand die G. auf, da die Vereinigung der sämtlichen Miteigentumsanteile in einer Hand notwendig zum Alleineigentum führt[3].

II. **Einzelne der vorausgeführten Auflösungsgründe** bedürfen noch einer näheren Erörterung.

1. **Der Auflösungsbeschluss** der Gewerken muss mit der $^3/_4$ Majorität der sämtlichen Kuxe des § 114 A.B.G. erfolgen[4]. Der Ansicht von Simon (S. 291), dass nunmehr gemäss § 41 B.G.B. $^3/_4$ Majorität der anwesenden Mitglieder oder auch etwa der vertretenen Kuxe genüge, kann nicht zugestimmt werden. Das B.G.B. tritt gegenüber dem Gewerkschaftsrecht des A.B.G. nur so weit ergänzend ein, als wirklich Lücken vorhanden sind. Insofern das B.G.B. auch den Beschluss der Mitglieder als Auflösungsgrund einer juristischen Person anführt, gilt dies auch für die G., weil das Berggesetz die Auflösungsgründe nicht bestimmt hat. Wie aber und unter welchen gesetzlichen Voraussetzungen sich die Beschlussfassung der G. vollzieht, ist im A.B.G. erschöpfend geregelt und es bedarf deshalb eines

---

[1] § 41 B.G.B., Rehbein I 51, Neumann zu § 41, Leske I 43, Riedel I 134, Staub Anm. 12 § 292 H.G.B.; vgl. auch Ob.-Verw.-G. 18./9. 1903, XLV, 98/99.

[2] R.G. 28./3. 1890 Daubenspeck I S. 167.

[3] Halle 16./5. 90, Berlin 9./8. 90 XXXII S. 137 ff., und 20./6. 1907, XLVIII, 547, O.Tr. 21./1. 78 XX 353, Kammergericht 4./4. 92 XXXVIII S. 102; Landger. Gleiwitz 15./6. 1906, XLVIII, 168; vgl. auch K.G. 21./9. 1908, L, 102 und Westhoff, XLVIII, 111.

[4] Ebenso R.A. Dr. Gottschalk im „Glückauf“, 1911, Nr. 32, S. 1255.

Eingreifens des B.G.B. nicht, weil insofern eine Lücke in dem A.B.G. nicht vorhanden ist.

Fraglich kann aber nach dem B.G.B. sein, ob für diesen Auflösungsbeschluss einfache Majorität genügt oder ob $^3/_4$ Majorität des § 114 A.B.G. erreicht sein muss oder ob nicht nach § 94 Abs. 2 der Beschluss als statutarischer auch noch der oberbergamtlichen Genehmigung bedarf, oder ob er nicht gar einstimmig gefasst sein muss[1]. M. D. wird man den Beschluss für die Auflösung der G. als statutarischen im Sinne des A.B.G. nicht auffassen können, da er keine generelle Festsetzung der gewerkschaftlichen Verfassung enthält, sondern nur für einen, wenngleich einen der wichtigsten Einzelfälle die Entscheidung der G. herbeiführt. Dass das A.B.G. tatsächlich in einem solchen Beschluss keinen statutarischen erblickt, ergibt sich m. D. schon daraus, dass auch der Verkauf des Bergwerkes, der jedenfalls in dem den §§ 94 ff. zugrundeliegenden Regelfalle des Vorhandenseins nur eines Bergwerkes stets die Auflösung der G. zur Folge hat, nur der $^3/_4$ Majorität des § 114 A.B.G., nicht aber statutarischen Beschlusses bedarf. Es wird deshalb auch für den sonstigen Auflösungsbeschluss die $^3/_4$ Majorität des § 114 genügen, aber andererseits auch notwendig sein. Es ergibt sich die Notwendigkeit schon daraus, dass bei der Auflösung die Liquidation des Gewerkschaftsvermögens eintritt, damit regelmässig auch der Verkauf des Bergwerkseigentums als beschlossen gelten muss und insofern § 114 Platz greift.

2. Der Auflösungsbeschluss der G. kann mit dem Beschluss verbunden sein, die G. in eine andere Gesellschaftsform umzuwandeln.

Die Umwandlung einer G. in eine Aktiengesellschaft wird sich praktisch auf zweifache Weise vollziehen: entweder können die Gewerken durch Vertrag, also mit Einstimmigkeit, gemäss § 133 die Form der Aktiengesellschaft für ihr Unternehmen einführen, oder

---

[1] Für letzteres Brassert S. 279, Klostermann-Thielmann Anm. 3 zu § 100, Oppenhoff Nr. 567.

es kann die Gewerkschaft einer, auf ihre Veranlassung gebildeten Aktiengesellschaft gemäss § 114 A.B.G. mit $^3/_4$ Majorität das ganze Vermögen der G. oder doch ihr Bergwerk oder endlich die Kuxe übertragen. In allen Fällen sind bezüglich der Errichtung der Aktiengesellschaft zunächst die allgemeinen Vorschriften des H.G.B. massgebend. Ebenso sind in beiden Fällen die Schutzvorschriften des B.G.B. bezüglich Befriedigung der Gläubiger und des Sperrjahrs zu beachten [1]. Dabei sind folgende Fragen von Wichtigkeit:

a) Bedarf es auch in dem erstgenannten Falle der einstimmigen Umwandlung der gewerkschaftlichen Verfassung in eine aktiengesellschaftliche **der Auflassung des Bergwerkes auf die neue Aktiengesellschaft?**

Die Beantwortung dieser Frage hängt wesentlich ab von der Auffassung des Wesens der juristischen Person. Wer auf dem Boden der deutschrechtlichen, nunmehr von Gierke eingehend verfochtenen Theorie steht und in der juristischen Person lediglich die Gesamtheit der Mitglieder selbst, die aus praktischen Gründen zu einer realen Gesamtperson vereinigt sind, erblickt [2], wird eine Auflassung **nicht** für notwendig halten. Demgemäss hat das Landgericht Halberstadt 30./1. 89 XXXII S. 385 im Falle der Umwandlung durch einstimmigen Beschluss resp. Vertrag gemäss § 133 A.B.G. eine Auflassung nicht für notwendig erklärt, weil hier die Aktiengesellschaft kein von der früheren G. verschiedenes Rechtssubjekt sei [3].

Das Kammergericht hat dagegen [4] Auflassung gefordert.

M. E. ist diese letztere Auffassung die richtige. Die jeweilige Verfassung bildet das Wesen einer Korporation; nur wenn sie die jeweilig bestimmten Verfassungsbedingungen erfüllt, verleiht ihr der Staat das Recht

---

1 Vergl. weiter unten.

2 Gierke, Genossenschaftstheorie S. 5 ff.

3 Ebenso R.G. 9./7. 90 XXXII S. 251, Dernburg B.G.B. III S. 251, Rinteln bei Gruchot XVIII S. 39, Turnau II S. 118.

4 16./4. 90 XXXII S. 112.

einer juristischen Person. Unmöglich kann man aber ein Institut begrifflich mit einem anderen identifizieren, das in seinen wesentlichen Grundlagen von einem anderen unterschieden ist[1]. Gerade die Ausnahmefälle, welche die Gesetzgebung in §§ 332 und 333 des H.G.B. für die Umwandlung einer Kommanditgesellschaft auf Aktien in eine Aktiengesellschaft und in §§ 78 ff. des Gesetzes über die Gesellschaft mit beschränkter Haftung für die Umwandlung einer Aktiengesellschaft in eine Gesellschaft mit beschränkter Haftung dahin zugelassen hat, dass im ersteren Falle die Gesellschaft dieselbe bleibt, im letzteren eine Universalrechtsnachfolge eintritt, zeigen, dass abgesehen von diesen Ausnahmfällen bei der Umwandlung einer Korporation der einen Art in die andere eine Singularsukzession aus dem Vermögen einer Person in das einer anderen, also der Fall einer Übertragung des Eigentums vorliegt, welcher Auflassung erheischt[2].

b) Für das bisherige Recht war es streitig, ob im Falle der Umwandlung einer G. in eine Aktiengesellschaft der Grundbuchrichter nicht auch **den Nachweis** verlangen konnte, **dass diejenigen Gläubiger, welchen an einzelnen Kuxen ein Pfandrecht zustand, zur Umwandlung ihre Zustimmung** erteilt hätten[3].

Für das B.G.B. wird man die Frage gleichfalls mit Rücksicht auf § 1276 bejahen müssen. Soll also durch Vertrag der Gewerken die Gewerkschaft in eine Aktiengesellschaft umgewandelt werden, so wird zur Sicherheit der Durchführung des Vertrages verlangt werden müssen, dass die sämtlichen Gewerken bei Vertragsabschluss ihre Kuxe zum Erweise ihrer Pfandfreiheit vorlegen. Denn damit ist die Pfandfreiheit zurzeit der Vertragsschliessung — und auf diesen Zeitpunkt allein

---

[1] Kammergericht a. a. O., Westhoff XXXI S. 225; ebenso Klostermann-Thielmann Anm. 2 zu § 100.

[2] § 925 und 873 B.G.B.

[3] Vielfach wurde die Frage mit Rücksicht auf § 24 I 20 A.L.R. bejaht, so Rintelen bei Gruchot XVIII S. 31 ff., Brassert S. 349, A.G. Hamm 1./4. 74 XVII S. 530.

kann es ankommen — ausreichend dargetan [1]. Dieselbe Zustimmung der Pfandgläubiger ist auch bei Umwandlung einer Gewerkschaft alten Rechts in eine andere nicht gewerkschaftliche Gesellschaftsform erforderlich, also z. B. dann wenn die Kuxe alten Rechts hypothekarisch belastet sind [2].

c) Stempelfragen. Die Umwandlung einer G. in eine Aktiengesellschaft ist mit mannigfachen Reichs- und Landesstempeln belastet.

Unter allen Umständen, die Umwandlung mag sich vollziehen, wie sie wolle, ist der Urkundenstempel für die Aktien der neu entstehenden Aktiengesellschaft zu zahlen, welcher nach Massgabe des Reichsstempelgesetzes vom $\frac{\text{27. April 1894}}{\text{15. Juli 1909}}$ in der Fassung der Bekanntmachung vom 22. Juli 1909, Tarifstelle 1a, früher 1 vom Hundert betrug, jetzt aber durch Gesetz vom 15. Juli 1909 auf 3 vom Hundert erhöht ist. Ebenso ist regelmässig der Geschäftsstempel aus Tarifstelle 4a des Reichsstempelgesetzes in Höhe von $^3/_{10}$ vom Tausend des Werts zu entrichten.

Ausserdem sind verschiedene weitere Stempel zu zahlen je nach der Form, in welcher die Umwandlung vollzogen wird.

α) Wird die Umwandlung derart vollzogen, dass das Bergwerk von der Gewerkschaft durch Mehrheitsbeschluss gegen ein bestimmtes Äquivalent, sei es in bar, durch Übernahme von Schulden oder in anderer Weise der Aktiengesellschaft übertragen, den Gewerken aber nur ein Bezugsrecht auf die neu auszugebenden Aktien eingeräumt wird, qualifiziert sich somit das Geschäft als Übernahmevertrag [3], so ist an Stempeln ausser den bereits erwähnten der aus Nr. 32 des Preussischen Stempeltarifs in Höhe von 1 vom Hundert [4] zu zahlen.

Daneben ist der Landesstempel aus der Nr. 25a des

---

1 §§ 1253 und 1278 B.G.B.
2 K.G. 7./5. 1908, XLIX, 525.
3 Staub Anm. 19 und 23 § 186, Heinitz III. Aufl. S. 396 Nr. 4.
4 Cfr. Staub, Heinitz a. a. O.

Preussischen Stempeltarifs vom 31. Juli 1895 in der Fassung der Bekanntmachung vom 30. Juni 1909 in abgestufter Höhe von 1 bis $1^1/_2$ Prozent des Grundkapitals zu entrichten.

Es ist zwar nicht unstreitig, ob der Landesstempel trotz § 24 Reichsstempelgesetzes neben der Tarifstelle Nr. 4 desselben noch erhoben werden kann. Da aber durch die Übernahme oder Zeichnung der Aktien der Gesellschaftsvertrag über Errichtung der Aktiengesellschaft keineswegs erschöpft wird, so liegt jedenfalls Identität der unter Nr. 4 des Reichsstempelgesetzes und Nr. 25 des Preussischen Stempelgesetzes versteuerten Geschäfte nicht vor[1].

β) Die Umwandlung wird derart vollzogen, dass gegen Übertragung des Bergwerks durch Vertrag seitens der Gewerkschaft derselben Aktien gegeben werden. Für das vorstehende Geschäft, welches sich, als Illationsvertrag darstellt[2], ist ausserdem zu zahlen:

αα) Der Gesellschaftserrichtungsstempel aus Nr. 25a des Preussischen Stempeltarifs.

ββ) Ob daneben noch der Landesstempel aus Nr. 25c des Preussischen Stempeltarifs in Höhe von 1 vom Hundert gefordert werden kann, ist streitig und dürfte richtiger Ansicht nach gegenüber § 24 des Reichsstempelgesetzes zu verneinen sein[3].

Die Streitfrage hat indes keine praktische Bedeutung mehr, weil das R.G. sich in konstanter Rechtsprechung[4] für das Gegenteil ausgesprochen und die Bestimmung aus Nr. 25c des Preussischen Tarifs für rechtsgültig erklärt hat. Der Stempelberechnung ist aber nicht der Wert der Gegenleistung der Aktiengesellschaft,

---

[1] Heinitz III. Aufl. S. 383 Anm. a, a. M. Staub Anm. 18 zu § 179 H.G.B.

[2] Heinitz S. 396 Anm. 3.

[3] So besonders ausführlich dargelegt von Heinitz III. Aufl. S. 398, Deutsche Juristenzeitung 1898 S. 263, vgl. auch Staub Anm. 17 zu § 179 H.G.B.

[4] 5./1., 23./2., 16./3., 1./6. und 19./6. 1900 Juristische Wochenschrift 1900 S. 609, ferner 1901, S. 21, S. 146, S. 178; Justiz-Ministerialblatt S. 512 ff.; ebenso K.G. 11./2. 1901, XLIII, 106; vgl. auch R.G. 8./2. 1910, LII, 122.

also der Wert der Aktien oder der Betrag der übernommenen Hypothek, sondern der gemeine Wert des Bergwerks zugrunde zu legen: vgl. auch K.G. 11./2. 1901, XLIII, 106.

γ) Die Umwandlung wird dadurch vollzogen, dass die sämtlichen Gewerken ihre Kuxe in die Aktiengesellschaft einwerfen und dagegen Aktien erhalten.

Hier sind folgende Stempel zu zahlen:

αα) der Reichsurkundenstempel von 3 vom Hundert;

ββ) der Reichsanschaffungsstempel in Höhe von $^{3}/_{10}$ vom Tausend;

γγ) der Landesstempel aus Nr. 25 a in Höhe von $1—1^{1}/_{2}$ vom Hundert;

δδ) Westhoff befürwortete in diesem Falle auch noch die Entrichtung des landesgesetzlichen Einbringungsstempels von $^{1}/_{3}$ vom Hundert des Werts der als bewegliche Vermögensgegenstände anzusehenden Kuxe[1]. Diese Bestempelung wird aber nach § 24 des Reichsstempelgesetzes mit Rücksicht auf Tarifstelle 4 a unter 2 des Reichsstempeltarifs jetzt jedenfalls als ausgeschlossen zu gelten haben[2].

δ) Die Umwandlung vollzieht sich in der Weise, dass die Aktiengesellschaft die sämtlichen Kuxe aufkauft und dann das Bergwerk an sich auflässt unter Ueberreichung des von ihr als letztem Alleingewerken gefassten Auflösungsbeschlusses. Hier fällt der Landesstempel aus Tarifstelle 25 c jedenfalls weg, weil hier tatsächlich kein neues Vermögen eingebracht wird[3], auch der Auflassungsstempel, wie weiter unten noch auszuführen. Allerdings würde dagegen die Aktiengesellschaft den Reichs-Anschaffungsstempel für den Erwerb der Kuxe in der gleichen Höhe von 1 vom Tausend zu leisten haben, wie unten zu § 105 noch weiter auszuführen ist. Der Weg sub δ) muss derjenige sein, welcher nach Lage der augenblicklichen Rechtsprechung mit den geringsten Stempelkosten verknüpft ist,

---

[1] Heinitz S. 379 Anm. 8a. [2] Heinitz III. Aufl. S. 400.

[3] So Kammergericht 26./3. 1900 XLI S. 358; ähnlich Ob.-Verw.-Ger. 18./9. 1903 XLV, 98.

3. **Umwandlung einer Aktiengesellschaft in eine Gewerkschaft.**

Die Umwandlung einer Aktiengesellschaft in eine G., welche zweckmässig an dieser Stelle besprochen wird, unterliegt den allgemeinen Vorschriften. Auch diese Umwandlung kann sich auf zweifache Weise vollziehen, entweder durch einstimmigen Beschluss der sämtlichen Aktionäre in Gemässheit des § 133 A.B.G. oder durch Mehrheitsbeschluss in Gemässheit der §§ 292 Nr. 2, evt. auch 303 des H.G.B. mit der $^{3}/_{4}$ Majorität des bei der Beschlussfassung vertretenen Grundkapitals.

In beiden Fällen würden selbstredend die Schutzvorschriften der H.G.B., über die Liquidation, Befriedigung der Gläubiger und der Ablauf des Sperrjahres zu beobachten sein, ehe die Umwandlung der Aktien in Kuxe bzw. die Uebertragung des Vermögens der bisherigen Aktiengesellschaft auf die neue G. erfolgen könnte [1].

a) Wird der erstere Weg gewählt, die aktiengesellschaftliche Verfassung aufgehoben und an Stelle der bisherigen Aktien den Aktionären eine gewisse Anzahl von Kuxen zugeteilt, so würde auch hier aus dem oben erwähnten ad 2a angegebenen Grunde eine Auflassung des Bergwerksvermögens auf die G. notwendig sein. An Stempel wird der allgemeine Notariatsstempel aus der landesgesetzlichen Tarifstelle 45 (jetzt 3 M.) zu erheben sein, denn unter den Begriff einer Gesellschaft des bürgerlichen Rechts im Sinne der Tarifstelle 25b des Landesstempelgesetzes vom 30. Juni 1909 wird die Gewerkschaft nicht zu rechnen sein, besonders da unter Tarifstelle 25e a. a. O. für die Gewerkschaften besondere Bestempelungsvorschriften vorgesehen sind.

Ferner ist nach der landesgesetzlichen Tarifstelle 8 Abs. 4 unter Ziff. 4 in der jetzigen Fassung im Gegensatze zu dem früheren Rechtszustande nunmehr ein Auflassungsstempel von 1 vom Hundert zu entrichten [2].

Auch der für Kuxe durch das Gesetz vom 14./6.//15./7. 1900/09 jetzt eingeführte Reichsanschaffungsstempel wird

---

[1] Staub Anm. 7—9 zu § 334 H.G.B.
[2] Heinitz III. Aufl. S. 990.

nicht erhoben werden können, weil die bei der Errichtung einer Gesellschaft stattfindende Uebernahme der Vermögensanteile derselben vom R.G nicht als „Anschaffungsgeschäft“ angesehen wird, kraft positiver Bestimmung des Reichsstempelgesetzes auch nur bei der Aktiengesellschaft und Aktienkommanditgesellschaft die Aktienübernahme als solche bei der Errichtung der Aktiengesellschaft steuerlich dem Anschaffungsgeschäfte gleich behandelt wird[1]. Wohl aber ist nach den genannten Gesetzen für jeden Kux ein Urkundenstempel von jetzt 3 M. zu entrichten, während der bisherige preussische Urkundenstempel Nr. 34 des Tarifes von gleicher Höhe weggefallen ist[2].

b) Ist die Zustimmung sämtlicher Aktionäre nicht zu erhalten, so ist die Umwandlung nicht anders möglich als dadurch, dass die Aktiengesellschaft unter Beobachtung der §§ 292, 303 H.G.B. sich auflöst und das ihr gehörige Bergwerkseigentum evt. ihr ganzes Vermögen dergestalt veräussert, dass ein von ihr zu bildendes Konsortium, an welches als G. das Bergwerk aufgelassen wird, dagegen die Verpflichtung übernimmt die sämtlichen Kuxe der durch die Auflassung ipso iure entstandenen G. direkt den Aktionären oder auch der Aktiengesellschaft zu übergeben, welche dann unter Wahrung der Individualrechte der Aktionäre die Kuxe unter dieselben zur Verteilung bringt bzw. denselben zur Uebernahme anbietet. In letzterem Falle ist, falls die von der Aktiengesellschaft akzeptierte Offerte des Konsortiums bei der Auflassung vorgelegt wird, der Immobilarstempel aus Tarifstelle 32, andernfalls der Auflassungsstempel aus Tarifstelle 8 zu zahlen. Ausserdem ist natürlich nunmehr auch hier der Reichsurkundenstempel von 3 M. pro Kux verfallen.

4. **Konsolidation und Feldesteilung.** Hat eine G. mehrere ihr gehörige Bergwerke konsolidiert oder das ihr gehörige Bergwerk durch Feldesteilung in

---

[1] Cfr. R.G. 19./6. 1900, Jur. Woch. 1900 S. 609.

[2] § 4 Reichsstempelgesetzes Abs. 1 in der jetzigen Fassung Brassert XLI S. 396 und Tarifstelle 34 des Landesstempelgesetzes in der Fassung vom 30. Juni 1909.

mehrere selbständige Bergwerke geteilt, so tritt dadurch allein eine neue juristische Person nicht ins Leben. Die alte G. bleibt unverändert, weil die Konsolidation und Feldesteilung an sich lediglich ein neues Rechtsobjekt schafft[1].

Eine neue juristische Person entsteht bloss dann, wenn die G. ausdrücklich beschliesst, dass aus Anlass der Konsolidation oder Feldesteilung neue juristische Personen sich bilden sollen oder wenn dies aus sonstigen Gründen notwendig wird, z. B. wenn mehrere Gewerkschaften oder eine solche mit dem Besitzer eines anderen Bergwerks die ihr gehörigen Bergwerke konsolidieren und die Gewerken der alten G. durch Kuxen der neuen G. abgefunden werden; freilich kann auch in dem Konsolidationsakt eine die gewerkschaftliche Verfassung ausschliessende anderweite Regelung der Mitbeteiligung der mehreren konsolidierenden Bergwerkseigentümer an dem neu entstehenden Bergwerke im Sinne des § 133 A.B.G. vorgesehen werden, z. B. Miteigentumsverhältnis nach ideellen Anteilen. Der Stempel bei der Konsolidation beträgt nach Tarifstelle 33 des preussischen Stempelsteuergesetzes in der Fassung vom 30. Juni 1909 300 M. (bei Wert unter 10000 M. 30 M.).

Der Auflassungsstempel aus Tarifstelle 8 kommt nicht in Frage, weil das Eigentum an dem konsolidierten Bergwerk schon durch die Bestätigung des Konsolidationsbeschlusses erworben wird. Der etwa mit dem Konsolidationsbeschluss verbundene Gesellschaftsvertrag würde dem Stempel aus Tarifstelle 25e (jetzt 500 bis 100 M.) unterliegen, da die Tarifstelle 25a—c auf Gewerkschaften nicht zutrifft. Ausserdem ist jetzt nach dem Reichsstempelgesetze der Urkundenfixstempel von 3 M. für die Kuxe der neuen G. zu lösen.

5. **Bei Erreichung des statutarischen Endzweckes der G.**, insbesondere also nach gänzlichem Abbau des einzigen Bergwerks der G. erlischt die letztere ipso

[1] R.G. 30./6. 80 XXIII 330 ff., Westhoff XXX 202 ff., R.O.H.G. 21./10. 1875 XVII 506 ff.

iure[1]. Das Vermögen der G. fällt alsdann den G. zu. (§ 45 B.G.B.)

Wenn die G. in solchem Falle den Eintritt der Auflösung verhindern will, so kann dies vorher nur durch besonderen Beschluss geschehen, der, wenn er generell dahin gefasst wird, dass der Zweck der G. von nun ab auf bergbauliche Unternehmungen irgend welcher Art gerichtet sein solle, als statutarische zu behandeln und deshalb auch der Genehmigung des Oberbergamtes bedürfte.

Nach Ablauf der Zeit bzw. nach Erreichung des Endzweckes der G. wird es des einstimmigen Beschlusses der G. bedürfen, weil die G. nicht mehr besteht, also nur durch besonderen Vertrag wieder ins Leben gerufen werden kann. Auch wird in einem solchen Falle die Auflassung des Grundbesitzes von der bisherigen G. an die neue erfolgen müssen[2].

6. **Die Vereinigung sämtlicher Kuxe in einer Hand** löst die G., wie bereits oben hervorgehoben, nicht auf. Es muss vielmehr der erklärte Wille des letzten Gewerken hinzukommen, die G. auflösen zu wollen.

Ob in solchem Falle für die Umschreibung des Bergwerkes im Grundbuche auf den Namen des alleinigen Gewerken der bezügliche Beschluss in notarieller oder gerichtlicher Form genügt, oder ob noch die Auflassung hinzukommen muss, ist in der Praxis streitig.

Das Kammergericht hat sich m. E. zutreffend für die Notwendigkeit der Auflassung ausgesprochen[3]. Auch hier ist entscheidend die Konstruktion der rechtlichen Natur der juristischen Person.

Vom Standpunkte der deutschrechtlichen Theorie fällt mit der Auflösung der Korporation durch Beschlussfassung der einzigen, übrig gebliebenen Mitglieder lediglich die Gebundenheit der Vermögensmasse zu dem bisherigen Zwecke weg, während der Träger der Aktiva

---

[1] Arg. § 74 Abs. 2 B.G.B., Rehbein I 51.

[2] Plank Anm. 2 zu § 41.

[3] 24./10. 87 XXIX 250, ebenso neuerdings in Johows Jahrbüchern 9./10. 1899 XIX S. 85 ff., Landger. Bochum 27./6. 1902, XLIV, 370.

und Passiva in Wahrheit derselbe bleibt. Von dem Standpunkt dieser Theorie liegt somit auch hier eine „Uebertragung“ des Eigentums (§ 925 B.G.B.) nicht vor.

Vom Standpunkt der herrschenden Auffassung aus[1] muss aber, wenn die in der Person ihres letzten Gewerken noch bestehende Gewerkschaft den Auflösungsbeschluss fasst, darin eine „Uebertragung“ des Vermögens von Seiten der bis dahin noch als besondere fingierte Person bestehenden Gewerkschaft auf den einzigen Gewerken gefunden werden, welche bezüglich des Bergwerks zu ihrer Durchführung der Auflassung bedarf[2]. Nach der neuerlichen Fassung der Tarifstelle 8 Abs. 4 unter Ziff. 4 des Landesstempelgesetzes vom 30. Juni 1909 wird jetzt auch bei einer solchen Transaktion der Auflassungsstempel von 1 vom Hundert zu entrichten sein[3].

7. **Der Konkurs der Gewerkschaft.**

a) Derselbe muss nach dem B.G.B. beantragt werden vom Grubenvorstand resp. Repräsentanten, wenn Ueberschuldung vorliegt[4]. Nach §§ 207 und 213 der R.K.O. ist ausserdem der Konkursantrag zulässig im Falle der Zahlungsunfähigkeit resp. Zahlungseinstellung. Dabei soll nach § 208 sowohl im Falle der Ueberschuldung wie der Zahlungsunfähigkeit jedes Mitglied des Vorstandes legitimiert sein, den Antrag zu stellen. Es fragt sich, ob speziell diese letztere Bestimmung auch bei der Gewerkschaft zur Anwendung kommen kann oder ob hier nicht etwa §§ 114, 220 A.G.B. als Spezialgesetz entgegenstehen, weil der Antrag auf Konkurseröffnung sich als Verfügung über die Substanz des Bergwerkes darstellt, insofern durch den Antrag auf Konkurseröffnung die Gewerkschaft die Befugnis verliert, ihr Bergwerk zu verwalten und über dasselbe zu verfügen[5], und weil deshalb Beschluss der Gewerken-

---

[1] Dernburg, Preuss. Priv.-Recht I S. 100, Foerster-Eccius IV S. 649, Windscheid, Pandekten § 40 Anm. 3.

[2] Kammergericht a. a. O.

[3] Über die Erhebung der Umsatzsteuer in solchen Fällen vgl. Ob.-Verw.-Ger. 18./9. 1903, XLV, 99 und 21./5. 1908 in Entsch. 52, S. 125. [4] § 42 Abs. 2. [5] § 6 der R.C.O.

versammlung und eine besondere Vollmacht für den Grubenvorstand notwendig ist.

Man wird letzteres indes zu verneinen haben! Die Bestimmungen der R.K.O. gehen den entgegenstehenden Landesgesetzen vor[1].

Wenn hiernach auch jedes einzelne Mitglied des Grubenvorstandes nach Aussen hin berechtigt ist, die Eröffnung des Konkurses zu beantragen, so darf es keinem Zweifel unterliegen, dass jedenfalls nach Innen hin die §§ 114 und 220 A.B.G. ihre volle Kraft behalten. Wird daher der Konkurs beantragt, ohne dass ein triftiger Grund vorliegt, so macht sich das betreffende Vorstandsmitglied der Gewerkschaft gegenüber verantwortlich.

b) Für die Beurteilung, ob eine Ueberschuldung der Gewerkschaft vorliegt, darf **nicht die Zubussepflicht der Gewerken ausser Acht** gelassen werden[2]. Man wird daher eine Ueberschuldung der Gewerkschaft nur dann annehmen können, wenn, abgesehen von dem Uebersteigen der Aktiva durch die Passiva die Gewerkenversammlung die weitere Einziehung von Zubussen abgelehnt hat oder die Gewerken zur Zahlung der ausgeschriebenen Zubussen nicht mehr gewillt bzw. nicht mehr vermögend oder mit Rücksicht auf die von ihnen gemäss § 130 A.B.G. vorgenommene Anheimstellung der Kuxe nicht mehr verpflichtet sind.

c) Der eröffnete Konkurs **benimmt** der Gewerkschaft **nur die Rechtsfähigkeit**, löst also die Gewerkschaft an sich nicht auf. Die Gewerkschaft bleibt vielmehr auch noch nach Eröffnung des Konkurses als nicht rechtsfähiger Verein bestehen. Ebenso bleiben auch noch die Befugnisse des Vorstandes in gewissem Umfange erhalten. Er vertritt die Funktion des Gemeinschuldners und hat die Pflicht zur Auskunftserteilung[3], das Recht des Widerspruchs gegen die angemeldeten Forderungen[4], er hat das Recht, die Einstellung des Ver-

---

[1] Vgl. Art. 4 des Einf.-Ges. zur R.K.O. vom 10./2. 77, Art. 2 des Einf.-Ges. vom 17./5. 98, Wilmowski R.K.O. S. 24 ff.

[2] Plank Anm. 3 zu § 42.

[3] §§ 100 und 101 R.K O.

[4] § 197 R.K.O.

fahrens sowie einen Akkord zu beantragen[1]. Er erscheint auch legitimiert die Gewerkenversammlung zu berufen, behufs Erörterung eines Zwangsvergleichs. Ebenso bleibt auch der Kux im Konkurse bestehen, nicht minder die Zubussepflicht und das Recht, sich an der Zubusse durch Hingabe des Kuxes zu befreien[2]. Ueberhaupt bleibt die gewerkschaftliche Verfassung trotz des Konkurses so weit bestehen, als sie nicht auf der Rechtspersönlichkeit der G. beruht[3].

d) Diese **Rechtspersönlichkeit** aber ist der Gewerkschaft **unwiderruflich genommen.** Würde also auch ein Zwangsvergleich zustande kommen, so würde es doch einer Auflassung des Bergwerkes seitens des Konkursverwalters auf die neue Gewerkschaft bedürfen, ebenso einer neuen Bestätigung des früheren Statutes durch das Oberbergamt[4]. Ebenso wird, da der Konkursverwalter als an die Stelle der Gesellschaftsorgane getreten anzusehen ist, angenommen werden müssen, dass er das die Unterlage der Gewerkschaft bildende Bergwerk auch frei veräussern kann[2].

Der Verlust der Rechtspersönlickeit tritt mit der **Eröffnung** des Konkurses ein. Nur wenn der Konkurs auf Beschwerde[5] rückgängig gemacht wird, weil die Voraussetzungen desselben nicht vorlagen, gilt die Gewerkschaft als bestehen geblieben. Dagegen bleibt die Rechtswirkung der Auflösung der Gewerkschaft nicht bloss dann bestehend, wenn der Konkurs durch Ausschüttung der Masse[6] oder Zwangsvergleich[7] erledigt wird, sondern auch dann, wenn er auf einstimmigen Antrag sämtlicher Gläubiger[8] aufgehoben wird[9].

B. Liquidation.

Die Frage, ob nach Eintritt einer Auflösungstatsache die Gewerkschaft in allen ihren rechtlichen Beziehungen

---

[1] §§ 201, 173, Wolf R.K.O. S. 425.
[2] Vgl. R.G. 30./11. 1904, XLVI, 90. [3] Rehbein I S. 53.
[4] Riedel I S. 134, Rehbein I 53, Plank Anm. 2 zu § 41.
[5] §§ 109, 116 R.K.O.
[6] § 163 R.K.O. [7] § 190 R.K.O. [8] §§ 203, 204, R.K.O.
[9] Plank Anm. 2 zu § 42.

unterging, oder ob sie nicht wenigstens, so lange ihr früheres Vermögen noch nicht vollständig verteilt war, in Liquidation fortbestand, war nach dem früheren Recht streitig, jedoch neigte Theorie und Praxis immer mehr dazu, ein Liquidationsverfahren anzunehmen[1].

Für das jetzige Recht treten nunmehr, abgesehen von den bereits oben erwähnten Bundesstaaten, in welchen ein besonderes Liquidationsverfahren berggesetzlich vorgesehen ist, die §§ 27—53 B.G.B. ergänzend ein. Im einzelnen ist nach diesen §§ bezüglich der Gewerkschaft folgendes hervorzuheben:

1. Bei der Auflösung der Gewerkschaft **muss stets eine Liquidation** des Vermögens stattfinden, mag nun der Grund der Auflösung sein wer er wolle[2]. Die Liquidation hat also speziell auch stattzufinden, wenn eine Umwandlung in eine Aktiengesellschaft oder in eine Gesellschaft mit beschränkter Haftung erfolgt, ebenso wenn bei Gelegenheit einer Konsolidation oder Feldesteilung Gewerkschaften zur Auflösung gebracht werden. Dasselbe gilt von der Vereinigung aller Kuxe in einer Hand. Der allein übrig bleibende Gewerke wird daher auch seinerseits z. B. die Bestimmung des § 50 bezüglich der öffentlichen Bekanntmachung zu beachten haben und das Bergwerk erst auf seinen alleinigen Namen umschreiben können, nachdem seit der Bekanntmachung ein Jahr verflossen ist, sowie nach § 49 erst, nachdem die sämtlichen Gläubiger der Gewerkschaft befriedigt sind. Eine Liquidation wird auch im Falle eines Konkurses zu erfolgen haben, wenigstens spricht der Wortlaut des § 47

[1] Stobbe, Privatrecht I S. 437, Gierke, Genossenschaftstheorie S. 875 ff., Brassert Anm. 14 zu § 94, Oppenhoff S. 567 zu § 100, Esser S. 29, R.O.H.G. XXVII S. 498, Westhoff XXX S. 291 ff., Werner bei Gruchot XVII S. 502, Klostermann-Thielmann Anm. 2 zu § 100, a. M. O.A.G. Lübeck bei Seuffert Archiv 19 Nr. 13, Klostermann, Lehrbuch S. 234, Arndt S. 271.

[2] § 47 B.G.B., Plank Anm. 1, Rehbein I 55. Voraussetzung für eine Liquidation der Gewerkschaft ist eben unter allen Umständen die vorhergehende Auflösung der Gewerkschaft: R.G. 2./12. 1905, XLVII, 262/64.

B.G.B. dafür[1]. Wenn auch die Tätigkeit der Liquidatoren grösstenteils durch diejenige des Konkursverwalters ersetzt wird, so bleibt den Liquidatoren doch insofern immerhin noch eine Tätigkeit offen, als sie das aus der Konkursmasse Gerettete zu verteilen und im Falle eines Zwangsvergleiches diesen vorzubereiten und abzuschliessen haben[2]. Muss hiernach stets ein Liquidationsverfahren eintreten, so ist dagegen keineswegs erforderlich, dass es stets in allen normalen Einzelheiten der § 47 ff B.G.B. durchzuführen ist. Notwendig ist aber stets zuvorige Befriedigung der Gläubiger und ebenso Abwarten des Sperrjahres[3]. Eher darf seitens der Gewerken über das Vermögen der Gewerkschaft nicht dinglich verfügt werden.

Dagegen ist, wie sich aus § 49 Abs. 1 S. 2 ergibt, z. B. die Einziehung der Forderungen sowie die Umsetzung des übrigen Vermögens in Geld nicht immer erforderlich.

Der § 47 B.G.B. steht also einer Uebertragung des Gewerkschaftsvermögens als Ganzes an einen Dritten, wie dies z. B. bei einer Umwandlung in eine andere Gesellschaftsform regelmässig der Fall sein wird, nicht entgegen, sofern nur die beiden vorangegebenen Bedingungen erfüllt sind.

2. Während der Liquidation besteht **die Gewerkschaft für die Zwecke der Liquidation fort**[4].

Daraus ergibt sich:

a) Die Organe der Gewerkschaft bleiben in Kraft, jedoch mit der Massgabe, dass, falls besondere Liquidatoren bestellt werden, diese an Stelle der Repräsentanten oder des Grubenvorstandes treten. Für die Organe der Gewerkschaft, Liquidatoren resp. Vorstand und die Gewerkenversammlung bleiben zunächst jedenfalls diejenigen Vorschriften und Beschränkungen in Geltung,

---

[1] a. M. Klostermann-Thielmann Anm. 2 a. E. und R.-A. Dr. Gottschalk im „Glückauf" 1911, Nr. 32, S. 1256.

[2] Rehbein I S. 55, Plank Anm. 1 zu § 47, a. M. Neumann I S. 23, Riedel I S. 156. [3] Rehbein I 57.

[4] § 49 Abs. 2 B.G.B., Riedel I S. 154, Plank Anm. 2 zu § 47; ebenso R.G. 30./11. 1904, XLVI, 92.

welche ihrer Vertretungsbefugnis während des vollen Lebens der Gewerkschaft gezogen waren.

Insbesondere bleiben also für die Gewerkenversammlung während der Liquidation die §§ 111 ff. und für den Umfang der Befugnisse des Repräsentanten, des Grubenvorstandes und resp. der etwa besonders bestellten Liquidatoren die §§ 116 ff. A.B.G. in Kraft. Ungeachtet des Eintrittes der Auflösungstatsache wird also Repräsentant oder Grubenvorstand bzw. der oder die Liquidatoren regelmässig noch eines besonderen Auftrages zum Verkauf des Bergwerkes bedürfen und dieser Verkauf nach § 114 nur mit $^3/_4$ Majorität der Gewerkenversammlung abgeschlossen werden können[1]. Alles dies gilt aber nur, „soweit sich nicht aus dem Zwecke der Liquidation ein Anderes ergibt"[2]. Soweit also der Verkauf des Bergwerkes z. B. notwendig ist, um die Gläubiger der Gesellschaft zu befriedigen, sind die Liquidatoren dazu auch ohne Genehmigung oder Auftrag der Gewerkenversammlung befugt[3].

Sind besondere Liquidatoren berufen an Stelle des bisherigen Grubenvorstandes, so sind dieselben zweifellos wie der Grubenvorstand auch berechtigt, eine Gewerkenversammlung zu berufen[4].

b) Zu denjenigen Einschränkungen, welche nach dem Statut, oder dem A.B.G. der Gewerkenversammlung oder der Vertretung der Gewerkschaft gezogen sind, treten aber noch diejenigen hinzu, welche den Liquidatoren dadurch auferlegt werden, dass die Gewerkschaft definitiv untergegangen ist und nur noch zum Zwecke der Liquidation fortbesteht und deshalb nur noch **Abwicklungs**geschäfte vorzunehmen hat, resp. solche, welche sich daraus ergeben, dass den Liquidatoren die Verpflichtung aufliegt, das Vermögen nach Massgabe des Gesetzes in erster Reihe zur Befriedigung der Gläubiger

---

[1] Riedel I S. 151, Rehbein I S. 57. [2] § 48 Abs. 2 B.G.B.
[3] Rehbein I S. 56.
[4] § 48 Abs. 2 B.G.B., Staub H.G.B. I S. 892.

der Gewerkschaft[1], in zweiter Reihe zur Verteilung unter die Gewerken zu verwenden.

α) Aus den vorangegebenen Gründen würde vor Allem ein Beschluss der Gewerkenversammlung dahingehend, die Liquidation dergestalt wieder rückgängig zu machen, dass die alte Gewerkschaft rehabilitiert sein solle, ungültig sein[2]. Ein solcher Beschluss würde rechtlich nur die Begründung einer neuen Gewerkschaft herbeiführen, deshalb — abgesehen von der Beobachtung der §§ 47 ff. B.G.B. — einstimmigen Vertrages der Gewerken und einer besonderen Auflassung des Bergwerkseigentums seitens der alten Gewerkschaft auf die neue Gewerkschaft bedürfen, und auch im Falle der Annahme des bisherigen Statutes wird neue Genehmigung durch das Oberbergamt erforderlich sein.

β) Der Repräsentant oder Grubenvorstand ist aber auch sonst weder berechtigt noch verpflichtet, Beschlüsse der Gewerkenversammlung zur Ausführung zu bringen, welche ausserhalb der Vermögensabwicklung liegen oder gar mit derselben in Widerspruch stehen[3].

Die Liquidatoren oder Repräsentant oder Grubenvorstand würden daher z. B. nicht verpflichtet sein, einem Beschluss der Gewerkenversammlung, die bei der Liquidation eingezogenen Gelder statt zur Bezahlung der Gläubiger zum Ankauf eines neuen Bergwerkes zu verwenden oder sich unter Einwerfung des Bergwerks an einem neuen gewerblichen Unternehmen, etwa an einer neu zu bildenden Aktiengesellschaft, zu beteiligen[4], nachzukommen.

γ) Da die Aufgabe der Liquidatoren bzw. des Grubenvorstandes oder Repräsentanten darin besteht, das Vereinsvermögen zu versilbern, d. h. dasjenige Vermögen zu versilbern, welches die Gewerkschaft bei Eintritt der Liquidation besitzt[5], so sind die Liquidatoren berechtigt, auch die zur Zeit des Eintritts der

---

[1] §§ 50, 52 B.G.B. [2] Vgl. Staub Anm. 3 zu § 294.
[3] Plank Anm. II zu § 48, Rehbein I S. 56, Riedel I S. 159.
[4] Kammergericht 4./2. 1901 Entsch. 21 S. 257.
[5] Riedel I S. 150.

Liquidation bereits rechtsgültig beschlossenen Zubussen von den einzelnen Gewerken einzuziehen[1]. Andererseits wird aber die Gewerkenversammlung nicht mehr berechtigt sein, nach Eintritt der Liquidation neue Beiträge auszuschreiben. Dies deshalb nicht, weil die Zubusseforderung erst mit dem bezüglichen Beschlusse der Gewerkschaft zur Entstehung gelangt, hier aber zu dem für den Vermögensbestand der Gewerkschaft allein massgeblichen Zeitpunkt des Eintrittes der Liquidation nicht bestand. Selbst wenn also die Beschaffung neuer Zubussen zur Abstossung der Gläubiger im Interesse der Gewerken liegen möchte, um z. B. das Bergwerk als Ganzes freihändig vorteilhafter verkaufen zu können, wird man den Beschluss auf Erhebung einer Zubusse doch jedenfalls nicht als „Eingehung eines neuen Geschäfts zum Zwecke der Beendigung eines schwebenden, seitens der Liquidatoren" im Sinne des § 49 B.G.B. erachten können[2].

δ) Die Legitimation des Repräsentanten oder Grubenvorstandes in Vertretung der Gewerkschaft ist auch Dritten gegenüber durch den Eintritt der Liquidation insofern beschränkt, dass sie nur noch Abwickelungsgeschäfte und neue Geschäfte mit Dritten nur eingehen können, soweit dieselben zur Erledigung schwebender Geschäfte notwendig sind. Der Dritte hat dabei ev. zu beweisen, dass das mit ihm eingegangene neue Geschäft zur Beendigung eines schwebenden Geschäftes bestimmt gewesen ist oder dass er dieses nach den von ihm eingezogenen Erkundigungen hat annehmen dürfen[3].

3. Bezüglich der **Befriedigung der Gläubiger** ist hervorzuheben, dass dieselbe auch die Bergschäden-

---

[1] Vgl. R.O.H.G. Entsch. XXII S. 136, R.G. Entsch. IV S. 67.

[2] Die Frage kann doch recht zweifelhaft sein; auch Staub im Komment. z. H.G.B., auf den sich Westhoff berufen konnte, hat jetzt in neueren Auflagen seine Ansicht hierüber geändert: vgl. Anm. 11 zu § 294 H.G.B. und besonders auch dessen Komment. z. Reichsges. betreffend Ges. m. b. H. zu § 69, Anm. 38, 39; ferner R.-A. Dr. Gottschalk im „Glückauf", 1911, Nr. 32, S. 1256.

[3] Plank Anm. 1 zu § 49, Rehbein I S. 56, Kuhlenbeck Anm. 3 zu § 49, R.O.H.G. Entsch. 6./5. 1874, XIII S. 224, Staub Anm. 15 zu § 149 XXI S. 308; K.G. 4./2. 1901 in Entsch. Bd. 21, S. 257.

forderungen umfasst, wenn dieselben auch noch nicht fällig sind. Der Bergwerksbesitzer ist verpflichtet, für alle während seiner Besitzzeit eintretenden Bergschäden aufzukommen[1]. Es müssen diese Forderungen, soweit sie streitig oder, wie oft, in quanto nicht übersehbar sind, daher nach § 525 B.G.B. im vollen Umfange sichergestellt werden, widrigenfalls die Liquidatoren bzw. der Grubenvorstand für diese Bergschäden als Gesamtschuldner aufzukommen haben (§ 53). Sollte das Gewerkschaftsvermögen zur Deckung aller dieser Ansprüche nicht ausreichen, so erübrigt nur, dass der Grubenvorstand bzw. die Liquidatoren die einzelnen Gläubiger ratierlich befriedigen oder sicherstellen[2].

Die Gläubiger sind so lange zu befriedigen, als sich noch Gewerkschaftsvermögen vorfindet. Sollte sich nach Ablauf des Sperrjahres noch ein Gläubiger melden, so ist auch dieser zu befriedigen, falls noch Gewerkschaftsvermögen vorhanden ist[3].

4. **Nach Beendigung der Liquidation** haben die Liquidatoren bzw. Grubenvorstand den Gewerken das übrig gebliebene **Gewerkschaftsvermögen „auszuantworten“** (§ 51) und zwar nach Verhältnis ihrer Kuxe[4]. Diese Ausantwortung wird sich nach allgemeinen Rechts-Grundsätzen zu vollziehen haben. Eine Universalsukzession wird man trotz des zweifelhaften Wortlautes des § 47 B.G.B. gegenüber dem Inhalt des §§ 49 ff. nicht annehmen können. Nach § 51 B.G.G. besteht vielmehr nur ein obligatorischer Anspruch der Gewerken gegen die G. auf Ausantwortung nach beendeter Liquidation[5]. Sollte deshalb z. B. zur Befriedigung der Gläubiger der Gewerkschaft der Verkauf des Bergwerkes oder von Grundstücken der Gewerkschaft nicht notwendig gewesen sein, die Gewerken sich auch über einen

---

[1] R.G. 23./1. 86 XXVII 390, 18./10. 90 XXXII 125.

[2] Rehbein I S. 58.

[3] Rehbein I S. 57, Riedel I S. 153, Plank Anm. zu § 51, a. M. Leonhard S. 143, welcher die Ansprüche mit dem Ablauf des Sperrjahres für präkludiert ansieht. [4] § 102 A.B.G. Simon S. 29.

[5] Eck, Vorträge S. 67, Rehbein I S. 56, a. M. Leonhard S. 141, Neumann I S. 22 Anm. zu § 49.

anderen Modus der Auseinandersetzung nicht einigen, so wird die Ausantwortung desselben dergestalt zu erfolgen haben, dass das bisher auf den Namen der Gewerkschaft eingetragene Grundstück nunmehr an die Gewerken in Verhältnis ihrer Beteiligung aufgelassen und umschrieben wird[1].

5. Es fragt sich, welche **Ansprüche** ein Gläubiger erheben kann, **wenn das gewerkschaftliche Vermögen bereits verteilt ist,** ohne dass er seine Befriedigung erhalten hat, speziell ob er berechtigt ist, gegen die einzelnen Gewerken Anspruch aus der rechtlosen Bereicherung zu erheben. Für das frühere Recht war diese Frage zu bejahen[2].

Ob für das heutige Recht dasselbe gilt, ist zweifelhaft und wird verneint werden müssen. Nach dem Wortlaut des § 812 B.G.B. und arg. e contrario nach § 822 wird man anzunehmen haben, dass eine unmitttelbare Beziehung zwischen Kläger und dem bereicherten Beklagten bestehen muss[3]. Wenn also ein Gewerke etwas aus dem Vermögen der Gewerkschaft erlangt hat, obwohl noch Schulden der Gewerkschaft existierten, so ist er darnach lediglich auf Kosten der Gewerkschaft, nicht auch auf Kosten deren Gläubiger rechtlos bereichert, die Gewerkschaft allein kann ihn also nach § 812 B.G.B. auf Herausgabe verklagen. In diesem Falle wird man aber dann auch anzunehmen haben, dass die Gewerkschaft noch Vermögen besitzt, nämlich diesen Bereicherungsanspruch, dass sie also insofern noch in Liquidation besteht und von den Gläubigern der Gewerkschaft auch noch eingeklagt werden kann, so dass der Gläubiger wenigstens auf dem Umwege der Erlangung eines rechtskräftigen Titels gegen die Gewerkschaft und der Ueberweisung der Forderung der Gewerkschaft gegen den Gewerken aus der rechtlosen Bereicherung zu seiner Befriedigung ge-

---

[1] a. M. Neumann a. a. O., welcher bloss Berichtigung des Grundbuches für erforderlich hält.

[2] R.G 29./1. 87 XXVIII S. 398, Westhoff XXXI S. 208.

[3] Plank Anm. 2 u. 3 zu § 53, Bd. II S. 576 u. 577, Rehbein I S. 58, Oertmann S. 539 unter d, a. M. Neumann I S. 24 Anm 3b.

langt. Daneben wird allerdings dem Gläubiger eine direkte Klage auf Grund des Anfechtungsgesetzes vom 21. Juli 1879 zustehen und zwar auf Grund des § 3 Nr. 3, weil in Höhe des an den Gewerken zu viel Gezahlten eine unentgeltliche Verfügung der Gewerkschaft zu Gunsten der Gewerken vorliegen würde[1]. Selbstredend müssten auch die übrigen Voraussetzungen des Anfechtungsgesetzes gegeben sein[2].

C. Rechtsverhältnisse nach Auflösung und Liquidation.

I. Die Frage, ob nach Verteilung des Gewerkschaftsvermögens die Gläubiger der Gewerkschaft noch Anspruch erheben können, sei es gegenüber dem einzelnen Gewerken, sei es gegen den Erwerber des Gewerkschaftsvermögens, eine Frage, die für das bisherige Recht mit seinem Mangel eines gesetzlich geordneten Liquidationsverfahrens von besonderer Wichtigkeit war[3], hat dieselbe für das jetzige Recht eingebüsst, nachdem einersets durch ein geordnetes Liquidationsverfahren regelmässig eine Befriedigung der Gläubiger gesichert ist und nachdem andererseits auch manche andere Streitfrage, welche im preussischen Recht bezüglich der Schuldenhaftung des Vermögensübernehmers bestanden, durch das B.G.B. Erledigung gefunden hat. Immerhin kann auch heute noch die Frage, welchen Anspruch der Gläubiger erheben kann, wenn er mit seinem Anspruche erst hervortritt, nachdem das Gewerkschaftsvermögen, sei es durch Aufteilung unter die Gewerken, sei es durch Uebertragung auf einen Dritten, untergegangen ist, von Bedeutung werden. Insbesondere gilt dies für den Grundeigentümer, welcher durch den Bergbaubetrieb der früheren Gewerkschaft geschädigt

---

[1] Klostermann-Thielmann Anm. 2 zu § 100; cfr. über den Begriff der Unentgeltlichkeit Jaeckel, Anfechtungsgesetz S. 120 Anm. 11, Cosack desgl. S. 136.

[2] Westhoff XXXI S 218 ff.

[3] Westhoff XXXI S. 230 ff. R.G. 9./1. 92 XXXIII S. 238.

worden ist, weil einerseits rechtsgrundsätzlich für diese Bergschäden mit allen ihren Folgen nur derjenige Bergwerkseigentümer haftbar ist, während dessen Eigentumszeit der Schaden entstanden ist, und weil andererseits erfahrungsmässig derartige Bergschädengläubiger es vielfach verabsäumen, namentlich wenn es sich z. B. um Ertragsausfälle für spätere Jahre handelt, ihre Schadenansprüche rechtzeitig zur Anmeldung zu bringen.

In wie weit solche Ansprüche gegen die Gewerken oder die Gewerkschaft in Liquidation noch erhoben werden können, ist bereits oben ausgeführt.

II. Was die Verpflichtung dritter Erwerber des Gewerkschaftsvermögens angeht, so findet in folgenden Fällen **eine direkte Haftung des Erwerbers gegenüber den Gläubigern statt.**

1. Wenn die Gewerkschaft ihr gesamtes Vermögen einer dritten, sei es einer physischen Person, z. B. demjenigen Gewerken, welcher auf Grund der Vereinigung sämtlicher Kuxe in seiner Hand die Gewerkschaft zur Auflösung bringt, sei es einer dritten Gesellschaft, z. B. einer Aktiengesellschaft oder sonstigen juristischen Person, überträgt. Mag nun die Uebertragung in der Weise erfolgen, dass die Gewerkschaft sich z. B. in eine Aktiengesellschaft oder bei Gelegenheit der Konsolidation oder Feldesteilung in eine neue Gewerkschaft umwandelt, oder mag die Vermögensübertragung dadurch geschehen, dass das gesamte Gewerkschaftsvermögen einer anderen juristischen Person durch lästigen Vertrag übertragen wird, in allen Fällen haftet gemäss § 419 B.G.B. der neue Erwerber des Gewerkschaftsvermögens für die gesamten Schulden der früheren Gewerkschaft[1]. Dabei ist nicht erforderlich, dass gerade sämtliche Vermögensstücke der Gewerkschaft von dem neuen Erwerber übernommen sind. Es kann ein kleinerer oder grösserer Teil der Vermögensobjekte der Gewerkschaft auch von der Uebertragung ausgeschlossen sein. Es genügt, wenn im übrigen das Gewerkschaftsvermögen

---

[1] Vgl. auch Staub Anm. 12 zu § 22 H.G.B.

als Ganzes übernommen worden ist[1]. Nach dem Wortlaut des § 419 ist die Schuldenhaftung des neuen Erwerbers eine kumulative: die Gewerkschaft bleibt, so weit sie noch Vermögen besitzt, neben der neuen Erwerberin mit verhaftet. Nach § 419 haftet der Erwerber aber nur cum viribus, regelmässig ist daher für den Umfang der Haftung nur massgebend der gegenwärtige Stand des gewerkschaftlichen Vermögens, also der zur Zeit der Klage resp. Zwangsvollstreckung, nicht der zur Zeit der Uebernahme. Für die Zeit vorher seit Uebernahme und die Gestaltung des Vermögens während derselben haftet der Erwerber nach den im § 1991 in Bezug genommenen §§ 1978, 1979 B.G.B. den Gläubigern gegenüber wie ein Beauftragter[2]. Eine ratierliche Befriedigung liegt dem Erwerber nicht ob. Er kann, seinen guten Glauben an die Zulänglichkeit des Gewerkschaftsvermögens vorausgesetzt, die sich meldenden Gläubiger voll befriedigen, die später sich meldenden Gläubiger sind nötigenfalls auf den Anspruch an die bisherige Gewerkschaft angewiesen[3].

2. Eine weitere Haftung des Erwerbers kann begründet sein auf Grund des § 25 H.G.B., wenn die das Gewerkschaftsvermögen erwerbende Persönlichkeit, sei es nun eine physische oder juristische, das Bergwerk unter der bisherigen Firma weiterbetreibt[4].

Auch in diesem Falle haftet wie in dem Falle sub 1 der Erwerber für **alle** Geschäftsschulden der früheren Gewerkschaft, speziell also auch für die Bergschäden[5].

Es besteht aber gegenüber der Haftung sub 1 insofern ein Unterschied, als in diesem Falle der Erwerber unbeschränkt haftet.

---

[1] Plank Anm. 4 § 419.

[2] Oertmann Anm. 3 zu § 419, Leske I S. 175.

[3] Oertmann a. a. O., Plank Anm. 3 zu § 419.

[4] Dühringer und Hachenburg Anm. 2 zu § 22 H.G.B. Anm. 4 zu § 25 H.G.B., Staub Anm. 1 und 9 zu § 22, Anm. 6 zu § 25.

[5] Vgl. auch Staub Anm. 21 zu § 22.

3. Das Gleiche wie sub 2 gilt für den Fall, dass Jemand das Gewerkschaftsvermögen übernimmt, die Firma der bisherigen zum Handelsregister eingetragenen Gewerkschaft nicht fortführt, wohl aber **die Uebernahme der Verbindlichkeiten der Gewerkschaft in handelsüblicher Weise bekannt macht**[1].

III. Abgesehen von diesen Fällen sub 1—3 tritt eine Haftung des Erwerbers nur ein, wenn ein besonderer Verpflichtungsgrund für den Erwerber vorliegt.

1. Dieser Fall ist zunächst dann gegeben, wenn eine Gewerkschaft nicht ihr ganzes Vermögen, sondern etwa nur ihr Bergwerk an eine dritte Person durch lästigen Vertrag überträgt. In diesem Falle haftet der Dritte nur dann, wenn er gemäss § 414 und 415 B G.B. die Schulden an Stelle der Gewerkschaft unter Genehmigung der Gläubiger übernommen, oder wenn er sich der Gewerkschaft gegenüber verpflichtet hat, ihre Gläubiger dergestalt zu befriedigen, dass dieselben das Recht erhalten, ihre Befriedigung unmittelbar von dem neuen Erwerber zu beanspruchen[2].

In dem letzteren Falle bleibt die Gewerkschaft neben dem neuen Erwerber verhaftet, während ihre Haftung im ersteren Falle erlischt.

2. Dass auf die vertragsmässige Uebernahme einer auf einem Bergwerk eingetragenen Hypothek § 416 B.G.B. Anwendung findet, kann nicht zweifelhaft sein. Die nach Art. 37 I Abs. 2 des Preuss. A.G. zum B.G.B. auch auf das Bergwerkseigentum für anwendbar erklärten „sich auf Grundstücke beziehenden Vorschriften" des B.G.B. umfassen, mangels besondrer Einschränkung auch diejenigen des Obligationsrechtes, welche sich auf Grundstücke beziehen[3].

IV. Sind in den Fällen sub I—III Prozesse gegen die Gewerkschaft anhängig, so laufen dieselben gegen

---

1 § 25 Abs. 3 H.G.B.

2 §§ 328, 329 B.G.B., Oertmann S. 75, Leske I S. 151, Plank Anm. zu § 329.

3 Turnau und Förster Bd. I S. 410 zu § 1017 B.G.B., Stranz und Gerhard S. 250 Anm. 11 zu Art. 40. Pr.A.G.

die Gewerkschaft weiter. Da eine Universalsukzession auch in dem Falle der Umwandlung der Gewerkschaft in eine andre Gesellschaftsform, oder der Uebernahme des ganzen Vermögens durch einen Dritten, nicht stattfindet, so ist der Kläger ohne Genehmigung der neuen Gesellschaft, oder des Vermögensübernehmers, nicht berechtigt, die anhängige Klage nunmehr gegen den letzteren zu richten[1]. Das ergehende Urteil macht auch nicht Rechtskraft gegen die neue Gesellschaft oder den Uebernehmer[2]. Das R.G. hat allerdings, abweichend hiervon in einem Falle, in welchem sich eine Gewerkschaft, während des Prozesses mit mehreren anderen Gewerkschaften, deren Kuxe sich sämtlich in denselben Händen, wie die der ersteren befanden, zu einer neuen Gewerkschaft vereinigt hatte, zugelassen, dass der Prozess gegen die neue Gewerkschaft aufgenommen werde[3]. Das Urteil, welches wesentlich darauf sich stützt, dass in solchen Fällen ein Liquidationsstadium der aufgelösten Gewerkschaft nicht gegeben sei, diese also nicht mehr verklagt, andrerseits aber durch den Untergang der alten Gewerkschaft der Anspruch des Gläubigers nicht vernichtet werden könne, dürfte jedenfalls schon wegen dieser Begründung für das B.G.B. nicht mehr zutreffen.

Nur, wenn das Urteil gegen die Gewerkschaft bereits vor der Uebertragung des Vermögens rechtskräftig geworden, macht dasselbe auch Rechtskraft gegen den Uebernehmer[4].

D. Ueber die **Einkommenbesteuerung der Gewerkschaften** hat Westhoff in der Zeitschrift f. Bergr. XLVIII, S. 76 ff. einen sehr beachtenswerten Aufsatz geschrieben.

§ 95. Die Gewerkschaft führt den Namen des Bergwerks, sofern sie nicht in dem Statut einen anderen Namen gewählt hat.

---

[1] Staub I 908. [2] R.G. 22./4. 86, Gruchot XXX S. 1112.
[3] R.G. 10./6. 96, 9./1. 92, Daubenspeck II 90 I 167.
[4] § 729 C.P.O.

Zu § 95.

1. **Einleitung.**

Die Bestimmungen der §§ 95—100 A.B.G. bringen zum Ausdruck, dass **die G. die Rechtstellung einer juristischen Person hat.** Zwar werden diese Formeln zum Teil auch auf Gesellschaften angewendet, bei denen eine selbständige, juristische Persönlichkeit zweifelhaft sein kann, bzw. nicht besteht[1].

Nach den Motiven aber zum A.B.G., wie auch nach der Gesamtheit der in den §§ 95—100 A.B.G. enthaltenen Rechtssätze, insbesondere der Bestimmung des § 99, wonach die Gewerken nicht persönliche Träger der Verpflichtungen der Gewerkschaft sind[2], kann es keinem Zweifel unterliegen, dass der Gesetzgeber in diesen Einzelbestimmungen die selbständige Persönlichkeit der G. hat zum Ausdruck bringen wollen[3].

2. Die Gewerkschaft führt **den Namen des Bergwerks.**

Als regelmässiger Name der G. wird in der Praxis z. B. bei einem Steinkohlenbergwerk X zu Y, „Gewerkschaft des Steinkohlenbergwerks X zu Y" benutzt. Richtiger, übrigens auch kürzer würde er lauten: „Gewerkschaft X zu Y"[4]. Die Wahl eines anderen Namens stellt sich nach dem zu § 94 Gesagten als statutarischer Beschluss dar und unterliegt somit den Formvorschriften des § 94 Abs. 2, speziell der Genehmigung des Oberbergamts[5].

Auch hier können Gründe öffentlichen Interesses massgebend sein, der Wahl des Namens die Genehmigung zu versagen[6].

Mit Recht ist deshalb u. a. die Bestätigung des gewählten Namens nicht erteilt, wo noch Kuxscheine der G. unter ihrer früheren Benennung im Verkehr

---

[1] Motive zum B.G.B. I Entwurf S. 79.
[2] Cfr. Staub IV. Aufl. Anm. 2 zu § 150.
[3] VI S. 143 ff. [4] Vgl. K.G. 26./4. 1906, XLVIII, 161.
[5] Clausthal 11./6. 1881 XXII S. 407, Berlin 18./4. 00 XLI S. 375, Brassert Anm. 3, Klostermann-Thielmann und Arndt Anm.
[6] Cfr. auch zu § 94.

z. B. bei dritten Personen verpfändet waren [1]), desgleichen dort, wo Prozesse von Grundeigentümern gegen die G. anhängig waren und überdies eine Täuschung des Publikums über den Wert der Kuxe zu befürchten stand [2]).

3. Erwirbt die G. zu ihrem ursprünglichen Bergwerk ein zweites hinzu, so ist sie mangels einer besonderen gesetzlichen Bestimmung nicht verpflichtet, den Namen dieses neuen Bergwerks ihrem bisherigen beizufügen. Die Gewerkschaft erhält und behält, mangels einer anderweiten gesetzlichen Bestimmung, ihren Namen von dem Bergwerk, an dessen Erwerb sich ihre Entstehung knüpft[3]); dies auch dann, wenn sie dieses Stammbergwerk veräussert, aber noch mit anderen ihr ebenfalls gehörigen Bergwerken Bergbau betreibt.

4. Der der G. nach § 95 A.B.G. zustehende oder ihr statutarisch beigelegte Namen geniesst fortab den Rechtsschutz des § 12 B.G.B.[4] Die G. kann deshalb gegen eine andere Gesellschaft, die sich ihren Namen beilegt, ev. auf Unterlassung gemäss § 890 C.P.O. klagen[5].

---

§ 96. Die Gewerkschaft kann unter ihrem Namen Rechte erwerben und Verbindlichkeiten eingehen, Eigentum und andere dingliche Rechte an Bergwerken und Grundstücken erwerben, vor Gericht klagen und verklagt werden.

Ihr ordentlicher Gerichtsstand ist bei dem Gerichte, in dessen Bezirk das Bergwerk liegt.

---

1 Bonn 8./5. 1880 und Berlin 15./6. 1880 XXI S. 396.

2 Berlin 4./10. 1882 XXIV S. 266, Brassert, Fürst, Arndt; für Gotha vgl. LI, 346/47.

3 A. M. Oppenhoff Nr. 550.

4 Plank Anm. 6 zu § 12, Rehbein Anm. 4 zu § 12.

5 Plank 7, Rehbein Anm. 3 zu § 12.

Zu § 96.

1. **Der Umfang der Rechts- und Handlungsfähigkeit** der G. ist nach dem Wortlaut des § ein **unbeschränkter**[1]. Nach einer Ansicht[2] wird allerdings die Rechtssphäre der G. durch den Betrieb des gemeinschaftlichen Bergwerks und die damit zusammenhängenden Unternehmungen begrenzt, so dass die G. keine Rechtsgeschäfte abschliessen kann, welche zu dem Betriebe ihres Bergwerks in keiner Beziehung stehen, deshalb u. a. nicht nur nicht zum Eingehen von Börsen-, Bau- und Grundstücksspekulationen, sondern auch regelmässig nicht einmal zum Erwerb neuen Bergwerkseigentums berechtigt sein soll.

Diese Auffassung, die übrigens im Kommentar Klostermann-Thielmann nicht mehr geteilt wird, kann indes als richtig nicht anerkannt werden.

Das Wesen der juristischen Person besteht an sich gerade darin, dass ihr die volle Rechts- und Handlungsfähigkeit, wie einer physischen Person, beiwohnt.

Eine Ausnahme machen allein solche Rechtsbefugnisse, welche (wie z. B. im Familienrecht) einen natürlichen Träger voraussetzen, und solche Beschränkungen, welche durch besonderes Gesetz den betreffenden Korporationen auferlegt sind[3].

Sollte die der Gewerkschaft als juristischer Person damit verliehene, an sich unbeschränkte Rechts- und Handlungsfähigkeit eine begrenzte sein, so hätte dies im A.B.G. besonderen Ausdruck finden müssen.

Der G. sind aber tatsächlich Grenzen nicht gesteckt, innerhalb deren sich ihre Handlungsfähigkeit zu bewegen hätte. Durch § 96 ist ihr vielmehr das Recht, unter ihrem Namen Rechte zu erwerben und Verbind-

---

[1] In § 52 des B.G. für Schaumburg-Lippe, XLVII, 311 und für Oldenburg, XLIX, 198 ist diese Unbeschränktheit ganz ausdrücklich ausgesprochen worden.

[2] Klostermann Lehrbuch S. 230, Oppenhoff Anm. 552 ff.

[3] §§ 1, 21 B.G.B., § 82 II 6 A.L.R., Eccius IV S. 668, Dernburg Pr.R. I S. 112, Motive zum B.G.B. I S. 80, Rehbein I S. 44 und 56, cfr. auch Staub Anm. 4 ff. zu § 210 H.G.B.

lichkeiten einzugehen, ohne jede Einschränkung übertragen [1].

Darnach wird man die G. zu allen Rechtsgeschäften und Rechtshandlungen unbeschränkt für befugt ansehen müssen, mögen dieselben in Beziehung zu dem Betriebe ihres Bergwerks oder des Bergbaues überhaupt stehen oder nicht.

Eine an sich zu Recht bestehende G. wird daher nicht bloss neue Bergwerke, sondern auch Landgüter erwerben, Handelsgeschäfte betreiben, sich an Eisenbahnunternehmungen etc. beteiligen können, gleichgültig, ob diese Beteiligungen durch ihren Bergbaubetrieb veranlasst sind oder nicht [2].

Es ist auch nach dem Inhalt des A.B.G. nicht einmal erforderlich, dass diese anderweiten, über den eigentlichen Bergbaubetrieb der Gewerkschaft hinausgehenden Geschäfte im Verhältnis zu dem ersteren als Nebensache erscheinen.

Schon oben (zu § 94) ist ausgeführt, dass der Bestand der Gewerkschaft dadurch nicht berührt wird, wenn sie sich in der Hauptsache anderen Geschäften, als dem Betriebe verliehenen Bergwerkseigentums zuwendet. Die Gewerkschaft ist deshalb nicht nur unbeschränkt wechselfähig [3], sie kann auch beschenkt, sowie als Erbin oder Legatarin berufen werden [4].

Nicht minder ist die Gewerkschaft auch deliktsfähig, insofern sie wenigstens privatrechtlich für allen Schaden aufzukommen hat, welcher durch Handlungen ihrer Organe in Ausführung der ihnen zugewiesenen Verrichtungen entstehen [5].

Die Gewerkschaft z. B., die sich unter Ueberschreitung der Feldesgreuzen in fremdem Felde Mineralien aneignet, ist deshalb ex delicto ersatzpflichtig [6].

---

[1] A.G. Hamm 1./7. 1874, R.O.H.G. 12./10. 1874 XVI S. 227 ff., Hense a. a. O.

[2] Brassert Anm. 1, Klostermann-Thielmann Anm. 1.

[3] R.O.H.G. 12./10. 74 a. a. O.

[4] § 2101 B.G.B.

[5] Rehbein I S. 46, Staub Anm. 4 zu § 210 H.G.B.

[6] R G. 4./6. 90, Daubenspeck I 100.

Strafrechtlich kann die Gewerkschaft nicht verantwortlich gemacht werden, hier haftet immer nur derjenige ihrer Vertreter, welcher die strafbare Handlung begangen hat[1]. Jedoch kann der ganze Grubenvorstand, d. h. jedes einzelne Mitglied für die Befolgung einer bergpolizeilichen Anordnung seitens der Gewerkschaft strafrechtlich verantwortlich gemacht werden[2]; nur muss dann selbstverständlich dafür Sorge getragen werden, dass die Anordnung auch jedem Grubenvortsandsmitglied gehörig zur Kenntnis gebracht worden ist.

Ueber den Umfang der Rechts- und Handlungsfähigkeit im Einzelnen vergleiche weiter die Erläuterungen zu §§ 119, 125 und 126 A.B.G.

2) Die Gewerkschaft kann insbesondere auch **Eigentum an Bergwerken und Grundstücken** erwerben.

Durch diese der Gewerkschaft erteilte unbeschränkte, generelle Ermächtigung zum Erwerb von Grundstücken ist sie von den staatlichen Beschränkungen befreit, denen sonst der Erwerb an Grundeigentum durch juristische Personen unterliegt. Es wird deshalb auch Art. 7 § 1 des Preuss. A.G. zum B.G.B. auf Gewerkschaften, welche in Preussen ihren Sitz haben, keine Anwendung finden[3]. Wohl aber bedürfen Bergwerksgesellschaften, welchen vor dem 1. Oktober 1865 (Geltungsbeginn des Preuss. A.B.G.) die Rechte einer juristischen Person besonders verliehen worden sind, zum Grundstückserwerb der staatlichen Genehmigung[4].

Das Gleiche gilt von ausserpreussischen Gewerkschaften, welche in einem der anderen Bundesstaaten ihren Sitz haben; sie bedürfen nach § 2 des Gesetzes vom 23. Juni 1909 über den Bergwerksbetrieb ausländischer juristischer Personen usw. (G.-S. S. 619) zum Erwerb von Grundstücken, Bergwerkseigentum, unbe-

---

[1] Olshausen Strafrecht I Anm. 20 zu § 47, Brassert Anm. 1 zu diesem §.

[2] Berlin 2./2. 1899, XL, 241.

[3] L.G. Halle 23./1. 00, XLI S. 481, O.B.A. Halle 14./5. 00 ebenda; K.G. 10./2. 1902, XLIII, 373, O.B.A. Breslau 10./1. 1902, ebenda, S. 380. [4] K.G. 2./2. 1903, XLVI, 110.

lichen Bergwerksanteilen und selbständigen Abbaugerechtigkeiten königlicher Genehmigung. Die Befugnis zur Erteilung dieser Genehmigung ist durch Verordnung vom 11. Dezember 1909 (G.-S. S. 797) auf die zuständigen Minister übertragen worden. Nach § 3 desselben Gesetzes bedürfen derartige ausserpreussische Gewerkschaften, wie ausländische juristische Personen überhaupt, ferner auch nur zum Betriebe von preussischen Bergwerken oder Abbaugerechtigkeiten, sofern sie nicht schon die Genehmigung zu ihrem Erwerbe erhalten haben, der ministeriellen Zustimmung.

3. Die Frage, ob Schenkungen oder Zuwendungen von Todeswegen an die Gewerkschaft dem Art. 6 Pr.A.G. zum B.G.B. unterliegen, wird man bejahen müssen[1]. § 96 A.B G. steht nicht entgegen, weil er bezüglich dieser Zuwendungen eine besondere Vorschrift, wie bezüglich des Erwerbs von Grundstücken, nicht enthält.

4. Ueber den Sitz der Gewerkschaft bestimmt das A.B.G. nichts. Es trifft deshalb jetzt darüber § 24 B.G.B. Bestimmung, so dass als Sitz der G. mangels statutarischer Bestimmung der Ort anzusehen ist, wo die Verwaltung geführt wird. Ist ein besonderer Verwaltungsapparat nicht vorhanden, so wird der Wohnsitz des Repräsentanten resp. des Vorsitzenden des Grubenvorstandes[2] als derjenige Ort anzusehen sein, wo die Verwaltung geführt wird und sich deshalb der Sitz der Gewerkschaft befindet[3]. Der allgemeine Gerichtsstand der G. braucht jedenfalls mit ihrem Sitz nicht übereinzustimmen. Der materiell-rechtliche Begriff des Sitzes deckt sich überhaupt nicht mit dem

---

[1] Stranz und Gerhard Anm. 25 zu Art. 6.

[2] Vgl. Art. 39 Nr. 5 der Preuss. Ausführ. Anw. des Finanzministers zum Einkommenst.-Ges. vom 25. Juli 1906.

[3] A.M. R.G. in Sachen Schlüssel ·/. Wulff vom 19./1. 1901, XLII, 354, welches ohne weitere Begründung die Lage des Bergwerks entscheiden lässt; vgl. auch Westhoff in XLVIII, 85./6. Auch R.-A. Dr. Gottschalk im „Glückauf", 1911, Nr. 32, S. 1252 will die Vorschrift des § 24 B.G.B. für die Gewerkschaft als durch § 17 Abs. 2 Z.P.O. als ausgeschlossen ansehen.

zivilprozessualischen des allgemeinen Gerichtsstandes. Der Sitz hat in materiell-rechtlicher Beziehung für die juristische Person dieselbe Wirkung, wie der Wohnsitz bei der natürlichen Person[1].

Der sich hieraus ergebenden Folge einer Verlegung des Sitzes einer G. in das deutsche Ausland oder in einen solchen deutschen Bundesstaat, der die Gewerkschaftsform nicht kennt[2], ist bereits an anderer Stelle bei der Auflösung der Gewerkschaft, gedacht. Die Bedeutung des Sitzes tritt aber auch sonst noch hervor, z. B. insofern er den regelmässigen, gesetzlichen Erfüllungsort für die Schuldverbindlichkeiten der G. begründet[3]. Endlich hat der Sitz der Gewerkschaft noch die bereits oben erwähnte Bedeutung nach Massgabe des Ges. vom 23. Juni 1909.

5. Die G. kann **als solche klagen und verklagt** werden. Nicht minder kann auch gegen sie Zwangsversteigerung und Zwangsverwaltung insbesondere in das ihr gehörige Bergwerk betrieben werden[4].

Dass über das Vermögen einer G. auch Konkurs eröffnet werden kann, ist bereits oben zu § 94 erwähnt. Das gegen die G. ergehende Urteil macht materiell für und gegen die Gewerken Rechtskraft insoweit, als es auch ihnen persönlich gegenüber die Tatsache, dass ein Anspruch des Gläubigers in der geltend gemachten Höhe gegenüber der G. besteht dergestalt zur rechtskräftigen Feststellung bringt, dass in denjenigen Fällen, in welchen die Gewerken persönlich für die Gewerkschaftsschuld haften, aus dem gegen die G. ergangenen Urteil auch gegen die Gewerken geklagt werden kann, dass in diesem neuen Prozesse die Gewerken die Existenz der Gewerkschaftsschuld nicht mehr zu bestreiten, sondern nur noch Einreden aus ihrer Person zu erheben imstande sind[5].

Die Ausdehnung der subjektiven Wirksamkeit der Rechtskraft eines gegen die G. ergehenden Urteils be-

---

[1] Plank Anm. 1 zu § 24 R.G. a. a O.

[2] Vgl. auch Westhoff in XLVIII, 84 und Berlin 31./3. 1909, L, 417. [3] § 269 B.G.B. [4] Art. 16 A.G. zum R.Zw.G.

[5] Westhoff XXXI S. 197 ff.

gründet sich daraus, dass die Gewerken in dem Prozesse bezüglich desjenigen Vermögens, mit dem sie sich an der G. beteiligt haben, durch den Repräsentanten oder Grubenvorstand mitvertreten werden[1].

Die Frage, die für das frühere Recht von besonderer Wichtigkeit war, weil man nach demselben einen direkten Anspruch eines bei der Verteilung des Gewerkschaftsvermögens übergangenen Gläubigers der G. gegen die einzelnen Gewerken in Höhe des von ihnen bei der Verteilung des Gewerkschaftsvermögens Empfangenen annehmen musste, hat für den, der nach heutigem Recht eine solche Klage nicht mehr annimmt, für die Gewerkschaft der § 94 ff. seine hauptsächlichste praktische Bedeutung verloren.

Bemerkt sei noch, dass eine unrichtige Bezeichnung der Gewerkschaft im Prozesse nicht schadet, wofern nur klar erhellt, welche Gewerkschaft hat verklagt werden sollen. So hat das R.G. 10./6. 96 Daubenspeck II S. 90 eine Klage als gegen die beiden Gewerkschaften Muck und Horst gerichtet angesehen, während in der Klage als Beklagte irrtümlich die „Gewerkschaft Muck und Horst" angegeben war.

6. **Der allgemeine Gerichtsstand** der Gewerkschaft befindet sich nach § 17 C.P.O. bei demjenigen Gericht, „in dessen Bezirk das Bergwerk liegt".

a) Streitig kann sein, wo der allgemeine Gerichtsstand einer Gewerkschaft begründet ist, deren Bergwerk in mehreren Gerichtsbezirken liegt.

Nach den Motiven zu § 36 C.P.O. und dem Wortlaut dieses § ist es zwar zweifellos, dass die Bestimmung der Nr. 2 desselben nicht bloss auf die Fälle zu beschränken ist, wo die Grenzen des Gerichtsbezirks selbst ungewiss sind, sondern auch dann eintritt, wenn die Zuständigkeit des Gerichts mit Rücksicht auf die unzweifelhaften Grenzen verschiedener Gerichte zweifelhaft ist. Die Motive führen als Beispiel den Fall an, wo die Gerichtsgrenze mitten durch das Wohnhaus des

---

[1] Eccius I S. 299, O.A.G. Lübeck bei Seuffert II Nr. 258 und XVI Nr. 256, Westhoff a. a. O.

Beklagten geht. Darnach ist von Verschiedenen[1] die Bestimmung des § 36 Nr. 2 auch auf die G. angewendet worden, deren B. in zwei Gerichtsbezirken liegt.

Wohl zu Unrecht! Es besteht ein wesentlicher Unterschied gegenüber dem obigen Beispiele der Motive.

Dort ist es ungewiss, welchen Punkt des durch die beiden Gerichtsbezirke sich erstreckenden Wohnhauses der Beklagte zum „Mittelpunkt seiner Lebensverhältnisse"[2] hat machen wollen, zumal doch zweifellos der Beklagte durch die Beziehung eines solchen Wohnhauses nicht zwei Wohnsitze hat begründen wollen.

Hier steht bez. desjenigen Tatbestandes, welcher für den Gerichtsstand massgebend ist, keine Ungewissheit. Für jedes der beiden in Betracht kommenden Gerichte liegen die Voraussetzungen des § 17 vor, bei jedem dieser Gerichte trifft es zu, „dass das B. in ihm liegt". Man wird deshalb einen doppelten, allgemeinen Gerichtsstand der G. bei jedem der betr. Gerichte annehmen müssen[3].

b) Wird eine Klage bezüglich des der Gewerkschaft gehörigen Bergwerks im dinglichen Gerichtsstande angestrengt, so muss im gleichen Falle die Bestimmung des Gerichts durch die höhere Instanz erfolgen[4].

c) Besitzt eine G. mehrere Bergwerke, so soll sie nach herrschender Meinung gleichfalls einen mehrfachen allgemeinen Gerichtsstand haben, nämlich bei jedem Gericht, in dessen Bezirk die einzelnen Bergwerke liegen[5].

Wohl kann man über die Richtigkeit dieser Ansicht erhebliche Zweifel haben. Wie schon oben ausgeführt (Anm. zu § 94), kann die G. nur durch Erwerb eines Bergwerks entstehen. Das A.B.G. geht bei allen seinen

---

[1] Bülow C.P.O. Anm. 3 zu § 19, Koch L.R. IV S. 939 Anm. 23, Esser S. 24.

[2] R.G.-Entsch. Bd. VIII S. 147.

[3] Brassert, Klostermann-Thielmann, Wilmowsky C.P.O. zu § 19 und 36, desgl. Puchelt dazu, Förster C.P.O. S. 33, Struckmann und Koch Anm. 3, R.G. 16./11. 1893 in Entsch. Bd. 32 S. 384.

[4] § 36 Nr. 4 C.P.O.

[5] Brassert, Klostermann-Thielmann Anm. 6 zu § 96.

Bestimmungen von dem für den Bergbau der damaligen Zeit auch zutreffenden Regelfalle aus, dass eine G. nur ein einziges Bergwerk besitzt.

Der gleichzeitige Erwerb mehrerer Bergwerke durch dieselbe Personenmehrheit erzeugt mehrere G. Nur in der Weise kann eine G. zum eigentümlichen Besitz mehrerer Bergwerke gelangen, dass sie, nachdem sie zunächst mit den ersten zur Entstehung gelangt ist, andere hinzu erwirbt.

Man wird deshalb bei dem strikten Wortlaut des § 17 C.P.O. annehmen müssen, dass „das“ Bergwerk im Sinne dieses § dasjenige ist, an welches sich die rechtliche Entstehung der G. geknüpft hat und dass spätere Bergwerkserwerbungen mangels gesetzlicher Bestimmungen einen neuen allgemeinen Gerichtsstand nicht begründen.

d) Neben dem allgemeinen Gerichtsstand der Lage des Bergwerks kann die Gewerkschaft durch Statut auch noch einen weiteren allgemeinen Gerichtsstand begründen. Insofern ist § 94 Ab. 3 A.B.G. durch § 17 Abs. 3 C.P.O. aufgehoben [1].

Ausschliessen kann dagegen das Statut den Gerichtsstand des § 19 Abs. 2 nicht [2]. Der etwaige Gläubiger hat vielmehr die Wahl, wo er klagen will [3].

e) Im allgemeinen Gerichtsstand des § 17 können auch Klagen erhoben werden, welche von der Gewerkschaft „gegen ihre Mitglieder als solche oder von den Mitgliedern in dieser Eigenschaft gegen einander erhoben werden“ [4], insbesondere also die Klage der Gewerkschaft auf Zahlung der Zubusse. Die Klage aus § 115, die Klage auf Ausbeute und ähnliche Klagen der Mitglieder gegen die Gewerkschaft gehören schon

---

[1] § 14 E.G. zur C.P.O., Arndt Anm. 2 zu § 96, a. M. Esser S. 23.

[2] Wilmowsky u. Levy Anm. 5 zu § 19, R.G.-Entsch. Bd. 32 S. 384, § 17 Abs. 3 C.P.O.

[3] Brassert, Klostermann-Thielmann a. a. O., Wilmowsky C.P.O. zu § 19, v. Bülow, Puchelt desgl.

[4] § 22 C.P.O.

auf Grund des § 17 C.P.O. in denselben Gerichtsstand. Unter „allgemeinem Gerichtsstand" im Sinne des § 22 C.P.O. ist dabei nach Wortlaut der §§ 17 und 22 nicht nur der gesetzliche des § 17 Abs. 1 und 2, sondern auch der statutarische des Abs. 3 zu verstehen [1].

f) Als besonderer Gerichtsstand, welcher bei der G. häufig in Betracht kommt, mag noch der § 27 hervorgehoben sein, wonach die G. wegen bergbaulicher Beschädigung oder wegen Entschädigung im Expropriationsverfahren bei dem Gericht verklagt werden kann, wo das beschädigte bzw. expropriierte Grundstück liegt [2].

7. Ueber die Rechts-, Handlungs- und Prozessfähigkeit der Gewerkschaft alten Rechts vergleiche § 227.

Anhang.

Eintragung der Gewerkschaft zum Handelsregister.

Durch § 2 des H.G.B. ist nunmehr regelmässig auch für die Gewerkschaft die Pflicht begründet, sich zum Handelsregister eintragen zu lassen.

I. **Voraussetzungen** der Notwendigkeit der Eintragung zum Handelsregister sind folgende:

1. Die einzutragende Gewerkschaft muss **eine Gewerkschaft neueren Rechtes** sein. Die Gewerkschaften alten Rechtes sind von der Eintragung zum Handelsregister ausgeschlossen [3].

2. Die Gewerkschaft muss die Absicht haben, **wirklich das Bergwerk selbst zu betreiben.** Wenn die Gewerkschaft lediglich das Bergwerk erwirbt, um es einstweilen liegen zu lassen oder nach Erwerb des

[1] v. Bülow Anm. 1 zu § 23, Wilmowsky und Levy Anm. 1 zu diesem §. [2] Brassert Anm. 3.

[3] Art. 5 Einf.-Ges. zum H.G.B.

Bergwerkes bezüglich desselben einen Lösevertrag mit einem anderen benachbarten Bergwerksbesitzer abschliesst, so liegt ein „gewerbliches Unternehmen" im Sinne des § 2 H.B.H. nicht vor[1].

3. **Der Bergwerksbetrieb der Gewerkschaft muss ein so umfangreicher sein, dass er nach „Art und Umfang" einen in kaufmännischer Weise eingerichteten Geschäftsbetrieb erfordert.** Letzteres Erfordernis wird z. B. durchweg bei allen Gewerkschaften des rheinisch-westfälischen Industriebezierks und des Kalibergbaus, die ihre Berechtsame ausbeuten, der Fall sein.

II. **Form und Inhalt** der Anmeldung.

1. Die Anmeldung der Gewerkschaft hat nach § 33 des H.G.B. zu erfolgen **durch den Repräsentanten oder, falls ein Grubenvorstand besteht, durch sämtliche Mitglieder desselben.** Ob das eine oder andere Grubenvorstandsmitglied oder alle Mitglieder auf Grund einer für den Einzelfall erteilten Vollmacht diesen Antrag auch durch einen Bevollmächtigten stellen können, wird für das B.G.B. zu bejahen sein.

Da besondere Bestimmungen des Handelsrechts, aus denen sich die Verpflichtung zur Anmeldung als eine höchst persönliche ergeben könnte, nicht vorhanden sein dürften, so ist die Frage nach § 613, 664 B.G.B. zu beantworten. Nach denselben wird man aber wohl unterstellen dürfen, dass der Grubenvorstand die Stellung des Antrages auch einem Substituten anvertrauen darf, wie er überhaupt im Zweifel berechtigt sein wird, einzelne ihm obliegende Geschäfte durch einen Dritten vornehmen zu lassen[2]. Jedenfalls muss aber die Anmeldung durch sämtliche Mitglieder des Grubenvorstandes, sei es in Person, sei es durch Bevollmächtigten, erfolgen. Auch etwaige statutarische Bestimmungen, dass z. B. die Gewerkschaft nach aussen hin durch den Vorsitzenden und ein zweites Mitglied auch Behörden und Gerichten

---

[1] Staub Anm. 2 zu § 2 Anm. 13 zu § 1.

[2] Plank Anm. 1 zu § 664, Oertmann Anm. 1 zu § 664 und § 613, Neumann Anm. 2b zu § 664.

gegenüber vertreten werde, hebt die Notwendigkeit der Mitwirkung sämtlicher Vorstandsmitglieder nicht auf. Denn der Grubenvorstand erfüllt mit der Anmeldung nicht eine der Gewerkschaft, sondern eine ihm selbst und zwar nach § 33 Abs. 1 H.B.G. seinen sämtlichen Mitgliedern obliegende Pflicht[1].

2. **Bei welchem Gericht** ist die Anmeldung der Gewerkschaft zu bewirken?

Das H.G.B. enthält darüber keine ausdrückliche Bestimmung. Die Lage des Bergwerks ist jedenfalls nicht entscheidend. Man wird vielmehr annehmen müssen, dass gemäss § 29 H.G.B. dort anzumelden ist, wo die Hauptniederlassung der Gewerkschaft sich befindet, d. h. wo die Leitung und Verwaltung der Gewerkschaft geführt wird.

Regelmässig wird dieser Ort identisch sein mit dem statutarischen Sitz der Gewerkschaft. Denn regelmässig wird die Bestimmung eines statutarischen Sitzes auch den Inhalt haben, dass dort die Verwaltung geführt werden soll[2].

Ist ein statutarischer Sitz der Gewerkschaft nicht vorhanden, so wird der Ort der tatsächlich geführten Verwaltung ev. nach dem zu § 96 Ausgeführten der Wohnsitz der Repräsentanten allein in Frage kommen können.

3. Was **Gegenstand und Inhalt** der Anmeldung sein muss, ergibt sich aus § 33 H.G.B. Danach ist:

a) **Die Gewerkschaft als solche** anzumelden, auch wird dargetan werden müssen, dass die unter I angegebenen Voraussetzungen des § 2 H.G.B. vorliegen.

b) Anzumelden ist ferner **die Firma der Gewerkschaft.** Dieselbe hat sich regelmässig zu decken mit dem Namen der Gewerkschaft[3].

Die Gewerkschaft ist aber nach § 18 H.G.B. be-

---

[1] Kammergericht 4./3. 1901 Entsch. XXI S. 270.

[2] Vgl. R.G. Bd. 44 S. 10.

[3] Lehmann und Ring Anm. 3 zu § 33, Staub Anm. 8 dazu, Dühringer und Hachenburg Anm. 3 zu § 33.

rechtigt, Zusätze ihrem gesetzlichen oder statutarischen Namen beizufügen [1].

Es sind ihr dabei alle Zusätze gestattet, soweit sie nicht gegen § 18 Abs. 2 und 30 H.G.B. verstossen, soweit sie also nicht die Möglichkeit einer Täuschung gewähren und soweit sie sich von den anderen eingetragenen Firmen an demselben Ort unterscheiden. Es würde also nichts im Wege stehen, wenn eine Gewerkschaft zum Handelsregister ihre Firma eintragen lässt als „Kokerei der Gewerkschaft", oder „Kokerei Germania Gewerkschaft X", oder „Westfälische Anthracitwerke Gewerkschaft X". Eine Abweichung der zum Handelsregister einzutragenden Firma der Gewerkschaft von ihrem gesetzlichen oder statutarischen Namen kann auch im Falle des § 22 H.G.B. eintreten, wenn nämlich eine Gewerkschaft ein bestehendes Handelsgeschäft, z. B. eine Kokerei oder ein Eisenwerk oder auch das Vermögen einer anderen, zum Firmenregister eingetragenen Gewerkschaft erwirbt [2]. Es dürfte auch nichts im Wege stehen, dass eine Gewerkschaft in solchen Fällen für sich die neue Firma als zweite zum Handelsregister eintragen lässt, wofern sie nur das neu erworbene Handelsgeschäft oder das neu erworbene Bergwerk für sich gesondert weiterbetreibt [3]. Die abweichende Ansicht für die Aktiengesellschaft [4] stützt sich auf für diese gegebene Sondervorschriften, die um so weniger auf die Gewerkschaft Anwendung finden können, als die Gewerkschaft auch nach der Eintragung zum Handelsregister nicht als Handelsgesellschaft, sondern lediglich als Einzelkaufmann gilt [5].

b) Ausserdem ist **der Sitz der Gewerkschaft und der Gegenstand ihres Unternehmens** anzumelden. Da das gesetzliche Normalstatut des § 94 ff. A.G.B. eine ausdrückliche Bestimmung weder über den Sitz noch über den Gegenstand des Unternehmens enthält, so wird sich fragen, ob nicht, wenn man die Vorschrift

---

[1] Staub Anm. 8 zu § 33 Anm. 7 zu § 18, Lehmann und Ring Anm. 3 zu § 33. [2] Staub Anm. 1 zu § 22.

[3] R.O.H.G. 28./9. 1875 Entsch. II S. 34 ff., Staub Anm. 6 zu § 17.

[4] Staub Anm. 9 zu § 22. [5] Staub Anm. 1 zu § 6, Simon S. 56.

des § 33 H.G.B. als Mussvorschriften ansieht, nunmehr jede Gewerkschaft ein Statut wenigstens insofern errichten muss, als dort über den Sitz und über den Gegenstand des Unternehmens der Gewerkschaft Fürsorge zu treffen ist. Man wird aber die Frage verneinen müssen. Der Sitz einer juristischen Person bestimmt sich nicht bloss durch statutarische Bestimmung, sondern auch durch den tatsächlichen Ort der geführten Verwaltung[1]. Es bedarf deshalb in dieser Beziehung eines statutarischen Beschlusses nicht. Der Vorstand ist vielmehr in der Lage, seiner Verpflichtung aus § 33 Abs. 3 zu genügen, indem er den tatsächlichen Ort der Verwaltung der Gewerkschaft in der Anmeldung angibt. Und was den Gegenstand des Unternehmens angeht, so wird man, wenngleich das A.B.G. darüber eine besondere Bestimmung nicht enthält, aus dem Gesamtinhalt der § 94 ff. zu folgern haben, dass, wenn statutarisch nichts anderes festgesetzt ist, Gegenstand des gewerkschaftlichen Unternehmens der Betrieb und die Ausbeutung desjenigen Bergwerkes bildet, durch dessen eigentümlichen Erwerb die Gewerkschaft zur Entstehung gelangt ist.

Hat die Gewerkschaft neben dem statutarisch festgesetzten Sitze noch eine besondere Niederlassung, d. h. wird die kaufmännische Leitung der ganzen gewerkschaftlichen Geschäfte von einem anderen Orte aus geleitet, als wo der statutarische Sitz der Gewerkschaft sich befindet, so muss auch dieser Ort der Hauptniederlassung zum Handelsregister angemeldet werden[2]. Sollte endlich die Gewerkschaft zu einem besonderen Zwecke Zweigniederlassungen begründet haben, d. h. sollte an einem vom Sitze der gewerkschaftlichen Hauptverwaltung verschiedenen Orte gleichfalls der Vertrieb der Bergwerks- und Kokerei-Produkte selbständig erfolgen[3], so würde die Anmeldung auch zum Handelsregister des Ortes der Zweigniederlassung zu erfolgen haben[4]. Dass

---

[1] § 24 B.G.B., K.G. 26./4. 1906, XLVIII, 161.
[2] § 29 H.G.B., Staub Anm. 2 zu § 29, 1 zu § 33, Simon S. 67.
[3] Staub Anm. 3 zu § 13.
[4] Staub Anm. 15 zu § 33, § 13 H.G.B., Simon S. 67.

dabei ein zweites oder ferneres Bergwerk der Gewerkschaft oder eine Kokereianlage derselben an sich nicht als eine Begründung einer Zweigniederlassung anzusehen ist, bedarf bloss der Anführung [1].

d) Anzumelden ist ferner **die Person des Repräsentanten** und resp. die Mitglieder des Grubenvorstandes. Bestimmungen des Statutes oder materiell statutarische Beschlüsse in dem oben zu § 94 erörterten Umfange, durch welche die Befugnisse des Grubenvorstandes, des Repräsentanten abweichend von den §§ 117 ff. des A.B.G. geordnet sind, bedürfen gleichfalls der Anmeldung zum Handelsregister.

e) Dasselbe gilt, wenn in dem Statut der Gewerkschaft Bestimmungen über ihre **Zeitdauer** angegeben sind.

f) Ist eine besondere **Satzung** der Gewerkschaft vereinbart, so ist sie **nebst der oberbergamtlichen Genehmigungsurkunde**, welche erst das Statut zu einem solchen erhebt, der Anmeldung beizufügen und zwar in Urschrift oder öffentlich beglaubigter Abschrift.

Hat die Gewerkschaft kein Statut, so wird dadurch die Eintragungsfähigkeit der Gewerkschaft nicht berührt [2].

g) Beizufügen ist auch die **notarielle Verhandlung über die Wahl des Repräsentanten** oder Grubenvorstandes und zwar gleichfalls in Urschrift oder beglaubigter Abschrift.

Wie im übrigen diese Wahlverhandlung beschaffen sein muss, ergibt sich aus den Erläuterungen zu § 118.

h) Endlich haben der Repräsentant resp. die Mitglieder des Grubenvorstandes ihre **Unterschrift gemäss §§ 12, 35, H.G.B.** entweder persönlich bei dem Gericht zu vollziehen oder in öffentlich beglaubigter Form einzureichen.

3. Nicht bloss bei der Entstehung der Gewerkschaft, sondern **auch bei später eintretender Aenderung** hat

---

[1] Staub Anm. 3 zu § 13.

[2] Denkschrift zum H.G.B. S. 43, Lehmann und Ring I S. 33, Dühringer und Hachenburg Anm. 4 dazu, § 33 Simon S. 68; vgl. auch K.G. 26./4. 1906, XLVIII, 161/1.

in gleicher Weise die Anmeldung zum Handelsregister zu erfolgen.

a) Insbesondere ist anzumelden die Aenderung der Firma, des Sitzes der Gewerkschaft und des Gegenstandes ihres Unternehmens und der Zeitdauer;

b) eine Aenderung in dem Personalbestande des Grubenvorstandes bzw. des Repräsentanten und in deren Vertretungsbefugnissen, letztere aber nur so weit, als diese Aenderung Gegenstand eines materiell statutarischen Beschlusses gebildet hat;

c) ferner sonstige Aenderungen des Statutes überhaupt;

d) Die Auflösung der Gewerkschaft, sofern sie nicht infolge der Eröffnung des Konkurses eintritt, weil hier die Eintragung gemäss § 32 H.G.B. von Amts wegen erfolgt;

e) endlich die Personen der Liquidatoren und die etwaigen besonderen Bestimmungen über ihre Vertretungsbefugnisse.

III. **Die Wirkung der Eintragung** der Gewerkschaft unter ihrer Firma zum Handelsregister ist die, dass die Gewerkschaft Kaufmann und zwar Vollkaufmann wird, daher allen zivilrechtlichen und öffentlichen Verpflichtungen eines solchen unterliegt[1].

Die Gewerkschaft wird aber **nur** Kaufmann, nicht auch Handelsgesellschaft, da das H.G.B. als Handelsgesellschaften nur die in seinem II. Buche aufgeführten Assoziationen anerkennt[2].

Daraus ergibt sich im einzelnen folgendes:

1. Als Kaufmann hat die Gewerkschaft nach § 38 **Handlungsbücher** zu führen, nach § 39 Inventur und Bilanz aufzustellen.

Das einzelne hierüber vergleiche zu § 121 A.B.G.

2. Die Gewerkschaft kann ferner nach erfolgter Eintragung **Prokuristen** bestellen, § 48 H.G.B. und nach § 49 **Handlungsbevollmächtigte**[3].

---

[1] §§ 2, 1 H.G.B., Staub Anm. 10 zu § 2, Dühringer und Hachenburg H.G.B. I S. 46 ff., Simon S. 56 ff.

[2] Staub Anm. 1 zu § 6.

[3] Staub Anm. 4 zu § 48 Anm. 151 § 54.

3. Alle Geschäfte der Gewerkschaft, welche zum Betriebe ihres Bergwerkes gehören[1], gelten als Handelsgeschäfte.

Es finden darnach auf die Geschäfte der Gewerkschaft insbesondere die Vorschriften der §§ 345—372 H.G.B. Anwendung[2]. Ist deshalb z. B. das Gebäude einer Aktiengesellschaft durch Bergbau einer Gewerkschaft beschädigt und schliesst die letztere mit der ersteren über die Höhe der Schadensforderung einen Vergleich ab, so sind vom Tage der Fälligkeit ab 5% Zinsen zu vergüten. Abgesehen von besonderer vertraglicher Festsetzung würden nur 4% Zinsen zu vergüten sein, da die Beschädigung selbst sich nicht als „Geschäft" qualifiziert[3].

4. Die wichtigste Folge der Eintragung der Gewerkschaft zum Handelsregister ist die, dass die Gewerkschaft nunmehr auch bezüglich derjenigen Eintragungen, welche gemäss §§ 33—35 H.G.B. zu erfolgen haben, der Vorschrift des § 15 unterliegt, d. h. dass diese Tatsachen, falls sie nicht eingetragen und bekannt gemacht sind, einem Dritten nicht entgegengesetzt werden können, sei es denn, dass sie ihm bekannt wären. Das gilt insbesondere auch von den Personen und von der Vertretungsbefugnis der Repräsentanten und Grubenvorstandes.

Ist die Gewerkschaft deshalb zum Handelsregister eingetragen, so tritt damit der Abs. 4 § 119 A.B.G. ausser Kraft, da dem Handelsgesetzbuch gegenüber das Bürgerliche Recht subsidiär ist[4]. Einzelnes hierüber ist zu § 119 zu erörtern.

5. Es findet ferner § 5 H.G.B. Anwendung, d. h. die Gewerkschaft gilt, solange sie eingetragen ist, als Kaufmann, selbst wenn ihre Eintragung nicht den übrigen Voraussetzungen des § 2 entsprechen oder wenn diese Voraussetzungen während der Eintragung wegfallen

---

[1] §§ 343, 344 H.G.B.

[2] Siehe Einzelnes Dühringer und Hachenburg S. 46 ff., Simon S. 56 ff. [3] Staub Anm. 19 zu § 343.

[4] Art. 2 der Reichsverfassung, Art. 2 und 15 des Einf.-Ges. zum H.G.B., Dühringer und Hachenburg S. 6, Staub S. 6.

sollten, was z. B. der Fall ist, wenn eine bisher im Betriebe befindliche Gewerkschaft ihren Bergwerksbetrieb derart einschränkt, dass sie keinen in kaufmännischer Weise eingerichteten Geschäftsbetrieb mehr erfordert[1].

Würde eine Gewerkschaft, die bisher ihr Bergwerk selbst betrieben hat, diesen Betrieb ganz einstellen, z. B. dadurch, dass sie ihr Bergwerk an ein anderes Bergwerksunternehmen durch Lösevertrag abtritt, ohne ihre Löschung im Handelsregister zu bewirken, so trifft zwar § 5 nicht zu, weil dieser Gewerkschaft die Voraussetzungen des von ihr „betriebenen Gewerbes" fehlen würde.

Nichtsdestoweniger gilt die Gewerkschaft aber auch in diesem Falle, jedenfalls solange die Firma eingetragen ist, als Vollkaufmann. Die Gewerkschaft würde arglistig handeln, wenn sie, trotzdem sie sich als Kaufmann geriert, als solcher nicht gelten wollte[2],

6. **Klagen** gegen die Gewerkschaft aus solchen Geschäften, welche für beide Kontrahenten Handelsgeschäfte sind, gehören vor die Kammer für Handelssachen[3]. Dagegen gehört die Klage aus § 115 A.B.G., sowie die Klage auf Zahlung der Zubusse mangels besonderer Bestimmungen nach wie vor vor die Zivilkammer. § 103 Nr. 3a des Gr.G. trifft schon deshalb nicht zu, weil die Gewerkschaft, wie oben ausgeführt, nicht Handelsgesellschaft ist.

---

§ 97. Das Bergwerk wird, soweit die Einrichtung des Hypothekenwesens dies gestattet, auf den Namen der Gewerkschaft in das Hypothekenbuch eingetragen.

---

[1] Staub Anm. 2 zu § 5. [2] Staub S. 80 ff.

[3] § 101 Nr. 1 und Nr. 3e des Gerichtsverfassungsgesetzes in der Fassung des Gesetzes vom 1. Juni 1909.

Zu § 97.

Das Bergwerk wird auf den **Namen der Gewerkschaft** eingetragen.

Entsteht die Gewerkschaft originär durch Verleihung des Bergwerks an eine Mehrheit von Personen, so muss daher das verleihende Oberbergamt korrekt die Verleihungsurkunde direkt auf den Namen der unter den mehreren Beteiligten mit der Verleihung entstandenen Gewerkschaft stellen[1] und demgemäss das Bergwerk auf das nunmehr[2] erfolgende Ersuchen des Oberbergamts im Grundbuche auf den Namen der G. eingetragen werden.

Wollen die Beteiligten keine G. entstehen lassen, so müssen sie deshalb schon vor erfolgter Verleihung seitens des Oberbergamts einen zwischen ihnen in Gemässheit des § 133 abgeschlossenen Vertrag demselben einreichen. Haben sie dies nicht getan, so bedarf es, wenn einmal die Verleihung erfolgt ist, besonderer Auflassung, sei es auf die einzelnen Beteiligten, sei es auf das unter ihnen anderweit gebildete Rechtssubjekt.

Sollte das Oberbergamt die Verleihungsurkunde auf die mehreren Beteiligten ausgestellt haben[3] und dementsprechend um Eintragung ersuchen, so wird der Grundbuchrichter, dem nicht etwa eine Urkunde im Sinne des § 133 A.B.G. vorgelegt wird, berechtigt sein, das Ersuchen abzulehnen. Hat das Oberbergamt irrtümlich um Eintragung auf den Namen der mehreren Beteiligten ersucht und hat der Grundbuchrichter dem Antrage statt-

---

[1] Ebenso Klostermann-Thielmann Anm. 1 zu § 94. Richtigerweise wird die hier befürwortete Fassung der Verleihungsurkunde in der Praxis der Oberbergämter nicht gewählt. Denn die Verleihung an die mehreren Muter und damit die Entstehung der Gewerkschaft ist frühestens erst vollendet mit der Vollziehung der Verleihungsurkunde durch das Oberbergamt; richtigerweise kann also vorher noch nicht von einer Gewerkschaft als der beliehenen Person die Rede sein.

[2] Art. 23—25 A.G. zur R.Gr.O., Oberneck S. 43.

[3] Regelmässig wird die Verleihungsurkunde in der Praxis der Oberbergämter so gefasst, aber das Ersuchen an das Grundbuchamt auf Eintragung der Gewerkschaft gerichtet.

gegeben, so bedarf es demnächst keiner Auflassung seitens der eingetragenen Miteigentümer auf die Gewerkschaft, sondern lediglich einer „Berichtigung" des Grundbuches gemäss § 894 B.G.B.

---

§ 98. Das Bergwerk kann nur von der Gewerkschaft und nur als Ganzes mit Hypotheken und dinglichen Lasten beschwert werden.

Zu § 98.

1. Die **dingliche** Belastung des Bergwerks, welche im übrigen dem § 114 A.B.G. unterliegt[1], kann nach § 98 nur als Ganzes erfolgen, d. h. **also weder zu ideellen noch zu reellen Teilen**, wie dies in den Motiven auch ausdrücklich hervorgehoben ist[2].

Zweifelhaft kann dagegen sein, ob unter dem Bergwerk im Sinne des § 98 jeder bergbauliche Besitz der G. zu verstehen ist, oder nur dasjenige Bergwerk, an dessen Erwerb sich die Entstehung der G. geknüpft hatte.

Nach dem Wortlaut des § 98 und da nach den Motiven seine Bestimmungen lediglich dadurch gegeben waren, um die juristische Persönlichkeit der G. zum zweifellosen Ausdruck zu bringen, insbesondere also zum Ausdruck zu bringen, dass die einzelnen Gewerken nicht Miteigentümer zu ideellen Teilen desjenigen Bergwerks seien, durch das die G. zur Entstehung kommt, durfte es keinem Zweifel unterliegen, dass die Frage, ob der übrige Bergwerksbesitz der G., den sie etwa nach Erwerb des zu ihrer Entstehung führenden Bergwerks erwarb, zu ideellen oder reellen Teilen dinglich belastet werden konnte, sich lediglich nach allgemeinen Grundsätzen regelte und deshalb bezüglich

---

[1] Cfr. deshalb die Erläuterungen zu diesem §.
[2] VI S. 151.

der Verpfändung eines ideellen Anteils dieses sonstigen Bergwerksbesitzes der G. zu bejahen war[1].

Die obige Frage hat indes für das jetzige Recht ihre Bedeutung verloren, weil ein Alleineigentümer jetzt keine ideellen Anteile an seinem Immobile mehr verpfänden kann[2].

Dass die G. nicht in der Lage ist, einen reellen Teil auch eines weiteren ihr gehörigen Bergwerks zu verpfänden, kann sowohl nach früherem Recht[3], wie auch nach jetzigem[4], um so weniger zweifelhaft sein, als die Realteilung eines Bergwerks der freien Privatdisposition entzogen ist[5].

Dagegen kann zweifellos eine G., welche mehrere Bergwerke besitzt, dieselben einzeln und verschieden belasten[6].

---

§ 99. Für die Verbindlichkeiten der Gewerkschaft haftet nur das Vermögen derselben.

Zu § 99.

1. **Nur das Vermögen der Gewerkschaft haftet.** Eine dingliche Haftung des Gewerkschaftsvermögens für die Schulden der Gewerkschaft ist damit nicht geschaffen worden. Die Motive bemerken zur Begründung dieser Gesetzesbestimmung[7], dass „der Grundsatz des § 99 im wesentlichen schon in den bestehenden Rechten gegeben und nunmehr durch die Personifizierung der G. bedingt sei".

---

[1] L. 9 § 1 D. XX 1, Rehbein Entsch. III S. 502, Windscheid Pandekten I 725 Anm. 3, Dernburg Preuss. Privatrecht I S. 808, K.G. 17./12. 1888 bei Johow VIII S. 85, Turnau und Förster S. 547.

[2] Arg. 1114 B.G.B., Oberneck S. 472, Turnau und Förster a. a. O.

[3] Rehbein Entsch. III S. 502, R.G.-Entsch. XIV S. 93, Förster-Eccius III S. 468.

[4] § 6 R.Gr.B.O., Oberneck S. 49.

[5] § 51 A.B.G., Oppenhoff 329, § 51, Bölling III S. 597 ff.

[6] Esser zu diesem §. [7] VI 144.

Der Schwerpunkt des § 99 liegt somit in seinem negativen Teile, nämlich darin, dass für die Schulden der G. nicht die Gewerken persönlich, sondern — als Konsequenz der selbständigen Persönlichkeit der G. — nur diese selbst haftet.

Ueber die Ablehnung einer dinglichen Haftung des Gewerkschaftsvermögens für die Schulden der Gewerkschaft ist deshalb in Theorie und Praxis kein Streit mehr[1].

2. Zum **Vermögen** der Gewerkschaft gehören auch die von den Gewerken zur Tilgung der Schuldverbindlichkeiten der G. zu leistenden Beiträge, aber erst dann, wenn ihre Einziehung von der G. gültig beschlossen ist, da nach §§ 102, 129 erst in diesem Augenblick der Anspruch der G. auf diese Beiträge existent wird[2]. Diese Zubussen können daher, sobald sie beschlossen sind, die Gläubiger der G. sich in derselben Weise wie sonstige ausstehende Forderungen derselben im Wege der Zwangsvollstreckung an Zahlungstatt oder zur Einziehung überweisen lassen.

Selbstredend stehen dem beklagten Gewerken, da durch die zwangsweise Zession der Zubusse auf den neuen Gläubiger nicht mehr Rechte übertragen werden können, als die G. selbst besass, auch dem neuen Gläubiger gegenüber alle Einwendungen zu, welche ihren Grund in dem Rechtsverhältnisse, wie es zur Zeit der Abtretung bestand, haben, auch wenn die Tatsache, infolge deren die Einwendung wirksam wird, erst nach der Abtretung eintritt[3]. Speziell steht also dem Gewerken das Recht zu, seine Kuxe auch nach Ueberweisung der Zubusse dem Gläubiger zur Verfügung zu stellen zwecks seiner Befriedigung für die ausgeschriebene Zubusse. Bleibt der Anteil bei der demnächst erfolgenden Zwangsversteigerung unverkäuflich, so ist er

---

[1] Brassert Anm. 3, Esser, Klostermann-Thielmann Anm. 2, Arndt, Oppenhoff 563 und XII S. 174 ff., Klostermann XII S. 474 ff., Baron XX S. 207, Westhoff XXXI 218, O.Tr. 15./11. 70 u. 26./6. 72 XII 185 u. XIII 547, R.G. 30./6. 80, Entsch. II S. 301 ff.

[2] Klostermann-Thielmann, Esser, Oppenhoff Anm. 564.

[3] § 404 B.G.B., Plank Anm. 1, Oertmann Anm. 11, Neumann Anm. 2, Mugdan I S. 70.

auf den Gläubiger frei von Zubusse umzuschreiben[1], da dieses Eventualrecht der G., wie regelmässig nach dem auch dem § 401 B.G.B. zu Grunde liegenden Prinzip jedes andere Nebenrecht als mit übertragen angesehen werden muss.

Dieselben Grundsätze müssen auch gelten, wenn die Gewerkschaft in **Konkurs** gerät oder in **Liquidation** tritt. Der Konkursverwalter resp. Liquidator hat daher die noch ausstehende Zubusse gegen die betr. Gewerken einzuklagen und muss abwarten, ob dieselben von dem Recht des § 130 A.B.G. Gebrauch machen.

3. Der § 99 gilt auch für die G. alten Rechts. Das Nähere hierüber siehe unten zu § 227.

---

§ 100. Durch das Ausscheiden einzelner Mitglieder — Gewerken — wird die Gewerkschaft nicht aufgelöst. Auch können einzelne Gewerken nicht auf Teilung klagen.

Zu § 100.

Nach den Motiven ergeben sich die Bestimmungen dieses § nicht bloss aus der Personifizierung der G., sondern entsprechen zugleich der seitherigen Auffassung der G. und, was die Ausschliessung der Teilungsklage betrifft, der ausdrücklichen Festsetzung im § 2 des Ges. v. 12./5. 1851.

§ 100 ist unabänderlich und gilt auch für die älteren G. (§§ 94, 227).

---

§ 101. Die Zahl der gewerkschaftlichen Anteile — Kuxe — beträgt hundert.

---

[1] Arg. § 131 A.B.G., § 401 B.G.B., Oertmann Anm. 1, Neumann Anm. 1 und § 403 I 15 A.L.R.

Durch das Statut kann die Zahl auf tausend bestimmt werden.

Die Kuxe sind unteilbar. Sie gehören zum beweglichen Vermögen.

Zu § 101.

1. **Die rechtliche Natur der Kuxe** wird in den Motiven zu § 109[1] zutreffend dahin festgestellt, dass derselbe „die Mitgliedschaft an der G. den Inbegriff aller mit dieser Mitgliedschaft verbundenen Rechte und Pflichten repräsentiert".

Der „Kux" gewährt nach Inhalt des A.B.G. im einzelnen nicht bloss Anspruch auf Ausbeute, er gewährt auch das Stimmrecht in den gewerkschaftlichen Angelegenheiten und das Klagerecht aus § 115 desgleichen das Recht, bei der Bergbehörde die Berufung einer Gewerkenversammlung in Antrag zu bringen[2], er verleiht im Fall der Auflösung der G. das Recht auf anteilweise Auskehrung des Gewerkschaftsvermögens, er gibt endlich die Anwartschaft auf den Erwerb des ganzen Gewerkschaftsvermögens, falls die Mitglieder sämtlich auf ihr Anteilsrecht verzichten.

Daneben verpflichtet er zur Zahlung der Zubusse.

Es sind somit eine Reihe von Verpflichtungen und Rechten in dem „Kuxe" verbunden, die sich in ihrer Gesamtheit als das dauernde Recht des jeweiligen Inhabers auf Mitverwaltung und Mitnutzung des gewerkschaftlichen Vermögens darstellen[3].

Der Kux war somit im Sinne des A.L.R. § 3 I 2 eine Sache im „engeren" Sinne, insofern er durch die Gesetzgebung eine „Selbständigkeit" erhalten hat, „vermöge deren er der Gegenstand eines dauernden Rechtes sein kann"[4].

---

[1] VI S. 109. [2] § 122 Abs. 3.

[3] Ueber die Einkommenbesteuerung des Kuxes vgl. Ob.-Verw.-Ger. 17./11. 1904, XLVI, 105 und 1./7. 1909, LII, 137 ff.

[4] R.G. 13./4. 91 XXXIII 382, R.O.H.G. 21./10. 75 XVII 511, Brassert Anm. 3.

Aus dieser rechtlichen Natur des Kuxes ergab sich, dass er überall dort, wo der Begriff der Sache im engeren Sinne von rechtlicher Bedeutung war, z. B. bezüglich der Frage des Besitzes, des Eigentums, Ersitzung, Vindikation, der Uebertragung gegen Entgelt, der Schenkung, der Stempelfragen[1] als solche bewegliche „Sache" im engeren Sinne zu behandeln war[2].

Gemäss Art. 67 E.G. zum B.G.B. würde die Aufrechterhaltung der bisherigen Fassung des letzten Satzes des § 101 A.B.G. „die Kuxe haben die Eigenschaft der beweglichen Sachen" zur Folge gehabt haben, dass in allen vorberegten Fragen die alten Bestimmungen aufrechterhalten geblieben[3] oder richtiger gemäss dem auch in Art. 4 E.G. zum B.G.B. ausgedrückten Prinzip die entsprechenden Bestimmungen des B.G.B. über „Sachen" getreten wären. Der Gesetzgeber hat es deshalb für notwendig erachtet, den Vorbehalt des Art. 67 E.G. bezüglich der rechtlichen Natur des Kuxes aufzugeben. Dieses ist der Sinn des jetzigen Abs. 3: „Sie (d. h. die Kuxe) gehören zum beweglichen Vermögen"[4]. Jedenfalls ist nach den Motiven S. 61 die Absicht des Gesetzgebers die gewesen, durch die neue Fassung zu verhindern, „dass auf die Kuxe in den nicht durch das Berggesetz besonders geregelten Beziehungen künftig die für bewegliche Sachen geltenden Vorschriften Anwendung finden".

Nach der jetzigen Fassung des Abs. 3 S. 2 gehören deshalb die Kuxe, da das B.G.B. den Begriff des „beweglichen Vermögens" als selbständigen nicht kennt, wenngleich es den Ausdruck an einzelnen Stellen[5] anwendet[6], jetzt zu dem vom B.G.B. vielfach im Gegensatz zu den „Forderungen" gesetzten „anderen Rechten" bzw. „anderen Vermögensrechten"[7].

---

[1] Rehbein Entsch. des O.Tr. Bd. I S. 121 ff., 651 ff., Bd. II S. 742 ff. [2] Westhoff XXXV S. 335 ff.

[3] So Habicht S. 345.

[4] Art. 37 Pr.A.G. Nr. IX, Stranz u. Gerhard S. 239.

[5] z. B. §§ 1549, 1551 B.G.B. [6] Leske I S. 57.

[7] z. B. §§ 413, 437, 1069, 1273 ff. B.G.B.

Jedenfalls sind Kuxe im Sinne des B.G.B. keine Sachen mehr[1], und daraus ergibt sich, dass, da das B.G.B. Eigentum, Besitz, Ersitzung, dingliche Rechte, Vindikation grundsätzlich nur bei körperlichen Sachen kennt[2], alles dies auf den Kux nicht zutrifft. Insbesondere finden also auch die §§ 932 ff. B.G.B. über den Erwerb einer Sache in gutem Glauben auf den Kux keine Anwendung. Während bisher nach A.L.R. der Erwerb des Kuxes bei der öffentlichen Versteigerung dem gutgläubigen Erwerber Eigentum verschaffte[3], im übrigen der gutgläubige Erwerber nur gegen Erstattung des gezahlten Entgeltes den Kux herauszugeben hatte[4], kommt es für das B.G.B. überall auf den guten Glauben des Erwerbers nicht an. Der Erwerber wird vielmehr nur dann Kuxberechtigter, wenn seinem Rechtsvorgänger wirklich die Kuxberechtigung zustand. Derselbe Gesichtspunkt ist entscheidend auch für die Frage der mehrfachen Abtretung desselben Kuxes. Das Nähere hierüber ist zu § 105 zu erörtern

Auch die bereits vor dem 1. Januar 1900 vorhandenen Kuxe haben damit den Besitz und Eigentumsschutz verloren[5]. Die Art. 180, 181 E.G. zum B.G.B. müssen mindestens analoge Anwendung finden, da einerseits durch Art. 55 E.G. auch die Vorschriften der Landesgesetze über die zeitliche Wirksamkeit der Gesetze aufgehoben und andererseits die Art. 180, 181 vom Gesetzgeber, als aus allgemeinen Prinzipien sich ergebend, aufgestellt sind[6].

2. Aus Wortlaut und Stellung des § im IV. Titel des A.B.G. ergibt sich, dass der Kux nur **den Anteil an einer rechtlich bereits bestehenden G. darstellt.**

---

[1] Sie sind auch keine Ware im Sinne des § 196 Nr. 1 B.G.B. vgl. R.G. 28./9. 1910 im „Glückauf", 1910, S. 2067 und Jurist. Wochenschr. 1910, S. 934. [2] Rehbein I S. 76.

[3] § 45 I 15 A.L.R.

[4] §§ 25, 26 I 15 A.L.R., Westhoff XXXV S. 340.

[5] Art. 180, 181 E.G. zum B.G.B., Niedner Anm. 3 zu Art. 180, Habicht S. 345, 361, Kuhlenbeck Anm. 1 zu Art. 181, Stranz und Gerhard S. 17, Savigny System VIII S. 515 ff.

[6] Mugdan I S. 83 und 84.

„Kuxe“ im Rechtssinne sind daher erst vorhanden, wenn die gesetzlichen Voraussetzungen der Entstehung einer Gewerkschaft zusammentreffen, d. h. also, wenn ein bisher im Alleineigentum stehendes Bergwerk auf die Gewerkschaft aufgelassen, wenn die Verleihung oder die Bestätigung einer Konsolidation oder Feldesteilung ausgesprochen ist.

Ueber die Rechtsverhältnisse, welche entstehen, wenn vor diesem Zeitpunkte Anteilsscheine als „Kuxe“ verkauft werden, vgl. zu § 105.

3. Die Gesamtzahl der Kuxe der G. darf **nur entweder 100 oder 1000** betragen. Die Zahl der Gewerkschaftsanteile war im ursprünglichen Regierungsentwurf auf 1000 vorgesehen, im Interesse höchst wertvoller Bergwerke sollte eine Unterteilung in 10000 Anteile durch Statut eingeführt werden können. Die jetzige Festsetzung der Kuxzahlen in den §§ 101 und 235 verdankt einem Beschlusse der Herrenhauskommission ihre Entstehung.

Nach den Berggesetzen für das Königreich Sachsen (§ 19 Ziff. 2) und für Reuss j. L. (§ 88 b) unterliegt die Festsetzung der Kuxzahl der statutarischen Bestimmung, die Zahl der Kuxe muss aber durch 100 teilbar sein. In Mecklenburg-Schwerin (§ 38) beträgt die Normalzahl der Kuxe 100, jedoch ist mit Genehmigung der Bergbehörde eine statutarische Erhöhung der Kuxzahl zulässig. Dieselbe Regelung findet sich in Sachsen-Weimar (§ 122), in Schaumburg-Lippe und Oldenburg (§ 55) mit der Massgabe für die beiden letzteren Staaten, dass durch die Satzung die Zahl der Kuxe nur auf ein Mehrfaches von 100 bestimmt werden kann. In Anhalt und Coburg-Gotha findet sich dieselbe Regelung wie in Preussen.

Für die übrigen Berggesetze darf es nach dem oben zu § 94 Gesagten keinem Zweifel unterliegen, dass die Prüfung des Statuts einer G. seitens des Oberbergamts sich nach dem Geist des Berggesetzes, wie nach dem allein massgeblichem Wortlaut der §§ 94 und 101 auch darauf zu erstrecken hat, ob vom Standpunkt des öffentlichen Interesses aus mit Rücksicht auf den geringen Wert des B. Bedenken bezüglich der Zerlegung des gewerkschaftlichen Vermögens in 1000 Anteile obwalten.

Dabei kann, da das O.B.A. naturgemäss nur prüfen kann, ob zur Zeit dieser Einteilung Bedenken entgegenstehen, auch nur der gegenwärtige Wert des B. in Betracht kommen, zumal bei späterer Wertserhöhung des Bergwerks es immer in der Hand der G. liegt, durch neuen statutarischen Beschluss nachträglich die Einteilung in 1000 Kuxe herbeitzuführen.

In konstanter Spruchpraxis haben daher die Verwaltungsbehörden in solchen Fällen, wo der derzeitige Wert des Bergwerks ein zu geringer war, die Bestätigung der statutarischen Zerlegung in 1000 Kuxe abgelehnt[1]. Speziell sind in solchen Fällen auch die damit verbundenen Anträge auf Bestätigung von Konsolidationen abgelehnt[2]. Ebenso ist der gleiche Grundsatz auch angewendet worden bei Umwandlung einer G. alten Rechts in eine solche neuen, gemäss § 235a A.B.G.[3]. Dabei ist aber hervorzuheben, dass bei der Prüfung der Zulässigkeit der Einteilung in 1000 Kuxe nicht lediglich der Wert des die rechtliche Grundlage der Gewerkschaft bildenden Bergwerks in Betracht zu ziehen ist, sondern überhaupt der Wert des gesamten gegenwärtigen Gewerkschaftsvermögens; denn der Kux repräsentiert ja gewisse Anteilsrechte an diesem ganzen Vermögen. Es sind also auch etwaige anderweite der Gewerkschaft zustehende Ausbeutungsrechte zu berücksichtigen, allerdings nur insoweit, als sie nach Lage der konkreten Verhältnisse einen dauernden Vermögensbesitz der Gewerkschaft darzustellen geeignet sind. Einen Anhalt nach dieser letzten Richtung hin würde z. B. die Aufnahme solcher Ausbeutungsabsichten unter

---

[1] Clausthal 7./2. 83 XXIV 380, Bonn 31./5. 79 XX 399, Dortmund 6./12. 89 XXXI 410, Berlin 5./5. 86, 24./12. 82, 14./9. 79, 10./3. 79, 30./5. 79, 4./9. 88, 24./2. 90 XXVII 257, XXIV 268, XXI 265, XX 261, 399, XXX 126, XXXI 270, XLII 123.

[2] Berlin 19./11. 91 XXXIV 274.

[3] Berlin 11./8. 92 XXXIV 275, vgl. auch Brassert Anm., Arndt. Klostermann-Thielmann Anm. 3.

die statutarischen Zwecke der Gewerkschaft bieten können.

4. Die Einführung einer jeden anderen Kuxezahl, als der gesetzlichen, ist auch auf indirektem Wege nicht zulässig!

a) Dies gilt namentlich für eine etwa statutarisch vorgesehene **untrennbare Verbindung mehrerer Kuxe**[1] etwa dahin, dass z. B. immer nur je vier bestimmte Kuxe zusammen besessen und übertragen werden können[2].

b) Aber auch eine statutarische Bestimmung etwa dahin, dass **jeder G. mindestens** z. B. **vier Kuxe besitzen müsse**, ohne dass je vier bestimmte Kuxe untrennbar mit einanander verbunden würden, ist unzulässig.

Die Bestimmung, dass 100 freiverkäufliche Anteile[3] bestehen sollen, ist öffentlichen Rechtes. Es liegt nicht bloss im öffentlichen Interesse, dass die Zahl der Anteile nach oben hin sich nicht unverhältnismässig vergrössert, sondern ebenso nach unten hin nicht statutarisch vermindert wird. Es darf der G. nicht die Möglichkeit benommen sein, ihre gesetzliche Zahl ihrer Kuxe in der Hand möglichst vieler Personen zu sehen. Für die Gläubiger einer G. z. B. ist es nicht gleichgültig, ob die Verpflichtung zur Aufbringung der erforderlichen Betriebsmittel auf bloss 25 anstatt auf 100 Schultern ruht.

5. Die Kuxe sind **unteilbar**. Das bedeutet: Es kann das Kuxeigentum nicht etwa realiter derart zerlegt werden, dass mehrere selbständige Gewerkschaftsmitgliedschaften daraus entstehen. Eine solche Teilung eines Kuxes in mehrere selbständige Kuxteile ist weder der G. noch dem Gewerken selbst gestattet. Dagegen ist es wohl zulässig, dass ein Kux mehreren Mitberechtigten, sei es zu ideellem Miteigentum, sei es zum Eigentum zur gesamten Hand zusteht.

Eine entgegenstehende statutarische Bestimmung, die auch ein solches Mit- oder Gesamteigentum verbieten wollte, würde gegenüber § 104 A.B.G. sogar nichtig sein[4].

---

[1] A. M. Fleckser VI S. 600 ff.

[2] Brassert Anm. 1, Oppenhoff 570, Klostermann-Thielmann Anm. 2. [3] § 104 A.B.G. [4] A. M. Hense XXXI S. 108.

Es ist also zulässig, dass eine offene Handelsgesellschaft, eine Gesellschaft des bürgerlichen Rechtes, ein nicht vermögensfähiger Verein[1], einen Kux erwirbt, dass ein Kux sich im Eigentum einer Gemeinschaft nach Bruchteilen[2] befindet, oder dass er durch letztwillige Verfügung oder Erbgang mehreren Erben oder Vermächtnisnehmern zufällt[3].

Mangels besonderer für die G. gegebener gesetzlicher Bestimmungen[4] richtet sich die Wahrnehmung der Rechte der mehreren Mitberechtigten an dem gemeinschaftlichen Kux, insbesondere die Ausübung des Stimmrechts in der Gewerkenversammlung, das Recht zum Empfang der Ausbeute[5] und zur Erhebung der Klage aus § 115, sowie die Verpflichtung zur Zahlung der Zubusse nach den allgemeinen Vorschriften des bürgerlichen Rechtes über dasjenige Rechtsverhältnis, welches der Gemeinsamkeit der Kuxeigentums zu Grunde liegt[6].

---

§ 102. Die Gewerken nehmen nach dem Verhältnis ihrer Kuxe an dem Gewinne und Verluste Teil.

Sie sind verpflichtet, die Beiträge, welche zur Erfüllung der Schuldverbindlichkeiten der Gewerkschaft und zum Betriebe erforderlich sind, nach Verhältnis ihrer Kuxe zu zahlen (§§ 129, 130).

Zu § 102.

1. Die Motive machen zur Begründung dieses § folgende Ausführungen, welche, weil für das Verständnis des Gesetzes von grundlegender Bedeutung, hier wörtlich wiedergegeben sein mögen:

---

[1] § 54 B.G.B. [2] § 741 ff. B.G.B.

[3] Klostermann-Thielmann S. 336, Hense XXXI S. 108, cfr. auch Staub Anm. 1 zu § 179. [4] Cfr. § 225 H.G.B.

[5] O.L.G. Hamm 12./11. 98 XL 349.

[6] Cfr. hierüber das Nähere zu den einzelnen hierbei in Betracht kommenden §§.

„Ein bestimmtes Grundkapital, welches zum Wesen „des Aktienunternehmens gehört, entspricht in der über„wiegenden Mehrzahl der Fälle den Verhältnissen des „Bergbaues nicht.

„Bei der ersten Eröffnung eines Bergwerks fehlt „meistenteils noch die tatsächliche Grundlage für eine „Berechnung des Anlage- und Betriebskapitals.

„Aber selbst bei einem völlig aufgeschlossenen „Bergwerke lässt sich das erforderliche Betriebskapital „im voraus nicht mit hinreichender Sicherheit über„schlagen, denn kein anderer Industriezweig ist in dem „Masse von Ereignissen abhängig, welche sich jeder „Berechnung entziehen, wie der Bergbau.

„Es passt daher nicht, ein derartiges Unternehmen „auf ein im Voraus willkürlich gegriffenes Grundkapital „zu stützen. Letzteres wird entweder nicht ausreichen, „oder über das Bedürfnis hinausgehen, und im einen „Falle wird die Existenz des Werkes von ausserordent„lichen Auskunftsmitteln abhängig werden, während im „anderen Falle Geldkräfte über Bedarf für das Unter„nehmen gefesselt werden.

„Der Bergbau ist darauf hingewiesen, laufende „Zuschüsse in Anspruch zu nehmen, so lange und so „oft er selbst die Kosten nicht aufbringt.

„Seine Bedürfnisse wechseln fortwährend, bald sind „laufende Zuschüsse in hohen Beträgen, aber nur auf „kurze Zeit, bald in geringeren Beträgen, aber für eine „lange Dauer erforderlich.

„In dem einen Falle bewendet es bei Zuschüssen „für die erste Anlage, in einem anderen Falle muss „der periodisch gezogene Gewinn vielleicht zu wieder„holten Malen ganz oder teilweise als Zubusse wieder „eingeschossen werden.

„Hierauf beruht die bewährte Einrichtung des ge„werkschaftlichen Haushaltes, die periodische Zubuss„anlage und Ausbeuteverteilung. Der Gewerke schiesst „nicht wie der Aktionär, ein bestimmtes, seine Rechte „und Pflichten begrenzendes Kapital ein, sondern leistet „vor und nach je nach Bedarf; er empfängt aber auch „seine Einlagen wieder zurück, sobald Ausbeute ver-

„teilt wird, während der Aktionär eine Rückzahlung „aus dem Grundkapital für die Dauer des Geschäfts„betriebes nicht erhalten darf, sondern nur an dem „Reingewinne Teil nimmt.

„Für die Gewerkschaft passt daher auch nicht, „was für die Aktiengesellschaft in bezug auf jährliche „Bilanz, Bildung des Reservefonds und Dividendenver„teilung gilt."

2. Nach Inhalt des § 102 **nehmen die Gewerken teil am Gewinn und Verlust nach Verhältnis ihrer Kuxe:**

a) **Sie nehmen teil**, d. h. wie aus §§ 99, 129 einerseits, §§ 96, 111 A.B.G. andererseits zu entnehmen und wie auch von selbst aus dem Wesen der G. als juristische Person sich ergibt, nur indirekt, indem sie nach Massgabe der Beschlussfassung der G. zur Deckung der Schulden derselben beizutragen haben und den auf demselben Wege zur Verteilung eröffneten Gewinn abzuheben berechtigt sind. Ein direkter Anspruch der Gläubiger der G. gegenüber den Gewerken besteht niemals, auch nicht bei ausgeschriebener Zubusse[1]. Will ein Gläubiger die Zubusse sich sichern, so muss er sie sich zwangsweise überweisen lassen.

Andererseits besteht auch niemals ein klagbarer Anspruch der Gewerken auf Verteilung von Ausbeute, selbst wenn solche erzielt sein möchte, bevor ein besonderer Beschluss der G. über die Verteilung der Ausbeute vorliegt. Die Gewerkenversammlung hat es vollständig in der Hand, durch ihren Beschluss festzusetzen, dass keine Ausbeute zu verteilen, obwohl eine solche nachweisbar gemacht ist, wie sie ebenso eine Gewinnverteilung vornehmen kann, obwohl tatsächlich Ausbeute nicht vorliegt, und ebenso ist sie souverän in der Lage, Zubusse zu beschliessen, obwohl ein Anlass dazu nicht vorliegt[2]. Gegen einen Beschluss der ersteren und der letzteren Art, wodurch die Verteilung einer wirklich gewonnenen Ausbeute verhindert, bzw. die Erhebung

[1] Vgl. Rehbein I S. 51.
[2] O.Tr. XIX S. 500, R.G. bei Gruchot 36 S. 693.

unnötiger Zubusse verlangt wird, steht dem Gewerken auch das Klagerecht, speziell auch aus § 115 A.B.G. nicht zur Seite. Wenigstens lässt sich kaum ein Fall denken, dass ein Verbleiben des Gewinnes resp. Erhöhung des Betriebskapitals in der Hand der G. dieser d. h. der juristischen Persönlichkeit als solcher schädlich sein könnte.

Dagegen wird der Beschluss einer Gewerkschaft, durch welchen Gewinnverteilung beschlossen wird, obwohl Ausbeute nicht erzielt ist, nicht bloss bei Vorhandensein der Voraussetzungen des § 115 O.B.G. auf Grund desselben von den einzelnen Gewerken, sondern auch unter Umständen von den Gläubigern der Gewerkschaft mit Erfolg angefochten werden können. Gerät z. B. nachträglich die Gewerkschaft in den Zustand der Insolvenz, so dürfte eine solche vorher vorgenommene „Gewinn"-Verteilung auf Grund des Anfechtungsgesetzes angegriffen werden können. Geschieht eine solche „Gewinnverteilung" während des Bestehens der G. unter Umständen, welche befürchten lassen, dass nach durchgeführter Verteilung ausreichendes Vermögen der G. zur Befriedigung der Gläubiger nicht mehr vorhanden sein wird, so ist auch ein Arrestantrag begründet. Denn es würde eine „wesentliche Erschwerung" oder „Vereitelung der Vollstreckung" des späteren Urteils gegen die Gewerkschaft darstellen, wenn der Gläubiger gezwungen wäre, später noch im Wege besonderer Anfechtungsklagen gegen die einzelnen Gewerken seine Befriedigung zu suchen.

b) Die Gewerken nehmen teil **nach Verhältnis ihrer Kuxe.**

Da der § 102 zu den auch durch Statut unabänderlichen gehört, so würde

α) eine statutarische Bestimmung dahin, dass der Gewinn nach Köpfen und nicht nach Anteilen verteilt werden soll, nichtig sein.

β) Ebenso würde eine statutarische Bestimmung, dass einer der Gewerken nur am Gewinn, nicht an der Zubusse beteiligt sein solle, nichtig sein.

Ueber die Frage, inwieweit eine solche statutarische

Bestimmung das ganze Statut nichtig oder sogar die gewerkschaftliche Verfassung ausschliesst, vgl. oben zu § 94. Auch obligatorische Abmachungen solchen Inhalts, z. B. bei Uebertragung eines Bergwerks an eine Gewerkschaft gegen Gewährung von zubussefreien Kuxe, sind nichtig[1].

c) Dagegen wird man eine statutarische Festsetzung der Grundsätze, nach welchen die Gewinn- und Verlustrechnung aufzustellen, und eine Bestimmung, dass und wann Gewinn zur Verteilung zu bringen, für zulässig erachten können, weil dies keine Abänderung, sondern lediglich eine Ergänzung des § 102 im Sinne desselben darstellen würde[2].

Eine solche Bestimmung würde aber wenig Zweck haben, weil im Einzelfalle die Gewerkenversammlung doch auch entgegen der Bestimmung des Statuts würde beschliessen können[3]. Dagegen erscheint die Festsetzung des Westfälischen Statuts, wonach der Repräsentant und resp. Grubenvorstand auf Grund der monatlichen Anschnittrechnungen die Höhe der zu verteilenden Ausbeute selbständig festsetzt[4], zweckmässig.

d) Sie nehmen teil am **Gewinn!**

Wie es mit der Ermittelung und der Verteilung des Gewinnes zu halten, darüber bestimmt das A.B.G. nichts.

Es ist somit, wie schon hervorgehoben, gemäss §§ 111 ff. Sache des freien Beschlusses der Gewerkenversammlung zu bestimmen, was als „Gewinn" verteilt werden soll.

Ist aber einmal der Beschluss, Gewinn zu verteilen, rechtsgültig gefasst, so hat der Gewerke einen klagbaren Anspruch auf seinen Anteil, der ihm auch durch späteren Beschluss der G. nicht mehr entzogen werden kann. Es ist dafür jetzt nicht sowohl § 35 B.G.B. entscheidend — weil es sich um ein allen Gewerken gleichmässig zustehendes Recht handelt, kann von einem Sonderrecht keine Rede sein —, sondern der Gesichtspunkt, dass durch den Beschluss

---

[1] Vgl. Rehbein II, S. 186, Düringer und Hachenburg II, S. 104.
[2] Esser S. 40. [3] Vgl. zu § 115. [4] §§ 26 I, 22 II, 25 III.

der Gewinnverteilung der Gewerke auf die Gewinnquote ein privates, obligationenähnliches Recht erworben hat[1].

Der einmal gefasste Beschluss auf Gewinnverteilung kann demnach lediglich durch eine Klage auf Grund des § 115 A.B.G. beseitigt werden, es sei denn, dass er auch nach allgemeinen Rechtsgrundsätzen wegen betrügerischer Vorspiegelung des Grubenvorstandes über die finanzielle Lage der Gewerkschaft anfechtbar wäre[2].

Auch die Tatsache, dass kein zur Ausführung der Gewinnaufteilung disponibler Betrag mehr vorhanden ist, berechtigt die G. mangels entgegenstehender, gesetzlicher Bestimmung allein nicht, die Gewinnverteilung auszusetzen[3]. Es erübrigt ihr nichts, als die zu viel verteilte Ausbeute nötigenfalls durch neu auszuschreibende Zubusse wieder beizubringen. Dabei wird sie, falls bis zur Fälligkeit der Zubusse die Zahlung der Ausbeute noch nicht erfolgt ist, dem Anspruch auf Ausbeute gegenüber nicht mit der Zubusse kompensieren dürfen, weil die Zubusseforderung nicht der ersteren gleichartig ist[4].

d) Sie nehmen teil am **Verlust**!

Auch hier ist lediglich die Beschlussfassung der G. entscheidend. Der Abs. 2 dieses § hat auch hier nur eine instruktionelle Bedeutung. Hat einmal die G. Erhebung einer Zubusse in formell gültiger Weise beschlossen, so ist ein Einwand der Gewerken, die Zubusse habe nicht beschlossen werden dürfen, weil die Beiträge zur Erfüllung der Schuldverbindlichkeiten der G. oder zu ihrem Betriebe nicht erforderlich seien, unbeachtlich. Auch hier ist (abgesehen von den allgemeinen gesetzlichen Anfechtungsgründen: Betrug, Irrtum, Zwang!) der einzige aber praktisch wohl kaum jemals gegebene Weg der Anfechtung derjenige aus § 115 A.B.G. dahin, dass der Beschluss nicht zum besten der G. gereiche.

---

[1] Rehbein I S. 50, Staub Anm. 10 zu § 213, R.O.H.G. Bd. 18 S. 153, R.G. Bd. 22 S. 113.

[2] R.G. 11./3. 92 bei Gruchot 36 S. 693.

[3] A. M. R.G. 11./3. 92 a. a. O. [4] Vgl. hierüber zu § 129.

Im übrigen vergleiche bezüglich der Zubusse die Erläuterungen zu § 129 A.B.G. Zubussen sind übrigens in Hinsicht auf die Einkommensteuerpflicht der Gewerken als Kapitalanlagen anzusehen, ihr Abzug ist also unzulässig; vgl. die in Anm. 1 bezeichnete Entsch. des Ob.-Verw.-Gerichts.

3. Die Bestimmungen dieses § gelten auch für die alten G. (§ 227). Daher ist auch für diese älteren G. der landrechtliche Unterschied zwischen reiner Ausbeute[1] und Verlagserstattung wegfallen[2].

---

§ 103. Ueber sämtliche Mitglieder der Gewerkschaft und deren Kuxe wird von der Gewerkschaft ein Verzeichnis — das Gewerkenbuch — geführt. Auf Grund desselben wird einem jeden Gewerken, welcher es verlangt, ein Anteilsschein — Kuxschein — ausgefertigt.

Die Kuxscheine sind nach der Wahl des Gewerken über die einzelnen Kuxe oder über eine Mehrheit derselben auszustellen.

Die Kuxscheine dürfen nur auf einen bestimmten Namen, niemals auf den Inhaber lauten.

Die Erneuerung eines Kuxscheins ist nur gegen Rückgabe oder nach erfolgter Amortisation desselben zulässig.

Zu § 103.

1. Die Führung des Gewerkenbuches und die Ausstellung der Kuxscheine ist — abgesehen

---

[1] Wegen der für die Gewerken steuerpflichtigen Ausbeuten im Sinne des preussischen Einkommensteuergesetzes, vgl. Ob.-Verw.-Ger. 1./7. 1909, LII, 137.

[2] Klostermann-Thielmann Anm. 2.

von dem Falle des § 239 A.B.G. und von Bayern, wo das Gewerkenbuch vom Oberbergamt geführt wird, während bei der Gewerkschaft nur ein Duplikat desselben sich befindet[1] — Sache des Grubenvorstandes bzw. des Repräsentanten (§ 121), wobei er die „im Verkehr erforderliche Sorgfalt" zu prästieren hat[2].

Der Grubenvorstand ist berechtigt, einen Beamten der G. oder einen Dritten bei der Führung des Gewerkenbuches „als Gehülfen" zuzuziehen, d. h. ihm die Eintragungen in das Gewerkenbuch unter seiner Oberleitung und nach seinen Anweisungen zu überlassen[3]. In diesem Falle haftet er für jedes Versehen des „Gehilfen" wie für sein eigenes[4]. Schliesslich haftet aber auch die Gewerkschaft selbst unmittelbar für Verfehlungen, die von ihren Willensorganen im Bereich von deren gesetzlichen oder satzungsmässigen Obliegenheiten begangen werden[5].

Abgesehen davon kann die selbständige Führung des Gewerkenbuches anderen Personen als dem Grubenvorstand nur auf Grund statutarischen Beschlusses übertragen werden[6]. Ueberlässt der Grubenvorstand ohne solchen statutarischen Beschluss die selbständige Führung des Gewerkenbuches einem Dritten, so ist er für allen daraus direkt oder indirekt entstehenden Schaden verantwortlich, selbst wenn ein Verschulden des Gewerkenbuchführes nicht vorliegt[7].

2. Ueber die **Führung des Gewerkenbuches** hat das Gesetz im Einzelnen Bestimmungen nicht getroffen.

Sie richtet sich also nach allgemeinen Grundsätzen. Das Nähere hierüber siehe zu §§ 105, 106 und 121.

3. Auch ein besonderes **Formular für Gewerken-**

---

[1] Art. 135 Abs. 5.
[2] § 276 B.G.B., Rehbein I S. 47.
[3] § 664 Oertmann Anm. 1 und 3, Anm. 2 zu § 613, Plank Anm. 3 zu § 664.
[4] § 278 B.G.B.
[5] Ebenso R.G. 8./11. 1902, XLV, 90.
[6] §§ 124, 94 A.B.G., §§ 664, 613 B.G.B., Hense XXXI S. 99.
[7] Oertmann I S. 397, Scherer Anm. 3, Plank Anm. 1b.

buch und Kuxscheine ist vom Gesetze nicht vorgesehen. Es fanden resp. finden gewöhnlich die nachstehenden drei Formulare Anwendung:

a) Das von Brockhoff VII S. 377 ff. mitgeteilte, dem alten seit etwa 1750 bestehenden Berggegenbuche[1] von Kirchen nachgebildete, welches nach Blättern mit fortlaufender Nummernfolge geordnet ist, und in welchem für jeden Gewerken bezüglich seiner ganzen Beteiligung ein besonderes Blatt bestimmt ist.

b) Das Klostermannsche[2], welches dem üblichen Schema des Aktienbuches nachgebildet ist, die Kuxe unter festen, fortlaufenden Nummern unter einander und die Umschreibungen in nebeneinander liegenden Kolonnen verzeichnet.

c) Das von Hense a. a. O. S. 95 ff. mitgeteilte, welches wohl als das dem jetzigen Gewerkschaftsverkehr am meisten entsprechende bezeichnet werden darf.

Das Schema dieses Buches, welches von vornherein mit 1000 Blättern, für jeden Kux eins, angelegt wird, und neben welchem Belagsakten geführt werden, welche die einzelnen Anträge nebst Anlagen in sich aufnehmen, ist folgendes:

Kux Nr. 1.

Name und Wohnort des Gewerken	Datum der Eintragung	Der Kuxschein a lautet über Kux Nr.	Der Kuxschein b ist ausgefertigt am	Der Kuxschein c ist kassiert am
Kaufmann C. Meyer in Bochum	1./10. 1886	1	1./10. 1886	8./2. 1889
Rentner Fritz Müller in Essen	8./2. 1889	1. 28. 39	8./2. 1889	13./7. 1889
Fabrikant S. Mai in Cöln	13./7. 1889	1	13./7. 1889	

[1] VI S. 428 ff.
[2] Klostermann-Thielmann zu § 103.

Kux Nr. 28.

Name und Wohnort des Gewerken	Datum der Eintragung	Der Kuxschein a lautet über Kux Nr.	b ist ausgefertigt am	c ist kassiert am
Kaufmann F. Schulz in Unna	5./12.1884	28	15./4.1885	8./2. 1889
Rentner Fritz Müller in Essen	8./2. 1889	1. 28. 39 28. 39	8./2. 1889 13./7.1889	13./7.1889

Der Kuxschein lehnt sich an jenes Formular glatt an. Er führt selbst keine Nummer, sondern erhält nur in seiner Ueberschrift die Nummer des Kuxes bzw. die Nummern der Kuxe, worüber er ausgestellt ist, so dass derselbe lautet:

„Kuxschein über den Kux Nr. 1“ bzw. „Kuxschein über die Kuxe 1. 28. 39“.

3. Ueber die **rechtliche Natur des Kuxscheines**, der stets fakultativ, auch durch Statut nicht obligatorisch vorgeschrieben werden kann [1], lassen sich die Motive VI 152 dahin aus, dass der Kuxschein dazu diene, „die Mitgliedschaft und das Beteiligungsverhältnis in glaubhafter Form zu beurkunden und die Sicherheit des Verkehrs mit Gewerkschaftsanteilen zu befördern.“

Darnach und nach Inhalt der §§ 103 und 105 kann es keinem Zweifel unterligen, dass sich das Recht der Gewerken nicht etwa in dem Kuxschein verkörpert, sondern dass derselbe nichts anderes ist, als eine dem Gewerken ausgestellte Bescheinigung, dass er als Eigentümer der darin angegebenen Anzahl von Kuxen im Gewerkenbuche eingetragen ist. Der Kuxschein ist somit lediglich die Beweis-Urkunde über die Mitgliedschaft,

[1] § 103 Abs. 1 S. 2, § 94 A.B.G., Oldenburg, Sachsen, Weimar, Schaumburg-Lippe verlangen stets die Ausstellung des Kuxscheines.

nicht diese Beteiligung selbst[1]. Speziell ist der Kuxschein weder „Ware" noch „Wertpapier" im Sinne des H.G.B.[2], ebensowenig ist auch der Kux selbst eine fungible Sache[3].

Prozessualisch betrachtet ist der Kuxschein, da der Grubenvorstand bezüglich der Führung des Gewerkenbuches vom Gesetze nicht die Eigenschaft „einer mit öffentlichem Glauben versehene Person" hat, eine Privaturkunde im Sinne des § 416 C.P.O.

Der Kuxschein würde somit nach Inhalt dieses § an sich nur Beweis dafür begründen, dass nach Angabe des unterzeichneten Grubenvorstandes der Gewerke mit der angegebenen Kuxzahl im Gewerkenbuche eingetragen ist. Wie weit darüber hinaus der Kuxschein im gegebenen Falle als beweisend zu erachten, würde Sache der freien, richterlichen Beweiswürdigung sein. Nach Ansicht der R.G.Entsch. Bd. VIII S. 12 wohnt indes solchen Urkunden, welche in Gemässheit der Statuten einer Korporation von den gesetzlichen Vertretern innerhalb ihrer gesetzlichen oder statutarischen Befugnis ausgestellt sind, zufolge der vertragsmässigen Unterwerfung der Korporationsgenossen unter das Statut eine erhöhte Beweiskraft bei. Solche Urkunden sollen den Mitgliedern der Korporation gegenüber so lange vollen Beweis für die Wahrheit und Vollständigkeit der darin enthaltenen Beurkundungen erbringen, bis die Unrichtigkeit im Wege des Gegenbeweises dargetan ist.

4. Auf die Gewerkschaften alten Rechts findet § 103

---

[1] Brassert Anm. 2, Arndt Anm. 3, O.Tr. 14./9. 77 XIX 107; ebenso R.G. 8./11. 1902, XLV, 90/3 gegenüber den Entscheidungen vom 1./12. 1900 und 6./5. 1903 Entsch. Bd. 47, S. 106 und Bd. 54, S. 351.

[2] Staub § 1 Anm. 36 und 37, R.G. 24./4. 1891, Daubenspeck I S. 117; für die Wertpapier-Eigenschaft unter ausführlicher Literatur-Angabe Klostermann-Thielmann Anm. 3 zu § 103. Die hier versuchte Beweisführung wird aber ohne weiteres durch den Hinweis hinfällig, dass Kuxscheine nach § 103 Abs. 1 nur auf Verlangen der Gewerken ausgestellt werden, ihre Innehabung also zur Ausübung des in ihnen verbrieften Rechts nicht notwendig ist.

[3] Vgl. R.G. 6./2. 04, XLV, 97.

keine Anwendung (§ 227). Die Kuxe dieser Gewerkschaft werden im Grundbuche eingetragen.

5. In dem bayerischen Berggesetz ist zweckmässig vorgeschrieben, dass auf beschädigte und amortisierte Kuxscheine die §§ 798, 800 B.G.B. Anwendung finden. Dasselbe ist auch in Art. XI des Braunschweigischen Ausführungs-Gesetzes vom 12. Juni 1899 zum B.G.B. bestimmt.

---

§ 104. Die Kuxe können ohne Einwilligung der Mitgewerken auf andere Personen übertragen werden.

Ein gesetzliches Vorkaufsrecht steht den Mitgewerken nicht zu.

Zu § 104.

1 Die Motive[1] führen aus, „dass es nicht im Interesse des Bergbaues liege, die Gewerken rechtlich so aneinander zu fesseln, wie dies bei der Teilnahme an der Zivil- und offenen Handelsgesellschaft der Fall ist.“[2].

Die Bestimmungen dieses § sind auch durch Statut nicht abänderlich und gelten auch für die Gewerkschaften alten Rechts. (§§ 94, 216).

Nach diesem Inhalt der Motive und § 94 kann es trotz der nicht korrekten Fassung des § wohl nicht zweifelhaft sein, dass die freie Veräusserlichkeit der Kuxe nicht auch etwa statutarisch von der Zustimmung der „Gewerkschaft“ d. h. der Gewerkenversammlung abhängig gemacht werden kann. Tatsächlich hat der Gesetzgeber unter „Zustimmung der Mitgewerken“ diejenige der „Gewerkschaft“ verstehen wollen, wie sich aus dem angezogenen Art. 223 des H.G.B. in seiner damaligen Fassung ergibt, wo auch in dem dort Abs. 1 angezogenen Abs. 182 von der Zustimmung der „Ge-

---

[1] VI 153. [2] Cfr. auch Art. 223 und 182 H.G.B.

sellschafter" gesprochen wird, während, wie der Abs. 2 desselben Art. 223 ergibt, in Wahrheit als Zustimmende die „Gesellschaft" gemeint war.

2. Das Berggesetz für Reuss j. L. (§ 88 h) bestimmt, dass die Zuschreibung der Kuxe auf den neuen Erwerber erst zu erfolgen braucht, wenn der frühere Kuxinhaber die auf ihn entfallende Zubusse gezahlt hat oder der Erwerber sie übernimmt. Die gleiche Bestimmung hatte das frühere Berggesetz für das Königreich Sachsen; in dem jetzt geltenden (§ 14) ist diese Vorschrift aber nicht mehr enthalten, hier ist die Haftung für Zubusse und der Anspruch auf Ausbeute gesetzlich so geregelt, wie die Ausführungen unter III zu § 105 dieses Werkes es entwickeln. Für die übrigen Berggesetze, insbesondere das preussische, wird sogar eine statutarische Bestimmung solchen Inhalts, wie sie Reuss j. L. vorgesehen hat, unzulässig sein, weil sie dem durch § 104 ausgesprochenen Prinzip der freien Veräusserlichkeit widersprechen würde und auch gegenüber den unabänderlichen §§ 105—107 eine weitergehende Verpflichtung zur Zahlung der Zubusse, wie die gesetzliche, durch Statut nicht begründet werden kann.

---

§ 105. Zur Uebertragung der Kuxe ist die schriftliche Form erforderlich.

Der Uebertragende ist zur Aushändigung des Kuxscheins und, wenn dieser verloren ist, zur Beschaffung der Amortisationserklärung auf seine Kosten verpflichtet.

Die Umschreibung im Gewerkenbuche darf nur auf Grund der Uebertragungsurkunde und gegen Vorlegung des Kuxscheins oder der Amortisationserklärung erfolgen.

Zu § 105.

I. **Einleitung.** Die §§ 105—107 geben keine erschöpfende Darstellung der Lehre von der Uebertragung der Kuxe, sie beschränken sich auf einzelne Bestimmungen über Form und Inhalt der Uebertragung selbst, d. h. des abstrakten dinglichen Abtretungsvertrages[1] im Sinne des B.G.B., sowie auf einige der daraus in der Verbindung mit der Eintragung zum Gewerkenbuche sich ergebende Rechtsfolgen. Darüber hinaus hat also bezüglich aller die Uebertragung betreffenden Fragen, wie bis dahin das jeweilige Zivilrecht[2], so nunmehr[3] das B.G.B. ergänzend einzutreten.

II. Insbesondere richtet sich der dem dinglichen Abtretungsvertrag zu Grunde liegende **obligatorische Schuldbegründungsakt**[4] nach Form, Inhalt und Wirkung nunmehr nach dem B.G.B.

1. Wird deshalb die Verpflichtung zur Abtretung des Kuxes gegen **Zahlung eines Kaufpreises** eingegangen, so unterliegt der Vertrag als **Kaufgeschäft**[5] in allen seinen rechtlichen Beziehungen den §§ 433 ff. B.G.B.

a) Insbesondere haftet deshalb der Verkäufer des Kuxes für den rechtlichen Bestand desselben zur Zeit des Kaufes. Der Vertrag gilt also bei Nichtexistenz des Kuxes (es werden Kuxe einer Gewerkschaft verkauft, die sich in Liquidation befindet, z. B. wenn Kuxe einer ausserpreussischen Gewerkschaft verkauft werden, deren Sitz gleichzeitig nach Preussen verlegt werden soll und die dadurch in Liquidation tritt) nicht etwa nach § 306 B.G.B. als nichtig, sondern das Gesetz legt zu Grunde, dass der Verkäufer für die Existenz des Kuxes Garantie übernommen hat[6]. Stellt sich daher

[1] Vgl. R.G. 19./12. 1910 in Deutsch. Jurist. Ztg. Nr 8 für 1911, S. 593 und in Deutsch. Bergw.-Zeitung Nr. 298 für 1910 vom 21./12. 1910.

[2] Vgl. darüber Westhoff XXXV S. 303 ff.

[3] Art. 4 zum Einf.-Ges. zum B.G.B, Niedner Anm. 1 dazu.

[4] Oertmann S. 153.

[5] § 433 B G.B., Leske S. 180; vgl. auch R.G. vom 19./12. 1910 (siehe Anm. 1).

[6] § 437 Oertmann Anm. 1, Plank Anm. 1 u. Neumann Anm. 1.

heraus, dass der von ihm verkaufte Kux noch nicht besteht, weil die G. noch nicht zur Existenz gekommen ist[1], oder weil die Tausendteilung noch nicht oberbergamtlich bestätigt worden ist, so ist diese Nichtexistenz des Kuxes nach dem B.G.B. als ein Mangel im Rechte vom Verkäufer zu vertreten. Der Verkäufer haftet deshalb nach Massgabe der §§ 320—327 B.G.B. auf Erfüllung, ev. auf Schadenersatz wegen Nichterfüllung, der nach § 252 B.G.G. auch den entgangenen Gewinn umfasst. Auch hat der Käufer des Kuxes das Recht vom Vertrage zurückzutreten und die Zahlung des Kaufpreises zu weigern[2].

Der Nichtexistenz steht das Aufgebot des Kuxscheines[3] nicht gleich, weil der Kuxschein, wie schon zu § 103 erörtert, kein „Wertpapier" ist, der § 437 Abs. 2 sich aber nur auf solche Urkunden bezieht, in denen sich die Forderung verkörpert[4].

b) Das zu a) Gesagte gilt aber nur für den Fall, dass der Kux zur Zeit des Verkaufes nicht resp. nicht mehr existiert. Existierte er damals, ging er aber bis zur schriftlichen Uebertragung des Kuxes, sei es dass der Kaufvertrag nur mündlich getätigt war oder die dingliche Uebertragung nicht enthält, unter, z. B. weil die Gewerkschaft unterdess durch Beschluss ihrer Mitglieder aufgelöst wurde, so haftet der Verkäufer nur gemäss §§ 275 ff. B.G.B.[5]. Der Verkäufer des Kuxes würde also nur haften, wenn er z. B. durch Vorsatz oder Fahrlässigkeit den Untergang des Kuxes verschuldet, z. B. bei der Beschlussfassung für die Auflösung der Gewerkschaft gestimmt und durch seine Mitbestimmung dieselbe ermöglicht hat.

c) Weiss bei Abschluss des Kaufvertrages der Käufer, dass der Kux nicht existiert, z. B. dass der als Kux verkaufte Anteil in Wahrheit ein solcher an einer Bohrgesell-

---

[1] Vgl. für bisheriges Recht Westhoff XXXV S. 335 ff.

[2] § 440 B.G.B., Oertmann Anm. 2 zu § 437, Neumann Anm. 5 zu § 306, Leske I 187; vgl. auch R.G. 28./10. 1908, LI, 149.

[3] § 437 Abs. 2 B.G.B. [4] Kuhlenbeck Anm. 3 zu § 437.

[5] Plank Anm. 1, Neumann Anm. 1 zu § 437, Mugdan II S. 71, 575, a. M. Leske I 186

schaft ist, so haftet der Verkäufer in diesem Falle für den Mangel nicht, es sei denn, dass nach der Lage des Falles anzunehmen ist, dass der Verkäufer die Umwandlung des bisherigen Bohranteils in einen Kux versprochen, bzw. versprochen hat, dem Käufer demnächst die der Zahl seiner Bohranteile entsprechende Kuxzahl wirklich zu verschaffen [1].

d) Der Käufer eines Kuxes hat dafür zu sorgen, dass er im Gewerkenbuche als neuer Eigentümer eingetragen wird. Diese Umschreibung ist ein Teil seiner Abnahmeverpflichtung dem Verkäufer gegenüber [2].

e) Der Verkäufer eines Kuxes kann, wenn der Käufer sich in Annahmeverzug und wegen des Kaufpreises und der vom Verkäufer bezahlten Zubussen in Zahlungsverzug befindet, neben dem Rechtsbehelfe des Selbsthilfeverkaufs nach § 373 H.G.B. und dem Vorgehen nach § 326 B.G.B. unter Umständen auch die Anheimstellung des Kuxes gemäss § 130 A.B.G. betreiben [3].

f) **Die Kosten des Kaufvertrages** und auch des späteren dinglichen Abtretungsvertrages einschliesslich Stempel fallen dem Verkäufer zur Last [4], jedoch mit Ausnahme der etwaigen Mehrkosten, welche die öffentliche Beglaubigung der Abtretungsurkunde erfordert [5].

2. Das **Schenkungsversprechen** eines Kuxes bedarf nach § 518 B.G.B. der gerichtlichen oder notariellen Beurkundung, jedoch wird der Mangel der Form durch den Abschluss des dinglichen Abtretungsvertrages geheilt [6]. Hat der Schenker dem Beschenkten einen ihm nicht gehörigen oder einen nicht existierenden Kux, z. B. einen ihm gehörigen Bohranteil als Kux geschenkt, so haftet er nur für den daraus entstehenden Schaden, d. h. also das negative Vertragsinteresse, z. B. Ersatz einer etwa dem Beschenkten zur Last fallenden,

---

[1] § 439 Oertmann Anm. 6, Neumann Anm. 1, 2 dazu.
[2] R.G. 28./9. 1910, abgedr. in Deutscher Bergw.-Zeitung Nr. 231 für 1910; vgl. auch Klostermann-Thielmann Anm. 6 zu § 107.
[3] R.G. 18./2. 1905, XLVII, 245.
[4] § 418 Kuhlenbeck Anm 2 dazu. [5] § 403 B.G.B.
[6] Plank Anm. 4, Neumann Anm. 4 zu diesem § 519 B.G.B.

nach Lage der Sache nutzlos aufgewendeten Zubusse, und dies auch nur dann, wenn der Schenker diesen Mangel im Recht arglistig verschwiegen hat[1].

Weiter geht die Haftung des Schenkers, wenn er den Kux erst selbst anzuschaffen versprach[2].

II. Der in Erfüllung des unter 1. gedachten obligatorischen Schuldbegründungsaktes abzuschliessende **dingliche Abtretungsvertrag**[3] unterliegt gemäss § 413 B.G.B. den Vorschriften der §§ 398—412 B.G.B., jedoch mit der Massgabe, dass, während nach diesen §§ der Abtretungsvertrag formlos abgeschlossen wird, der Vertrag über die Uebertragung eines Kuxes der schriftlichen Form zu seiner Gültigkeit insofern bedarf, als die Erklärung der **Abtretenden** schriftlich sein muss. Der Uebertragungsvertrag verlangt daher

1. dass die Parteien über die Uebertragung ihre Einigung erklären.

Dabei ist es zur Gültigkeit des Abtretungsvertrages nicht erforderlich, dass eine dauernde Eigentumsübertragung beabsichtigt ist. Eine Sekuritätszession stellt sich z. B. als wirkliche Abtretung dar[4]. Dasselbe muss auch gelten, wenn eine wirkliche Eigentumsübertragung überhaupt nicht vorliegt, die Uebertragung vielmehr nur erfolgt, um den Zessionar als Gewerken der G. gegenüber zu legitimieren, ihm nur gegenüber der G. die Rechte des Gewerken abtreten will[5].

2. Die Erklärung der Abtretenden muss in schriftlicher Form abgegeben sein und zwar gemäss Art. 4 E.G. zum B.G.B in derjenigen schriftlichen Form, wie sie vom B.G.B. verlangt wird. Dies wird auch dann zu gelten haben, wenn der Abtretungsvertrag sich als ein Handelsgeschäft charakterisiert. Dies wird aus Art. 67 Einf.-Ges. z. B.G.B. in Verbindung mit Art. 2 Einf.-Ges. z. H.G.B.

---

1 § 523 B.G.B. Abs. 1, Plank Anm. 2 zu § 122 B.G.B.
2 § 523 B.G.B. Abs. 2.
3 Oertmann Anm. 3, Neumann Vorbemerkung zu § 398.
4 R.G. 21./1. 93, R.G. 30 S. 273.
5 Vgl. R.G. 10./11. 97, 40 S. 80, Staub 670 Anm. 13.

zu folgern sein. Insbesondere muss also der § 126 Abs. 1 beobachtet sein. Bloss mündliche Uebertragungen würden gemäss § 125 nichtig[1]) sein, und nach § 141 Abs. 1 eine ev. Bestätigung der schriftlichen Form bedürfen[2]. Telegraphische Uebermittelung der Abtretungserklärung, welche nach bisherigem Rechte ausreichte, falls die Telegrammurschrift vom Abtretenden unterschrieben war[3], genügt jetzt nicht[4]. Dagegen genügt Blankoabtretung, vorausgesetzt, dass die Ausfüllung des Blanketts gemäss dem erklärten Willen desjenigen, welcher die Unterschrift geleistet hat, erfolgte[5], was mit dem bisherigen Recht übereinstimmt[6].

c) Die Annahmeerklärung des neuen Erwerbers bedarf nicht der schriftlichen Form, es genügt jede Form der Zustimmung, auch die stillschweigende[7].

Man muss davon ausgehen, dass die „Uebertragung", für welche § 105 A.B.G. die schriftliche Form forderte, auch nach bisherigem Recht nicht den Uebertragungsvertrag, die beiderseitige Willenserklärung umfasste, sondern lediglich die einseitige Erklärung des bisherigen Gewerken, zumal sich damit das A.B.G. in Uebereinstimmung mit den allgemeinen Grundsätzen des A.L.R.[8] befand, welche nach den Motiven VI S. 153 dem § 105 A.B.G. zu Grunde gelegt waren. Die Beibehaltung der bisherigen Bedeutung des Begriffs „Uebertragung" des § 105 A.B.G. kann für das B.G.B. um so weniger Bedenken haben, als dasselbe auch selbst eine besondere Form vielfach nur für die Erklärung des einen Teils fordert[9].

3. Ein weiteres ausser der Einigung und schriftlichen Vollziehung der Abtretungserklärung ist zur

---

1 Vgl. R.G. 6./2. 1904, XLV, 95.
2 Rehbein I S. 155, Plank Anm. 1 zu § 141.
3 Rehbein Entsch. I S. 323, Westhoff a. a. O. S. 328.
4 §§ 126, 127 Rehbein I S. 156.
5 R.G. 1./4. 91 27 S. 269, Rehbein I 56, Neumann Anm. 2 zu § 126, Turnau und Förster S. 821.
6 Westhoff a. a. O. S. 328 und Literaturangabe daselbst.
7 Rehbein I S. 153, 222. 8 § 393 I 11, § 58 I 7 A.L.R.
9 Vgl. §§ 403, 1154, 518, 766 B.G.B.

Uebertragung der Berechtigung aus dem Kux auf den neuen Erwerber nicht notwendig. Insbesondere bedarf es — abgesehen von Anhalt (§ 94) und Sachsen-Weimar (§ 129) — nicht einer Uebergabe des Kuxscheins[1]. Königreich Sachsen verlangt neuerlich (§ 13) zur Uebertragung der Kuxe ausser der schriftlichen Abtretungserklärung auch die Eintragung in das Gewerkenbuch. Nach preussischem Recht wird der Kuxschein, da auch kraft der Kuxberechtigung eine Leistung, z. B. Ausbeute, Auskehrung des Vermögensanteils, gefordert werden kann, nach § 952 Abs. 2 B.G.B. mit dem Abschluss des Abtretungsvertrages ohne weiteres Eigentum des Erwerbers, was im Resultat mit dem Abs. 2 des § 105 A.B.G. zusammentrifft. Nach § 952 B.G.B. kann deshalb der neue Erwerber von dem Verkäufer den Kuxschein vindizieren, ist also nicht bloss auf die Klage aus dem unterliegenden Rechtsgeschäft angewiesen. Ebenso steht dem Gewerken, wenn ihm der Besitz des Kuxscheins wider seinen Willen entzogen wird, die Besitzentziehungsklage zu[2].

Ueberhaupt kann der Kuxschein, weil er lediglich der Verbriefung der Kuxberechtigung dient, nicht Gegenstand eines neben derselben bestehenden, besonderen Eigentums oder Pfandrechts sein[3]. Dies gilt auch von der vertragsmässigen Einräumung eines Besitz- oder Zurückbehaltungsrechtes an dem Kuxschein, welches nach bisherigem Rechte auch gegenüber dem neuen Erwerber geltend gemacht werden konnte[4]. Nach B.G.B. würde ein solches Retentionsrecht am Kuxschein dem neuen Kuxberechtigten gegenüber nicht gelten[5],

Da nach § 103 A.B.G. eine Pflicht der Gewerken oder der Gewerkschaft, Kuxscheine aushändigen zu lassen, nicht besteht, so brauchen insbesondere auch im Falle einer Abtretung solche nicht gebildet zu werden,

---

[1] A. M. Diedrichs in seinem Aufsatz „Der Kuxschein" in der Zeitschr. f. d. ges. Handelsrecht, Bd. 63, S. 411 ff.

[2] §§ 858 ff. B.G.B., Rehbein I 78

[3] Rehbein I S. 78, R.G.-Entsch. S. 133.

[4] R.G.-Entsch. XVI S. 109 ff.

[5] Vgl. zu § 108 A.B.G.

vielmehr erfolgt in diesem Falle die Eintragung der Umschreibung im Gewerkenbuche lediglich auf Vorlage der Abtretungserklärung[1].

4. Ebenso wenig ist für den Erwerb der Kuxberechtigung **die Eintragung zum Gewerkenbuche erforderlich.** Die Eintragung zum Gewerkenbuche gibt nur dem Gewerken die erforderliche Legitimation gegenüber der G.

Eine Pflicht[2] der Gewerken, bzw. der neuen Erwerber, ihren Erwerb im Gewerkenbuche eintragen zu lassen, besteht nicht. Das Gesetz hat sich mit der indirekten Einwirkung aus den §§ 106, 107 des B.G.B. begnügt. Wechselt ein Kux mehrmals den Eigentümer, so kann die G. deshalb mangels gesetzlicher Bestimmung die Eintragung der Zwischenerwerber nicht fordern[3]. Es wird deshalb auch nicht unzulässig sein, dass Erwerber und Veräusserer eines Kuxes das Geschäft wieder rückgängig machen, ohne davon der Gewerkschaft Kenntnis zu geben. Wenn dann der alte Gewerke den Kux der Gewerkschaft zur Verfügung stellt, so kann freilich auf diesem Wege auf Kosten der Gewerkschaft spekuliert werden.

III. Mit dem Abschluss des Abtretungsvertrages geht auch **Ausbeute und Zubusse** auf den Erwerber über, und zwar richten sich die näheren Bestimmungen über die Verteilung der Ausbeute und Zubusse zwischen Erwerber und Veräusserer **unter einander** nach den §§ 101 und 104 B.G.B.[4] Dabei wird weder die Ausbeute als regelmässig wiederkehrender Ertrag, noch die Zubusse als regelmässig wiederkehrende Last im Sinne der §§ 101 und 103 angesehen werden können[5]. Die oben zu § 102 A.B.G. wiedergegebenen Stellen aus den Motiven des A.B.G., die mit der praktischen

---

[1] Brassert S. 303, Klostermann-Thielmann Anm. 7 zu § 105, Esser S. 46.

[2] Vgl. aber oben unter II, 1d zu § 105 Anm. 5.

[3] Oppenhoff Nr. 583, a. M. Esser a. a. O. S. 49.

[4] Plank Anm. 3 § 446, Neumann Anm. 3 zu § 101, Rehbein I 94.

[5] A. M. Rechtsanwalt Dr. Gottschalk im „Glückauf“ 1910, S. 1020.

Lebenserfahrung übereinstimmen, verbieten solches. Es entscheidet also in beiden Fällen lediglich der Zeitpunkt der Fälligkeit[1]. Ob §§ 101 und 103 B.G.B. stets zutreffen oder nur dann, sofern nicht eine besondere vertragsmässige oder gesetzliche Spezialbestimmung entgegensteht[2], mag dahingestellt bleiben. Jedenfalls besagt bezüglich des Kaufes § 446 B.G.B. nichts anderes wie §§ 101 und 103[3], und auch bezüglich der Schenkung bestehen keine abweichende Bestimmungen[4]. Es hat darnach regelmässig der Erwerber des Kuxes Anspruch auf die Ausbeute, wenn dieselbe nach Abschluss des dinglichen Abtretungsvertrages fällig ist, mag auch bereits vor diesem Zeitpunkt von der Gewerkenversammlung die Verteilung der Ausbeute beschlossen sein. Und andererseits belastet den Erwerber eine vor diesem Zeitpunkt beschlossene, aber erst nach dieser fällige Zubusse. Verzug des bisherigen Gewerken mit der Abtretung kann beides ändern. Ist z. B. der Verkäufer, der sofort nach Abschluss des Kaufvertrages[5] den Abtretungsvertrag tätigen muss, mit demselben trotz Aufforderung des Käufers im Verzuge, so hat er infolgedessen die noch in seine Berechtigungszeit fallende Zubusse selbst zu tragen[6], während er die von ihm für diese Zeit erhobene Ausbeute dem Käufer jedenfalls ersetzen muss, ev. jedenfalls soweit, als sie eine für dieselbe Zeit fällig gewesene Zubusse übersteigt[7]. Gleiches gilt, falls der Uebertragung des Kuxes eine Schenkung zu Grunde liegt. Auch hier haftet beim Verzuge mit der Tätigung der Abtretung der Schenker wie der Verkäufer, jedoch mit dem Unterschiede, dass er den Verzug nur dann zu vertreten hat, wenn ihm bezüglich der Nichtvollziehung des Abtretungsvertrages grobe Fahrlässigkeit zur Last

---

[1] Vgl. auch Bergges. für Königreich Sachsen (§ 14), für Oldenburg (§ 61), Schaumburg-Lippe (§ 61), Weimar (§ 131).

[2] So Rehbein, Neumann a. a. O., a. M. Plank Anm. 1 zu § 101.

[3] Oertmann Anm. 1c zu § 446 B.G B.

[4] § 518 B.G.B. [5] § 271 B.G B.

[6] §§ 446 u. 103 B.G.B.

[7] § 286 B.G.B., Oertmann Anm. 1 dazu.

fällt[1]. Alles Vorgesagte bezieht sich aber nur auf das Verhältnis zwischen Erwerber und Veräusserer, da nur dieses die §§ 101—103 regeln[2]. Wie Erwerber und Veräusserer gegenüber der Gewerkschaft Anspruch auf Ausbeute bzw. Pflicht zur Zubusse haben, ist zu §§ 106 und 107 zu erörtern.

Eine statutarische Bestimmung des Inhalts, dass die Umschreibung im Gewerkenbuche erst erfolgen dürfe, nachdem die auf dem Kuxe haftende Zubusse bezahlt sei, wird für unzulässig zu erachten sein, da eine solche Bestimmung geeignet ist, die Gewerkenbefugnis aus § 130 A.B.G. zu beseitigen und andererseits die Vorschrift des § 130 a. a. O. durch die in dem unabänderlichen § 102 a. a. O. erfolgte ausdrückliche Bezugnahme selbst als unabänderlich erklärt anzusehen sein wird[3].

IV. Wird ein Kux von dem bisherigen Gewerken **mehrere Male abgetreten**, so ist wahrer Berechtigter am Kux der erste Zessionar, gleichgültig, ob ihm oder dem zweiten Zessionar der Kuxschein übergeben ist und auch gleichgültig, ob der zweite Zessionar zum Gewerkenbuche als Gewerke eingetragen ist[4]. Nach bisherigem Recht ging mit Rücksicht auf § 23 I 10 A.L.R. die spätere Zession der älteren vor, wenn der zweite Zessionar im Besitze des Kuxscheines war und die Eintragung zum Gewerkenbuche erlangt hatte[5]. Für das B.G.B. ist lediglich der Gesichtspunkt massgebend, dass der bisherige Berechtigte, nachdem er einmal das ihm zustehende Recht an den ersten Zessionar abgetreten hat, das ihm damit nicht mehr zustehende Recht nicht nochmals übertragen kann. An alledem ändert auch der gute Glaube des zweiten Zessionars nichts, wie schon zu § 101 ausgeführt. Der erste Zessionar muss aber der G. gegenüber diejenigen Zahlungen an Aus-

---

[1] Arg. §§ 521, 522 B.G.B., Neumann Anm. 12 zu § 521, Oertmann I zu § 522, Plank und Kuhlenbeck Anmerkungen dazu.

[2] Plank Anm. 1 zu § 101.

[3] Vgl. Löwenberg in XLIII, 478; a. M. R.G. 8./7. 1908, L 96; vgl. auch Ziff. 6 zu § 130 dieses Werks.

[4] Oertmann Anm. 1 zu § 408, Neumann desgl.

[5] Westhoff XXXV 337.

beute, welche der zweite Zessionar, falls er zum Gewerkenbuch eingetragen war, unterdess von der G. erlangt hat, wider sich gelten lassen [1]. Der zweite Zessionar hat dahingegen seinerseits die Ausbeute an den ersten Zessionar herauszugeben [2].

Zu besprechen bleibt, wie der Repräsentant oder Grubenvorstand sich zu verhalten hat, wenn auf Grund mehrfacher Zession Eintragungsanträge seitens der verschiedenen Zessionare bei ihm gestellt werden. Ist ein Kuxschein nicht gebildet, so hat der Gewerkenbuchführer den älteren Zessionar einzutragen. Dasselbe muss gelten, wenn ein Kuxschein vorhanden ist und von dem älteren Zessionar überreicht wird.

Wie aber, wenn er von dem jüngeren überreicht wird? Hier wird der Repräsentant keinen der beiden Zessionare eintragen dürfen! Den älteren nicht, weil er den Kuxschein nicht vorlegt, den jüngeren nicht, weil er nicht der zur Eintragung Berechtigte ist. Der Repräsentant wird vielmehr in diesem Falle dem ersten Zessionar anheimgeben müssen, zunächst den Kuxschein von dem späteren Zessionar zu vindizieren [3].

War zur Zeit, wo die ältere Zession dem Repräsentanten eingereicht wird, der jüngere Zessionar bereits als Gewerke eingetragen, so wird mit Rücksicht auf § 106 A.B.G. der Repräsentant nicht berechtigt sein, die Eintragung nachträglich rückgängig zu machen. Er muss auch hier dem älteren Zessionar überlassen, sein besseres Recht auf Herausgabe des Kuxscheins und Berichtigung des Gewerkenbuches gegenüber dem jüngeren im Klagewege geltend zu machen.

V. Stempelfragen.

a) Jeder Kuxschein war nach Tarifstelle 34 des Preuss. Stempelgesetzes vom 31./7. 1895 mit einem Fixstempel von 1.50 M. belastet. An Stelle des preussischen Stempels ist nunmehr für Kuxscheine, die nach

---

[1] §§ 408, 409 Oertmann Anm. 1 dazu, Neumann Anm. dazu.

[2] § 816 Abs. 2 B.G.B., Oertmann 1 b dazu, Neumann Anm. 30.

[3] Brassert Anm. 7 zu § 105, Lindemann XVIII S. 540 ff., Westhoff XXXV S. 341 ff., a. M. Klostermann XVIII S. 230 ff., jetzt aber Klostermann-Thielmann Anm. 6 zu § 105.

dem 1. Juli 1900 ausgefertigt worden sind, durch das Gesetz betreffend Abänderung des Reichsstempelgesetzes vom 14./6. 1900 ein Reichsstempel getreten, neben dem der Landesstempel nicht mehr erhoben werden kann[1]. Dieser Reichsstempel beträgt jetzt nach Tarifstelle 1 d des Reichsstempelgesetzes vom 15. Juli 1909 in der Fassung der Bekanntmachung vom 22. Juli 1909 (R.G.Bl. S. 833) 5.00 M. von jeder einzelnen Urkunde. Der in Veranlassung des Uebergangs eines Kuxes auf einen neuen Besitzer an Stelle des gestempelten oder steuerfreien Kuxscheins neu ausgestellte auf den Nameu des neuen Besitzers lautende Kuxschein ist von dieser Reichsstempelabgabe befreit[2].

b) Ausserden waren nach Tarifstelle 34 des Preuss. Stempelgesetzes „Schriftstücke über Uebertragungen" von Kuxen einem Stempel von $^1/_{10}$ vom Hundert des Wertes der Gegenleistung bzw. des Wertes des abgetretenen Kuxes unterworfen. Man konnte bei der Fassung der Tarifstelle zweifelhaft sein, ob damit nur der dingliche Uebertragungsakt hatte belastet werden sollen, so dass das etwa zu Grunde liegende Kaufgeschäft nach Tarifstelle 32c noch einem weiteren Stempel von $^1/_3$ vom Hundert unterworfen gewesen wäre. Der Zweifel fand indes seine Erledigung durch die Motive des Gesetzes, in denen es ausdrücklich hiess, dass der Steuersatz von $^1/_{10}$ an Stelle des Mobilarkaufstempels von $^1/_3$ trete, welchem die Uebertragung der Kuxe, sofern sie in einem zweiseitigen Vertrage gegen Entgelt erfolge, zur Zeit unterliege. Bis zu dem Preussischen Stempelgesetz vom 31./7. 1895 war nämlich die Uebertragung von Kuxen gegen Entgelt, d. h. der Titel im Sinne des A.L.R., dem Kaufstempel von $^1/_3$ $^0/_0$ unterworfen. Nur wenn die Zessionserklärung sich lediglich als Modus qualifizierte, strat der Zessionsstempel von 1.50 M. ein[3]. Nach der erwähnten Ausführung der Motive kann es wohl nicht zweifelhaft sein, dass mit dem Stempel-

---

[1] § 4 Reichsstempelgesetzes.
[2] Erlass vom 21. II. 1906, XLVII, 469.
[3] R.G. XXXII 360, XXXIII 372, Westhoff XXXV 334.

satz von $^1/_{10}$ v. H. des Stempelgesetzes vom 31./7. 1895 sowohl der obligatorische Kaufvertrag wie der dingliche Abtretungsvertrag getroffen, bzw. als einheitliches Geschäft belastet war[1]. Durch das vorerwähnte Gesetz vom 14./6. 1900 und weiterhin durch das Reichsgesetz vom 15. Juli 1909 in der Fassung der Bekanntmachung vom 22. Juli 1909, Tarifstelle 4a Ziff. 2 sind nun auch „Kauf- und sonstige Anschaffungsgeschäfte über Anteile von bergrechtlichen Gewerkschaften oder die darüber ausgestellten Urkunden (Kuxscheine, Bezugsscheine, Abtretungsscheine)" einem Stempel von 1 vom 1000 vom Werte des Gegenstandes des Geschäfts unterworfen[2]. Da § 18 des Reichsstempelgesetzes unverändert geblieben ist, so ist damit der vorerwähnte preussische Stempel fortgefallen. Selbst wenn man den preussischen Stempel Tarifstelle 34 nur als auf dem dinglichen Abtretungsvertrag ruhend ansehen wollte[3], trifft § 24 Reichsstempelgesetzes zu, weil der „Anschaffungsstempel" das gesamte Anschaffungsgeschäft, sowohl das zu Grunde liegende obligatorische Geschäft wie den zum Zweck der Eigentumsübertragung an dem Wertpapier noch erforderlichen, dinglichen Akt mit umfasst[4]. Auch der Erwerb der Kuxe durch die Gründer einer Gewerkschaft ist als Anschaffungsgeschäft im Sinne des Reichsstempelgesetzes anzusehen[5].

---

§ 106. Wer im Gewerkenbuche als Eigentümer der Kuxe verzeichnet ist, wird der Gewerkschaft gegenüber bei Ausübung seiner Rechte als solcher angesehen.

---

[1] Heinitz S. 462 Nr. 2, vgl. auch R.G. 29./12. 99, Entsch. Bd. 45 S. 248.
[2] Vgl. auch Erlass des Finanzmin. vom 7./10. 1905, XLVII, 282.
[3] So anscheinend R.G. a. a. O.
[4] R.G. 12./11. 96, Entsch. Bd. 38 S. 29.
[5] R.G. 24./3. 1911, abgedr. in Jurist. Wochenschr. 1911, S. 494.

Zu § 106.

1. Nach Inhalt dieses § gilt der G. gegenüber **nur**[1] **der im Gewerkenbuch Eingetragene** und damit von der Gewerkschaft einmal als Gewerke Anerkannte bei Ausübung der Rechte (also sowohl bezüglich des Stimmrechts und Klagerechts aus § 115, wie bezüglich des Anspruches auf Ausbeute und Liquidationsrate, bzw. ratierlichen Kaufpreisanteil) als Gewerke; er muss als Eigentümer im Gewerkenbuche eingetragen sein, es genügt nicht die Eintragung einer Verfügungsberechtigung über den Kux, die vertraglich oder sonstwie erlangt sein mag.

Die Berechtigung zur Ausübung der Gewerkenrechte gegenüber der Gewerkschaft wird daher regelmässig nur durch die Umschreibung im Gewerkenbuche[2] erlangt, mag der Rechtsgrund des Ueberganges der Berechtigung sein, wer er wolle: Rechtsgeschäft unter Lebenden oder von Todeswegen. Ist der Gewerkschaft deshalb auch bekannt, dass der eingetragene Gewerke verstorben ist oder seine Kuxe an einen anderen abgetreten hat, so hat sie doch nach dem Wortlaut des § nach wie vor den eingetragenen Gewerken als allein ihr gegenüber zur Ausübung der gewerkschaftlichen Rechte Berechtigten anzusehen. Sie muss abwarten, bis die Uebertragungsurkunde oder das Testament bzw. der Erbschein und der Kuxschein ihr behufs Umschreibung im Gewerkenbuch vorgelegt wird. Dasselbe gilt, wenn die G. nach Eintragung des Gewerken in Erfahrung bringt, dass die ihr vorgelegte Abtretung resp. die Eintragung der Anfechtung unterliegt, z. B. wegen Betruges, Zwangs, Irrtumes, oder gar nichtig ist, weil die Abtretung eine simulierte ist.

In allen diesen Fällen hat der Eingetragene der G. gegenüber so lange als Gewerke zu gelten, bis die Berichtigung des Gewerkenbuches von dem wahren Gewerken ev. im Wege der Klage herbeigeführt ist[3].

---

[1] Vgl. auch R.G. 20./11. 1902, XLIV, 251.

[2] Vgl. Anm. 4d und e

[3] So auch Klostermann-Thielmann Anm. 3 und 4 zu diesem §,

2. Zu den Rechten, für welche der Gewerkschaft gegenüber die Eintragung zum Gewerkenbuch Vorbedingung ist, gehört auch der Anspruch auf die Ausbeute. Da derselbe, wie bereits zu § 102 ausgeführt, ein obligationenähnlicher ist, der mit dem Augenblick der Fälligkeit der durch Gewerkschaftsbeschluss zur Verteilung bestimmten Ausbeute entsteht, so ist der Gewerkschaft gegenüber zum Empfange berechtigt allein der Gewerke, welcher zur Zeit dieser Fälligkeit im Gewerkenbuche als solcher eingetragen ist. Dieser bleibt auch der Gewerkschaft gegenüber allein zum Empfange berechtigt, wenn etwa bis zur Ausführung der Verteilung eine Umschreibung des Kuxes im Gewerkenbuch auf einen neuen Erwerber stattgefunden hat. Dass für das Verhältnis zwischen Veräusserer und Erwerber der § 101 B.G.B. entscheidet, ist bereits zu § 105 hervorgehoben. Es berührt das aber nicht die Berechtigung gegenüber der Gewerkschaft, da § 101 B.G.B., falls die darnach begründete Bezugsberechtigung nicht mit der des § 106 A.B.G. zusammenfällt, nur einen obligatorischen Anspruch des Erwerbers gegen den Veräusserer auf Ausantwortung der Ausbeute begründet[1].

3. Bezüglich der Passivlegitimation für die **Erfüllung der Pflichten** hat der § nichts bestimmt, es bleibt also hier, soweit nicht § 107 eingreift, bei den allgemeinen Grundsätzen, d. h. der G. gegenüber haftet für die Zubusse nur der wirkliche Gewerke. Es ist also der auf Zubusse klagenden G. gegenüber z. B. der Einwand des eingetragenen Gewerken zulässig, dass er zur Zeit des Beschlusses über die Erhebung der Zubusse nicht mehr Gewerke gewesen, der Kux vielmehr im Wege des Zwangsverkaufs auf einen neuen Erwerber übergegangen sei[2].

---

neuerdings auch L.-Ger. Bochum 28./6. 1904, XLV, 501; a. M. Brassert S. 300 und Hense a. a. O. S. 101, welche der G. die Berechtigung zur Beanstandung der Legitimation einräumen wollen.

[1] Plank Anm. 1 zu § 101, Scherer I S. 134.

[2] So auch Brassert S 305, Klostermann-Thielmann Anm. 4, Esser S. 48.

4. Der § behandelt die Stellung des Gewerken zur G. nach stattgehabter Eintragung, besagt aber nichts darüber, wie sich **die G. zu den Eintragungsanträgen** selbst zu verhalten hat.

a) Die Behandlung der Eintragungsanträge richtet sich deshalb, wie schon zu § 103 erwähnt, nach allgemeinen Grundsätzen, d. h. der Grubenvorstand, als der zur Führung des Gewerkenbuches Verpflichtete, hat mit der ihm obliegenden Sorgfalt bei Stattgebung oder Abweisung der Eintragungsanträge zu verfahren. Nötigenfalls kann der Gewerke, dessen Eintragung zu Unrecht von der G. abgelehnt wird, auf Bewirkung derselben klagen[1] und zwar gegen die Gewerkschaft[2] mit der actio pro socio. Für jede Fahrlässigkeit bei der Eintragung resp. Nichteintragung ist die G. dem dadurch Geschädigten verantwortlich[3].

b) Die erste Vorbedingung zum Anspruch auf Umschreibung des Kuxes bildet die Echtheit der Unterschrift des bisherigen Kuxberechtigten, bzw. der Nachweis der anderweiten Rechtsnachfolge. Dabei ist beim Mangel einer entgegenstehenden Vorschrift der Repräsentant nicht verpflichtet, notarielle Beglaubigung der Unterschrift zu fordern, wohl aber ist er dazu ebenso berechtigt wie verpflichtet, falls Bedenken über die Echtheit der Unterschrift auftauchen, bzw. dieselbe ihm nicht als echt bekannt resp. erkennbar sind.

Dasselbe gilt bezüglich des Nachweises der Rechtsnachfolge des Antragstellers nach dem eingetragenen Gewerken. Es genügt, wenn die dem Gewerkenbuchführer vorgelegten Nachweise, mögen dieselben auch nicht gerade in öffentlichen Urkunden bestehen, auf irgend eine Weise, z. B. in Verbindung mit seiner persönlichen Wissenschaft unter Anwendung „der im Verkehr erforderlichen Sorgfalt" ihm die Ueberzeugung von der

---

[1] Hense a. a. O. 101, Puchelt Anm. 2 zu Art. 183.

[2] Vgl. R.G. 6/2. 1904, XLV, 95; Ob. Trib. 14./6. 1878, XIX, 510; R.G. Entsch. Bd. 53, S. 27.

[3] Vgl. § 126 A.B.G.

Richtigkeit der zur Begründung des Umschreibungsantrages angeführten Tatsachen beibringen. Eine Umschreibung bloss auf „Erben X“ wird abgelehnt werden müssen. Die Namen müssen feststehen, weil die Gewerkschaft doch wissen muss, an wen sie sich wegen etwaiger Zubusse zu halten hat.

c) Steht die Echtheit der Unterschrift der abtretenden Kuxberechtigten fest, so ist die Gewerkschaft nach B.G.B. unter allen Umständen berechtigt, die Eintragung in das Gewerkenbuch vorzunehmen, selbst wenn ihr bekannt, dass die Abtretung nichtig, weil sie z. B. simuliert ist[1]. Die Bestimmung wirkt aber nur zu Gunsten der G., sie ist berechtigt zur Eintragung, sie kann also auch trotz § 409 die Umschreibung ablehnen. Zu einer Ablehnung wird sie indess nicht berechtigt sein, wenn nur Anfechtbarkeit (wegen Betruges, Zwangs, Irrtums) vorliegt, da die anfechtbare Abtretung an sich jedenfalls bis zur erfolgten Anfechtung zu Recht besteht[2].

Voraussetzung zur Anwendung des § 409 B.G.B. ist aber nach seinem Wortlaut, dass die Anzeige bzw. Abtretung von den wirklichen Gewerken herrührt. Ist sie z. B. gefälscht, oder ist der bisher eingetragene Gewerke nicht mehr Gewerke, weil er den Kux schon vorher an einen anderen abgetreten hat, so würde die Kenntnis dieses Umstandes die Gewerkschaft verpflichten, die Eintragung abzulehnen[3].

d) Die Gewerkschaft ist verpflichtet, **die Eintragungsanträge sofort zu erledigen**[4]. Hat der Gewerke daher durch Einreichung der Erwerbungsurkunde, des Kuxscheins und des Umschreibungsantrages das seinerseits zur Bewirkung der Umschreibung Erforderliche getan, so wird der Repräsentant resp. Grubenvorstand verpflichtet sein, sofort, d. h. also nötigenfalls noch in der

---

[1] §§ 117, 409 B.G.B., Plank § 409 Anm. 1, Oertmann Anm. 1 und 2, Neumann Anm. 1.

[2] Neumann Anm. 2 zu § 142, Plank 1 Anm. 7, 2 S. 145.

[3] Arg § 407 B.G.B., Oertmann Anm. 5 zu § 409, Neumann Anm. 1, a. M Plank Anm. 5.

[4] Arg. § 271 B.G.B.

Gewerkenversammlung selbst, wo der neue Gewerke den Nachweis seiner Berechtigung geführt hat, die Umschreibung des Kuxes im Gewerkenbuche vorzunehmen. Da die Eintragung zum Gewerkenbuche inhaltlich im wesentlichen nur bedeutet, dass sie den urkundlichen Beweis dafür erbringt, das der Gewerke von der Gewerkschaftsvertretung als solcher anerkannt ist, so wird man annehmen dürfen, dass auch diese Anerkennung allein — also auch schon vor der Eintragung dieses Anerkenntnisses im Gewerkenbuche — ihm die Rechte des § 106 A.B.G. verleiht[1].

e) Eine dolose Eintragung in das Gewerkenbuch, z. B. Eintragung eines Nichtberechtigten hinter dem Rücken des vielleicht abwesenden Gewerken oder Umschreibung von sog. ruhenden Kuxen auf Grund fingierter Abtretungen, etwa um dadurch Stimmen für den Grubenvorstand zu gewinnen, würde nichtig sein[2], dem Eingetragenen also nicht das Gewerkenrecht verschaffen.

f) Hense bietet XXXI S. 88 ff. für die Erledigung der mit dem Gewerkenbuche zusammenhängenden Aufgaben eine praktische Anweisung.

---

§ 107. Bei freiwilligen Veräusserungen von Kuxen bleibt der seitherige Eigentümer derselben der Gewerkschaft für die Beiträge (§ 102) verpflichtet, deren Erhebung die Gewerkschaft beschlossen hat, bevor die Umschreibung der Kuxe im Gewerkenbuche gesetzlich (§ 105) beantragt ist.

Zu § 107.

1. Wie sich aus den Ausführungen zu § 105 ergibt, ist im Verhältnis des bisherigen Ge-

---

[1] R.O.H.G. 21./11. 77, Entsch. Bd. 23 S. 98; a. M. R.G. 29./11. 1902, XLIV, 250/1, inhalts dessen bei Verzögerung der Eintragung der Gewerke höchstens einen Schadensersatzanspruch gegen den Grubenvorstand habe.

[2] Arg. § 138 B.G.B., vgl. Rehbein I 101, 182.

werken zu dem neuen Erwerber der letztere für alle Zubusse verpflichtet, welche fällig ist, nachdem die Abtretung des Kuxes auf ihn erfolgt ist. Dieser Satz bezieht sich aber, wie dort und auch Anm. 2 zu § 106 näher erörtert, nicht auf das Verhältnis der Gewerkschaft zu dem bisherigen und dem neuen Gewerken. Da nach § 102 der „Gewerke" d. h. derjenige, der es wirklich ist, an dem Verlust teilzunehmen hat, andererseits der obligationenähnliche Anspruch der Gewerkschaft auf Zubusse mit dem Augenblick entsteht, wo der Beschluss der Gewerkschaft auf Erhebung der Zubusse gefasst ist, so haftet der Gewerkschaft gegenüber nach allgemeinen Rechtsgrundsätzen stets derjenige Gewerke für die ganze Zubusse, welcher zur Zeit der Beschlussfassung Gewerke ist, gleichgiltig, ob die Fälligkeit der Zubusse auch schon in die Berechtigungszeit des neuen Erwerbers fällt. Letzterer haftet, sei es an Stelle, sei es neben dem bisherigrn Gewerken der Gewerkschaft gegenüber für die vor seinem Erwerb beschlossene Zubusse nur, wenn ein besonderer Rechtsgrund hinzutritt, z. B. Schuld oder Erfüllungsübernahme[1]. Eine andere Meinung vertritt R.G. 8./3. 1902, XLIII, 365. Danach haftet der neue Gewerke solidarisch neben dem alten Gewerken für alle Zubussen, welche der letztere schuldet. Gegen diese Auffassung richtet sich die zutreffende Kritik von Loewenberg, XLV, 61 ff., welcher die diesseitige Ansicht vertritt, ebenso wie Klostermann-Thielmann Anm. 1 zu § 107. Die vom R.G. vertretene Auffassung hat das Berggesetz für Schaumburg-Lippe und ebenso Oldenburg (§ 61) zum Gesetz erhoben.

2. Von diesem Regelsatz für das Verhältnis der Gewerkschaft zum Veräusserer und Erwerber eines Kuxes macht nun der § 107 zu Gunsten der G. die Ausnahme, dass bei freiwilligen Veräusserungen der **bisherige Gewerke der G. gegenüber auch für diejenigen Beiträge noch verhaftet bleibt, welche bis zum Zeitpunkt des Antrages auf Umschreibung der**

---

[1] §§ 329, 414 B.G.B.

Kuxe im Gewerkenbuche beschlossen sind. Bei zwangsweisen Veräusserungen, insbesondere auch im Falle des § 130 A.B.G. trifft § 107 nicht zu. Hier haftet der bisherige Gewerke für alle Zubussen, welche bis zur Versilberung des Kuxes **beschlossen** sind, der neue Gewerke für die später beschlossenen.

Der bisherige Gewerke hat bei freiwilligen Veräusserungen deshalb auch der Gewerkschaft für die Zubusse aufzukommen, welche nach der Veräusserung des Kuxes, aber vor dem Antrage auf Umschreibung beschlossen ist, obwohl nach der Ausführung unter Nr. 1 nach allgemeinen Rechtsgrundsätzen dafür nur der neue Gewerke aufzukommen hätte. Im einzelnen ist dabei noch folgendes zu bemerken:

a) Massgebend ist der Zeitpunkt des **gesetzlichen** Antrages, d. h. derjenige des unter Ueberreichung des Kuxscheins, bzw. der Amortisationserklärung und der Abtretungsurkunde[1] gestellten Antrages.

b) Der seitherige Gewerke **bleibt verhaftet.** Dass der neue Gewerke nicht haftet, sagt das Gesetz nicht. Da somit eine Bestimmung fehlt, dass der neuerwerbende Gewerke in diesem Falle von seiner nach obigem bestehenden Verpflichtung zur Zahlung der Zubusse frei sein soll, so haften für diejenige Zubusse, welche vor dem Antrag auf Umschreibung des Kuxes beschlossen, aber erst nach derselben fällig ist, der G. beide Gewerken, sowohl der Veräusserer als der Erwerber[2].

c) Nach dem Wortlaut und dem Zusammenhange des § 107 mit dem § 106 kann es nicht zweifelhaft sein, dass unter dem „seitherigen" Gewerken der bis dahin **eingetragene** Gewerke gemeint ist. Daraus folgt, dass, falls mehrere Uebertragungen zwischen dem bisher eingetragenen und dem neu einzutragenden Gewerken liegen, der § 107 auf die nicht eingetragenen Zwischen-Zessionare keine Anwendung findet. Es haften also in solchem Falle ausser dem eingetragenen

---

[1] Brassert Anm. 3, Klostermann-Thielmann Anm. 5.

[2] Brassert Anm. 1 zu § 107, Klostermann-Thielmann Anm. 6 dazu, Esser Gewerkschaft S. 49, Oppenhoff S. 590.

Gewerken, welcher für die während der ganzen Zeit bis zum Antrage auf Eintragung des neuen Gewerken beschlossenen Beiträge haftet, die Zwischenzessionare und der neu einzutragende Gewerke nur für diejenige Zubusse, welche während ihrer Berechtigungszeit beschlossen sind[1]. Dass im Verhältnis der Gewerken untereinander die späteren den bisher eingetragenen gegenüber verpflichtet sind, diejenigen Zubussen zu vergüten, welche der eine oder andere von ihnen in Abweichung von § 103 B.G.B., auf Grund der §§ 106 und 107 hat zahlen müssen, bedarf keiner Hervorhebung. Der Anspruch würde auf Grund ungerechtfertigter Bereicherung begründet sein[2]. Die Bestimmung des § 107 kann übrigens recht bedenklich wirken, wenn der wirkliche Gewerke sich nicht eintragen lässt, den Kux aber verpfändet hat. Hier muss der Bucheigentümer des Kuxes fortgesetzt die Zubusse zahlen. Er kann auch das Recht aus § 130 A.B.G. nicht ausüben, weil ihm der Kuxschein fehlt. Der Bucheigentümer kann hier den wirklichen Eigentümer nur dahin beanspruchen, dass er sich eintragen lässt, bzw. dass er seinen Nachmann zur Eintragung anhält[3].

3. Der § 107 findet **keine Anwendung:**

a) wenn ein **Gewerkenbuch nicht vorhanden** ist. In diesem Fall haften die Gewerken der G. für die Zubusse lediglich wie unter Nr. 1 ausgeführt, d. h. jeder haftet für die während seiner Berechtigungszeit beschlossenen Zubussen[4].

b) Für **zwangsweise Verkäufe** gilt das gleiche wie sub a. Der neue Gewerke haftet also nur für die Zubusse, die nach dem Zuschlage beschlossen wird, während der alte Gewerke für die während seiner Berechtigungszeit beschlossene Zubusse verhaftet bleibt[5].

4. Kann die Gewerkschaft gegenüber der Ausbeuteforderung des neuen Gewerken **mit der Zubusse kom-**

---

[1] Oppenhoff Nr. 591, Westhoff XXXV S. 346.
[2] § 812 B.G.B., Oertmann S. 539 Anm. c.
[3] Loewenberg, XLIII, 476.
[4] Brassert Anm. 1 und 5, Klostermann-Thielmann Anm. 4.
[5] Brassert Anm. 2, a. M. Klostermann-Thielmann Anm. 2.

pensieren, welche ihr gegenüber dem früheren Gewerken zusteht?

Nach früherem Rechte musste die Frage verneint werden[1], und zwar deshalb, weil es an der Identität der Personen mangelte, auch der Ausnahmefall der §§ 313 ff. I 16 A.L.R. nicht gegeben war. Für das B.G.B. wird man die Frage bejahen müssen. Von einem Ausschluss der Kompensation wegen etwaiger Ungleichartigkeit der Forderung kann jedenfalls nicht die Rede sein, weil hier die Ausbeuteforderung später fällig ist wie die Zubusse und in der Geltendmachung der ersteren gleichzeitig der Verzicht liegt, wegen der Zubusse auf das Mitgliedschaftsrecht an der Gewerkschaft zu verzichten[2]. Andererseits ergibt sich aber aus §§ 406, 413 B.G.B., dass die Gewerkschaft aufrechnen kann[3]. Denn der Anspruch auf die Zubusse ist der Gewerkschaft vor der Abtretung des Kuxes an den neuen Berechtigten erwachsen. Der abtretende Gewerke wird allerdings, falls z. B. der Abtretung Kauf zu Grunde liegt, seinerseits verpflichtet sein, den Erwerber gemäss §§ 433, 434, 445, 320—327 B.G.B. schadlos zu halten.

Die Gewerkschaft ist mangels einer entgegenstehenden Bestimmung berechtigt, auch demjenigen gegenüber, welcher in der Zwangsvollstreckung den Kux erworben hat, bei später erzielter Ausbeute die Forderung auf die früher beschlossene Zubusse aufzurechnen. Hier steht aber dem neuen Gewerken ein Anspruch auf Gewährleistung gegen den bisherigen Gewerken nicht zu[4]. Alles dies gilt natürlich nur soweit, als der Anspruch der Gewerkschaft auf Zubusse noch besteht und nicht etwa deshalb erloschen ist, weil der bisherige Gewerke den Kux der Gewerkschaft gemäss § 130 A.B.G. zur Verfügung gestellt hat.

Wie aber steht es, wenn der Kux einem Dritten

---

[1] Lindemann XVIII S. 537, Westhoff XXXV S. 346, a. M. Klostermann XVII S. 227 ff.

[2] Vgl. hierüber im einzelnen § 129.

[3] Jetzt ebenso Klostermann-Thielmann Anm. 6 zu § 107.

[4] § 806 C.P.O., Struckmann u. Koch Anm. 2.

verpfändet ist unter gleichzeitiger Verpfändung des Anspruches auf zukünftige Ausbeute? Zweifellos muss auch hier der Pfandgläubiger, falls nach Bestellung des Pfandes eine Ausbeuteverteilung beschlossen wird, die Zubusse sich gegenüber aufrechnen lassen, die vor der Verpfändung beschlossen war. Ebenso wird aber auch die Zubusse, welche erst nach der Verpfändung, aber vor der Verteilung der Ausbeute beschlossen ist, dem Pfandgläubiger gegenüber aufgerechnet werden können. Denn man wird den Anspruch auf die nach der Pfändung erst beschlossene Zubusse nicht als einen von der Gewerkschaft erst nachher „erworbenen“[1] bezeichnen dürfen. Aus dem Prinzip der Sondernachfolge ergibt sich vielmehr, dass ein Recht dem Pfandgläubiger nur mit derjenigen Eigenschaft behaftet verpfandet wird, welche es in der Hand des verpfändeten Gewerken besass. Zu dieser Eigenschaft des Kuxes gehört aber auch die, dass der Gewerke die Aufrechnung einer Zubusse gegen eine später fällig werdende Ausbeute überhaupt sich gefallen lassen muss. Die Motive zum B.G.B.[2] unterstützen die diesseitige Auffassung, insofern dort ausgeführt ist, dass „es nicht allein darauf ankomme, zu welcher „Zeit die Tatsachen, in welchen die Einreden sich „gründen, sich zugetragen haben, sondern vielmehr „darauf, ob es Tatsachen sind, welche, ohne in aus„schliesslicher Beziehung zum Wechsel des Gläubigers „zu stehen, nach dem Wesen und Inhalte des Schuld„verhältnisses den Schuldner zu einer Einrede berech„tigen, wonach z. B. der Schuldner auch dem neuen „Gläubiger gegenüber eine Einrede aus einer erst nach „der Uebertragung stattgehabten Entwehrung des dem „Schuldner als Gegenleistung veräusserten Rechtes oder „auf Grund einer erst nach diesem Zeitpunkte einge„tretenen Resolutivbedingung entgegensetzen kann.“

Für die Gewerkschaft alten Rechts würden sich die gleichen Grundsätze übrigens auch schon aus den §§ 46, 47 und 51 I 17 A.L.R. rechtfertigen[3].

---

[1] §§ 1275, 406 B.G.B., Neumann Anm. 1 zu § 1275.
[2] Mugdan II S. 71.
[3] Vgl. auch Plathner XIX S. 356.

§ 108. Die Verpfändung der Kuxe geschieht durch Uebergabe des Kuxscheins auf Grund eines schriftlichen Vertrages.

Zu § 108.

I. Auch die **Verpfändung der Kuxe** richtet sich, wie die Zession durchweg nach den allgemeinen Bestimmungen des B.G.B. Das Allgemeine Berggesetz beschränkt sich auf die Bestimmung im § 108, wonach die „Verpfändung der Kuxe durch Uebergabe des Kuxscheins auf Grund eines schriftlichen Vertrages" zu erfolgen hat. Die Fassung dieses Paragraphen hat schon früher für das Preussische Recht den Zweifel erregt, ob damit lediglich der Modus der Verpfändung oder zugleich auch der Titel derselben hat geregelt werden sollen, ob speziell nach Massgabe dieses Paragraphen, wenn nur das pactum de pignerando schriftlich abgeschlossen war, zur Gültigkeit der Verpfändung die demnächstige einfache Uebergabe des Kuxscheins genügte, oder ob nicht vielmehr zu dieser Uebergabe die schriftliche Erklärung der Besitzübertragung des Kuxes hinzukommen musste.

Die Entstehungsgeschichte des § 108 lässt letzteres als zweifellos erscheinen; denn, wie die Motive besagen[1], hat sich der § 108 an die Vorschriften der Verordnung vom 9. Dezember 1809 § 2[2] anschliessen sollen. Letztere hat aber lediglich den Modus der Verpfändung in Anlehnung an die landrechtlichen Vorschriften über den Modus der Zession regeln wollen[3]. Man wird also anzunehmen haben, dass die für das Preussische Recht nicht ganz korrekte Fassung des § 108 der Rücksichtnahme auf die übrigen Rechtsgebiete des Allgemeinen Berggesetzes entsprungen war, und dass nach ihm als Modus der Verpfändung im Sinne des A.L.R. die Uebergabe des Kuxscheins und auch schriftliche Erklärung gefordert wurde.

---

[1] VI S. 154. [2] Ges.-Samml. S. 621.
[3] Rehbein Entsch. III S. 475.

Daraus ergibt sich für das jetzige Recht, dass nur der abstrakte dingliche Verpflichtungsvertrag[1] selbst durch das A.B.G. und auch dieser nur eine teilweise Regelung erfahren hat.

II. Das der Verpfändung zu Grunde liegende **obligatorische Rechtsgeschäft** wird überhaupt vom A.B.G. nicht getroffen, richtet sich vielmehr ganz nach den allgemeinen Vorschriften des Zivilrechts.

Es genügt nunmehr formloser Vertrag[2]. Andererseits würde, falls die Verpfändung durch letztwillige Verfügung angeordnet, z. B. vom Erblasser bestimmt wäre, dass zur Sicherheit eines Legats dem Vermächtnisnehmer Kuxe verpfändet werden sollen, zur gültigen Perfektion der Pfandbestellung noch die Erfüllung der Formvorschrift des § 108 durch den Erben hinzukommen müssen[3].

III. Der **Verpfändungsakt** verlangt, abgesehen von der abstrakten Einigung der Paziszenten über die Verpfändung[4].

1. Dass diese **Einigung** wenigtens auf Seiten des Verpfänders **schriftlich** erfolgt. Wenngleich die Fassung des § 108 im Gegensatz zu der des § 105 für die Erklärung beider Vertragsteile die schriftliche Form zu verlangen scheint, so hat R.G. 22./12. 1906, XLVIII, 379 aus Gründen, die im wesentlichen auf der Entstehungsgeschichte der Bestimmung beruhen, und denen man beipflichten kann, die schriftliche Erklärung lediglich des Verpfänders für genügend erachtet, ihre Annahme seitens des Pfandgläubigers kann formlos geschehen[5].

Bezüglich der Erfordernisse der Schriftform im einzelnen vgl. zu § 105.

---

[1] Neumann Anm. 3 zu § 1204.

[2] Brassert, Kommentar, Anm. 1 zu § 108 S. 307, §§ 1274, 398 B.G.B., Neumann Anm. 1 zu § 398 und 1274.

[3] § 2174 B.G.B., Plank Anm. 1, Kuhlenbeck S. 604 Abs. 2.

[4] §§ 1274, 398, Neumann Anm. zu § 1274.

[5] Die in der ersten Auflage vertretene gegenteilige Ansicht kann angesichts der erwähnten reichsgerichtlichen Entsch. nicht aufrecht erhalten werden.

2. **Die Uebergabe des Kuxscheins** an den Pfandgläubiger.

Diese Uebergabe muss erfolgen entweder durch Naturalübergabe oder durch brevimanu traditio oder, falls mittelbarer Besitz des Gewerken vorliegt[1], durch Abtretung des Anspruches auf Herausgabe an den Pfandgläubiger und Benachrichtigung des unmittelbaren Besitzers von dieser Abtretung. Constitutum possessorium genügt nicht[2]. Es entspricht dies im wesentlichen auch dem bisherigen Rechtszustande[3].

Der Besitz des Kuxscheins ist nicht bloss für die Entstehung, sondern auch für den **Bestand** des Pfandrechts insofern von Wirksamkeit, als die Rückgabe des Kuxscheins an den Gewerken das Pfandrecht zum Erlöschen bringt[4], was auch im wesentlichen mit dem bisherigen Recht übereinstimmt[5].

3. Eine **Benachrichtigung der Gewerkschaft** von der geschehenen Verpfändung ist zur Gültigkeit derselben nicht erforderlich[6]. Sie empfiehlt sich aber mit Rücksicht auf § 407 B.G.B., um dem Pfandgläubiger die Auszahlung der Liquidationsrate und der etwa mitverpfändeten Ausbeute zu sichern, wie noch weiter unten auszuführen.

Im einzelnen ist noch folgendes zu bemerken:

a) Fraglich kann sein, wie die Verpfändung zu geschehen hat, **falls ein Kuxschein nicht existiert.**

Da der § 103 des A.B.G. die Bildung eines Kuxscheins von dem freien Belieben des Gewerken abhängig gemacht und der § 108 davon jedenfalls nicht ausdrücklich eine Ausnahme statuiert hat, so ist anzunehmen, dass die Verpfändung eines Kuxes, über welchen ein Kuxschein nicht existiert, da sie bezüglich ihrer Form vom A.B.G. nicht geregelt ist, sich ausschliesslich

---

[1] § 868 B.G.B.

[2] §§ 1274 S. 2, 1205, 931, Kuhlenbeck Anm. 2 zu § 1274, Biermann desgl. 2, Leske I S. 10, Turnau und Förster S. 823.

[3] Westhoff XXXVI S. 215.

[4] §§ 1278, 1253 B.G.B., Turnau und Förster Anm. 1 l zu § 1278.

[5] Rehbein Entsch. III S. 476, O.Tr. Entsch. Bd. 70 S. 191.

[6] Arg. e contr. § 1280 § 1280 B.G.B.

nach allgemeinen Rechtsgrundsätzen zu richten hat. Für das Preussische Recht war ausser der schriftlichen Verpfändungserklärung die Bekanntmachung der Verpfändung an die G. Erfordernis[1].

Nach B.G.B. (§ 1274) genügt der schriftliche Verpfändungsakt, die Benachrichtigung der Gewerkschaft ist auch hier nicht Erfordernis der Gültigkeit. Klostermann-Thielmann, Anm. 3 zu § 108 verlangt vorherige Ausstellung des Kuxscheins; diese Forderung erscheint angesichts Abs. 1 des § 103 A.B.G. nicht begründet.

b) Sind nicht die Kuxe selbst verpfändet, sondern bloss die **Kuxscheine als Faustpfand übergeben,** so entstand biser nach richtiger, aber nicht unbestrittener Ansicht[2] zwar kein Pfandrecht an dem Kuxschein, weil ein Pfandrecht als wesentliches Erfordernis die Verkaufsbefugnis voraussetzt, diese aber bei dem Kuxscheine fehlt, da er als blosse Legitimationsurkunde einen selbständigen Geldwert nicht besitzt. Dagegen wurde durch solche Uebergabe des Kuxscheins, selbst wenn die dabei abgegebene Erklärung sich irrtümlich als Verpfändungserklärung bezeichnete, ein Besitz- und Zurückbehaltungsrecht an dem Kuxscheine begründet, welches erst nach Zahlung der unterliegenden Forderung erlosch und gegen jeden Dritten Wirkung hatte[3]. Der Konkursmasse des verpfändenden Gewerken gegenüber gewährte allerdings dieses Besitz- und Zurückbehaltungsrecht auch bisher schon keinen Absonderungsanspruch, weil es als solches von der Konkursordnung nicht anerkannt war[4]. Nach B.G.B., welches ein dingliches Retentionsrecht nicht kennt, wird man anzunehmen haben, dass ein solches nur unter den Paziszenten, nicht auch gegenüber dem neuen Erwerber Wirkung hat[5].

---

[1] §§ 273, 288 T. I. Tit. 21 A.L.R., Rehbein III S. 425, 475, Westhoff a. a. O.

[2] Rehbein Entsch. III S. 425 ff., Förster-Eccius III S. 535 und die dort angegebene gegnerische Judikatur; Entsch. des R.G. in Zivilsachen XVI S. 169 ff.

[3] R.G. a. a. O., Rehbein a. a. O. [4] R.G. XX S. 35 ff.

[5] §§ 932, 986 B G.B., Neumann I 651 III 2g, 411 V; Turnau und Förster S. 822; R.G. Entsch. Bd. 51, S. 86.

Dass am Kux oder Kuxschein, auch selbst beim Vorhandensein der übrigen Voraussetzungen des § 369 des H.G.B., ein kaufmännisches Retentionsrecht nicht entsteht, ist zweifellos, da Kuxscheine nicht zu den daselbst angeführten Objekten des kaufmännischen Retentionsrechtes gehören [1].

3. **Wer kann gültig verpfänden?** Nur der wirkliche Eigentümer des Kuxes.

Die Verpfändung seitens eines Nichtberechtigten erzeugt für den gutgläubigen Pfandgläubiger niemals ein gültiges Pfandrecht, da § 1207 B.G.B., welcher Pfandbesitz an einer beweglichen Sache voraussetzt, auf die Verpfändung eines Rechts, wie es der Kux ist, keine Anwendung finden kann [2]. Die für das bisherige Recht vorhandene Streitfrage [3] hat damit ihre Erledigung gefunden.

4. **Die Wirkung der Verpfändung** richtet sich gleichfalls nach den allgemeinen Vorschriften. Zu erwähnen bleibt:

a) Verpfändet ist der **Kux** als solcher in seinem vollen, rechtlichen Umfange. Insbesondere muss auch als mitverpfändet gelten der Anspruch auf die zukünftige Liquidationsrate oder das an dessen Stelle tretende Aequivalent, z. B. die Aktien oder die Kuxe der Aktiengesellschaft bzw. Gewerkschaft, in welche die bisherige Gewerkschaft sich auflöst. Für das bisherige Recht war dies zweifellos [4], auch für das B.G.B. muss gleiches gelten. Denn wenn dasselbe auch das Surrogationsprinzip für das Pfandrecht regelmässig ablehnt [5], so bleibt doch zu beachten, dass der Anspruch auf die Liquidationsrate nicht Surrogat des Kuxes, nicht an Stelle der bisherigen Kuxberechtigung tritt, sondern als Teil derselben schon bei ihrer Begründung in der-

---

[1] R.G. XV S. 58 ff., Rehbein a. a. O., Staub Anm. 15 zu § 369.
[2] Neumann Anm. 4 zu § 1273, Biermann Anm. 1 dazu, Turnau und Förster I S. 820.
[3] Westhoff a. a. O. S. 217.
[4] § 261 I 20 A.L.R., Rehbein III S. 494, Westhoff a. a. O. S. 220.
[5] Leske I S. 597 Anm. 1, Biermann Anm. 2 zu § 1252.

selben inhaltlich miteinbegriffen war[1]. Dieser der Kuxberechtigung inhärierende, zukünftige Anspruch muss deshalb, auch ohne dass dies besonders in dem Pfandvertrage zum Ausdruck gebracht wird, als mitverpfändet gelten. Hat die Gewerkschaft in Unkenntnis der Verpfändung die Liquidationsrate an den Gewerken ausbezahlt, so steht ihr § 407 B.G.B. schützend zur Seite[2].

b) Der Pfandgläubiger hat gemäss §§ 1219 und 1273 B. G. B. auch vor Verfall seiner Forderung Anspruch auf Verkauf des Kuxes im Wege einstweiliger Verfügung, falls der Kux in einem solchen Masse **im Kurse sinkt**, dass dadurch die Sicherheit des Pfandgläubigers gefährdet wird[3].

c) Die **Ausbeute** gilt im Gegensatz zum bisherigen Recht[4] im Zweifel **nicht als mitverpfändet** bzw. mit übertragen[5]. Ebenso bleibt mangels jeder entgegenstehenden Bestimmung die Pflicht der Zubusse beim Gewerken. Ist dem Pfandgläubiger das Recht, die Ausbeute einzuziehen, besonders mitübertragen, so ist die G. berechtigt, die Zubusseforderung, welche ihr gegenüber dem Gewerken zusteht, auch gegen die Ausbeuteforderung der Pfandgläubiger aufzurechnen[6].

a) Auch das Stimmrecht bleibt regelmässig beim Gewerken, wie sich schon arg. e contrario aus § 1276 B.G.B. ergibt[7]. Nur insofern ist das Verfügungsrecht des Gewerken durch § 1276 B.G.B. behindert, als er die Kuxberechtigung durch Rechtsgeschäft weder aufheben noch in einer dem Pfandgläubiger nachteiligen Weise ändern kann. Aus ersterem Grunde kann deshalb der Gewerke ohne Genehmigung des Pfandgläubigers nicht mehr den Kux der Gewerkschaft gemäss § 130 A.B.G. zur Verfügung stellen, auch wenn ein Kuxschein

---

[1] Vgl. R.O.H.G. Bd. 3 S. 338.
[2] § 1275 B.G.B., Neumann Anm. 1 dazu.
[3] Vgl. Staub Anm. 30 zu § 368.
[4] §§ 21, 157 I 20 A.L.R., Rehbein III S. 444, Westhoff a. a. O. S. 218.
[5] §§ 1213, 1273, Neumann Anm. 4 zu § 1273, Biermann Anm. 1 dazu.
[6] Vgl. oben zu § 107 S. 124.
[7] Vgl. auch Mugdan III S. 479.

nicht gebildet ist und deshalb der Besitz des Kuxscheins durch den Pfandgläubiger an sich nicht hindernd im Wege steht. Ebenso wenig ist der Gewerke berechtigt, ohne Zustimmung des Pfandgläubigers für die Umwandlung der Gewerkschaft in eine Aktiengesellschaft zu stimmen, wie bereits oben zu § 94 hervorgehoben ist.

e) Das wesentlichste Recht des Pfandgläubigers besteht in dem Recht zum **Verkauf des verpfändeten Kuxes.** Dieses Recht ist so wesentlich, dass, wie bisher[1], so auch nach B.G.B.[2] ein etwa vertraglicher Ausschluss dieses Rechts die Entstehung eines Pfandrechts hindern würde. Die Ausführung des Verkaufsrechtes des Kuxes vollzieht sich im wesentlichen wie nach bisherigem Recht, d. h. der Pfandgläubiger muss zunächst wegen seiner durch das Pfand gesicherten Forderung einen vollstreckbaren Schuldtitel erwirken und sodann auf Grund desselben die Zwangsvollstreckung nach den allgemeinen Vorschriften der C.P.O. betreiben[3]. Die Parteien können indes auch in anderer Art die Ausführung des Verkaufs vereinbaren. Jedoch ist die lex commissoria ausgeschlossen, auch muss regelmässig der Verkauf entweder in öffentlicher Versteigerung oder durch eine zur Abhaltung öffentlicher Verkäufe berechtige Person aus freier Hand erfolgen[4].

5. Bei **mehrfacher Verpfändung** des Kuxes richtet sich der Rang der Pfandrechte nach der Zeit der Bestellung[5]. Die Möglichkeit einer mehrfachen Verpfändung eines Kuxes war nach bisherigem Recht nicht unstreitig, weil vielfach angenommen wurde, dass die Möglichkeit einer mehrfachen Besitzübertragung des Kuxscheins fehlte[6], aber richtiger auch wohl für dieses zu bejahen[7].

---

[1] Rehbein Entsch. III S. 426.

[2] §§ 1204 Abs. 1, 1228 Abs. 1, 1273, Leske I S. 588.

[3] § 1277 B.G.B., für bisheriges Recht Westhoff a. a. O. S. 220.

[4] §§ 1277, 1229, 1245, 1246 B.G.B., Biermann Anm. 2 zu § 1277, Neumann Anm. 3 dazu.

[5] § 1209 Biermann Anm. 1 zu § 1273.

[6] So Brassert Anm. 2 zu § 108 A.B.G., Klostermann-Thielmann Anm. 3, Oppenhoff Anm. 594.

[7] Westhoff a. a. O. S. 221.

Nach jetzigem Recht kann die Möglichheit einer mehrfachen Besitzübertragung von Kuxscheinen mit Rücksicht auf § 1205 Abs. 2 B.G.B. und damit die Möglichkeit einer mehrfachen Verpfändung des Kuxes nicht zweifelhaft sein [1].

6. Eine **Weiterverpfändung** des Kuxes seitens des Pfandgläubigers ist ohne gleichzeitige Verpfändung der durch den Kux gedeckten Forderung unmöglich. Dagegen geht mit der Verpfändung oder Abtretung der Pfandforderung durch den Pfandgläubiger ohne weiteres auch das Pfandrecht am Kux auf den neuen Gläubiger über, ohne dass es der Uebergabe des Kuxscheins zur Perfektion der Verpfändung bedarf [2].

7. Die Verpfändung eines Kuxes unterliegt nach Tarifstelle Nr. 34, 59 des Preuss. Stempeltarifs einen Stempel von 50 Pf. bis 5 M., je nach der Höhe des Objekts. Diese Sätze sind auch durch die Abänderung des Preussischen Stempelsteuergesetzes (Bekanntmachung vom 30. Juni 1909, G.S. S. 535) nicht verändert worden.

---

§ 109. **Die Exekution in den Anteil eines Gewerken wird durch Abpfändung seines Kuxscheins und Verkauf desselben im Wege der Mobiliarversteigerung vollstreckt.**

Zu § 109.

1. Die **Zwangsvollstreckung** in einen Kux richtete sich für das frühere Recht nach § 109 des A.B.G., erfolgte also durch Besitzergreifung des Kuxscheins seitens des Gerichtsvollziehers und demnächstigen Verkauf des Anteils durch denselben. Der Kux war somit bezüglich der Zwangsvollstreckung einer körperlichen Sache gleichgestellt [3].

---

[1] Biermann Anm. zu § 1209.

[2] §§ 1250, 1251, 1273, Biermann Anm. 1 zu § 1273 und S. 284, Neumann Anm. I 1 f. zu § 1273.

[3] Urteil des Obertribunals in Zeitschr. f. Bergrecht XIX S. 109.

Nachdem der § 109 durch § 14 des Einf.-Ges. zur C.P.O. aufgehoben ist, richtet sich die Zwangsvollstreckung in Kuxe nunmehr nach den allgemeinen Grundsätzen der letzteren. Es kann dabei zweifelhaft sein, ob als solche die §§ 821, 822 C.P.O. in Betracht kommen, wie die Meisten annehmen[1], oder ob nicht vielmehr § 857 C.P.O. massgebend ist. Man wird sich für letzteres entscheiden müssen, wie dies in dem Gewerkschaftsgesetz für Mecklenburg-Schwerin (§ 16) übrigens zweckmässig besonders ausgesprochen ist. Kuxe können unter die „Wertpapiere" der §§ 821, 822 nicht gerechnet werden. Unter „Wertpapieren" im Sinne dieser §§, welche sich in dem Abschnitte (II) über die „Zwangsvollstreckung in körperliche Sachen" befinden, können nach ihrer ganzen Stellung im Systeme der C.P.O. nur solche verstanden werden, welche die Natur einer körperlichen Sache haben, welche somit eine Verkäuflichkeit des Papiers als Sache besitzen, bei denen die Urkunde die Trägerin des Rechts selbst ist[2].

Zu diesen Wertpapieren kann der Kuxschein, welcher lediglich die Natur einer Beweisurkunde hat, wie schon zu § 103 ausgeführt, nicht gerechnet werden. Es erübrigt daher nur, für die Pfändung eines Kuxes den § 857 der C.P.O. zu Grunde zu legen[3]. Sollte trotzdem der Gerichtsvollzieher, wie dies in der Praxis oft geschieht (vgl. auch Anm. 1), die Kuxscheine gepfändet haben und zum Verkauf stellen, so kann gemäss § 766, § 732 Abs. 2 C.P.O. der Antrag auf Einstellung der Zwangsvollstreckung gestellt werden.

Es finden somit nach § 857 C.P.O. auf die Pfändung die „vorstehenden Bestimmungen" entsprechende

---

[1] Wilmowsky Anm. 1 zu § 754, Anm. 1 zu § 722, Sarwey, C.P.O. Anm. 2 zu § 722, Falkmann, Zwangsvollstreckung S. 215, Arndt, Kommentar Anm. zu § 109 Bergg., Preuss. Ausf. Anweis. f. d. Gerichtsvollzieher vom 1./12. 1899, § 67 Abs. 2.

[2] Vgl. R.G.-Entsch. 8 S. 575, 16 S. 169, 35 S. 78, Puchelt C.P.O. Anm. 4 zu §§ 721 ff.

[3] So auch Brassert Anm. 1 zu § 109 A.B.G., Struckmann-Koch C.P.O. S. 815 Anm. 1b; Klostermann-Thielmann ist jetzt hinsichtlich der Kuxe, für die Kuxscheine ausgestellt sind, anderer Meinung (Anm. 2 zu § 109).

Anwendung. Die „vorstehenden Bestimmungen“ sind aber offensichtlich die §§ 828 ff., früher 729 ff. und nicht etwa — wie Brassert annimmt — die unter einem anderen Abschnitte stehenden §§ 808 ff., früher 712 ff. Darnach ist also regelmässig das Gericht zuständig, wo der Schuldner (Gewerke) seinen allgemeinen Gerichtsstand hat[1]. Der Kux ist durch Pfändungsbeschluss des Vollstreckungsgerichts[2] für den Gläubiger zu pfänden und gemäss § 835 C.P.O. zur Einziehung zu überweisen. Regelmässig wird es allerdings für beide Teile am zweckmässigsten sein, wenn das Gericht von der Befugnis des §§ 857 Abs. 5, 844 C.P.O. Gebrauch macht und den Verkauf des Kuxes durch den Gerichtsvollzieher anordnet[3]. Denkbar und möglich bleibt aber, dass das Gericht den Kux, z. B. falls er einen zuverlässig zu ermittelnden Kurswert hat, dem Gläubiger an Zahlungstatt zum Kurswert überweist[4]. Die gesetzliche Regelform der Ueberweisung zur Einziehung wird sich nur empfehlen, wenn die Auflösung der Gewerkschaft zu erwarten steht. Dem Anspruche des Gläubigers auf die Liquidationsrate kann die Gewerkschaft dann alle Einreden entgegenstellen, welche ihr gegen den Gewerken[5] zustehen, insbesondere kann sie mit einer früheren Zubusse kompensieren[6].

2. Die **Pfändung des Kuxes** gilt in allen Fällen als **vollzogen** mit der Zustellung des Pfändungsbeschlusses an den Gewerken selbst[7], da regelmässig die G. nicht als „Drittschuldner“ angesehen werden kann. So weit es sich allerdings um Zahlung der Ausbeute oder eines etwaigen Verkaufserlöses handelt, kann die G. eine dem „Drittschuldner“ ähnliche Stellung annehmen, so dass es sich, auch abgesehen von § 407 B.G.B. empfehlen wird, ihr gleichfalls als den Beschluss zuzustellen.

Die Besitzergreifung des Kuxscheins ist dagegen

---

[1] § 828 C.P.O. [2] § 829 C.P.O.
[3] Wilmowsky Anm. 4 zu § 743. [4] §§ 857, 835 C.P.O.
[5] R.G. 33 S. 359, Wilmowsky Anm. 1 zu § 736.
[6] Vgl. oben zu § 107.
[7] § 857 Abs. 2 C.P.O.

für den Erwerb des Pfandrechts an dem Kuxe unerheblich[1]. Freilich hat der Gläubiger auch auf den Besitz des Kuxscheins Anspruch, und zwar ohne dass dies im Pfändungsbeschlusse besonders ausgedrückt zu sein braucht[2]. Der Gerichtsvollzieher muss, falls sich der Kuxschein im Besitze des Schuldners befindet, denselben ohne weiteres beschlagnahmen. Befindet der Schein sich im Besitze eines Dritten, so erlangt der Gläubiger mit der Zustellung des Pfändungsbeschlusses an den Gewerken ein Klagerecht auf Herausgabe des Kuxscheins gegen diesen Dritten[3].

3. Der **Verkauf** des Kuxes, falls dieser vom Gericht angeordnet wird, vollzieht sich nach Anhalt der §§ 814, C.P.O., also wie bei körperlichen Sachen[4]. Der Gewerke kann also selbst als Meistbietenden mitauftreten und den Zuschlag erhalten. Der Gewerkschaft wird ein solches allerdings versagt sein, da sie eigene Kuxe begrifflich nicht erwerben kann[5]. Mit der veränderten Stellung des Kuxes als „Recht" hängt es endlich zusammen, dass der Ersteher nicht, wie bisher[6], stets durch den Zuschlag Eigentümer wird, sondern nur dann, wenn der Schuldner wirklich der Kuxberechtigte war[7].

4. Dass der Kux für **mehrere Gläubiger hinter einander gepfändet** werden kann, ist unbedenklich. Die Priorität der Pfänduug gibt ein Vorzugsrecht auf den Erlös[8]. Die Wirkung des Pfändungspfandrechts besteht nach § 804 C.P.O. darin, dass es dieselben Rechte gewährt, wie ein durch Vertrag erworbenes Faustpfandrecht, also wie dieselben oben zu § 108 im einzelnen aufgeführt sind. Das Pfändungspfandrecht geht speziell auch früher begründeten Pfand- und Vorzugsrechten vor, soweit dieselben nicht für den Fall

---

[1] Vgl. R.G.-Entsch. 20 S. 307 ff. bezüglich Pfändung einer Grundschuld, Rehbein III S. 537.

[2] Vgl. R.G.-Entsch. 21 S. 364.

[3] R.G.-Entsch. a. a. O.

[4] Struckmann-Koch Anm. 4 zu § 722 C.P.O.

[5] Vgl. zu § 131 und § 113.

[6] § 42 I 15 A.L.R.

[7] Vgl. oben zu § 101 S. 91.

[8] §§ 804 Abs. 3, 853 C.P.O.

eines Konkurses dem Faustpfandrechte gleichgestellt sind. Auch gewährt das Pfändungspfandrecht im Konkurse einen Absonderungsanspruch nach § 49 Nr. 2 der Konkursordnung.

5. Die Haftung des Ansteigers bzw. Erwerbers des Kuxes in der Zwangsvollstreckung für Zubusse richtet sich nach allgemeinen Grundsätzen. Der neue Kuxberechtigte haftet daher nur für die Zubusse, welche während seiner Berechtigungszeit beschlossen wird. Nach Art. 131 neuer Fassung des Bayerischen Berggesetzes haftet der Ansteigerer der Gewerkschaft auch für die noch nicht gezahlten Beiträge des früheren Gewerken.

---

§ 110. Die Amortisation eines verloren gegangenen Kuxscheins ist bei dem ordentlichen Gerichte, in dessen Bezirk das Bergwerk liegt, zu beantragen.

Der Antragsteller muss den Besitz und Verlust des Kuxscheins glaubhaft machen.

Das Gericht erlässt eine öffentliche Aufforderung an den unbekannten Inhaber des Kuxscheins, binnen drei Monaten den Kuxschein dem Gerichte vorzulegen, mit der Verwarnung, dass sonst der Kuxschein werde für kraftlos erklärt werden.

Die Aufforderung wird dreimal in das Amtsblatt, den Staatsanzeiger und eine inländische Provinzialzeitung eingerückt. Es kann daneben auch die Bekanntmachung durch eine ausländische Zeitung angeordnet werden.

Wird von einem Inhaber der Kuxschein vorgelegt, so ist dem Antragsteller hiervon Kenntnis zu geben und ihm zu überlassen, sein Recht gegen den Inhaber geltend zu machen.

Meldet sich niemand, so erklärt das Gericht den Kuxschein für kraftlos.

Zu § 110.

Durch § 20 des Preuss. Ausführungsges. zur C.P.O. Abs. 2 war der § 110 A.B.G. so weit er formelles Recht enthielt, aufgehoben worden. Dieselbe Bestimmung ist nunmehr in Art. I und V des Pr.A.G. zu C.P.O. vom 22./9. 1899 getroffen, da nach Abs. 6 dieses § der Kuxschein durch besonderen Beschluss des Gerichts für kraftlos erklärt werden muss[1]. Das Aufgebot der Kuxe richtet sich nach den allgemeinen Vorschriften der C.P.O., §§ 946—959, 1003 ff.[2], wie dies von einzelnen Berggesetzen[3] auch besonders vorgeschrieben ist, während Braunschweig noch die §§ 799, 800 B.G.B. ausdrücklich anzieht[4].

Hervorzuheben ist dabei im einzelnen nur folgendes:

a) Zuständig für das Aufgebot ist das Gericht, wo die G., welche als Ausstellerin auch in dem Falle des § 239 A.B.G. zu gelten hat[5], ihren allgemeinen Gerichtsstand hat[6]: also nicht bloss (wie Daude S. 136 annimmt) dasjenige Gericht, in dessen Bezirk das Bergwerk liegt — wobei im einzelnen die Ausführungen zu § 96 auch hier zutreffen — sondern auch, falls daneben noch ein allgemeiner Gerichtsstand statutarisch gewählt ist, auch dieses Gericht[7].

b) Berechtigt zum Aufgebotsantrage ist gemäss § 1004 C.P.O. Abs. 2 stets der Kuxberechtigte, auch dann, wenn er noch nicht als Gewerke im Gewerkenbuche verzeichnet war, da der Erwerb der Kuxberechtigung von dieser Eintragung unabhängig ist, letztere vielmehr nur die Legitimation gegenüber der Gewerkschaft gibt[8].

---

§ 111. Die Gewerken fassen ihre Beschlüsse in Gewerkenversammlungen.

---

[1] Daude S. 136.

[2] Daude Aufgebotsverfahren S. 135 ff., Klostermann-Thielmann, Brassert zu § 110 A.B.G.

[3] Württemberg Art. 207 VII Ausf.-Ges. zum B.G.B., Rudolstadt § 122. [4] Ges. vom 12./6. 1899 XI.

[5] Daude S. 136. [6] § 1005 C.P.O. Abs. 1 S. 2.

[7] Wilmowsky Anm. 2 zu § 839.

[8] Vgl. zu § 105 A.B.G. S. 112, Daude S. 137.

Das Stimmrecht wird nach Kuxen, nicht nach Personen ausgeübt.

Zu § 111.

1. Die Gewerken — das Badische Gesetz (§ 95) sagt korrekter: die Gewerkschaften — fassen ihre Beschlüsse **in Versammlungen.** Es fragt sich, ob, abgesehen von besonderer statutarischer Bestimmung, welche zulässig ist [1], bei Einstimmigkeit der Gewerken eine Beschlussfassung auch durch Zirkular erfolgen kann. Die bisher herrschende Meinung (Brassert, Arndt) bejaht die Frage, indes wohl zu unrecht; verneint wird sie jetzt auch von Klostermann-Thielmann, Anm. 2 [2]. Das A.B.G. erfordert den Beschluss einer „Versammlung", also eine mündliche Abstimmung über den Gegenstand der Beschlussfassung. Dass das B.G.B. § 32 Abs. 2 ergänzend eintritt, muss verneint werden. Die Frage, in welcher Weise sich die Beschlussfassung der Gewerkschaft vollziehen soll, ob lediglich in Versammlungen oder auch in anderer Form, ist durch das A.B.G. § 111 Abs. 1 erschöpfend im Sinne der ersteren Alternative geregelt.

2. Das Stimmrecht wird **nach Kuxen** ausgeübt. Da indes der § 111 des A.B.G. vom 24./6.1865 gemäss § 94 Abs. 3 durch Statut abgeändert werden kann, so kann auch festgesetzt werden, dass nicht nach Kuxen, sondern nach Personen abgestimmt werde. Es kann auch eine Maximalbeschränkung eingeführt werden dergestalt, dass kein Gewerke mehr wie eine bestimmte Anzahl Stimmen abgeben darf oder dergl. [3].

3. Unter Umständen kann der Gewerke dem dritten

---

[1] § 94 Abs. 3.

[2] Ebenso R.A. Dr. Gottschalk im „Glückauf", 1911, Nr. 32, S. 1254.

[3] Brassert Anm. 1 zu § 111, Klostermann-Thielmann Anm. 2, Arndt Anm. 2, Esser S. 17, 63.

Gläubiger **persönlich** für die Beschlussfassung der Gewerkschaft verantwortlich sein, wenn eine unerlaubte Handlung, z. B. „Raubbau“, beschlossen wird[1].

---

§ 112. Zur Gültigkeit eines Beschlusses ist erforderlich, dass alle Gewerken anwesend oder unter Angabe des zu verhandelnden Gegenstandes zu einer Versammlung eingeladen waren.

Einladungen durch die Post erfolgen gegen Post-Insinuationsschein.

Gewerken, welche weder im Inlande, noch in einem Deutschen Bundesstaate wohnen, haben zur Empfangnahme der Einladungen einen Bevollmächtigten im Inlande zu bestellen. Ist dies nicht geschehen, so reicht ein vierzehntägiger Aushang am Amtslokale des Revierbeamten aus.

Dasselbe gilt bei Gewerken, deren Wohnort unbekannt ist.

Zu § 112.

Zur Gültigkeit eines Beschlusses der Gewerkenversammlung ist nach Inhalt des § erforderlich, dass **sämtliche Gewerken anwesend** sind.

I. Es ist also nicht notwendig, dass sämtliche Kuxe vertreten sind. Die Gewerkenversammlung ist deshalb selbst bei nicht gesetzmässiger Einladung bei Anwesenheit resp. Vertretung sämtlicher Gewerken beschlussfähig, wenn auch einer der Gewerken einem Bevollmächtigten nur Vollmacht erteilt hat, einen Teil seiner Kuxe zu vertreten.

---

[1] § 823 B.G.B., Oppenhoff Anm. 603, vgl. Staub I S. 232 Anm. 33.

II. Sind nicht sämtliche Kuxe vertreten, so muss **die Einladung gesetzmässig** erfolgt sein. Die Erfordernisse der gesetzmässigen Einladung sind folgende:

1. Sie muss regelmässig **von dem dazu Berechtigten**, d. h. regelmässig von dem Repräsentanten oder dem Grubenvorstande ausgehen (§ 122). Letzteren Falles musste sie nach bisherigem Recht von sämtlichen Mitgliedern des Grubenvorstandes unterschrieben sein. Es folgte dies aus § 128, wonach „die durch die Bestellung eines Grubenvorstandes entstehenden Rechtsverhältnisse nach den allgemeinen Vorschriften über den Vollmachtsvertrag zu beurteilen sind". Für das Preussische Recht war daher nach § 207 T. I Tit. 13 A.L.R. notwendig, dass die Vorstandsmitglieder gemeinschaftlich handelten[1]. Fiel eines der Grubenvorstandsmitglieder durch Tod oder Austritt weg, so waren die übrigbleibenden nicht imstande, ordnungsmässig einberufen zu können[2]. In solchen Fällen, wie dort, wo ein Grubenvorstand überhaupt noch nicht gebildet war, wie z. B. beim Beginne der Existenz der Gewerkschaft, erübrigte daher, falls die sämtlichen Gewerken nicht zusammentraten, nur der Weg des § 122 Abs. 4.

Dieselben Grundsätze werden auch für das B.G.B. zu gelten haben. Nur genügt hier jedenfalls Beschluss des Vorstandes in ordnungsmässig berufener und beschlussfähiger Vorstandssitzung. Ueber die Kollektivvertretung des Grubenvorstandes vergl. zu § 119 unter D, über die Frage der Bestellung eines Repräsentanten durch die Bergbehörde zu § 127.

2. Die Einladung muss geschehen an **sämtliche Gewerken**, welche nach § 106 der Gewerkschaft gegenüber als solche gelten, d. h. an alle diejenigen, welche im Gewerkenbuche eingetragen sind und zwar zu demjenigen Zeitpunkte, in welchem die Gewerkschaft die Einladung ergehen lässt, oder welche wenigstens bis

---

[1] Förster-Eccius Bd. II S. 328.

[2] Bonn 26./2. 67 VIII 131, Reichs-Oberhandelsg. 12./10. 74 XVI 226, R.G. 15./5. 86 XXVII 531 und eine daselbst weiter erwähnte Entscheidung des R.G. v. 28./6. 84, Brassert Anm. 1 zu § 122.

zu diesem Zeitpunkte gesetzmässigen Antrag auf Umschreibung bei der Gewerkschaft gestellt haben[1]. Da die §§ 106, 112 keine Ausnahme statuieren, so gilt dies auch gegenüber den Erben eines verstorbenen Gewerken[2]. So lange sich die Erben eines verstorbenen Gewerken also nicht haben eintragen lassen, genügt die Gewerkschaft ihrer formellen Verpflichtung, wenn sie die Einladung an die Adresse des Verstorbenen abgehen lässt. Dabei ist es gegenüber der absoluten Fassung des § 106 gleichgültig, ob der Gewerkschaft der Tod und der Rechtsnachfolger des ausgetretenen Gewerken bekannt ist oder nicht. Die Gewerkschaft darf annehmen, dass in solchem Falle die Einladung schon an den wahren Rechtsnachfolger weiter befördert wird und demselben Veranlassung gibt, sich so rechtzeitig im Gewerkenbuche eintragen zu lassen, um wenigstens noch an der Beschlussfassung teilnehmen zu können.

Da nur diejenigen Gewerken, welche zur Zeit des Erlasses der Einladung im Gewerkenbuche eingetragen sind, Anspruch darauf haben, dass diese Rechtshandlung ihnen gegenüber vorgenommen werde, so ist die Gewerkschaft auch nicht verpflichtet, einem erst nach Erlass der Einladung etwa auf Grund einer Zession eingetragenen neuen Gewerken noch eine besondere Einladung zugehen zu lassen. Die entgegenstehende Auffassung, dass auch dieser einen Anspruch auf Einladung habe, würde auch mit Rücksicht auf das Erfordernis der Rechtzeitigkeit der Einladung zu erheblichen Unzuträglichkeiten führen.

Ist ein Gewerkenbuch nicht angelegt, so sind sämtliche Gewerken zu laden, und zwar die der Gewerkschaft dem Namen und Wohnort nach bekannten durch spezielle Ladung, die übrigen dem Namen und dem Wohnort oder bloss dem letzteren nach unbekannten im Wege des Aushanges. Es trifft dann lediglich § 112 Abs. 1 zu, wonach „alle“ Gewerken zu laden sind[3].

---

[1] Vgl. zu § 106 S. 120.

[2] O.Tr. 17./12. 75 XVII 92, a. M. Brassert das. S. 96 u. Anm. 1 zu § 112.

[3] Im wesentlichen übereinstimmend Brassert Anm. 1 zu § 112,

3. Die Einladung muss **rechtzeitig** erfolgen. Da nach §§ 106, 112 die Einladung an alle im Gewerkenbuche eingetragenen, im Deutschen Reiche wohnhaften Gewerken unter Mitteilung der Tagesordnung erfolgen muss, so ergibt sich daraus, dass die Einladung so zeitig zu bewirken ist, dass es dem am weitesten entfernt Wohnenden der einladungsberechtigten Gewerken unter Berücksichtigung gewöhnlicher Lebensverhältnisse möglich ist, sich nicht bloss zur Versammlung einzufinden, sondern sich vorher auch zur Sache vorzubereiten [1].

4. Eine allgemeine Vorschrift, in welcher **Form** die Einladung dem Gewerken zugestellt werden muss, hat das Berggesetz nicht vorgesehen. Es genügt also jede Form der Zustellung, z. B. auch die mündliche durch einen Boten [2].

Das Berggesetz bestimmt nur, dass, falls die Einladung durch die Post erfolgt, sie durch Postinsinuationsschein, d. h. jetzt durch Postzustellungsurkunde im Sinne der Postordnung vom 11./6. 1892 zu erfolgen habe [3]. Erfolgt daher die Zustellung durch die Post, so ist die Zustellung durch Einschreibebrief ungenügend [4].

Die Angabe des Gegenstandes der Tagesordnung braucht aus der Postzustellungsurkunde nicht hervorzugehen, weil ein besonderer Inhalt dieser Zustellungsurkunde nicht vorgeschrieben ist [5].

Eine besondere Form der Einladung tritt ein:

a) falls ein Gewerke dem Wohnort nach unbekannt ist, oder der Gewerke unter der dort angegebenen Adresse nicht ermittelt werden kann, in beiden Fällen auch sein Wohnort dem einladenden Repräsentanten

---

Klostermann-Thielmann Anm. 1, Arndt Anm. 1, Rekursbescheid vom 12./5. 83 XXV 408.

[1] Aehnlich Oppenhoff Anm. 609 und Ring Aktiengesellschaft S. 290 bezügl. der Aktienges., ebenso R G. 29./11. 1902, XLIV, 249/250.

[2] Brassert Anm. 5 zu § 112, Esser S. 65, Oppenhoff Anm. 608 VI 604.

[3] Brassert Nachtr. zum Komm. Anm. 1 zu § 112.

[4] Hamm 3./3. 77. XVII 512; R.G. 25./2. 1911, abgedr. in „Braunkohle“, IX. Jahrg. S. 831.

[5] O Tr. 7./2. 68 X 413.

oder Grubenvorstande auch bei ordnungsmässiger Sorgfallt nicht bekannt sein konnte[1];

b) falls ein Gewerke weder im Inlande d. h. (mit Rücksicht auf das durch Art. 3 der Reichsverfassung geschaffene gemeinsame Indigenat) weder im Deutschen Reiche noch in einem der früheren Deutschen Bundesstaaten seinen Wohnsitz hat, auch keinen im Deutschen Reiche wohnhaften Zustellungsbevollmächtigen der Gewerkschaft angezeigt hat[2].

In beiden Fällen ist ein vierzehntägiger Aushang im Amtslokale des Revierbeamten erforderlich[3]. Als Ausnahmebestimmung von der Regel, dass die Einladung an die im Gewerkenbuche eingetragenen Gewerken durch besondere Mitteilung an dieselben zu erfolgen habe, kann die Einladung durch Aushang nicht extensiv interpretiert werden. Es ist deshalb weder erforderlich noch ausreichend, Aushang beim Revierbeamten eintreten zu lassen, falls der eingetragene Gewerke verstorben ist, aber sich im Gewerkenbuche noch eingetragen befindet[4].

5. Inhaltlich verlangt die Einladung, abgesehen von Ort und Zeit der Versammlung, „Angabe des zu verhandelnden Gegenstandes".

Da bloss die Angabe des Gegenstandes gefordert wird, so ist eine spezielle Formulierung der zur Abstimmung zu bringenden Anträge nicht erforderlich. Es genügt eine derartige Bestimmtheit der Angabe, dass die Einladung ihren Zweck, dem Gewerken Gelegenheit zu geben, sich vorher wenigstens im allgemeinen über den Gegenstand der Abstimmung und über die Tragweite desselben für das gewerkschaftliche Unternehmen zu informieren, erfüllt[5]. Darnach ist in der Praxis im einzelnen für genügend erachtet:

---

[1] O.Tr. 18./3. 78 XX 344.

[2] Brassert Anm. 6 zu § 112, Klostermann-Thielmann Anm. 5, Oppenhoff Anm. 609.

[3] Die Bescheinigung hierüber unterliegt dem Zeugnisstempel nach preuss. Stempelberichtstelle 77: vgl. Erlass des Fin.-Min. vom 29./4. 1905, XLVI, 407.

[4] O.Tr. 17./12. 75 XVII 96.

[5] Brassert Anm. 2 zu § 112, Esser S. 64.

a) wenn bezüglich einer aufzunehmenden, dem Betrage nach angegebenen Hypothek oder Grundschuld der zu bewilligende Zinsfuss in der Einladung nicht angegeben war, und zwar mit Rücksicht auf § 98 T. I Tit. 13 A.L.R. in analoger Anwendung [1].

b) Wenn bei Angabe des Gegenstandes „Beschaffung von Betriebsmitteln" nicht angegeben war, dass dieselbe durch Aufbringung einer Zubusse erfolgen sollte [2].

Dagegen ist für ungenügend erachtet:

a) Die Angabe „Konsolidation" ohne Benennung der zu konsolidierenden Bergwerke [3].

b) Die Angabe „Personenfrage", falls es sich um die Entlassung oder Beibehaltung des Repräsentanten oder Grubenvorstandes handelte [4].

Die Einladung muss in der erforderlichen Vollständigkeit in das mittelst Postzustellungsurkunde zuzustellende Schriftstück aufgenommen sein. Ist ein einzelner Punkt nicht vollständig aufgenommen, so wird es nicht genügen, wenn eine spätere Ergänzung oder Erläuterung des Antrages bloss privatschriftlich den einzelnen Gewerken zugesandt wird.

III. Die Folge der **statut- oder gesetzwidrigen Einladung** ist, da der § zur „Gültigkeit" des Beschlusses, die Beobachtung seiner Vorschriften für „erforderlich" erklärt, Nichtigkeit [5].

Ist die Beobachtung der statutarischen Form der Einladung unmöglich, weil die Zeitungen, welche als Publikationsorgane bestimmt waren, eingehen, so wird die gesetzliche Form der Einladung des § 112 A.B.G. genügen müssen. Die entgegenstehende Auffassung des O.LG. Hamm vom 19./5. 1900 XLII S. 115, welche Zustellung an sämtliche Gewerken erfordert, wird eine Beschlussfassung der Gewerkschaft vielfach zur Unmöglichkeit machen. Dies ist aber zweifellos nicht

---

[1] Hamm 11./2. 75 XVII 531. [2] R.G. 8./12. 86 XXVIII 519.
[3] Berlin XVI 525. [4] R.G. 27./6. 83 XXVI 130.
[5] Arg. § 125 B.G.B., vgl. auch Staub Anm. 9 zu § 256, Ring S. 290, v. Voelderndorff S. 292 ff., Oppenhoff 606 u. 608; vgl. auch Ob.-L.-Ger. Hamm 19./5. 1900, XLII, 115.

die Willensmeinung der Gewerken bei Festsetzung des Statuts gewesen. Regelmässig geht dieselbe vielmehr dahin, an Stelle des umständlichen Apparates der gesetzlichen Einladungsform durch Postzustellungsurkunde eine erleichternde Form der Einladung zu setzen. Man wird deshalb bei der Auslegung solcher statutarischer Bestimmungen als gewollt annehmen dürfen, dass jedenfalls die gesetzliche Form genügen soll, wenn die Beobachtung der statutarischen aus irgend einem Grunde nicht mehr möglich ist.

IV. Der § 112 kann durch Statut abgeändert oder ergänzt werden. Es kann also z. B. bestimmt werden, dass die Einladung durch die Post durch Einschreibebrief erfolge, oder dass Bekanntmachung durch öffentliche Blätter genüge[1]. Es kann auch bestimmt werden, dass zwischen der Veröffentlichung in der Zeitung oder der Zustellung der Einladung eine bestimmte Frist liegen muss, wie dies im § 6 des Westfälischen Statuts geschehen. Es kann ferner statutarisch angeordnet werden, dass nicht der gesamte Grubenvorstand, sondern, wie z. B. im Westfälischen Statut § 18 I, § 17 II, nur der Vorsitzende die Einladungen zu erlassen hat.

Auch erscheint es, falls neben dem Repräsentanten ein Verwaltungsrat fungiert, mit Rücksicht auf § 122 und 124 A.B.G. zulässig, diesem oder seinem Vorsitzenden die Einladung zu überlassen[2].

V. Der Repräsentant kann eine einmal ergangene Einladung zur Gewerkenversamlung auch wieder rückgängig machen[3].

VI. Die vorstehenden Bestimmungen finden im allgemeinen auch auf die Gewerkschaft alten Rechts Anwendung[4]; sie erleiden nur insofern eine Modifikation, als § 106 A.B.G. keine Anwendung findet. Speziell fehlt bei der alten Gewerkschaft eine Bestimmung, wonach der Eintrag zum Grundbuche dieselbe Bedeutung bezüglich

---

[1] So z. B. Westfälisches Statut § 6.
[2] Westfälisches Statut § 19 III.
[3] Staub, Anm. 5 zu § 253 H.G.B. [4] § 227 des B.G.

der Gewerkenrechte haben soll, wie die Eintragung zum Gewerkenbuche. Da nach § 111 ff. die Gewerken, d. h. sämtliche Gewerken eingeladen werden müssen, die das Stimmrecht besitzen, so sind somit bei der Gewerkschaft alten Rechts sämtliche Gewerken einzuladen und zur Abstimmung zuzulassen, welche nach Massgabe der §§ 229 und 231 des A.B.G. als Gewerken anzusehen sind. Es sind, soweit eine freiwillige Veräusserung unter Lebenden in Betracht kommt, dies allerdings nur die im Grundbuche eingetragenen Gewerken, davon abgesehen aber auch diejenigen, die nach den bestehenden Gesetzen auch ohne Eintragung Eigentümer werden, z. B. die Erben des eingetragenen Gewerken. Der § 267 T. II Tit 16 A.L.R., wonach „als wahrer Eigentümer eines Bergteils nur derjenige zu betrachten ist, der als solcher im Gegenbuche steht“, ist durch § 244 des Berggesetzes aufgehoben. Es wird darnach den Gewerkschaften alten Rechts die Pflicht obliegen, die Erben eines solchen Gewerken zu ermitteln und denselben alsdann die Ladung zuzustellen. Gegebenenfalls wird auch Abs. 4 des § 112 eine Möglichkeit geben, praktische Bedenken zu beseitigen [1].

Der Gewerkschaft alten Rechts ist eine jede Abänderung des §§ 111 ff. versagt, da § 94 Abs. 2 auf sie keine Anwendung findet. Es kann daher auch nicht bestimmt werden, dass die Einladungen z. B. durch Einschreibebriefe erfolgen [2].

VII. In den ausserpreussischen Berggesetzen finden sich im einzelnen vielfach Abweichungen von den Bestimmungen dieses §. So genügt vielfach Einschreibebrief statt Postzustellungsurkunde [3], an Stelle des Aushanges beim Revierbeamten Bekanntmachung durch den betr. Staatsanzeiger [4]. Vielfach ist vorgeschrieben,

---

[1] A. M. Esser S. 64, O.Tr. 17./12. 75 XVII 94, wonach nur die im Grundbuche eingetragenen Gewerken zu laden sind.

[2] Oberbergamt Dortmund v. 13./3. 89 XXX 399.

[3] Braunschweig § 115, Baden § 96, Sondershausen § 119. Rudolstadt § 124, Mecklenburg-Schwerin § 22, Sachsen-Weimar (§ 135), Bayern Art. 133.

[4] Bayern, Braunschweig, Anhalt, Baden, Mecklenburg-Schwerin,

dass der Gewerke, um keinen Zustellungsbevollmächtigten bestellen zu müssen, im Deutschen Reich wohnen muss, so dass Wohnsitz z. B. in Oesterreich nicht genügt[1], während gleichzeitig ausdrücklich bestimmt ist, dass der Bevollmächtigte im Deutschen Reiche seinen Wohnsitz haben muss. Elsass-Lothringen verlangt Wohnsitz im Reichslande.

---

§ 113. Die Beschlüsse werden in der beschlussfähigen Gewerkenversammlung mit einfacher Stimmenmehrheit gefasst.

Beschlussfähig ist die erste Versammlung, wenn die Mehrheit aller Kuxe vertreten ist.

Ist die Mehrheit aller Kuxe nicht vertreten, so sind sämtliche Gewerken zu einer zweiten Versammlung einzuladen.

Die zweite Versammlung ist ohne Rücksicht auf die Zahl der vertretenen Kuxe beschlussfähig. Diese Folge muss indes, wenn sie eintreten soll, in der Einladung angegeben werden.

Ueber jede Gewerkenversammlung ist ein Protokoll aufzunehmen.

Zu § 113.

I. **Zur Gültigkeit der Beschlüsse** der Gewerkschaft ist abgesehen von gesetzmässiger Einladung **ferner erforderlich**:

1. **Beschlussfähigkeit** der Versammlung, welche vom Gesetz regelmässig als vorhanden angenommen wird, wenn die Mehrheit aller Kuxe, also mindestens

---

[1] Bayern, Elsass-Lothringen, Württemberg, Baden, Rudolstadt, Mecklenburg-Schwerin, Meiningen, Oldenburg, Sachsen-Weimar, Schaumburg-Lippe.

51 bzw. 501 vertreten sind, sofern nicht statutarisch[1] die Versammlung ohne Rücksicht auf die Anzahl der vertretenen Kuxe beschlussfähig ist, wie dies z. B. regelmässig nach dem Westfälischen Statut[2] der Fall.

Dass die Gewerken persönlich in der Versammlung anwesend sein müssen, ist vom Gesetz nicht verlangt. Auch jetzt wird man trotz § 38 S. 2 B.G.B.[3] anzunehmen haben, dass in der Gewerkenversammlung eine Vertretung durch Dritte stattfinden kann. Das A.B.G. verlangt nicht, dass die Gewerken in der Gewerkenversammlung „anwesend", sondern dass die „**Kuxe** vertreten" sind. Mit dieser Fassung ist genügend zum Ausdruck gebracht, dass die Gewerken nicht persönlich anwesend sein müssen, sondern auch durch Bevollmächtigte vertreten sein können. Es wird sich auch nichts dagegen einwenden lassen, dass ein Gewerke, der mehrere Kuxe besitzt, nur einen Teil seines Kuxbesitzes selbst vertritt, während er sich hinsichtlich des anderen durch einen Dritten vertreten lässt, z. B. durch einen Rechtsverständigen, dessen Rates er sich in der Gewerkenversammlung bedienen will. Bezüglich der Vollmacht ist folgendes hervorzuheben:

a) Da die Gewerken in der Versammlung vertreten sein müssen, so muss die Vollmacht jedenfalls schon zur Zeit der Abhaltung der Versammlung bestehen. Nur in diesem Falle kann der Kux „als vertreten" gedacht werden. Nachträgliche Genehmigung des Auftretens eines Bevollmächtigten ist daher regelmässig unzulässig[4].

Der für das bisherige Recht zugelassene Ausnahmefall der vermuteten Vollmacht ist für das B.G.B., das keine vermutete Vollmacht kennt[5], weggefallen.

b) Was die **Form der Vollmacht** betrifft, so sind

---

[1] § 94 Abs. 3. [2] § 8 Abs. 1.
[3] Plank Anm. dazu, Rehbein I S. 50.
[4] So Brassert Anm. 5 zu § 113, Klostermann-Thielmann Anm. 3, Esser S. 67, 70, Berlin 29./8. 79 XXI 265, O.Tr. 12./7. 75 XVII 66 und 11./7. 79 XXI 525, Hamm 3./3. 76 XVII 512.
[5] Plank Anm. 5 zu § 167, Rehbein I S. 261.

auch hier die allgemeinen Vorschriften des B.G.B. massgebend[1]. Es genügt also mündliche Form, auch stillschweigende Erteilung derselben[2]. Jedoch wird man, zumal nach den Motiven zum B.G.B. (I 127) seine Vorschriften über „Rechtsgeschäfte" auch auf andere Rechtshandlungen angewendet werden sollen[3], § 174 B.G.B. wenigstens analog anwenden und der Gewerkenversammlung das Recht einräumen dürfen, einen Vertreter, der keine schriftliche Vollmacht vorzeigen kann, zurückzuweisen[4]. Statutarisch zulässig[5] ist jedenfalls, eine bestimmte, z. B. schriftliche Form[6] zu bestimmen. Zulässig, aber bedenklich ist die statutarische Bestimmung, dass über die Zulassung der mit schriftlicher Vollmacht Versehenen die Gewerkenversammlung zu befinden hat, wie dies z. B. im Westfälischen Statut § 7 vorgesehen. Zweckmässiger wäre, für besonders wichtige Geschäfte[7] notarielle Vollmacht zu erfordern, im übrigen schriftliche Vollmacht für ausreichend zu erklären, deren Prüfung aber der Versammlung oder deren Leitung zu entziehen. Jedenfalls dürfte arglistige Zurückweisung eines schriftlich Bevollmächtigten nichtig sein[8].

2. Die Versammlung muss **an dem statutarisch vorgeschriebenen resp. zugelassenen Orte** stattfinden.

Ist ein Statut nicht vorhanden oder in demselben hierüber nichts enthalten, so wird die Generalversammlung regelmässig am Sitze der Gewerkschaft, nötigenfalls also dort, wo die Verwaltung tatsächlich geführt wird[9], stattzufinden haben. Wenn ein Repräsentant fehlt, wird die Verhandlung am Amtssitz des Revierbeamten stattfinden müssen, da dieser die Verwaltung insofern führt[10]. Wenn der Sitz einmal gesetzlich als der Ort

---

[1] Für bisheriges Recht Westhoff XXXIX S. 309 und dortige Literaturangabe.
[2] Rehbein a. a. O., Neumann Anm. 2 zu § 167.
[3] Leonhard S. 258. [4] R.G. 10./6. 81, Daubenspeck I S. 153.
[5] § 94 Abs. 3. [6] Westf. Statut § 7.
[7] z. B. die des § 120 A.B.G.
[8] § 138 B.GB., Motiv I S. 127. [9] § 24 B.G.B.
[10] Vgl. allerdings Amtsger. Köln 7./6. 1867, X, 270.

und Mittelpunkt der Tätigkeit der Gewerkschaft angesehen wird, so liegt die Annahme nahe, dass dort auch, beim Mangel anderweiter statutarischer Bestimmung, die Tätigkeit der Gewerkenversammlung als des wesentlichsten Organs der Gewerkschaft sich vollziehen muss[1]. Diese Auffassung, die für die Aktiengesellschaft als die geltende anzusehen ist, wird freilich für die Gewerkschaft durch die Entscheidung des R.G. vom 25. Februar 1911, abgedr. in „Braunkohle", IX. Jahrg., S. 831, verworfen; nach ihr können die Tagungen der Gewerkschaft an jedem gelegenen Orte stattfinden. Zulässig[2] ist es den Repräsentanten oder Grubenvorstand, wie im § 5 des Westfälischen Statuts vorgesehen, zu ermächtigen, den Ort der Gewerkenversammlung zu bestimmen.

3. **Gesetzmässige Beschlussfassung.** Dieselbe ist dann vorhanden, wenn a) die gesetzlich oder statutarisch erforderte Stimmenmehrheit den Beschluss gefasst und b) wenn ferner die Stimmenmehrheit sich aus solchen Personen zusammensetzt, welche zur Abstimmung berechtigt waren.

ad a) Regelmässig entscheidet nach dem Wortlaute des Gesetzes „die einfache Stimmenmehrheit" der in der Gewerkenversammlung vertretenen Kuxe, d. h. es müssen sich mehr Stimmen für einen Antrag wie gegen denselben aussprechen, während die stimmenthaltenden Kuxe nicht mitgezählt werden. Nur in den Fällen der §§ 114 A.B.G. und 94, sowie in statutarisch besonders vorgesehenen Fällen[3] ist $^3/_4$ Majorität bzw. Einstimmigkeit erforderlich.

Bei Stimmengleichheit ist ein Beschluss nicht zu Stande gekommen. Das Loos entscheidet nur im Falle des § 118[4]. Die Auffassung von Arndt, dass absolute Mehrheit der in der Versammlung vertretenen Kuxe notwendig sei, d. h. also, dass die zustimmenden Kuxe

---

[1] Vgl. R.G. 12./5. 99, Entsch. Bd. 44 S. 8, ebenso Simon a. a. O. S. 23. [2] § 94 Abs. 3.

[3] § 8 Abs. 2 Nr 2 Westf. Statut für die Abberufung von Mitgliedern des Grubenvorstandes.

[4] Brassert Anm. 3 zu § 113, Klostermann-Thielmann Anm. 2, Oppenhoff Anm. 612.

zahlreicher sein müssen, als die ablehnenden und stimmenthaltenden zusammen, entbehrt der gesetzlichen Grundlage[1]. Nur im Falle des § 118 ist absolute Mehrheit der vertretenen Kuxe notwendig.

ad b) Zur Abstimmung berechtigt sind jedenfalls die Gewerken, welche zur Zeit der Beschlussfassung als solche eingetragen sind oder diesen gleich stehen[2], also, falls nach der Einladung eine Zession seitens der Eingeladenen und Umschreibung im Gewerkenbuche stattgefunden hat, der neue Erwerber. Gewerken, welche zum Gewerkenbuche nicht wenigstens im Augenblicke der Beschlussfassung eingetragen sind oder wenigstens bis dahin gesetzmässigen Antrag auf Umschreibung gestellt haben[3], besitzen das Stimmrecht nicht. Andrerseits behalten Gewerken, welche ihre Kuxe gemäss § 130 zur Verfügung gestellt haben, ihr Stimmrecht noch so lange, bis das Kaduzierungsverfahren durch Verkauf der Kuxe durchgeführt ist, wie noch zu § 130 auszuführen.

Gehört ein Kux Mehreren, so ist die Frage, von wem das Stimmrecht ausgeübt werden kann, nach dem der Gemeinschaft zu Grunde liegenden Rechtsverhältnisse zu entscheiden Gehört der Kux daher einer offenen Handelsgesellschaft, so kann das Stimmrecht regelmässig von jedem Gesellschafter[4], gehört er einer Kommanditgesellschaft, von jedem Komplementar[5] ausgeübt werden. Gehört der Kux dagegen einer Gesellschaft der §§ 705 ff. B.G.B., so muss das Stimmrecht von den geschäftsführenden Gesellschaftern gemeinschaftlich (§ 709, 710, 714), gehört er einer Gemeinschaft der §§ 741 ff., sogar regelmässig von allen Teilhabern gemeinschaftlich ausgeübt werden. Dasselbe gilt von mehreren Miterben[6].

Im einzelnen ist noch folgendes hervorzuheben:

α) Es kann fraglich sein, ob auf die Gewerkschaft

---

[1] Vgl. auch Staub Anm. 1 zu § 251 und R.G. S. 20 XX S. 144.
[2] Vgl. Näheres zu § 106 A.B.G.
[3] Vgl. oben zu § 106 S. 120.
[4] § 125 H.G.B. [5] § 170 H.B.G. [6] § 2038 B.G.B.

nicht jetzt auch § 34 B.G.B. zutrifft, wonach ein Mitglied nicht stimmberechtigt ist, wenn die „Beschlussfassung die Vornahme eines Rechtsgeschäftes mit ihm oder die Einleitung oder Erledigung eines Rechtsstreites zwischen ihm und dem Verein betrifft".

Nach früherem Recht war die Frage, ob in solchen Fällen der beteiligte Gewerke mitstimmen dürfte, jedenfalls zu bejahen[1]. Der Beteiligung des interessierten Gewerken an der Beschlussfassung als einem regelmässig einseitigen Akt, standen allgemeine Rechtsgrundsätze um so weniger entgegen, als nach denselben kein Bedenken obwaltete, dass sogar bei Abschluss eines Vertrages ein und dieselbe Person einerseits für sich und in ihrem Namen und andererseits als Vertreter eines Anderen in dessen Namen die erforderliche Willenserklärung abgeben konnte[2]. Auch die Motive des B.G.B.[3] stehen grundsätzlich auf dem Standpunkt, dass Selbstkontrahieren zulässig ist.

Damit übereinstimmend wurde bisher in konstanter Rechtsprechung bejaht, dass die Mitglieder des Grubenvorstandes sich an Abstimmungen beteiligen dürften, welche die Dechargeerteilung ihnen gegenüber betraf[4]. Das notwendige Korrektiv gegen etwaigen Missbrauch des Stimmrechts bot auch hier die Klage aus § 115 A.B.G.

Man wird annehmen dürfen, dass daran durch § 34 B.G.B. nichts geändert ist[5]. Die Beschlussfassung der G. ist durch das A.B.G. erschöpfend geregelt. Da die §§ 111 ff. den Gewerken generell das Stimmrecht gewährt haben, so müssen damit nach dem Willen des Gesetzgebers auch etwaige Ausnahmen von der Befugnis

---

[1] Vgl. R.G.-Entsch. Bd. 11 S. 11 ff., 12 S. 120, Westhoff XXXIX S. 313; auf die Gewerkschaft alten Rechts wird § 34 B.G.B. jedenfalls nicht anwendbar sein.

[2] O.Tr. 12./7. 75 XVII S. 66, R.G. XXIII S. 110, Brassert Anm. 10 zu § 113, Westhoff a. a. O. S. 314. [3] Mugdan I 476.

[4] Vgl. R.G.-Entsch. Bd. 4, S. 296 ff.

[5] Ebenso K.G. 12./7. 1901 abgedr. in Seufferts Archiv, Bd. 57, S. 19/20; a. M. Klostermann-Thielmann Anm. 2 zu § 113 und besonders ausführlich R.A. Dr. Gottschalk im „Glückauf", 1911, Nr. 32, S. 1253.

zur Abstimmung als ausgeschlossen gelten. Will man aber trotzdem annehmen, dass das A.B.G. bez. der Stimmberechtigung interessierter Gewerken eine Lücke enthält und deshalb § 34 B.G.B. zur Anwendung bringen, so ist jedenfalls daran festzuhalten. dass diese Bestimmung als Ausnahme von der allgemeinen Regel nicht ausdehnend interpretiert werden darf. Nur also dort, wo es sich „um Vornahme eines Rechtsgeschäfts mit den Gewerken“ handelt, dürfen dieselben nicht mitstimmen. Der Fall des § 34 B.G.B. liegt daher nur vor, wenn mit dem Gewerken als einem Dritten z. B. ein Kaufvertrag oder ein Darlehnsvertrag abgeschlossen werden soll[1]. Dagegen liegt der Abschluss eines Rechtsgeschäftes mit den Gewerken im Sinne des § 34 B.G.B. nicht vor, wenn mit ihm oder ihm gegenüber eine Rechtshandlung vorgenommen werden soll, die ihn lediglich in seiner Eigenschaft als Gewerke oder als Repräsentant bzw. Mitglied des Grubenvorstandes berührt. Nur soweit es sich um Einleitung oder Erledigung eines Rechtsstreites zwischen den Gewerken und der Gewerkschaft handelt, würde es gleichgültig sein, ob derselbe ihn als Dritten oder als Gewerken bzw. Organ der Gewerkschaft betrifft.

Dass dies der Sinn des § 34 B.G.B. ist, ergibt sich m. D. aus einer Vergleichung des § 252 H.G.B. Abs. 3 Satz 1 und 2 untereinander und mit § 34 B.G.B. Aus S. 1 des § 252 folgt im Gegensatz zu S. 2, dass Entlastungsbeschlüsse und Befreiungsbeschlüsse nicht als „Vornahme eines Rechtsgeschäfts“ gelten, Satz 2 also nur solche Rechtsgeschäfte betrifft, welche ausserhalb der Mitgliedschaft des Aktionärs liegen. Andererseits ergibt § 34 B.G.B. im Verhältnis zu § 252 Abs. 3 H.G.B. deutlich, dass bei der sonstigen juristischen Personen nur bei Beschlüssen der letzteren Art, nicht auch der des S. 1 des Abs. 3 § 252 H.G.B. das Stimmrecht der Korporationsmitglieder ruhen soll. Als „Abschluss eines Rechtsgeschäftes mit den Gewerken“ wird daher z. B. die Wahl zum Grubenvorstand oder

[1] So m. E. zutreffend Staub Anm. 15 zu § 252 H.G.N.

Repräsentanten, ein Beschluss über die dem Grubenvorstand zuzubilligende Vergütung, ebenso aber auch der Beschluss über Dechargeerteilung[1] auch dann nicht anzusehen sei, wenn man § 34 B.G.B. überhaupt auf die Gewerkschaft zur Anwendung bringen will. In allen solchen Fällen würden deshalb auch die Gewerken, welche gewählt, entlastet oder honoriert werden sollen, mitstimmen dürfen. Dagegen würde es, falls nur überhaupt „Abschluss eines Rechtsgeschäftes" vorliegt, für die Anwendung des § 34 B.G.B. gleichgültig sein, ob das Geschäft mit dem Gewerken allein oder mit einer Personenmehrheit abgeschlossen wird, zu der er gehört, z. B. zivilrechtliche Gesellschaft, Handelsgesellschaft, Kommanditgesellschaft. Dass hinwiederum der Gewerke mitstimmen darf, wenn es sich um Abschluss eines Geschäfts mit einer Aktiengesellschaft oder Gewerkschaft handelt, an der er beteiligt ist, sei es bloss als Gewerke oder Aktionär, sei es auch als Vorstandsmitglied, kann keinem Bedenken unterliegen. In diesem Falle wird jedenfalls nicht mit „ihm", sondern mit einem Dritten, der juristischen Person, kontrahiert[2]. Auch ist es zweifellos, dass die Gewerken bei der Beschlussfassung der Gewerkschaft über ein mit ihnen abzuschliessendes Rechtsgeschäft mitstimmen dürfen, wenn sie sämtlich als Gegenkontrahenten auftreten und einstimmig für den Vertragsabschluss sind. Das Gesetz will im § 34 B.G.B. nur den Kollisionsfall zwischen den Privatinteressen einzelner Gewerken und der Gewerkschaft treffen, und der ist in solchem Falle ausgeschlossen.

b) Kuxe, welche bei Begründung der Gewerkschaft noch nicht begeben sind, oder welche gemäss § 131 des A.B.G. der Gewerkschaft zugeschrieben sind, können ein Stimmrecht nicht ausüben. Namentlich sind auch der Grubenvorstand und der Repräsentant nicht berechtigt, diese Kuxe zur Abstimmung zu benutzen[3].

---

[1] A. M. Simon a. a. O. S. 42; vgl. auch K.G. vom 12./7. 1901 in Seufferts Archiv, Bd. 57, S. 19.

[2] Staub Anm. 15—18 zu § 252 H.G.B.

[3] Brassert Anm. 2 zu § 113, Klostermann-Thielmann Anm. 2 und Anm. 6 zu § 131, Urt. des O.L.G. Hamm 14./3. 85 XXVII 80.

Es ist rechtlich undenkbar, dass die Gewerkschaft ihr eigener Gewerke, ein logischer Widerspruch in sich, dass eine Gesellschaft Mitglied von sich selbst sein soll[1].

Kann deshalb die Gewerkschaft als juristische Person nicht Eigentümer dieser Kuxe sein, muss man aber andererseits aus §§ 106, 131 A.B.G. folgern, dass die 100 resp. 1000 Kuxzahl erhalten bleiben muss, so lässt sich dieser Widerstreit nicht anders lösen, als dass man unter „Gewerkschaft" im Sinne des § 131 Abs. 2 nicht die juristische Persönlichkeit, sondern die Gesamtheit der jeweiligen Gewerken versteht[2]. Dass diese Auffassung willkürlich sei, wie Hense XXXIX S. 447 annimmt, ist nicht zutreffend, sie findet im Gegenteil in den Motiven[3] ihre Stütze. Dort ist ausdrücklich ausgeführt, dass das Akkreszenzrecht im Schlusssatze des § 131 sich schon in dem seitherigen Bergrechte finde und dem Umstande entspreche, dass die **übrigen Gewerken** an Stelle des ausfallenden Mitberechtigten die künftigen und nötigenfalls die rückständigen Beiträge aufbringen müssen". Die Bestimmungen der „seitherigen Bergrechte" sind die §§ 284 ff. II 16 A.L.R.[4]. Dort werden aber diese Kuxe gleichfalls als der „Gewerkschaft" zugewachsene bezeichnet[5], d. h. also bei dem zweifellosen Charakter der landrechtlichen Gewerkschaft als Miteigentümergesellschaft: den Gewerken persönlich, wie sich auch aus den Bestimmungen über die Aufbringung der Zubusse seitens dieser angewachsenen Kuxe ergibt. Wenn aber dieser gesetzliche Zustand im wesentlichen durch § 131 A.B.G. nach den Motiven hat übernommen sein sollen, so ist man wohl berechtigt, unter „Gewerkschaft" im Sinne dieses § dasselbe zu verstehen, was der § 284 A.L.R. II 16 darunter verstanden hat, zumal

---

[1] Vgl. auch Puchelt Handelsgesetzb. S. 447 Anm. 5, Aktiengesetz v. 84, 2. Begründung S. 222, Staub Einl. zu § 226.
[2] Westhoff a. a. O. S. 312. [3] VI S. 162.
[4] Gräff Bergrecht S. 152. [5] § 285 a. a. O.

diese Interpretation allein mit der rechtlichen Konsequenz sich verträgt und zumal ferner Ungenauigkeiten im Ausdruck im A.B.G. nicht gerade zu den Seltenheiten gehören[1].

Das A.B.G. sagt auch im § 131 nicht, dass die Kuxe dann der Gewerkschaft als eigene erworben werden. Er besagt nur, dass sie ihr im „Gewerkenbuch zugeschrieben" werden. Die Zuschreibung im Gewerkenbuch ist aber für den Erwerb des Kuxes unerheblich. Man kann im Gewerkenbuch eingetragen und doch nicht Kuxberechtigter, und man kann andrerseits im Gewerkenbuch nicht eingetragen und doch Kuxberechtigter sein. Die „Zuschreibung" im Gewerkenbuch lässt also noch immer die Frage offen, ob der Eingetragene auch wirklich Eigentümer ist, oder nicht. Dass das A.B.G. aber einen so wichtigen, der Rechtskonsequenz widersprechenden Satz, dass die Gewerkschaft ihr eigener Gewerke solle werden dürfen, durch eine immerhin zweifelhafte Ausdrucksweise hat festsetzen wollen, ist um so weniger anzunehmen, als das A.B.G., soweit nicht der besondere Charakter der G. entgegensteht, dieselbe den Vorschriften des H.G.B. über die Aktiengesellschaft hat anpassen wollen. Für das damalige Aktienrecht war aber der Aktiengesellschaft der Erwerb eigener Aktien strikte und ausnahmslos untersagt[2] und zwar nicht aus Nützlichkeitsgründen, sondern vor allem auch aus prinzipiellen Erwägungen. Die Motive[3] besagten: „Der Ankauf der eigenen Aktien steht mit dem „Wesen der Aktiengesellschaft nicht im Einklange; die „Aktien stellen die Berechtigung des einzelnen Ge„sellschafters an der Gesellschaft dar, und die Gesell„schaft kann nicht als eine von den Aktionären zu „unterscheidende Persönlichkeit und dann wiederum als „Aktionär erscheinen."

Aus allen diesen Gründen erscheint es wohl berechtigt, diese sog. ruhenden Kuxe von der Beschlussfassung ganz auszuschliessen, da die Ausübung des

---

[1] Vgl. z. B. § 104, 227 A.B.G.

[2] Art. 215 H.G.B. [3] Abgedruckt bei Puchelt Bd. I S. 471.

Stimmrechtes die Bestellung eines gemeinsamen Vertreters der sämtlichen Gewerken erheischen würde. Der Repräsentant ist jedenfalls ein solcher nicht, weil er der Vertreter der Gewerkschaft ist, nicht aber Vertreter der Gewerken bezüglich der ihnen gegenüber der Gewerkschaft zustehenden Rechte, selbst dann nicht, wenn diese Rechte ihnen allen gemeinsam sein sollten[1].

II. Leitung und Beschlussfassung.

1. Bezüglich der Leitung der Gewerkenversammlung enthält das A.B.G. keine Bestimmung, da nach § 122 nur die Berufung der Versammlung dem Repräsentanten oder Vorstande obliegt. Ist daher auch im Statut nichts vorgesehen, so wird die Gewerkenversammlung jedesmal selbst zu beschliessen haben, wer den Vorsitz in der Versammlung zu führen hat[2]. Nach dem Westfälischen Statut liegt die Leitung dem Vorsitzenden des Grubenvorstandes bezw. des Verwaltungsrates ob[3]. Ist ein Aufsichtsrat statutarisch vorgesehen und seinem Vorsitzenden der Vorsitz in der Gewerkenversammlung statutarisch übertragen, so ist eine Gewerkenversammlung, welche beim Fehlen des Aufsichtsrats stattfindet, richtig[4].

2. Der Beschluss der Gewerkschaft wird perfekt mit der Abstimmung, nicht erst mit der Niederschrift des Protokolls, so dass also eine zwischen diesen beiden Momenten liegende Zurückziehung einer Stimmabgabe nicht beachtlich ist. Das Protokoll hat lediglich die Bedeutung einer Beweisurkunde[5].

Darüber, nach welchen Grundsätzen im einzelnen Leitung und Beschlussfassung der Gewerkenversammlung stattzufinden hat, enthält das A.B.G. keinerlei Vorschrift. Aus der Fassung der §§ 111, 112, welche nur von der

---

[1] Urt. des O.L.G. Hamm 14./3. 85 XXVII 82; ebenso Klostermann-Thielmann Anm. 3 zu § 111.

[2] So auch für Aktiengesellschaften: Hergenhahn Generalversammlungen S. 135, Ring Aktiengesellschaften S. 430, Staub Anm. 10 zu § 256. [3] §§ 18 I, 17 II, 19 III.

[4] Ob.-L.-G. Hamm 19./5. 1900, XLII, 115.

[5] Oppenhoff Anm. 613, Entsch. des R.G. Bd. 8 S. 13 ff.; R.G. 15./6. 1889, XXV, 195.

„Beschlussfassung" der Versammlung sprechen, nicht auch von einer „Verhandlung", wie z. B. § 256 Abs. 2 H.G.B., wird man zu folgern haben, dass ein Rechtsanspruch der einzelnen Gewerken darüber, dass der Beschlussfassung eine Verhandlung vorhergehe, nicht besteht und dass damit die weitere Frage, ob und nach welchen ev. parlamentarischen Grundsätzen[1] die Verhandlung geleitet werden muss, entfällt. Die Möglichkeit der richterlichen Nachprüfung einer etwaigen Schädlichkeit des gefassten Beschlusses gemäss § 115 A.B.G. bietet auch hier einen genügenden Schutz gegen eine etwaige Vergewaltigung der Minorität durch die Majorität. Auch über die Form der Abstimmung, ob mündlich oder schriftlich, enthält das A.B.G. nichts. Es entscheidet somit, wie in allen übrigen Angelegenheiten der Gewerkschaft, so auch hier die einfache Mehrheit der Gewerkenversammlung. Das Westfälische Statut (§ 10) lässt den Vorsitzenden die Art der Abstimmung bestimmen, wobei indes auf Antrag eines Gewerken durch Stimmzettel abgestimmt werden muss.

III. **Mängel der Beschlussfassung**, z. B. Zulassung von Nichtgewerken bezw. nicht gehörig legitimierten Gewerken und Nichtzulassung von gehörig legitimierten Gewerken brauchen nicht immer die Nichtigkeit des Beschlusses herbeizuführen. Sie werden nur dann zu einer Aufhebung des Beschlusses führen, wenn die betreffenden (zu Unrecht berücksichtigten oder nicht berücksichtigten) Stimmen auf das Recht des Beschlusses von Einfluss gewesen wären[2].

IV. **Kompetenz der Gewerkenversammlung.**

Die Kompetenz der Gewerkenversammlung erstreckt sich nach der allgemeinen Fassung des Berggesetzes auf alle Angelegenheiten der Gewerkschaft:

1. Soweit nicht die §§ 120 ff. entgegenstehen, d. h. soweit nicht diese Angelegenheit dem Gruben-

---

[1] Vgl. hierüber bezügl. der Aktiengesellschaft Staub Anm. 12 ff. zu § 256 H.G.B. und R.G.-Entsch. Bd. 36 S. 24.

[2] O.Tr. 17./12. 75 XVII 92 ff., arg. auch § 139 B.G.B.

vorstand oder dem Repräsentanten ausschliesslich vorbehalten sind[1].

Abgesehen davon ist die Gewerkenversammlung zu allen Rechtshandlungen befähigt, also auch zu einem direkten Handeln nach „aussen" hin. Dass auch nach B.G.B. juristische Personen durch die Gesamtheit ihrer Mitglieder handeln können[2], ergibt sich aus §§ 32, 27 Abs. 1, 40 B.G.B. Von diesen allgemeinen Grundsätzen abweichende Vorschriften sind jedenfalls für die Gewerkschaft nicht gegeben. Die Gewerkenversammlung kann daher auch direkt Verträge mit Dritten abschliessen oder auch eine dritte Person, abgesehen von dem Repräsentanten oder Grubenvorstande, beauftragen, für die Gewerkschaft Verträge einzugehen[3]. Zu den von der Versammlung selbst abzuschliessenden Verträgen wird regelmässig diejenige Stimmenmehrheit genügen, welche erforderlich sein würde, um den Repräsentanten bezw. Grubenvorstand zu der betreffenden Handlung zu ermächtigen.

Die Frage, ob dann, wenn die Gewerkenversammlung Rechtshandlungen selbst vornehmen will, welche in den §§ 120, 121, 121 des Bergg. aufgeführt sind, mit Rücksicht auf § 124 statutarischer Beschluss erforderlich ist, also Dreiviertel-Mehrheit aller Kuxe und oberbergamtliche Bestätigung, wird man, wie folgt, zu beantworten haben: Statutarischer Beschluss würde notwendig sein in dem Falle der §§ 121, 122, falls die Gewerkenversammlung, z. B. bei kleineren Gewerkschaften, dem Repräsentanten die Befugnis zur Ausfertigung der Kuxscheine entziehen und etwa deren Unterschrift durch die zur Gewerkenversammlung vereinigten Gewerken vorschreiben wollte. Dagegen wird z. B. kein statutarischer Beschluss erforderlich sein, wenn die Gewerkenversammlung direkt eines der im § 114 vorgesehenen Geschäfte abschliessen will, da die §§ 120, 124 nicht die Erledigung und Ausführung solcher Geschäfte

---

[1] Aehnlich Oppenhoff Anm. 614.

[2] Rehbein I S. 45, a. M. Plank Anm. 1 zu § 32, Leonhard S. 123.

[3] Esser S. 88, R.G. 4./4. 81 XXIII 250, Hamm 19./3. 74 XVII 530, Brassert Anm. 13 zu § 113, Klostermann-Thielmann Anm. 3, vgl. auch § 114 T. II Tit. 6 A.L.R., a. M. Simon S. 19.

dem Repräsentanten oder Grubenvorstand reservieren, sondern lediglich vorschreiben, dass der Grubenvorstand, welcher regelmässig diese Geschäfte nur auf Grund besonderer Vollmachten vornehmen kann, durch statutarischen Beschluss ermächtigt werden darf, für die Dauer seiner Bestellung oder für eine Reihe von Jahren, diese Geschäfte auch ohne besondere Vollmacht vorzunehmen. Der Fall des § 124 liegt aber nicht vor, wenn, wie hier, im einzelnen Falle dem Grubenvorstand überhaupt nicht die nach § 120 B.G.B. erforderliche Vollmacht erteilt werden soll.

2. Andererseits hat die Kompetenz der Gewerkenversammlung ihre Grenze in den Sonderrechten der einzelnen Gewerken.

Dies ergab sich, da das A.B.G. Bestimmungen über die Kompetenz der Gewerkenversammlung nicht enthielt, für bisheriges Recht schon aus §§ 68, 88 II 6 A.L.R. Jetzt ist § 35 B.G.B. sedes materiae. Der Begriff der „Sonderrechte" ist darnach ein streitiger geblieben [1]. Indes braucht auf die Frage einer zutreffenden Definition des Begriffs der „Sonderrechte" hier nicht näher eingegangen werden, da der Umfang der Sonderrechte, welche bei der Gewerkschaft praktisch werden können, wohl kaum zweifelhaft ist.

Jedenfalls gehören nicht zu den „Sonderrechten" diejenigen Ansprüche, welche den Gewerken auf Grund speziellen Rechtstitels als Dritten (z. B. aus Kauf, Darlehnsvertrag) gegenüber der Gewerkschaft zustehen. Dass solche Rechte nicht entzogen werden können, versteht sich von selbst. „Sonderrechte" sind vielmehr nur solche, welche aus der Mitgliedschaft entstehen und die besondere Eigenschaft haben, dass über sie durch Mehrheitsbeschluss der Gewerkschaft nicht disponiert werden darf. Zu denselben gehört vor allem das Recht der Mitgliedschaft selbst [2], das Stimmrecht [3],

---

[1] Plank zu § 35, Rehbein S. 50, Leonhard S. 127, Riedel S. 120 ff., Staub S. 756 ff., Ring S. 340 ff.

[2] Plank a. a. O., vgl. auch Leonhard a. a. O., R.O.H.G.-Entsch. Bd. 20 S. 97, vgl. auch R.G. 8./2. 96 Bd. 36 S. 135, 37 S. 131.

[3] R.O.H.G. Bd. 20 S. 97.

das Recht an der Gewerkenversammlung teilnehmen zu dürfen [1], das Recht der Klageerhebung aus § 115, das Recht auf die Liquidationsrate [2]. Dasselbe gilt von dem Anspruche auf die festgestellte Ausbeute, wenn nicht derselbe ebenso wie der Anspruch auf die Liquidationsrate schon als obligatorischer Anspruch erachtet werden muss [3].

Die Gewerkenversammlung ist daher nicht imstande, durch Mehrheitsbeschluss den bereits gefassten Beschluss über Verteilung einer Ausbeute wieder rückgängig zu machen, oder, was im Erfolg gleich stehen würde, den Beschluss auf Einziehung von Zubusse, nachdem dieselbe von einem Teil der Gewerken bereits aufgebracht, gegenüber den übrigen ausser Kraft zu setzen.

Noch weniger ist die Gewerkenversammlung imstande, einzelnen Gewerken das Stimmrecht zu entziehen oder zu beschränken, z. B. durch eine Bestimmung, dass fortab nur für eine bestimmte Anzahl von Kuxen das Stimmrecht gewährt werde, oder zu beschliessen, dass gegen einen gefassten Beschluss die Klage aus § 115 A.B.G. ausgeschlossen sein solle.

Auch würde, wenn Gewerkschaften ihre bisherige 1000 Kuxzahl oder, was zuweilen vorgekommen ist, die ausnahmsweise noch bestehende 10000 Kuxzahl auf 1000 dergestalt reduzieren, dass für 10 alte Kuxe ein neuer gewährt wird, mangels einer den §§ 288 ff. H.G.B. entsprechenden gesetzlichen Bestimmung dies nur zulässig sein, wenn die sämtlichen Gewerken eine durch 10 teilbare Anzahl von Kuxen besässen bzw. soweit dies nicht der Fall, mit dem Beschluss einverstanden wären [4]. Dagegen wird eine Verletzung eines Sonderrechts, weil in der Hauptsache alle Gewerken gleichgestellt werden, nicht vorliegen, wenn bei Auflösung der Gewerkschaft z. B. durch Verkauf des Bergwerks bestimmt wird, dass pro Kux ein bestimmter Betrag

---

[1] Vgl. Staub a. a. O.

[2] § 45 B.G.B., § 102 A.B.G.

[3] Rehbein, Ring a. a. O., Staub Anm. 10 zu § 213, R.G.Entsch. 29./4. 96 Bd. 37 S. 63.

[4] Vgl. R.G. Bd. 36 u. 37 a. a. O., R.O.H.G. Bd. 20.

gezahlt, auf Wunsch aber auch gegen Hingabe je einer bestimmten Anzahl von Kuxen Aktien oder ein Kux der ankaufenden Gesellschaft gegeben werde. Eine Bestimmung aber dahin, dass der Entgelt, falls nichts binnen einer bestimmten Frist abgehoben, zugunsten der übrigen Gewerken verfalle, würde wiederum unzulässig sein, weil der obligationenähnliche Anspruch der Gewerken ohne seine Zustimmung nicht einer Präklusivfrist unterworfen werden darf[1].

V. **Das Protokoll.**

Ueber die Gewerkenversammlung ist ein Protokoll aufzunehmen. Man wird annehmen können, dass die Aufnahme dem Vorsitzenden der Versammlung obliegt. Ausdrückliche gesetzliche Bestimmung fehlt; indes wird man in dem Auftrage zur Leitung der Versammlung auch den zur Führung des Protokolls über dieselbe als eine der wesentlichsten Aufgaben des Vorsitzenden anzusehen haben. Einer notariellen oder gerichtlichen Aufnahme des Protokolls bedarf es nur im Falle statutarischen Beschlusses, einer Wahlhandlung oder eines Beschlusses über Umwandlung der Gewerkschaft[2] und im Falle eines Beschlusses über die im § 120 Nr. 1 gedachten Gegenstände, sofern auf Grund desselben Anträge beim Oberbergamt auf Bestätigung im Falle der Konsolidation, Feldesteilung der des Feldesaustausches oder beim Grundbuchrichter gestellt werden sollen[3]. Selbstredend kann aber auch in allen übrigen Fällen die Aufnahme des Protokolls notariell oder gerichtlich stattfinden und statutarisch für alle Beschlüsse der Gewerkenversammlung vorgeschrieben werden, wie dies z. B. im Westf. Statut § 10 Abs. 2 geschehen ist.

1. **Die Beweiskraft** des privatschriftlichen Protokolls.

Der auf Grund eines Gewerkenversammlungsbeschlusses z. B. auf Zubusse klagende Grubenvorstand hat nach allgemeinen Rechtsgrundsätzen als der be-

---

[1] Staub S. 897.

[2] §§ 94, 118, 133, 235b des Berggesetzes, Brassert Anm. 12 zu § 113, Arndt Anm. 5.

[3] § 29 R.Gr.B.O.

hauptende Teil die Gültigkeit des Versammlungsbeschlusses zu beweisen, muss also speziell dartun, dass die Versammlung ordnungsmässig berufen und in beschlussfähiger Zahl versammelt gewesen ist[1].

Es fragt sich, ob eine Beurkundung des Vorsitzenden in dem Protokolle über die Ordnungsmässigkeit der Ladung und Beschlussfassung eine Vermutung für deren Richtigkeit begründet. An und für sich würde nach § 416 der Zivilprozessordnung diese Beurkundung nur dartun, dass nach Angabe des Vorsitzenden die fraglichen Tatsachen richtig seien, also für die objektive Richtigkeit eine Vermutung nicht geben. Man wird aber, insofern es sich um eine Klage gegen einen Gewerken handelt, anzunehmen haben, dass die Angabe des Protokolls ihm gegenüber eine Präsumtion der Richtigkeit begründet. Zweifelsohne hat das Protokoll den Zweck, als Beweis des Beurkundeten zu dienen, und andererseits ist der Vorsitzende derjenige, welcher als erwählter Leiter und bestellte Urkundsperson das Protokoll aufzunehmen hat. Man wird demgemäss anzunehmen haben, dass der der Gewerkschaft hinzutretende Gewerke sich der Beweiskraft dieses Protokolls vertragsmässig unterwirft, und dasselbe kraft dieser vertragsmässigen Unterwerfung allen Gewerken gegenüber so lange Beweis erbringt, bis die Unrichtigkeit des Beurkundeten dargetan ist[2]. Ob auch dritten Personen gegenüber das Protokoll eine derartige Beweiskraft hat, kann fraglich sein. Das R.G.Urt. vom 10./6. 1881[3] hat bezüglich der Legitimation des erwählten Repräsentanten eine solche Präsumtion für die ordnungsmässige Erwählung auch Dritten gegenüber angenommen.

2. Das **notarielle bzw. gerichtliche Protokoll** richtet sich nunmehr für Preussisches Recht nach Art. 53—55 des Preuss. Gesetzes über die freiwillige Gerichtsbarkeit (Pr.Fr.G.), da das Reichsgesetz (R.Fr.G.)

---

[1] Hamm 3./3. 76 XVI 514, Esser S. 66, Arndt Anm. 3 zu § 113.

[2] So R.G.-Entsch. Bd. 8 S. 13 bezügl. Genossenschaftsversammlung, O.Tr. 7./2. 68 X 413 bezügl. Gewerkenversammlung, Brassert Anm. 12 zu § 113, Oppenhoff Anm. 613, Klostermann-Thielmann Anm. 6. [3] Daubenspeck I S. 153.

über die Angelegenheit der freiwilligen Gerichtsbarkeit nur die Beurkundung der Rechtsgeschäfte regelt, während es die Beurkundung anderer Gegenstände der Landesgesetzgebung überlassen hat[1].

Das Gesetz geht dabei nach den Motiven[2] davon aus, dass es bei der Beurkundung von Beschlüssen der Versammlungen der juristischen Personen „sich nicht um die Beurkundung eines Rechtsgeschäfts, sondern eines tatsächlichen Vorganges handelt".

Es wird bei solchen Beschlüssen daher nicht zu notariellem Protokoll abgestimmt, das Notariatsprotokoll hat nicht den Zweck, die Beschlüsse erst zu verwirklichen, sondern lediglich die bereits nach den gesetzlichen und statutarischen Bestimmungen eingetretene Verwirklichung zu beurkunden[3].

Hieraus und aus den positiven Vorschriften der Art. 53—55 Pr.Fr.G. ergibt sich im einzelnen folgendes:

a) Zu seiner **Gültigkeit** verlangt das notarielle Protokoll über eine Gewerkenversammlung nur, dass es Ort und Tag der Verhandlung angibt und mit der Unterschrift des Notars und des Richters versehen ist.

Dass das Protokoll den „Beteiligten" vorzulesen oder zur Durchsicht vorzulegen oder zu unterschreiben, ist zur Gültigkeit nicht erforderlich, aber auch nicht untersagt, vielmehr dem Ermessen des Richters oder des Notars überlassen[4].

b) Als **„Beteiligte"** sind nicht etwa die sämtlichen Erschienenen anzusehen. Da es sich nicht um die Beurkundung ihrer Erklärungen als Einzelner, sondern des Gemeinwillens des durch sie verkörperten Organs der Gewerkschaft handelt, sind lediglich diejenigen als „Beteiligte" zu erachten, welche nach Gesetz und Statut die Beurkundung dieser Beschlussfassung herbeizuführen haben, ihr Ergebnis feststellen und verkünden[5]. Als

---

[1] §§ 167 ff. R.Fr.G., Wellstein S. 74, Schultze-Görlitz S. 335, Raussnitz S. 620, Jastrow Anm. 2b zu Art. 53; Ob.-Land.-Ger. Köln 30./7. 1906, XLVIII, 300/1. [2] Denkschrift S. 87.

[3] R.G. 15./6. 1889 25 S. 195 ff.

[4] Art. 55 Abs. 2 Pr.Fr.G., Schultze-Görlitz III Anm. 2 dazu, Raussnitz S. 622. [5] Raussnitz S. 623 Anm. 23, R.G. a. a. O.

solche wird man anzusehen haben den Repräsentanten resp. Grubenvorstand[1], sofern aber, wie im Westf. Statut[2] vorgesehen, statutmässig nur der Vorsitzende die Versammlungen leitet, nur diesen und ferner diejenigen, welchen durch Statut oder Versammlungsbeschluss neben dem Vorsitzenden die Sorge für die Beurkundung der Beschlüsse aufgegeben ist, die Stimmzähler, bzw. die als Mitunterzeichner des Protokolls erwählten Personen[3].

Nach Art. 84 Pr.Fr.G. wird deshalb der instrumentierende Richter oder Notar nur dann von der Aufnahme des Protokolls ausgeschlossen sein, wenn er zu diesen Personen in einem Verhältnis steht, welches ihn nach § 6 des R.Fr.G. kraft Gesetzes ausschliesst, nicht auch, wenn er zu anderen Gewerken oder Vertretern in einem solchen Verhältnis sich befindet[4]. Ob der instrumentierende Notar selbst als Gewerke an der Gewerkschaft beteiligt ist, steht der Ausübung seiner Amtstätigkeit gleichfalls regelmässig nicht entgegen. Er gilt, da es sich nur um die Angelegenheiten der juristischen Person handelt, deshalb nicht als „mitbeteiligt"[5]. Eine Ausnahme wird aber da zu machen sein, wo er persönlich und unmittelbar durch die Beschlussfassung mitbetroffen wird. Dies wird z. B. der Fall sein, wenn Verteilung von Ausbeute oder Erhebung von Zubusse beschlossen wird, weil hier durch das Protokoll auch eine persönliche Berechtigung resp. Verpflichtung des Notars beurkundet wird[6]. Der gleiche Begriff des Beteiligten muss auch bezüglich der Frage, ob bei Stummheit, Taubheit und Unkenntnis der deutschen Sprache eines der „Beteiligten" ein Dolmetscher zuzuziehen ist, entscheiden[7], so dass die Zuziehung eines Dolmetschers nicht etwa deshalb erforderlich wird, wenn einer der anwesenden Gewerken oder Vertreter von Gewerken, welcher nicht Vorsitzender oder Stimmzähler

---

[1] § 122 A.B.G. [2] §§ 18 I, 17 II, 19 II.
[3] Vgl. R.G. a. a. O.
[4] Raussnitz Anm. 7 zu Art. 84, a. M. Schulze-Görlitz II S. 202.
[5] Schultze-Görlitz I S. 24, II S. 202, Raussnitz S. 38.
[6] Schultze-Görlitz II S. 203. [7] Art. 84 Pr.Fr.G.

ist, an einem solchen Mangel leidet[1]. Der Notar darf sich vielmehr darauf verlassen, dass derartige Personen dafür selbst Vorsorge treffen werden, dass ihre Willensmeinung bei der Abstimmung in geeigneter Weise zum Ausdruck gelangt. Tritt freilich die Unfähigkeit eines der Gewerken, einen Willen überhaupt oder in der für die Abstimmung beliebten Form zu äussern hervor, so ist in der Aufgabe des Notars, den erklärten Gemeinwillen der Gewerkschaft zu konstatieren, auch die Befugnis desselben begründet, auf die Ausschliessung solcher Personen von der Beschlussfassung zu dringen[2]. Aus dem Vorstehenden wird sich auch ergeben, dass der Notar die Identität und Verfügungsfähigkeit des Gewerken — abgesehen von den nach Obigem „Beteiligten" — nicht zu konstatieren braucht, wohl aber negativ hervorzuheben haben wird, dass gegen die Identität und Verfügungsfähigkeit der erschienenen Gewerken keinerlei Bedenken aufgestossen sind.

Da endlich der Begriff der Beteiligten „an der Sache"[3] ein weitgehender ist, wie sonst, und dort jeder darunter zu verstehen ist, welcher materiell an der Sache beteiligt ist, so wird ein Notar, welcher z. B. die Gewerkschaft in einem Prozesse mit einem der Gewerken vertreten hat, der jetzt Gegenstand der Beschlussfassung bildet, bezüglich der Protokollführung abgelehnt werden können[4].

c) Ist der Richter oder Notar berechtigt mit **öffentlichem Glauben die ordnungsmässige Ladung und Beschlussfähigkeit** der Gewerkenversammlung im Protokoll zu konstatieren?

Schon nach bisherigem Preussischen Rechte war die Frage zu bejahen, obwohl dort regelmässig die Tätigkeit des Notars darauf beschränkt war, Erklärungen zu beurkunden, welche vor ihm abgegeben waren, während er regelmässig nicht berechtigt war, die Richtigkeit von Tatsachen zu beurkunden[5]. Man

---

[1] Raussnitz S. 649 Anm. 7. [2] R.G. a. a. O.
[3] Art. 85 Pr.Fr.G.
[4] Wellstein S. 140 Anm. 3b, Schultze-Görlitz II S. 206.
[5] So Kammerg. bei Johow, Entsch. des K. Bd. 5 S. 95.

musste den Notar aber zur Beurkundung von Tatsachen als berechtigt ansehen, wo es sich um eine Beurkundung von Vorgängen handelt, die zur rechtsgültigen Konstruktion des Beurkundungsaktes erforderlich war. Daher gehörten auch die Identitätsprüfungen zu den Obliegenheiten des Notars[1]. Wenn der Notar nach § 43 Nr. 2 A.G.O., welche übrigens Generalversammlungen nicht kannte, konstatieren musste, dass die Parteien, die den Akt vorgenommen hatten, ihm ihrem Namen, Stande und Charakter nach bekannt seien, so gehörte es eben zu den Obliegenheiten des Notars, auch bei einer sich ihm als „Gewerkenversammlung" präsentierenden Personenmehrheit zunächst zu konstatieren, dass sie auch die Gewerkenversammlung im gesetzmässigem Sinne sei, d. h. die ordnungsmässig berufene und versammelte[2].

Der Notar oder Richter konnte deshalb auch eine Beurkundung darüber, dass die einzelnen Gewerken gehörige Vollmacht vorgezeigt bzw. besessen haben, nicht ablehnen, weil auch diese Feststellung dazu gehört, die Zahl der vertretenen Gewerken und damit die Beschlussfähigkeit der Gewerkenversammlung zu konstatieren[3].

Dieselben Grundsätzen müssen um so mehr für das heutige Preussische Recht gelten, welches die „Beurkundung von Tatsachen" in den Art. 53 ff. als einen besonderen Zweig der notariellen Tätigkeit geregelt hat[4].

Die Konstatierung der ordnungsmässigen Ladung und Beschlussfähigkeit der Gewerkenversammlung seitens des instrumentierenden Richters oder Notars stellt sich deshalb als öffentliche Beurkundung mit der Wirkung des § 418 C.P.O. dar, gegen welche nur nach Abs. 2 dieses § der Gegenbeweis zulässig ist. Die Konstatierung muss aber ebenso auch als „öffentliche Urkunde"

---

[1] Allg. Gerichtsordn. §§ 24, 43 Nr. 2 T. II Tit. 2, § 48 T. III Tit. 7.

[2] Vgl. Kammerg. bei Johow Bd. 12 S. 109, Turnau Grundbuchordnung T. II S. 122, Brassert Anm. 11 zu § 113 u. Bd. 6 S. 604, Brockhoff Bd. 7 S. 181, a. M. O.Tr. 18./3. 78 XXII 347, für rheinisches Recht Oppenhoff Anm. 611 b.

[3] Klostermann-Thielmann Anm. 6 zu § 118.

[4] Raussnitz S. 623 Anm. 26.

im Sinne des § 29 Gr.B.O. S. 2 gelten, so dass auch der Grundbuchrichter den Nachweis der Beschlussfähigkeit bei solcher Registratur als durch „öffentliche Urkunde" dargetan zu erachten hat[1]. Dasselbe gilt von den übrigen Behörden, bei welchen von dem Protokoll Gebrauch gemacht wird, insbesondere dem Registerrichter und der Bergbehörde, welche letztere namentlich mit Rücksicht auf § 117 des Bergg. zu prüfen hat, ob der Beschluss, durch welchen ein Repräsentant oder Grubenvorstand bestellt wird, in rechtsgültigen Form zu Stande gekommen ist[2].

Bemerkt sei endlich, dass für die häufig umständliche Feststellung der Präsenzliste sich die Benutzung des folgenden Formulars empfiehlt, dessen Kolonnen I und II, die Namen und Kuxanzahl der Gewerken in alphabetischer Reihenfolge enthaltend, schon vor der Versammlung von der Gewerkschaft auszufüllen sind:

I Name des Gewerken	II Zahl der Kuxe	III Persönlich anwesend?	IV Vertreten durch wen?
A	20	Ja!	—
B	10	—	—
C	15	—	Durch D

d) **Die Ausfertigung** des Notariatsprotokolls über eine Gewerkenversammlung unterliegt den allgemeinen Vorschriften, insbesondere auch bezüglich der Anlagen[3]. Darnach verbleiben die Original-Anlagen zum Protokoll (Präsenzliste, Auszug aus Gewerkenverzeichnis, Einladungsschreiben, etwaige Vorlagen abzuschliessender Verträge, die überreichten Vollmachten der Gewerkenvertreter) in der Verwahrung des Notars, so dass also jedenfalls nur Abschriften der Ausfertigung beigefügt, bzw. in dieselbe aufgenommen werden. Diejenigen Anlagen, auf welche

[1] Vgl. auch Turnau Gr.B.O. II S. 64.

[2] So Urt. des R.G. v. 10./6. 81, Daubenspeck Bergr. Entsch. S. 153, ähnlich auch Rekursbesch. v. 22./1. 76 XVII 123, Minist.-Erl. v. 2./1. 68 IX 212.

[3] Art. 61 u. 63, 43—48 der Pr.Fr.G. und §§ 176 u. 182 d. R.Fr.G.

in der „Erklärung“, d. h. in dem eigentlichen Beschluss der Versammlung besonders Bezug genommen ist (z. B. Entwürfe abzuschliessender Verträge) gelten als Teile des Protokolls, müssen deshalb wie die Urschrift behandelt und deshalb stets als Teil der Ausfertigung derselben beigefügt werden[1]. Für diejenigen Anlagen, auf welche, wie dies regelmässig bei den übrigen oben erwähnten Urkunden der Fall, nicht in der „Erklärung“ selbst, sondern nur in dem übrigen Teil des Protokolls Bezug genommen ist, brauchen der Ausfertigung nur auf Antrag als beglaubigte Abschrift beigefügt zu werden[2].

e) Eine Ausfertigung, beglaubigte Abschrift oder Einsicht des Protokolls über die Gewerkenversammlung kann nur der Vorsitzende derselben verlangen. Anderen Personen kann eine Abschrift erteilt bzw. Einsicht nur gestattet werden, wenn sie ein berechtigtes Interesse glaubhaft machen[3]. Die Tatsache der Mitbeteiligung an der Gewerkschaft oder auch der Teilnahme an der Gewerkenversammlung stellt m. D. an sich allein ein „berechtigtes Interesse“ nicht dar[4].

Jedenfalls wird ein Anspruch auf Mitteilung des dem Protokoll angehefteten Auszuges aus dem Gewerkenbuche oder der Präsenzliste niemals bestehen. Da ein Anspruch auf Einsicht des Gewerkenbuches für den einzelnen Gewerken nicht anzuerkennen ist, so liegt ein berechtigtes“ Interesse des Gewerken sicherlich nicht vor, wenn er diese Einsicht auf dem Umwege des Art. 61 Pr.Fr.G. erschleichen will, zumal doch auch die übrigen Gewerken ein sehr erhebliches Interesse daran haben

---

1 § 176 Abs. 2 der R.Fr.G.

2 Raussnitz S. 563 u. 615, Schultze-Görlitz II S. 120, Jastrow Anm. 11 zu § 176, Art. 48 Pr.Fr.G.

3 Art. 61 Abs. 2 Pr.Fr.G.; ebenso Klostermann-Thielmann Anm. 6. Die Beschwerde über die Ablehnung der Erteilung einer Abschrift eines notariellen Protokolls seitens des Notars ist im Dienstaufsichtswege, d. h. durch den Landgerichtspräsidenten zu entscheiden: Ob.-Land.-Ger. Köln 30./7. 1906, XLVIII, 300/1.

4 A. M. Schultze-Görlitz II 148.

können, ihre Gewerkschaftsbeteiligung nicht missbräuchlich der Oeffentlichkeit preisgegeben zu sehen[1].

f) Statutarische Vorschriften über die Abfassung der Protokolle sind, soweit sie dem § 54 Pr.Fr.G. nicht widersprechen, zulässig und dürften je nach ihrer Fassung bei Nichtbeobachtung die Nichtigkeit der Verhandlung herbeiführen[2].

g) Die Ausführungen sub b) treffen bei der Gewerkschaft alten Rechts nicht zu, weil bei ihr als einer Miteigentümergesellschaft, als Beteiligte die sämtlichen Gewerken zu gelten haben.

VI. Die zweite Versammlung.

Sie **muss** berufen werden, wenn die Mehrheit der Kuxe in der ersten Versammlung nicht vertreten ist. Bei dem zwingenden Wortlaute des Abs. 2 des § 113 kann man nicht annehmen, dass der Grubenvorstand bzw. derjenige, auf dessen Veranlassung die Gewerkenversammlung einberufen ist, es in der Hand hat, ob die zweite Versammlung noch berufen werden soll oder nicht. Nachdem einmal die erste Versammlung berufen ist, muss die Beschlussfassung in der gesetzlich vorgeschriebenen Weise, d. h. eventuell auch durch Berufung einer zweiten Versammlung erledigt werden[3]. Diese zweite Versammlung ist beschlussfähig, wenn sie unter Beobachtung der zu § 112 dargestellten Vorschriften berufen und nunmehr die Mehrzahl der Kuxe vertreten ist oder auch nur eine Minderheit, vorausgesetzt, dass letzteren Falles in der Einladung vermerkt war, dass die zweite Versammlung ohne Rücksicht auf die Zahl der vertretenen Kuxe beschlussfähig sein solle.

Die Einladung zu der zweiten Versammlung kann aber nach dem Wortlaut des Abs. 3 erst erfolgen, nachdem die erste Versammlung stattgefunden hat und dabei deren Beschlussunfähigkeit zu Tage getreten ist. Es

---

[1] Vgl. Schultze-Görlitz I S. 89.
[2] Vgl. § 125 B.G.B. S. 2.
[3] Teilweise a. M. Brassert Anm. 11 zu § 113, Klostermann-Thielmann Anm. 4.

erscheint deshalb nicht zulässig, wenn diese Beschlussunfähigkeit befürchtet wird, durch dieselbe Bekanntmachung gleich zu beiden Versammlungen einzuladen.

---

§ 114. Eine Mehrheit von mindestens drei Vierteilen aller Kuxe ist erforderlich zu Beschlüssen, durch welche über den Gegenstand der Verleihung — Substanz des Bergwerks — ganz oder teilweise verfügt werden soll. Dies gilt insbesondere von den Fällen des Verkaufes, des Tausches, der Verpfändung oder der sonstigen dinglichen Belastung des Bergwerks, sowie der Ueberlassung der Ausbeutung gegen Entgelt (Verpachtung).

Zu Verfügungen über das verliehene Bergwerkseigentum durch Verzicht oder Schenkung ist Einstimmigkeit erforderlich.

Zu § 114.

1. Eine Mehrheit von **mindestens** $^3/_4$ **aller Kuxe** ist erforderlich. Es müssen also mindestens 75 oder 750 Kuxe für den Beschluss sein und zwar dies auch dann, wenn einzelne der Kuxe ruhen oder noch nicht begeben sind. Mecklenburg-Schwerin (§ 24) und Sachsen-Weimar (§ 139) verlangt nur $^3/_4$ Mehrheit der vertretenen Kuxe.

2. Es muss sich um Beschlüsse handeln, durch welche über den Gegenstand der Verleihung ganz oder teilweise verfügt wird.

a) **Verfügt** wird im Sinne dieses §, wie sich aus der Exemplifikation des Gesetzes ergibt, nicht bloss durch den Abschluss des abstrakten dinglichen Vertrages, der Einigung[1], sondern auch durch den Abschluss des

---

[1] § 873 G.B.B.

obligatorischen Kausalgeschäfts. Jedes dingliche Rechtsgeschäft, durch welches das Eigentum der Gewerkschaft an dem Gegenstande der Verleihung aufgehoben (Auflassung) oder durch Begründung eines neuen oder Veränderung eines bereits bestehenden dinglichen Rechtes an demselben betroffen wird (z. B. Bestellung einer Hypothek, Grundschuld, Rentenschuld, Reallast, eines Niessbrauchs, einer Grunddienstbarkeit, einer beschränkten persönlichen Dienstbarkeit, eines Vorkaufsrechts[1]), fällt unter § 114, nicht minder aber auch jedes obligatorische Rechtsgeschäft, durch welches die Verpflichtung zur Abtretung des Eigentums (Kauf oder Tausch), oder zur Bestellung resp. Abänderung eines dinglichen Rechts begründet wird.

Dagegen wird man als „Verfügung über den Gegenstand der Verleihung" solche Rechtsgeschäfte nicht ansehen können, welche lediglich eine solche dingliche oder obligatorische „Verfügung" vorbereiten sollen, sich selbst aber auch nicht einmal als obligatorische Verpflichtung zu einer „Verfügung" darstellen, z. B. Versprechen einer Provision an einen Vermittler für den Fall, dass die von diesem zu erwirkende Offerte von der Gewerkenversammlung akzeptiert werde[2].

Von rein bergrechtlichen Geschäften wird die Konsolidation und reale Feldesteilung, sowie der Feldesaustausch zweifellos zu den dem § 114 unterfallenden Geschäften zu rechnen sein[3], wie dies in den Berggesetzen von Braunschweig (§ 117) und Anhalt (§ 107) auch besonders angeführt ist; nicht minder ein Vergleich über die Feldesgrenze[4]. Ob auch die Feldesumwandlung dahin gehört, d. h. die Umwandlung des Längenfeldes in ein Geviertfeld, ist streitig, wird wohl aber regelmässig und jedenfalls für den Fall zu bejahen sein, wenn feststeht oder nach sicheren Schlussfolgerungen anzunehmen ist, dass ein erheblicher, noch nutzbarer Teil der Minerallagerstätte nicht in das be-

[1] Leske I S. 369.

[2] A. M. O.Tr. 12./3. 78 XX S. 343 und Klostermann-Thielmann Anm. 2 zu § 120.

[3] Brassert Anm. 1 zu § 114. [4] Oppenhoff Anm. 617.

gehrte Geviertfeld eingeschlossen wird und damit der Gewerkschaft verloren geht[1]. Dem § 114 unterliegt ferner nicht der Beschluss, das Bergwerk ausser Betrieb zu setzen, vorausgesetzt, dass es sich dabei nur um eine vorübergehende Betriebseinstellung handelt. Ein Beschluss des weitergehenden Inhaltes, auch einer demnächst zu erlassenden Aufforderung der Bergbehörde gegenüber bei der Betriebseinstellung zu beharren, würde allerdings dem § 114 unterliegen, mit Rücksicht auf den nach § 156 ff. alsdann drohenden Verlust des Bergwerkes[2]

Als Verfügung im Sinne des § 114 A.B.G. sind auch Löschungen dinglicher Rechte nicht zu erachten. Wie aus den Beispielen des § 114 sich ergibt, sind unter Verfügung nur solche anzusehen, durch welche der Gegenstand der Verleihung entweder ganz aufgegeben oder belastet resp. verändert wird, nicht auch solche, die ihn lediglich dinglich entlasten. Der Grubenvorstand wird deshalb zur Löschung einer auf dem Bergwerk eingetragenen Hypothek auch ohne besonderen Gewerkenbeschluss legitimiert sein[3].

Gegenüber dem jetzigen Rechtszustande des B.G.B. muss es endlich als eine positive Ausnahmebestimmung bezeichnet werden, dass auch der Abschluss eines Lösevertrages („Abtretung der Ausbeutung gegen Entgelt") dem § 114 unterliegt, obwohl der Pachtvertrag ein dingliches Recht des Pächters nicht mehr begründet[4].

b) Verfügt muss sein **über den Gegenstand der Verleihung (Substanz des Bergwerks).** „Gegenstand der Verleihung" ist das Bergwerkseigentum im Sinne des § 54 A.B.G. Daraus ergibt sich, dass der erschwerenden $^3/_4$ Majorität des § 114 nur solche Beschlüsse unterliegen, welche diesen „Gegenstand der Verleihung" betreffen, und dass es deshalb jedenfalls für das B.G.B.

---

[1] Brassert X S. 67 ff., Oppenhoff 619; Klostermann-Thielmann Anm. 5 zu § 114.

[2] Oppenhoff Anm. 623. [3] § 120 A.B.G.

[4] Neumann S. 247, Leske I S. 226, Oertmann S. 234 Anm. 5.

nicht zutreffend ist, wenn der § 114 A.B.G. im Anschluss an den § 7 des Gesetzes vom 12./5. 1851 diesen „Gegenstand der Verleihung“ mit „Substanz des Bergwerks“ identifiziert, da dér Umfang der „Substanz des Bergwerks“ ein weitergehender sein kann, wie der des „Gegenstandes der Verleihung“.

Beschlüsse, welche lediglich andere Eigentumsobjekte der Gewerkschaft betreffen, mögen dieselben auch wesentliche oder unwesentliche Bestandteile des Bergwerks bilden, fallen nicht unter § 114 A.B G. So wird z. B. der Beschluss über den Abschluss eines Kaufvertrages hinsichtlich einer in das Bergwerk eingebauten Wasserhaltungsmaschine, die wesentlicher Bestandteil des Bergwerks sein und als solcher zwar nicht Gegenstand eines besonderen dinglichen, wohl aber eines obligatorischen Vertrages sein kann [1], mit einfacher Majorität beschlossen werden können. Dasselbe gilt von dem Verkauf und der Verpfändung eines Grundstücks, welches dem Bergwerk zugeschrieben ist [2], und deshalb als nicht wesentlicher Bestandteil auch Gegenstand eines besonderen dinglichen Rechtes sein kann [3].

Als „Gegenstand der Verleihung“ im Sinne des § 94 ist aber nicht bloss dasjenige Bergwerk, durch dessen Verleihung die Gewerkschaft zur Entstehung gelangt ist, sondern das ganze Bergwerkseigentum der Gewerkschaft, welches einer staatlichen Verleihung seine Entstehung verdankt, anzusehen [4]. Auch hier ist m. E. festzuhalten, dass das Gesetz von dem für die Zeit seiner Entstehung auch zutreffenden Regelfalle ausgeht, dass die Gewerkschaft nur das Bergwerk besitzt, durch dessen Erwerb sie entstanden ist. Nach der ratio legis, welche dem § 114 B.G.B. zu Grunde liegt und welche offensichtlich die Wichtigkeit des Gegenstandes der Beschlussfassung für die erschwerte Form derselben hat entscheiden

---

[1] § 93 B.G.B., Rehbein I S. 82, Plank I S. 130.
[2] Hense XXXIX S. 442 ff.
[3] Art. 37 I Abs. 2 u. III Pr.A.G., § 890 Abs. 2 B.G.B., Neumann Anm. 2 dazu u. Anm. V zu § 93 ff., Biermann Anm. 1 dazu, Rehbein I S. 83, Turnau u. Förster I S. 182, Plank I S. 130.
[4] Ebenso Klostermann-Thielmann Anm. 3.

lassen wollen, kann es aber wohl nicht zweifelhaft sein, dass dort, wo eine Gewerkschaft auch anderen Bergwerksbesitz dazu erworben hat, auch dieser vom Gesetzgeber unter seinem Sammelbegriff „das Bergwerk" hat mitgetroffen sein sollen, soweit es sich überhaupt um ein Bergwerk im gesetzlichen Sinne, d. h. um ein auf einem staatlichen Verleihungsakt beruhendes Bergwerk handelt.

Aus letzterem Grunde wird man § 114 dagegen nicht auf Grundeigentümerbergbau ausdehnen dürfen. Besitzt daher z. B. eine Gewerkschaft eine Saline in der Provinz Hannover, so wird sie ein solches „Bergwerk" mit einfacher Majorität verkaufen dürfen, ebenso eine Kohlenabbaugerechtigkeit in Sachsen-Altenburg oder im Preussischen sog. Mandatsgebiet. Noch weniger kann es zweifelhaft sein, dass eine Gewerkschaft, die wesentlich den Betrieb einer Fabrik zum Gegenstande hat, diesen Hauptgegenstand ihres Betriebes mit einfacher Majorität verkaufen kann. Ueber den „Gegenstand der Verleihung" wird auch nicht verfügt, wenn eine Gewerkschaft, die sämtliche 100 oder 1000 Kuxe einer anderen Gewerkschaft besitzt, diese Kuxe verkauft oder verpfändet.

3. Die Frage, ob Genehmigung des Gegenvormundes oder Vormundschaftsgerichts für die Beteiligung an der Beschlussfassung über einen dem § 114 unterliegenden Gegenstand erforderlich ist, ist zu verneinen, weil es sich lediglich um Beteiligung an einem einfachen Verwaltungsakte der Gewerkschaft handelt und deshalb die §§ 1812 ff., 1821 ff. B.G.B. nicht zutreffen[1].

4. Absatz 1 des § 114 kann durch Statut geändert werden[2]. Insbesondere kann bez. der erforderlichen Majorität Erleichterung zugelassen werden. So hat das Westf. Statut § 9 zwar regelmässig für die Beschlüsse dieses § die $^3/_4$ Majorität sämtlicher Kuxe vorgeschrieben, gleichwohl aber nachgelassen, dass in der einzuberufenden zweiten Versammlung auch hier Beschlüsse gemäss

---

[1] Klostermann-Thielmann Anm. 6, Brassert S. 317.
[2] § 94 Abs. 3.

§ 114 mit $^3/_4$ Majorität der vertretenen Kuxe gefasst werden können.

Dagegen ist der Abs. 2 unabänderlich. Im übrigen gilt § 114 auch für die Gewerkschaften alten Rechts, jedoch trifft § 230 bezüglich der Verpfändung eine Ausnahmebestimmung.

---

§ 115. Binnen einer Präklusivfrist von vier Wochen vom Ablaufe des Tages, an welchem ein Gewerkschaftsbeschluss gefasst ist, kann jeder Gewerke die Entscheidung des ordentlichen Richters, in dessen Bezirk das Bergwerk liegt, darüber, ob der Beschluss zum Besten der Gewerkschaft gereiche, anrufen und gegen die Gewerkschaft auf Aufhebung des Beschlusses klagen.

Durch das Statut kann bestimmt werden, dass die Entscheidung dieser Frage in Streitfällen durch ein Schiedsgericht erfolgen, wie das Schiedsgericht gebildet und unter welchen Formen von demselben verfahren werden soll.

Diese Bestimmungen finden auf einen in Gemässheit des § 94 gefassten Beschluss keine Anwendung.

Zu § 115.

1. Jeder Gewerke kann die Klage erheben.

Dieses Anfechtungsrecht muss mangels einer entgegenstehenden gesetzlichen Bestimmung auch demjenigen Gewerken zugestanden werden, welcher dem Beschlusse zugestimmt hat, da es sich dabei nur um Teilnahme an der einseitigen Willensentschliessung des Organs der juristischen Person handelt, die Abstimmung deshalb nicht etwa als Vertrag gegenseitig bindend ist[1]. Die Anfechtung ist daher auch gegen einen einstimmig gefassten Gewerkenbeschluss zulässig[2]. Noch weniger ist zur Erhaltung des Klagerechts erforderlich, dass der Widerspruch gegen den Beschluss in der Versammlung erklärt ist[3]. Derselbe hat aber doch seine Bedeutung gegenüber § 127 R.Fr.G.[4].

Als klageberechtigter Gewerke kann nur derjenige zugelassen werden, welcher zum Gewerkenbuche eingetragen ist[5] oder diesem gleichsteht[6], bzw. welcher nach § 231 bei der alten Gewerkschaft wirklicher Gewerke ist.

Von wem das Klagerecht ausgeübt werden kann, wenn der Kux in ideellem Miteigentum oder in einem Eigentum Mehrerer zur gesamten Hand sich befindet, richtet sich auch hier nach dem unterliegenden Rechtsverhältnis[7]. Einem einzelnen Teilhaber bei einer Gemeinschaft nach Bruchteilen und einem einzelnen Miterben wird man das Klagerecht nicht zugestehen können, da die §§ 744 Abs. 2, 2038 Abs. 1 S. 1 B.G.B. sich nur auf das Verhältnis nach Innen beziehen[8].

2. Beklagter ist die Gewerkschaft.

Haben bei dem Beschluss (z. B. Konsolidationsbeschluss) mehrere Gewerkschaften mitgewirkt, so ist die Klage von dem Gewerken gegen diejenige Gewerkschaft zu richten, der er angehört[9]. Die Vertretung der Gewerkschaft liegt den verfassungsmässigen Vertretern derselben ob, also dem Repräsentanten oder dem Grubenvorstand.

Will einer der letzteren in seiner Eigenschaft als Gewerke selbst die Klage erheben oder legt etwa der

---

1 O.Tr. Striethorst Arch. 12 S. 286, Förster-Eccius IV S. 667.

2 Klostermann-Thielmann Anm. 3, Oppenhoff Anm. 630, a. M. anscheinend Brassert Anm. 3.

3 Sachsen-Weimar verlangt diese Widerspruchserklärung des in der Gewerkenversammlung anwesenden Gewerken.

4 Vgl. zu § 116.

5 § 106 A.B.G.

6 Vgl. hierüber zu § 112.

7 Vgl. zu § 106.

8 Plank II S. 486 u. Anm. 1 zu § 2038.

9 Brassert Anm. 3.

Grubenvorstand oder Repräsentant, um die Klageerhebung unmöglich zu machen, sein Amt nieder, so muss der Kläger nötigenfalls gemäss § 57 C.P.O. beim Prozessrichter die einstweilige Bestellung eines Prozessvertreters beantragen[1].

3. Der Gewerke kann **klagen**, d. h. das Anfechtungsrecht des § 115 kann **nur** im Wege der **Klage** oder **Widerklage** geltend gemacht werden, nicht auch im Wege der Einrede[2].

M. E. muss für diese Auffassung schon entscheidend sein die Tatsache des Umfanges der Rechtskraft, welche der ergehenden Entscheidung für und wider sämtlichen Gewerken wenigstens dann beiwohnt, wenn sie auf Aufhebung des Beschlusses ergeht. Soll die dem anfechtenden Gewerken günstige Entscheidung Rechtskraft auch für seine Genossen machen, so ist es notwendig, dass sie prozessualisch in einer Form herbeigeführt werde, welche sie überhaupt in Rechtskraft übergehen lässt. Das ist aber nur möglich, wenn der Antrag auf Aufhebung des Beschlusses im Wege der Klage oder Widerklage geltend gemacht wird. Wird die Nachteiligkeit nur im Wege der Einrede, gegen eine von der Gewerkschaft auf Ausführung des Beschlusses gerichtete Klage, geltend gemacht, so würde selbst das auf Abweisung der Klage der Gewerkschaft ergehende Urteil rechtskräftig nur feststellen, dass der Anspruch der Gewerkschaft auf die betreffende Leistung nicht zu Recht besteht. Der Grund, weshalb der Anspruch nicht rechtsbeständig, hier die Nachteiligkeit des Beschlusses für die Gewerkschaft, würde dagegen nach den die C.P.O. beherrschenden, im wesentlichen mit der Wetzel-Ungerschen Theorie sich deckenden Grundsätzen[3] nicht einmal zwischen den Prozessparteien rechtskräftig festgestellt sein, um so weniger über diese hinaus für die am Prozess direkt nicht beteiligten Gewerken. Damit deckt sich

[1] Vgl. R.G.-Entsch. 7 S. 404.
[2] Ebenso Klostermann-Thielmann Anm. 8.
[3] Cfr. R.G.-Entsch. Bd. 7 S. 354, und 16 S. 357.

auch der Wortlaut des A.B.G., indem es einmal vorschreibt, dass der Gewerke klagen, sowie andererseits, dass diese Klage auf Aufhebung des Gewerkschaftsbeschlusses lauten soll. Der klagende Gewerke soll also nicht berechtigt sein, das ihm verliehene Individualrecht der Anfechtung bloss dazu zu benutzen, um sich für seine Person von der Erfüllung eines Gewerkschaftsbeschlusses frei zu machen, sondern das Anfechtungsrecht nur in einer Form ausüben dürfen, dass er die Ungültigkeit des Beschlusses auch für die übrigen Gewerken herbeiführt. Es ergibt sich also hier bezüglich der Form der prozessualischen Geltendmachung des Anfechtungsrechts ein Resultat, welches bezüglich der Unzulässigkeit der Einrede mit den für die Aktiengesellschaft ausdrücklich festgelegten Bestimmungen übereinstimmt[1]. Die Frage, ob auch der Einwand der Nachteiligkeit des Beschlusses für die Gewerkschaft binnen der vierwöchentlichen Frist erhoben werden muss, erscheint deshalb unerheblich, würde aber ev. zu bejahen sein[2]. Hervorgehoben sei noch, dass nach § 281 C.P.O. die Widerklage binnen der vierwöchentlichen Frist des § 115 in der mündlichen Verhandlung geltend gemacht sein muss, die Zustellung der Widerklage also nicht genügt, um die Frist des § 115 A.B.G. zu wahren.

4. Die Klage muss im **allgemeinen Gerichtsstand** der Gewerkschaft erhoben werden, also in dem Gerichtsstande des § 17 C.P.O. und zwar je nach Höhe des Objekts beim Amtsgericht oder Landgericht[3], da eine dem § 272 H.G.B. entsprechende Bestimmung fehlt. Entscheidend ist das Vermögensinteresse des klagenden Gewerken[4]. Liegt deshalb das Bergwerk in den Bezirken mehrerer Gerichte, so trifft auch hier das zu

---

[1] § 271 H.G.B. und Staub Anm. 5 dazu.

[2] Brassert Anm. 2, Arndt Anm. 5, Esser S. 76, Oppenhoff S. 629, O.Tr. 8./3. 1867 IX 175.

[3] Sachsen-Weimar erklärt das Landgericht für ausschliesslich zuständig.

[4] R.G. 4./3. 1903, XLIV, 354 und 23./2. 1901 in Entsch. Bd. 48, S. 381.

§ 96 Gesagte zu, so dass der Kläger unter Umständen unter mehreren Gerichten die Wahl hat. Bei demjenigen Gericht, bei welchem die Gewerkschaft ihren allgemeinen Gerichtsstand statutarisch erwählt hat, kann die Klage gleichfalls eingelegt werden, weil die Vorschrift des § 115 A.B.G., dass die Klage nur bei dem Gericht, in dessen Bezirk das Bergwerk liegt, erhoben werden könne, durch § 14 E.G. zur C.P.O. aufgehoben ist. Dass die Klage vor die Zivilkammer und selbst bei Eintragung der Gewerkschaft in das Handelsregister nicht vor die Kammer für Handelssachen gehört, ist schon oben Anhang zu § 96 unter III, Ziff. 6 ausgeführt.

5. Die Klage muss binnen **einer Frist von vier Wochen** erhoben, d. h. nach § 253 C.P.O. der Gewerkschaft zugestellt werden. Die Frist charakterisiert sich nicht nur nach dem Wortlaute des Gesetzes, sondern auch nach ihrem Wesen als eine Präklusivfrist, insofern durch den Ablauf der Frist lediglich die Aufhebung einer Befugnis (hier des Klagerechts) bewirkt wird, ohne dass eine schon vorher begründete, kongruierende, mit der Frist zum Erlöschen gelangende Verbindlichkeit gegenübersteht[1].

Die Bestimmungen über Anfang, Unterbrechung, Hemmung, Unzulässigkeit rechtsgeschäftlicher Verlängerung bei der Verjährung finden deshalb hier keine Anwendung. Es kann deshalb nicht zweifelhaft sein, dass nicht bloss durch Statut, sondern auch durch Abrede im einzelnen Falle, die auch stillschweigend, z. B. durch Anknüpfung von Vergleichsverhandlungen erfolgen kann, die Präklusivfrist dieses § nicht bloss abgekürzt, sondern auch verlängert werden kann[2].

Davon abgesehen muss aber die Klage bei Vermeidung des Verlustes des Klagerechts binnen der vierwöchentlichen Frist des § 115 angestrengt werden, gleichgültig, ob und wann den anfechtenden Gewerken der Gewerkschaftsbeschluss zur Kenntnis gekommen ist

---

[1] O.Tr.-Entsch. 83 S. 278, R.G.-Entsch. 3 S. 303.
[2] Vgl. O.Tr. 13./5. 51, Str. Arch. 2 S. 130.

und welche Hindernisse der Erhebung der Klage entgegenstehen[1].

Die Frage, ob nach Ablauf der Frist neue Anfechtungsgründe auch mit Genehmigung der Gesellschaft nicht mehr vorgebracht werden können[2], hat für die Gewerkschaft kein praktisches Interesse, da der einzige gesetzliche Grund für die Anfechtung eines Gewerkschaftsbeschlusses die Nachteiligkeit desselben ist. Die vierwöchentliche Klagefrist berechnet sich nach § 147 Abs. 1 § 188 B.G.B., endigt also regelmässig mit dem entsprechenden Wochentage der vierten Woche.

6. Die Klage muss darauf gestützt werden, dass der Beschluss **nicht zum Besten der Gewerkschaft gereicht**, der Klageantrag hat auf **Aufhebung des Beschlusses** zu lauten.

a) Die Klage hat darnach als Fundament lediglich die Behauptung, dass der gefasste Beschluss der Gewerkschaft nachteilig sei.

α) Dagegen würde eine Klage auf Aufhebung eines Gewerkschaftsbeschlusses unter der Behauptung, dass der Beschluss materiell oder formell statut- oder gesetzwidrig sei, jedenfalls nicht dem § 115 A.B.G. unterliegen. Ob eine Klage oder ein Einwand, dass ein von der Gewerkschaft gefasster Beschluss **materiell statut- oder gesetzwidrig** sei, überhaupt nach A.B.G. zulässig ist, bildet eine Streitfrage. Daraus, dass der Gesetzgeber die Beschlussfassung der Gewerkschaft in § 111 ff. erschöpfend geregelt hat, im § 115 A.B.G. aber nur Anfechtung eines Beschlusses wegen Schädlichkeit erwähnt, kann gefolgert werden, dass im übrigen, sofern nur ein den §§ 94, 111 ff. A.B.G. entsprechender, formell gültiger Beschluss vorliegt, derselbe nicht auch deshalb noch angefochten werden kann, weil er materiell dem Statut oder Gesetz widerspricht[3]. Hat deshalb z. B. eine Gewerkschaft kein Statut und besitzt sie nur ein Bergwerk, oder hat sie im Statut ausdrück-

---

[1] Brassert S. 318, Klostermann-Thielmann Anm. 2.
[2] So bez. der Aktiengesellschaft Staub Anm. 6 zu § 271 H.B.G.
[3] Vgl. Klostermann-Thielmann Anm. 5.

lich als ausschliesslichen Zweck den Betrieb bestimmter Bergwerke festgelegt, so würde ein Beschluss dahingehend, noch ein weiteres Bergwerk zu kaufen, materiell statutwidrig sein, dennoch aber der Anfechtung nicht unterliegen, wenn nur der Beschluss formell, d. h. in ordnungsmässig berufener und beschlussfähiger Gewerkenversammlung mit einfacher Majorität gefasst und im übrigen der Gewerkschaft nicht schädlich ist. Folgt man diesen Erwägungen, so ist der Rechtszustand also — abgesehen von der formellen Ungültigkeit eines Beschlusses — bei der Gewerkschaft umgekehrt, wie bei der Aktiengesellschaft, wo zur Anfechtbarkeit materielle Statutwidrigkeit erforderlich und genügend ist, während es auf die Schädlichkeit nicht ankommt[1]. Auf der anderen Seite sprechen allgemeine Erwägungen, die insbesondere der Behandlung dieser Anfechtungsfrage im Aktienrecht zu entnehmen sind[2], für die Zulässigkeit der Klage auch auf dem Gebiete des Gewerkschaftsrechts[3]. Da übrigens § 115 A.Z.G. statutarisch abänderbar ist (§ 94 Abs. 3), so steht nichts im Wege, die Anfechtbarkeit des Gewerkschaftsbeschlusses auch wegen materieller Verletzung der gesetzlichen oder vereinbarten Satzung zuzulassen. Dies ist in nachahmenswerter Weise im § 10 Abs. 4 des Westfälischen Statuts geschehen und dort auch für diese Anfechtungsklage (ebenso wegen formeller Verstösse gegen Statut oder Gesetz) eine Ausschlussfrist von 1 Monat (gegenüber der vierwöchentlichen gesetzlichen Frist für die Anfechtung wegen Nachteiligkeit) bestimmt.

β) Die an sich zulässige Anfechtung von Gewerkschaftsbeschlüssen wegen **formeller Statut- oder Gesetzwidrigkeit**[4] unterliegt jedenfalls nicht dem § 115

---

[1] Staub Anm. 1 zu § 271 H.B.G.

[2] Vgl. R.O.H.G.-Entsch. 25, S. 307 und R.G. 19./2. 1881 in Entsch. Bd. 126 und Staub, Ges. m. b. H. I. Aufl. S. 265.

[3] Sachsen-Weimar lässt das Anfechtungsrecht nur wegen Verletzung des Gesetzes oder der Satzung zu.

[4] Brassert Anm. 4, Klostermann-Thielmann Anm. 5, Oppenhoff Anm. 628, Esser S. 76, Rath XII S 124, A.G. Wiesbaden 1./5. 68 XII S. 123, O.L.G. Cöln 29./7. 76 IX S. 176, O.Tr. 11./7. 79 XXI S. 525; R.G. 25./2. 1911, LIII, 102.

und seiner Fristbestimmung, soweit nicht statutarische Festsetzung entgegensteht. Auch richtet sich hier die Anfechtung durch Klage, Widerklage oder Einrede lediglich nach allgemeinen Grundsätzen[1].

Speziell kann eine derartige Anfechtung auch im Wege einer Feststellungsklage des § 256 C.P.O. erfolgen, vorausgesetzt, dass ein „alsbaldiges“ Interesse nachzuweisen ist. Ein „Rechtsverhältnis“ im Sinne dieses § wird jedenfalls regelmässig bezüglich jeden Gewerkschaftsbeschlusses zwischen dem Gewerken und der Gewerkschaft um so mehr bestehen, als der Gewerke in seinem bei der Gewerkschaft angelegten Vermögensanteil durch die Beschlüsse der Gewerkschaft fortgesetzt rechtlich und tatsächlich vorteilhaft oder nachteilig beeinflusst wird[2].

γ) Es unterliegt dem § 115 auch nicht eine Klage, welche darauf gestützt ist, dass **Sonderrechte** verletzt seien, der Beschluss also dem Kläger persönlich nachteilig sei.

Die Klage aus § 115 betrifft vielmehr nach seinem Inhalt und Wortlaut nur solche Beschlüsse, die an sich gültig sind und nur deshalb angefochten werden, weil sie der Gewerkschaft schädlich sind. Will ein Gewerke deshalb z. B. einen Beschluss anfechten, durch welchen sein Stimmrecht nachteilig verändert ist, oder will er eine früher beschlossene, durch späteren Beschluss wieder aufgehobene Ausbeute für sich in Anspruch nehmen, so ist er an die Frist des § 115 nicht gebunden. Seine Klage unterliegt lediglich allgemeinen Grundsätzen.

b) Liegt aber **Schädlichkeit** des Beschlusses für die Gewerkschaft vor, so ist es im übrigen **gleichgültig, worin dieselbe besteht.**

Speziell ist es unzweifelhaft, dass auch bei Personenfragen, z. B. Wahl oder Entlassung von Vertretern oder Beamten der Gewerkschaft, sofern nur im übrigen die Voraussetzungen des § 115 vorliegen, eine Anfechtungs-

---

[1] O.L.G. Hamm 29./10. 1898 XL S. 333; Ob.-Trib. 11./7. 1879, XXI, 529.

[2] R.G.-Entsch. 6 S. 387.

klage zulässig ist. Zwar hat das O.Tr. durch Urteil vom 14. Dezember 1857 [1] eine Anfechtungsklage bezüglich der Wahl eines Repräsentanten für unzulässig erklärt. Diese Entscheidung stützte sich aber auf die damals noch geltenden §§ 6 und 8 des Gesetzes vom 12./5. 1851, welches den Kreis der anfechtbaren Beschlüsse im Speziellen begrenzte, unterlag aber auch für das damals geltende Recht schon erheblichen Bedenken.

Gegenüber der jetzigen Fassung des § 115 kann es aber keinem Zweifel unterliegen, dass alle Beschlüsse der Gewerkschaft ohne Rücksicht auf ihren Inhalt der Anfechtung unterliegen [2].

Die Anfechtungsklage ist darnach in der Praxis speziell gegen Beschlüsse zugelassen, welche betrafen

α) die Entlassung eines Betriebsbeamten [3];
β) Entschädigung eines Grundbesitzers [4];
γ) Erhebung von Beiträgen [5];
δ) Dechargeerteilung an Repräsentanten [6];
ε) Wahl des Repräsentanten [7];
ζ) Einstellung des Betriebes [8].

c) Der **Inhalt** des angefochtenen Beschlusses ist auch insofern unerheblich, als er **sowohl auf eine Aenderung wie auf eine Erhaltung** der bisherigen Sachlage hinzielen kann.

Nach der herrschenden Meinung beschränkt sich freilich das Widerspruchsrecht aus § 115 auf solche Gewerkschaftsbeschlüsse der ersteren Art, durch welche in der bisherigen Sachlage eine Aenderung eintritt. Dagegen soll die Aufhebung eines Gewerkschaftsbeschlusses nicht verlangt werden können, wenn der anzufechtende Gewerkschaftsbeschluss wesentlich den bisherigen Zustand des Betriebes und der Verwaltung

[1] Entsch. 37 S. 322.
[2] Brassert Anm. 6, Klostermann-Thielmann Anm. 6.
[3] R.G. 27./6. 83 XXVI S. 127. [4] O.Tr. 12./5. 69. XI S. 295.
[5] O.Tr. 12./7. 79 XXI S. 525.
[6] O.Tr. 12./7. 75 XVII S. 75, R.G. 27./4. 81 XXIII S. 110.
[7] O.L.G. Hamm 4./2. 93 XXXIV S. 499, R.G. 1./3. 93 XXXIV S. 502, a. M. Esser S. 76.
[8] R.G. 20./10. 1900, Jurist. Wochenschrift S. 813, XLII S. 227.

aufrechterhalten will[1]. Es soll also z. B. darnach ein Gewerkschaftsbeschluss, welcher einen Repräsentanten entlässt, anfechtbar, ein Beschluss, welcher die von der Minorität beantragte Entlassung ablehnt, nicht anfechtbar sein.

Zur Begründung dieser Ansicht wird namentlich auf die Entstehungsgeschichte des § 115 hingewiesen, welcher den §§ 12 ff. I 17 A.L.R. nachgebildet sei. Deshalb müsse auch der Grundsatz des § 16 I 17 A.L.R. bei den Klagen aus § 115 massgeblich sein, wonach „wider den Willen auch nur eines Teilhabers in der Verwaltung und Benutzung der gemeinschaftlichen Sache nichts geändert werden dürfe". M. E. darf aber für den Umfang der anfechtbaren Beschlüsse des § 115 nur dessen Wortlaut entscheiden, und aus diesem lässt sich ein Schluss darauf, dass die Anfechtung sich nur auf positive Beschlüsse der Gewerkschaft erstrecke, nicht herleiten. Wenn ferner der Gesetzgeber nach den Motiven[2] nur die Bestimmung des § 15 I 17 A.L.R. vom Miteigentum auf das Rechtsinstitut der Gewerkschaft übertragen hat, so muss man daraus doch schliessen, dass er damit den § 16 cit. hat ablehnen wollen. Freilich wird, da nach dem Wortlaut des § 115 nur auf Aufhebung des Beschlusses erkannt werden kann, bei negativen Beschlüssen die entgegenstehende positive Forderung der Minorität nicht zur richterlichen Entscheidung gebracht werden können. Es wird z. B. also, falls der Antrag der Minorität auf Entlassung des Betriebsdirektors wegen Untreue oder Unfähigkeit oder dergl. von der Majorität abgelehnt und dagegen Anfechtungsklage erhoben wird, das Urteil nur dahin ergehen können, dass der Beschluss aufzuheben, nicht

---

[1] So Brassert Anm. 5, Klostermann-Thielmann Anm. 6, Oppenhoff Anm. 627, Arndt Anm. 2, Esser S. 76, O.Tr. 6./3. 68 X S. 420. R.G. 7./10. 85 XXVII S. 103, 20./10. 1900 XLII S. 226; ebenso R.G. 2./10. 1901, XLIII, 231 und 20./11. 1902, XLIV, 245; die letztere Entscheidung ist zwar für braunschweigisches Recht ergangen, ihre Begründung hat aber auch für Preussen zu gelten. Dagegen der hier vertretenen Auffassung Bitta in XLIV, 227.

[2] XI 157.

auch zugleich dahin, dass der Repräsentant damit seines Amtes zu entlassen. Es ist aber unrichtig, ein solches Urteil als praktisch bedeutungslos hinzustellen[1]. Für die anfechtende Minorität würde vielmehr ein solches Urteil und die Möglichkeit einer solchen Klage überhaupt die grosse Bedeutung haben, dass voraussichtlich die aktenmässig festgestellte Untreue des Repräsentanten die bis dahin von seiner Integrität überzeugte Majorität eines anderen belehren und bei erneuter Beschlussfassung zu einer anderen Abstimmung veranlassen würde, ganz abgesehen davon, dass die urteilsgemäss festgestellte Untreue eines solchen Beamten doch auch die Grundlage für Regressansprüche gegen den Grubenvorstand bieten würde, falls derselbe den Betriebsdirektor noch weiter in Tätigkeit beliesse.

d) **Die Beweislast liegt beim klagenden Gewerken.** Zwar hat das O.Tr. in der Entscheidung vom 21./5. 69 XI S. 297 den entgegengesetzten Standpunkt vertreten und der Gewerkschaft die Beweislast dafür aufgebürdet, dass der Beschluss zum Besten der Gewerkschaft gereiche.

Begründet wird diese Entscheidung im wesentlichen aus dem § 17 I 17 A.L.R., wonach die Minorität mehrerer Miteigentümer an einem Majoritätsbeschluss nur dann gebunden ist, wenn sich bei der richterlichen Prüfung herausstellt, dass der Beschluss dem gemeinsamen Interesse entspricht.

Mit Recht steht aber die herrschende Ansicht auf dem entgegengesetzten Standpunkte[2]. Eine analoge Heranziehung der § 17 I 17 A.L.R. verbietet sich schon dadurch, dass die Gewerkschaft die dem Gesetze von 1851 noch zugrunde liegende Natur einer Miteigentümergesellschaft doch unzweifelhaft verloren hat. Aus dem Wortlaut des § 115 ergibt sich auch nichts, was für die gegnerische Ansicht spricht. Im Gegenteil lässt

[1] So z. B. O.Tr. S. 423 a. a. O.

[2] Brassert Anm. 7, Klostermann-Thielmann Anm. 7, Oppenhoff Anm. 632, Esser S. 75, Rath XII S. 119, A.G. Hamm bei Gruchot XIV S. 809 ff., O.L.G. Hamm 14./2. 93 XXXIV S. 499, O.L.G. Cöln 4./4. 88 XXX S. 535, a. M. Arndt Anm. 3.

der Wortlaut des § 115 die Frage, wem die Beweislast obliege, unberührt. Dieselbe kann daher nur nach allgemeinen Rechtsgrundsätzen beantwortet werden. Nach diesen hat aber unzweifelhaft der Kläger als der den Anspruch Erhebende die Beweislast um so mehr, als nicht bloss aus den §§ 111—114 A.B.G., sondern auch insbesondere aus Abs. 2 des § 116 cit. sich ergibt, dass der formell gültige Beschluss vom Gesetzgeber prima facie als rechtsverbindlich angesehen wird[1].

7. **Umfang der Rechtskraft des Urteils.** Das in dem Prozesse auf Aufhebung des Beschlusses ergehende Urteil macht nach dem Wortlaut des § 115 generell Rechtskraft. Es hebt den Beschluss auf, nicht bloss für den anfechtenden Gewerken, sondern über denselben hinaus für die Gewerkschaft und damit für alle übrigen Gewerken[2]. Lautet das Urteil dagegen auf Abweisung der Anfechtungsklage des Gewerken, so würde ein solches Urteil den übrigen Gewerken, mangels einer dies aussprechenden, gesetzlichen Bestimmung, nicht präjudizieren[3].

Da mehrere Anfechtungsprozesse nicht wie im Falle des § 272 H.G.B. miteinander verbunden zu werden brauchen[4], die Prozesse unter Umständen auch[5] bei verschiedenen Gerichten anhängig sein können, so kann es vorkommen, dass in dem einen Prozess zugunsten der Gewerkschaft, in dem anderen zugunsten des klagenden Gewerken erkannt wird. Welches Urteil gilt alsdann für die Gewerkschaft? Es ist zu unterscheiden, ob das erstergehende Urteil auf Abweisung des Klägers oder auf Aufhebung des Beschlusses gelautet hat. Im letzteren Falle würde der Kläger in dem zweiten Prozesse auf Grund des in dem ersteren ergangenen Urteils nunmehr die Klage auch auf dieses Judikat stützen können. Ist dies verabsäumt und das

---

[1] Ebenso Bitta in XLIV, 233.

[2] Dies spricht Sachsen-Weimar in § 146 ausdrücklich aus.

[3] A. M. Klostermann-Thielmann Anm. 3 zu § 116, cfr. indes über ähnliche Bestimmung bei der Aktiengesellschaft Staub Anm. 1 zu § 273, cfr. auch R.G.-Entsch. 24 S. 427 ff.

[4] § 147 C.P.O. [5] Vgl. Ziff. 4 zu § 115.

zweite Urteil lautet entgegen dem ersten auf Abweisung des Klägers, so bleibt nach wie vor für die sämtlichen übrigen Gewerken, mit Ausnahme des zweiten Klägers, das erste auf Aufhebung lautende Urteil in Kraft, weil zwar das erstere für die nicht beim Prozesse beteiligten Gewerken Rechtskraft gemacht hat, das letztere aber nicht. Hat das erste Urteil auf Abweisung des Klägers gelautet, so berührt es den zweiten Prozess überhaupt nicht.

8. **Der Wert des Streitgegenstandes** richtet sich nach § 3 der C.P.O., wonach „der Wert des Streitgegenstandes vom Gericht nach freiem Ermessen festzustellen ist". Von diesem „freien Ermessen" ausgehend hat das O.L.G. zu Hamm durch Beschluss vom 7./4. 87 XXIX S. 441 das Objekt auf $4^1/_2$ Millionen Mark festgesetzt, als ein nur wenige Kuxe besitzender Gewerke einen Beschluss, durch welcher das Bergwerk zu $4^1/_2$ Millionen Mark, einem nach seiner Meinung zu geringen Preise, verkauft wurde, anfocht.

Dagegen hat das R.G. bei der Anfechtungsklage aus Art. 190a, 222 jetzt § 273 H.B.G. als Wert des Streitgegenstandes das Interesse des Klägers, d. h. höchstens den Wert seines Aktienbesitzes zu Grunde gelegt[1].

Letztere Auffassung dürfte auch für die Gewerkschaft bei der Klage auf Grund dieses § zutreffen, da der klagende Gewerke doch die Klage nur anstrengt, um sein persönliches Interesse, welches in dem Werte seiner Beteiligung seine Begrenzung findet, zu schützen[2].

9. Statutarisch kann die Entscheidung einem **Schiedsgericht** übertragen werden. Nach § 8 des Gesetzes vom 12. Mai 1851 war das schiedsgerichtliche Verfahren obligatorisch. Es hatte sich indes[3] nicht bewährt, weshalb § 115 es nur noch fakultativ zulässt.

---

[1] R.G. 28./11. 89, Entsch. 24 S. 427.

[2] Staub § 15 zu § 273, Abhandlung bei Brassert XXIX S. 441 ff., R.G. 23./2. 01, Juristische Wochenschrift S. 205, ferner R.G. 4./3. 1903, XLIV, 355 und Entsch. Bd. 48, S. 381, a. M. Wolff XXX S. 33 ff.

[3] Motive VI S. 157.

Die Zulässigkeit der statutarischen Bestellung eines Schiedsgerichts kann m. D. auch heute nicht zweifelhaft sein. Die Ansicht von Simon (S. 28), dass § 115 Abs. 2 durch § 1025 C.P.O. aufgehoben sei, weil die Parteien sich über den Gegenstand des Streits nicht vergleichen könnten, halte ich nicht für richtig. Es ist nicht abzusehen, weshalb die Gewerkschaft sich mit einem Gewerken, der z. B. den für den Verkauf des Bergwerks erzielten Kaufpreis für zu niedrig hält, nicht durch Zahlung einer Abfindung dahin soll vergleichen können, dass derselbe auf sein Anfechtungsrecht verzichtet. Im übrigen kann aber den Bedenken, welche von Simon S. 27 ff. gegen das schiedsgerichtliche Verfahren erhoben werden, nur beigetreten werden.

10. Der § 115 unterliegt der **statutarischen Abänderung** (§ 94). Aus Abs. 2 des § 115 kann m. E. nicht gefolgert werden, dass jede andere als die dort vorgesehene statutarische Aenderung des § ausgeschlossen ist. Mit Rücksicht auf § 94 Abs. 3 wird man vielmehr die Bestimmung des Abs. 2 nur als einzelnen Fall einer statutarischen Abänderung anzusehen haben, dessen besondere Anführung sich deshalb empfahl, weil aus dem Gegensatze, in welchem § 115 gerade den ordentlichen Rechtsweg an Stelle des bisherigen schiedsrichterlichen, in der Praxis nicht bewährten Verfahrens des Gesetzes von 1851 einführte, leicht hätte geschlossen werden können, dass auch statutarisch die Einführung des Schiedsgerichts, als dem Geiste des § 115 widersprechend, nicht beschlossen werden könne[1].

M. E. würde es deshalb an und für sich nicht bloss zulässig sein, die Bedingungen und die Fristen der Anfechtungsklage erschwerender oder erleichternder zu gestalten, z. B. auch von der Hinterlegung einer Sicherheit, wie im Art. 190a H.G.B. abhängig zu machen, sondern auch jedes Klagerecht (auch das schiedsrichterliche!) auszuschliessen[2]. Die Streitfrage hat aber nur geringe praktische Bedeutung. Denn zweifelsohne wird es eine der wichtigsten Pflichten des Oberbergamts sein,

---

[1] A. M. Brassert Anm. 9. [2] A. M. Brassert.

einem derartigen Statut, welches die Minderheit des wesentlichsten Schutzrechtes berauben würde, aus Gründen des öffentlichen Interesses die Genehmigung zu versagen[1],

11. Der durch Abs. 3 des § ausgesprochene Ausschluss der Anfechtung der statutarischen Beschlüsse beruht darauf, dass diese schon einer Prüfung des Oberbergamts unterliegen.

12. Einzelnen deutschen Berggesetzen (Sachsen, Baden, Reuss j. L.) ist die Anfechtungsklage des § 115 unbekannt.

13. Der § 115 findet auch auf die Gewerkschaften alten Rechts Anwendung, jedoch mit der Massgabe, dass bei ihnen, weil Statutänderungen untersagt sind, eine Abänderung des § 115, somit auch eine Einführung des schiedsrichterlichen Verfahrens nicht eintreten kann.

---

§ 116. Durch die Anstellung der Klage auf Aufhebung des Gewerkschaftsbeschlusses wird die Ausführung desselben nicht aufgehalten.

Wird der Beschluss aufgehoben, so verliert derselbe erst von der Rechtskraft der richterlichen Entscheidung an seine rechtliche Wirksamkeit.

Diese Bestimmungen finden keine Anwendung, wenn der Beschluss die im § 120 bezeichneten Gegenstände betrifft.

Zu § 116.

Durch die Anstellung der Klage wird die **Ausführung des Beschlusses regelmässig nicht aufgehoben.**

Daraus folgt, dass der Grubenvorstand resp. Re-

---

[1] Vgl. Brassert Anm. 9, Klostermann-Thielmann Anm. 10, Oppenhoff 635.

präsentant jedenfalls in den nicht dem § 120 unterliegenden Fällen regelmässig berechtigt ist, den Beschluss zur Ausführung zu bringen, und zwar sowohl nach Erhebung der Klage wie überhaupt sofort nach Abhaltung der Gewerkenversammlung. Die vierwöchentliche Frist des § 115 braucht er zur Ausführung des Beschlusses an sich nicht abzuwarten. Alles dies findet aber seine Grenze in der gesetzlich dem Repräsentanten und Grubenvorstand obliegenden Anwendung „der im Verkehr erforderlichen Sorgfalt" bei Verwaltung ihres Amtes. Wenn z. B. dem Repräsentanten und Grubenvorstand einerseits bekannt ist oder bei ordnungsmässiger Aufmerksamkeit bekannt sein muss, dass der Beschluss nicht zum Besten der Gewerkschaft gereicht, und andererseits ihm die Anfechtungsklage zugestellt oder auch nur die bevorstehende Erhebung bekannt wird, ist er verpflichtet, den Beschluss nicht zur Ausführung zu bringen. Auch sonst wird er berechtigt sein, falls er erhebliche Bedenken bezüglich der Vorteilhaftigkeit des Beschlusses für die Gewerkschaft hegt oder die Verschiebung der Ausführung keine Gefahr hat, die Ausführung des Beschlusses bis nach Ablauf der 4 Wochen und, falls binnen der Frist die Anfechtungsklage erhoben wird, bis nach Entscheidung derselben auszusetzen[1]. Registerrichter und Grundbuchrichter werden dagegen bei solchen Beschlüssen, die nicht dem § 120 A.B.G. unterliegen, keine Bedenken haben können, dieselben schon vor Ablauf der 4 Wochen und auch nach Erhebung der Klage zur Eintragung resp. zur Ausführung zu bringen. Der Registerrichter wird freilich gemäss § 127 R.Fr.G. auch berechtigt sein, falls ihm die Zustellung der Anfechtungsklage nachgewiesen oder auch nur anderweit z. B. aus dem den Widerspruch enthaltenden notariellen Protokoll, bekannt wird, dass die Frage, ob der Beschluss zum Besten der Gewerkschaft gereicht, streitig geworden, die Eintragung des Beschlusses zum Handelsregister zu weigern[2].

---

[1] Vgl. Staub Anm. 12 zu § 273 H.G.B.
[2] Raussnitz Anm. 5 zu § 127.

2. Wird der Beschluss aufgehoben, **so verliert er erst von der Rechtskraft des Urteils an seine Wirkung!** Ist mit der Ausführung des Beschlusses noch nicht begonnen, so muss sie nunmehr gänzlich unterbleiben, die bereits begonnene Ausführung darf nicht fortgesetzt werden; ist die Ausführung bereits vollendet, so hat es dabei sein Bewenden[1]. Der noch weiter gehenden, auch in der sechsten Auflage aufrecht erhaltenen Meinung von Fürst-Klostermann-Thielmann, welche annehmen, dass die auf Grund des Beschlusses von dem Grubenvorstand abgeschlossenen Verträge mit dem Augenblicke der Rechtskraft der Entscheidung gegenüber den Kontrahenten ohne weiteres ihre Wirksamkeit verlieren, so dass also z. B. auf Grund dieses Beschlusses abgeschlossene Kohlenlieferungsverträge oder Dienstverträge nicht weiter erfüllt zu werden brauchten, kann nicht beigetreten werden. Es wird dabei übersehen, dass Gegenstand der Anfechtung und der richterlichen Entscheidung nicht dasjenige Rechtsgeschäft ist, welches der Grubenvorstand auf Grund des Beschlusses abgeschlossen hat, sondern lediglich dieser Beschluss selbst. Der Beschluss verliert mit der Rechtskraft des Urteils seine Wirksamkeit, dass auch die Geschäfte, die auf Grund des Beschlusses getätigt sind, damit ihre Wirksamkeit verlieren, sagt das Gesetz nicht. Was die letzteren anbetrifft, so ist vielmehr zu beachten, dass der Repräsentant resp. Vorstand bei den hier in Frage stehenden, nicht dem § 120 A.B.G. unterfallenden Geschäften des angefochtenen Beschlusses zu seiner Legitimation nach Aussen hin gar nicht bedurfte. Das Geschäft nach Aussen hin hat er nicht auf Grund des Beschlusses, sondern kraft seiner gesetzlichen Legitimation als Vertreter der Gewerkschaft abgeschlossen. Man muss deshalb annehmen, dass der Dritte, mit welchem kontrahiert ist, durch diesen rein internen Vorgang innerhalb der Gewerkschaft regelmässig nicht berührt wird. Auch bei der Beratung dieses § im Landtage ist man ersichtlich allerseits der Auffassung gewesen, dass die

---

[1] Brassert Anm. 2 zu diesem §.

Gültigkeit der auf Grund des Beschlusses mit Dritten bereits abgeschlossenen Rechtsgeschäfte durch die Aufhebung des Beschlusses an sich nicht berührt werde[1].

Alles dies trifft natürlich dort nicht zu, wo das betreffende Rechtsverhältnis durch den Beschluss der Gewerkschaft direkt ins Leben tritt, was z. B. bezüglich der Wahlen zum Repräsentanten bez. Grubenvorstand der Fall ist. Mit der Aufhebung des Beschlusses hört hier ohne weiteres die Amtsfunktion des Repräsentanten auf. Dasselbe gilt in dem Falle, wo ein auf Betriebseinstellung lautender Beschluss aufgehoben wird[2].

Ebenso bleibt zu beachten, dass auf Grund der besonderen Lage des einzelnen Falles der Dritte schadenersatzpflichtig sein kann. Wenn z. B. der Verkauf der Grundstücke an den Dritten zu einem zu niedrigen Preise nur dadurch zustande gekommen ist, dass der die Majorität der Kuxe besitzende Gewerke gegen Zusicherung eines entsprechenden Entgelts seitens des Dritten für den Abschluss des Vertrages mit diesem gestimmt hat, so würden der Gewerkschaft regelmässig gegen den Dritten Anspruch auf Rückgängigmachung des Kaufes und Rückauffassung der Grundstücke, aber auch Schadenansprüche gegen den Gewerken zustehen[3].

3. Die Folge der **Nichterhebung der Klage während der vierwöchentlichen Frist** ist die, dass der Beschluss nicht mehr wegen Schädlichkeit für die Gewerkschaft, wohl aber noch wegen formeller Mängel oder wegen Verletzung von Sonderrechten von Gewerken, sowie aus allgemeinen Rechtsgründen (z. B. wegen Betrug, Irrtum, Drohung, Simulation) angegriffen werden kann. Der Verlust des Anfechtungsrechtes aus § 115 A.B.G. beseitigt auch nicht die Schadenansprüche, welche wegen des Beschlusses der Gewerkschaft, sei es gegen Dritte, sei es gegen kolludierende Gewerken erhoben werden können[4]. Die Klage wegen solcher Ansprüche unter-

---

[1] VI S. 331. [2] R.G. 2./10. 1901, XLIII, 231.
[3] §§ 826, 249 B.G.B.
[4] §§ 852, 853 B.G.B., Rehbein I S. 202.

liegt vielmehr der dreijährigen Frist des § 852, während die Einrede überhaupt nicht verjährt[1].

4. Im Falle der Beschluss eine Verfügung über den **Gegenstand der Verleihung oder die Einziehung von Zubussen** betrifft, finden die Vorschriften der Abs. 1 und 2 des § 116 keine Anwendung. Ist der Beschluss also im Augenblick der Klageerhebung noch nicht ausgeführt, so muss seine Ausführung bis zur Rechtskraft des Urteils unterbleiben. Aber wie ist es mit der Zwischenzeit zwischen Beschluss und Erhebung der Klage? Ist der Vorstand verpflichtet, unter allen Umständen die Ausführung des Beschlusses bis zum Ablauf der vierwöchentlichen Frist auszusetzen? Man wird die Frage nach dem Wortlaut zu bejahen haben. Derselbe bestimmt nicht, dass die Erhebung der Klage aufschiebende Wirkung habe, sondern lediglich negativ, dass die regelmässig nicht aufschiebende Wirkung der Klage bezüglich der Beschlüsse aus § 120 A.B.G. nicht zutreffe. Bezüglich dieser Beschlüsse gilt also nur die Bestimmung des § 115 A.B.G., dass dieselben binnen der vierwöchentlichen Frist, der Anfechtung und nötigenfalls der Aufhebung durch richterliche Entscheidung unterliegen. Beschlüsse solcher Art werden deshalb bezüglich des Erfordernisses der Nichtschädlichkeit für die Gewerkschaft erst rechtsgültig mit dem Ablauf der Klagefrist und resp. im Falle der Erhebung der Klage mit dem die Klage rechtskräftig abweisenden, richterlichen Urteil. Dass dies die Auffassung des Gesetzgebers gewesen ist, ergibt sich klar aus der Bestimmung des § 129 Abs. 1, die, wie sich aus den Landtagsverhandlungen ergibt, nicht eine Sonderbestimmung bezüglich der Zubusse hat einführen, sondern die das im § 116 Abs. 3 niedergelegte Prinzip für diesen speziellen Fall besonders deutlich hat hervorheben sollen[2].

Daraus folgt zugleich, dass auch die Behörden, welche eine amtliche Tätigkeit in den Fällen des § 120 A.B.G. vornehmen sollen (Oberbergamt, Registerrichter

[1] § 853 B.G.B. [2] VI S. 333.

und Grundbuchrichter), jedenfalls Anträge, welche auf Grund des Beschlusses vor Ablauf der vier Wochen einlaufen, abzulehnen haben[1].

Nach Ablauf dieser Frist wird indes den Anträgen auf Grund des Beschlusses ohne weiteres stattgegeben sein. Da der Vorstand resp. Repräsentant den Beweis der Negative, dass Klage nicht zugestellt sei, ohnehin kaum wird erbringen können, wird man es nach allgemeinen Rechtsgrundsätzen den Klägern, als den die Unzulässigkeit der Ausführung des Beschlusses Behauptenden, überlassen müssen, den betr. Behörden ihrerseits rechtzeitig den Nachweis zu erbringen, dass die Klage erhoben ist[2].

Mit Rücksicht auf den Inhalt in Satz 2 des § 129 Abs. 1. A.B.G. wird wohl mit Recht von Klostermann-Thielmann in Anm. 4 und R.A. Dr. Gottschalk im Glückauf 1910, S. 1173 gefolgert, dass bei einer Anfechtungsklage gegen den Beschluss der Zubussenerhebung die aufschiebende Wirkung der Klage nur für den klagenden Gewerken, nicht auch für die übrigen Gewerken eintritt[3].

5. Der Gewerke, welcher **böswillig die Anfechtungsklage erhebt**, ist der Gewerkschaft **schadensersatzpflichtig**[4]. Bezüglich eines Gewerken z. B., der weiss, dass der für das Bergwerk angebotene Entgelt ein ausreichender ist, die Anfechtungsklage aber dennoch erhebt, um durch die Erhebung der Klage und die dadurch eintretende Unmöglichkeit des Kaufabschlusses eine Pression auf die Gewerkschaft auszuüben, damit er seine Kuxe über den Wert hinaus bezahlt bekommt, muss man die Voraussetzungen dieses § als gegeben annehmen, zumal als „Vorsatz" der dolus eventualis, hier also das Bewusstsein, dass die Klageerhebung möglicherweise der Gewerkschaft Schaden zufügen werde, genügt[5].

---

[1] Brassert Anm. 1.

[2] So auch Klostermann-Thielmann Anm. 4 zu diesem §.

[3] Vgl. § 129 unter Ziff. 5.

[4] § 826 B.G.B. Sachsen-Weimar stellt dies in § 146 Abs. 2 ausdrücklich fest.

[5] Oertmann Anm. 2a zu § 826, Anm. 1a zu § 276.

§ 117. Jede Gewerkschaft ist verpflichtet, einen im Inlande wohnenden Repräsentanten zu bestellen und der Bergbehörde namhaft zu machen.

Statt eines einzelnen Repräsentanten kann die Gewerkschaft jedoch einen aus zwei oder mehreren Personen bestehenden Grubenvorstand bestellen.

Als Repräsentanten oder Mitglieder des Grubenvorstandes können auch Personen bestellt werden, welche nicht Gewerken sind.

Zu § 117.

1. Jede Gewerkschaft ist verpflichtet, einen Repräsentanten zu bestellen und der Bergbehörde (d. h. dem Revierbeamten § 189 Abs. 1 A.B.G.) namhaft zu machen. Bezüglich der **Persönlichkeit** des Repräsentanten bestimmt § 117:

a) **positiv nur, dass er im „Inlande“ wohnen muss**, d. h. mit Rücksicht auf Art. 3 der Deutschen Reichsverfassung im Gebiete des Deutschen Reiches.

Dass der Repräsentant „Inländer“ ist, d. h. die deutsche Reichsangehörigkeit besitzt, ist weder erforderlich noch genügend. Es können daher auch Ausländer Repräsentanten sein, wenn sie nur in Deutschland wohnen, und es dürfen andererseits im Auslande wohnende Personen nicht bestellt werden, auch wenn sie die deutsche Reichsangehörigkeit bewahrt haben[1]. Wohnsitz in Oesterreich genügt nicht[2]. Einzelne Berggesetze verlangen Wohnsitz der Repräsentanten innerhalb des betr. Bundesstaates[3], während andere Berggesetze jeden Zweifel bez. des Begriffes „Inland“ dadurch abgeschnitten haben, dass sie Wohnsitz innerhalb des Deutschen Reiches fordern[4].

---

[1] Berlin 17./4. 79 XX S. 265, Bonn 19./11. 71 XIII S. 137.
[2] Arg. § 112 A.B.G.
[3] Bayern Art. 138, Meiningen Art. 106, Elsass-Lothringen § 97, Oldenburg (§ 96).
[4] Baden § 99, Rudolstadt § 129.

b) Da der § vorschreibt, dass der Repräsentant im Inlande „wohnen“, und ferner, dass der Grubenvorstand aus mehreren „Personen“ bestehen muss, so muss man schon hiernach annehmen, dass der Repräsentant oder Grubenvorstand **nur aus physischen Personen** bestehen darf, wenn sich dies nicht schon aus allgemeinen Grundsätzen ergeben sollte[1].

c) Ueberdies muss der Repräsentant diejenigen Eigenschaften besitzen, die nach allgemeinen Rechtsgrundsätzen für die Uebernahme einer **Vertretung** erforderlich sind. Darnach kann ein **Geschäftsunfähiger** (Kinder unter 7 Jahren, wegen Geisteskrankheit Entmündigte, § 104 B.G.B.) jedenfalls nicht als Repräsentant bestellt werden, weil ein solcher einen rechtsgeschäftlichen Willen weder fassen, noch erklären, noch eine fremde Willensmeinung entgegennehmen kann. Eine solche Bestellung würde deshalb nichtig sein[2].

Dagegen würde **Beschränkung der Geschäftsfähigkeit** nicht entgegenstehen[3]. Es können deshalb an sich Minderjährige, Verschwender und die im übrigen im § 114 B.G.B. benannten Personen als Repräsentant bestellt werden. Freilich wird, da nach § 128 A.B.G. in seiner jetzigen Fassung regelmässig auch die Vorschriften über den Auftrag erfüllt sein müssen, für die Uebernahme des Auftrages aber die Zustimmung des gesetzlichen Vertreters erteilt sein muss[4], die Entstehung der gegenseitigen Rechte und Pflichten zwischen Gewerkschaft und Repräsentant erst voll wirksam mit der Zustimmung dieses gesetzlichen Vertreters[5]. Dasselbe gilt, falls der Bestellung zum Repräsentanten ein Dienstvertrag zu Grunde liegt[6]. Der Mangel der Zustimmung des gesetzlichen Ver-

[1] Vgl. Staub Anm. 10 zu § 231 H.G.B.

[2] §§ 123, 124, 128 A B.G., §§ 105, 165 B.G.B., Plank I S. 212, Rehbein I S. 256, Kuhlenbeck Anm. 2 zu § 165, Staub S. 691.

[3] Arg 165 B.G.B., Rehbein, Plank, Kuhlenbeck, Staub a. a. O.

[4] § 108 B.G.B., Rehbein I S. 103, Plank I S. 212.

[5] Rehbein a. a. O., Plank a. a. O, Neumann Anm. I 1a zu § 662 B.G.B.

[6] Oertmann S. 330 Anm. 6.

treters hat aber nach Aussen hin keine Wirksamkeit[1]. Nachträglicher Eintritt von Geschäftsunfähigkeit, als welche nur Geisteskrankheit in Betracht kommt, wird schon mit Rücksicht auf §§ 123, 124, 128 A.B.G. ipso iure das Amt als Repräsentant zum Erlöschen bringen, dagegen nachträglicher Eintritt des Zustandes beschränkter Geschäftsfähigkeit (z. B. gerichtliche Erklärung als Verschwender oder Trunksüchtiger) das Rechtsverhältnis als Repräsentant nicht berühren. Ob der nachträgliche Eintritt besonderer statutarischer Unfähigkeitsgründe die Bestellung als Repräsentant ipso iure wegfallen lässt oder nur einen Anspruch der Gewerkschaft auf Niederlegung begründet, beurteilt sich nach der Fassung des Statuts. Nach dem Westfälischen Statut, welches als Aufhebungsgründe Konkurseröffnung und Verlust der bürgerlichen Ehrenrechte anführt, wird man ersteres anzunehmen haben[2].

Wird entgegen einer statutarischen Vorschrift ein darnach Unfähiger zum Repräsentanten bestellt, so wird der Beschluss regelmässig nur nach § 115 A.B.G. anfechtbar sein, da materielle Statutwidrigkeit an sich keinen Anfechtungsgrund darstellt[3].

Frauen sind unbedenklich wählbar.

d) Negativ bestimmt Abs. 3, dass auch Nichtgewerken Repräsentanten sein können.

Kommt die Gewerkschaft der Verpflichtung, einen Repräsentanten zu bestellen, nicht nach, so treten nötigenfalls die §§ 122 und 127 A.B.G. ein.

2. Statt eines Repräsentanten kann ein aus zwei oder mehreren Personen bestehender **Grubenvorstand** bestellt werden:

a) Der Beschluss unterliegt dem § 113 A.B.G., kann also mit einfacher Stimmenmehrheit gefasst werden[4].

b) Nach dem Zusammenhang des Abs. 2 mit Abs. 1 wird man anzunehmen haben, dass die gesetzlichen Er-

---

[1] Arg. § 165 B.G.B.
[2] §§ 15 I, 14 II, 17 III des Statuts.
[3] Vgl. oben Ziff. 6 unter a zu § 115.
[4] Oppenhoff Anm. 649.

fordernisse bezüglich der Persönlichkeit des Repräsentanten auch für den Grubenvorstand zutreffen. Es müssen deshalb sämtliche Mitglieder des Grubenvorstandes im Inlande wohnen[1]. Baden (§ 99) schreibt vor, dass mindestens ein Mitglied des Grubenvorstandes im Deutschen Reiche wohnen muss. Nach Braunschweigischem Berggesetz können im Ausland wohnende Personen mit Einwilligung der Bergbehörde als Repräsentant bestellt werden.

3. Der § 117 ist abänderbar.

Es würde deshalb zulässig sein, zu bestimmen, dass der Repräsentant oder die Mitglieder des Grubenvorstandes nicht oder nicht sämtlich in Deutschland zu wohnen brauchen, dass nur Gewerken dazu bestellt werden können oder dass über den § 128 A.B.G. hinaus noch weitere persönliche oder sachliche Erfordernisse verlangt werden. Selbstredend würde bei der Bestätigung solcher abweichenden, statutarischen Bestimmungen auch das öffentliche Interesse von Bedeutung werden können, z. B. bezüglich des Wohnsitzes im Inlande.

Eine statutarische Ausschliessung jeder Vertretung der Gewerkschaft ist unzulässig, wie sich schon aus den nach § 94 unabänderlichen §§ 123—128 A.B.G. ergibt. Ebensowenig ist eine Bestimmung dahin zulässig, dass neben dem Repräsentanten noch ein Grubenvorstand fungieren soll[2]. Auch dies würde den unabänderlichen §§ 123 ff. A.B.G. widersprechen, aus denen sich ergibt, dass nur entweder ein Repräsentant oder ein Grubenvorstand die Gewerkschaft nach aussen vertreten darf.

Dagegen erscheint es zulässig, wie bereits von Esser vorgeschlagen und jetzt auch in dem Westfälischen Statut III vorgesehen (§ 16 ff.), neben dem Repräsentanten einen Verwaltungsrat (Aufsichtsrat) zu berufen, der zwar nicht nach aussen hin die Gewerkschaft

---

[1] Esser S. 81, teilweise a. M. Brassert, Klostermann-Thielmann Anm. 2.

[2] So Arndt Anm. 5 zu diesem §.

vertritt, wohl aber nach innen hin (§ 22 des Statuts) die gesamte Geschäftsführung des Repräsentanten überwacht und gleichzeitig diejenigen Befugnisse ausübt, die im gesetzlichen Normalfalle[1] dem Repräsentanten der Gewerkschaft gegenüber bezüglich Einberufung und Leitung der Gewerkenversammlungen obliegen, endlich auch die Gewerkschaft bei Verträgen mit dem Repräsentanten vertritt. (§ 19 des Statuts.)

An dieser Stelle mag Erwähnung finden, dass das Westfälische Statut je nach der verschiedenen Regelung der Vertretung abweichende Musterformulare aufgestellt hat. Nach dem Statut I ist ein Grubenvorstand vorgesehen, dem die eigentlichen geschäftsführenden Direktoren als Mitglieder angehören, nach Statut II gehören die Direktoren nicht dem Grubenvorstande an, sind vielmehr blosse Bevollmächtigte desselben, nach dem bereits erwähnten Statut III ist Vertreter der Gewerkschaft nach aussen ein Repräsentant, dem nach innen hin ein Verwaltungsrat zur Seite steht.

---

§ 118. Die Wahl erfolgt in einer nach § 113 beschlussfähigen Versammlung durch absolute Stimmenmehrheit. Ist eine solche bei der ersten Abstimmung nicht vorhanden, so werden diejenigen beiden Personen, welche die meisten Stimmen erhalten haben, in die engere Wahl gebracht. Bei Stimmengleichheit entscheidet das Los.

Bei Ausmittelung der in die engere Wahl zu bringenden zwei Personen entscheidet im Falle der Stimmengleichheit ebenfalls das Los.

Das Protokoll über die Wahlverhandlung ist notariell oder gerichtlich aufzunehmen. Eine Ausfertigung desselben wird dem Repräsentanten oder dem Grubenvorstande zu seiner Legitimation erteilt.

[1] § 122 A.B.G.

Zu § 118.

1. **Die Wahl** des Repräsentanten erfolgt in einer nach § 113 beschlussfähigen Versammlung durch absolute Stimmenmehrheit. Zur Gültigkeit der Wahl ist also erforderlich:

a) dass zunächst alle diejenigen Bedingungen erfüllt sind, von denen die Gültigkeit eines Beschlusses der Gewerkenversammlung nach §§ 112 und 113 abhängig ist. Hierüber sind die Erläuterungen zu diesem § zu vergleichen;

b) dass der Gewählte mindestens eine Stimme mehr als die Hälfte aller überhaupt abgegebenen giltigen Stimmen auf sich vereinigt.

In welcher Weise, ob durch Stimmzettel, Aufstehen, Zuruf, die Abstimmung zu erfolgen hat, ist im Gesetze nicht vorgesehen. Fehlt es auch im Statut an einer Bestimmung — das Westfälische Statut lässt den Vorsitzenden die Art der Abstimmung bestimmen, jedoch muss auf Verlangen eines Gewerken durch Stimmzettel abgestimmt werden (§ 10) —, so muss nötigenfalls die Form der Abstimmung, wie jeder andere Beschluss der Gewerkschaft, durch einfache Mehrheit der Gewerkensammlung bestimmt werden.

Fällt gleich im ersten Wahlgange auf zwei Personen dieselbe Anzahl Stimmen, so entscheidet das Los[1].

Hat im ersten Wahlgange niemand die absolute Stimmenmehrheit auf sich vereinigt, so werden diejenigen, welche die meisten Stimmen beim ersten Wahlgange auf sich vereinigt haben, in die engere Wahl gebracht. Es entscheidet dann zunächst unter ihnen die absolute Mehrheit der im zweiten Wahlgange gültig abgegebenen Stimmen, bei Stimmengleichheit das Los. Das Los entscheidet auch sonst im Falle der Stimmengleichheit bei Ausmittelung der in die engere Wahl zu bringenden Personen. Falls z. B. im ersten Wahlgange für

---

[1] A. M. Oppenhoff Anm. 653, welcher auch in diesem Falle zunächst engere Wahl zwischen den beiden Gewählten verlangt und erst in dieser das Los entscheiden lassen will.

A 300, für B und C je 160 Stimmen abgegeben sind, muss das Los zwischen B und C darüber entscheiden, wer von ihnen mit A in die engere Wahl gelangt[1].

2. **Das Protokoll** ist gerichtlich oder notariell aufzunehmen. Das einzelne hierüber s. zu § 113.

3. **Eine Ausfertigung des Protokolls** ist dem Repräsentanten oder Grubenvorstand zu **seiner Legitimation** zu erteilen. Diese Bestimmung, welche bisher mit Rücksicht auf § 119 Abs. 3 A.B.G. besondere Wichtigkeit hatte, hat jetzt gegenüber §§ 15, 33 und 34 H.G.B. grösstenteils ihre Bedeutung verloren. Sie hat jetzt Bedeutung im bisherigen Umfange nur noch für die Gewerkschaften, welche nicht der Eintragungspflicht zum Handelsregister unterliegen, also für die Gewerkschaften alten Rechts, sowie diejenigen Gewerkschaften neuen Rechts, deren unbedeutender Betrieb keine kaufmännische Buchführung erfordert oder welche überhaupt ihre Bergwerke nicht selbst betreiben, sondern entweder unbenutzt liegen lassen oder verpachtet haben, endlich für solche Gewerkschaften, welche zwar eintragungspflichtig sind, sich aber noch nicht haben zum Handelsregister eintragen lassen.

Bei den übrigen Gewerkschaften müssen Erweiterungen und Beschränkungen der Vertretungsbefugnis des Repräsentanten bzw. Grubenvorstandes im Handelsregister eingetragen sein, wenn sie gutgläubigen Dritten entgegengesetzt werden sollen. Ist diese Eintragung zum Handelsregister nicht erfolgt, so gelten die gesetzlichen Normalbestimmungen der §§ 119 ff. A.B.G., es sei denn, dass dem Dritten die Beschränkung der Legitimation des Vorstandes, Repräsentanten anderweit bekannt war. Insofern, als eine Vorzeigung der Ausfertigung der Legitimation dem Dritten diese Kenntnis in zweifelloser Form verschaffen kann, behält der Auszug aus dem notariellen Protokoll auch bei diesen Gewerkschaften noch Wert.

Für die nicht zum Handelsregister übernommenen Gewerkschaften ist die Ministerial-Verfügung vom 14.

---

[1] Brassert Anm. 1, Klostermann-Thielmann Anm. 5.

Dezember 1874[1] von Bedeutung. Nach ihr haben die Revierbeamten auf Verlangen schriftlich und mündlich darüber Auskunft zu geben, wer als Repräsentant oder Grubenvorstandsmitglied der Bergbehörde benannt ist und ebenso auch die Einsichtnahme der bezüglichen Eintragungen in den Grubenverzeichnissen und den Wahlprotokollen zu gestatten.

4. Da § 118 durch Statut abgeändert werden kann, so ist es zulässig, bezüglich der erforderlichen Majorität erschwerende oder erleichternde Bestimmungen zu treffen. Es würde darnach zulässig sein, dem Grubenvorstand die Befugnis zu überlassen, sich nötigenfalls durch Kooptation zu ergänzen, oder nur einen Teil des Grubenvorstandes durch die Gewerkenversammlung wählen zu lassen, während das eine oder andere Mitglied durch die übrigen Mitglieder des Grubenvorstandes erwählt wird. Dies ist z. B. im Westfälischen Statut I (§ 20) vorgesehen, wo die eigentlichen geschäftsführenden Mitglieder des Grubenvorstandes, die Direktoren, durch die übrigen Mitglieder des Grubenvorstandes gewählt werden.

---

§ 119. Der Repräsentant oder Grubenvorstand vertritt die Gewerkschaft in allen ihren Angelegenheiten gerichtlich und aussergerichtlich.

Eine Spezialvollmacht ist nur in den im § 120 bezeichneten Fällen erforderlich.

Eide namens der Gewerkschaft werden durch ihn geleistet.

Beschränkt oder erweitert die Gewerkenversammlung die Befugnisse des Repräsentanten oder Grubenvorstandes, so müssen die betr. Festsetzungen in die Legitimation (§ 118) aufgenommen werden.

---

[1] Brassert XVI S. 13.

Zu § 119.

A. Allgemeines.

Der Repräsentant oder Grubenvorstand vertritt die Gewerkschaft gerichtlich und aussergerichtlich.

Er ist **regelmässig der gesetzliche Vertreter** der Gewerkschaft und nicht etwa blosser Generalbevollmächtigter der Gewerken[1]. Dies kann nach dem Gesamtinhalt der generellen und speziellen Bestimmungen des A.B.G. einem Zweifel nicht unterliegen.

Abgesehen davon, dass der Repräsentant resp. Grubenvorstand nach § 119 A.B.G. die Gewerkschaft gerichtlich und aussergerichtlich vertritt, wird nach § 125 die „Gewerkschaft durch die in ihrem Namen (Abs. 1)“ oder ersichtlich für sie (Abs. 2) „geschlossenen Rechtsgeschäfte berechtigt und verpflichtet“. Durch die von ihnen im Namen der Gewerkschaft vorgenommenen Rechtshandlungen werden Repräsentant und Grubenvorstand Dritten gegenüber nicht verpflichtet, verpflichtet wird regelmässig nur die Gewerkschaft.

„Eide namens der Gewerkschaft werden durch den Repräsentanten geleistet[2].“ Der Repräsentant oder Grubenvorstand „ist berechtigt und verpflichtet, alle Vorladungen und andere Zustellungen der Gewerkschaft mit voller rechtlicher Wirkung in Empfang zu nehmen“.

Wenn man damit zusammenhält, dass die Handlungsfähigkeit einer juristischen Person wenigstens regelmässig durch ein vom Gesetz zu diesem Zweck vorgeschriebenes Organ vermittelt wird[3], dass bereits die Repräsentanten nach dem Gesetze vom 12. Mai 1851 die über ein Mandatsverhältnis vielfach hinausgehende Stellung eines gesetzlichen Vertreters hatten[4], dass nach

---

[1] So Brassert Anm. 1 zu § 117, Oppenhoff Anm. 657, Klostermann-Thielmann Anm. 2 zu § 119 und Anm. 3 zu § 125, R.G. 3./5. 1900, XLI, 501, Sachsen-Weimar spricht dies in § 149 ausdrücklich aus, a. M. Arndt Anm. 2 zu § 119.

[2] § 119 Abs. 2 A.B.G.

[3] Rehbein I S. 45, Förster-Eccius IV S. 668, Motive zum B.G.B. I. Entwurf I S. 94.

[4] Vgl. Oppenhoff S. 657 zu § 119.

den Motiven zum A.B.G. gerade diese ständige Vertretung nach aussen, wie sie bereits dem Gesetz von 1851 zugrunde lag, sich aber, wie die Motive sagen, dort „nicht vollständig in das bisherige Miteigentümerverhältnis der Gewerken einfügen liess und infolgedessen zu manchen Zweifeln Anlass gegeben hatte, nunmehr durch die Personifizierung der Gewerkschaft klargestellt wird", nach dem Vorbilde und im Anschluss an die Vorschriften des Handelsrechts über den Vorstand der Aktiengesellschaft hat geregelt sein sollen — so darf es keinem Zweifel unterliegen, dass der Repräsentant resp. Grubenvorstand in der Tat als **gesetzlicher Vertreter** der Gewerkschaft anzusehen ist[1].

Aber dies nur regelmässig.

„Soweit der gegenwärtige Titel nichts anderes be- „stimmt, sind die durch die Bestellung eines Repräsen- „tanten oder Grubenvorstandes entstehenden Rechtsver- „hältnisse nach den allgemeinen Vorschriften über den „Vollmachtsvertrag zu beurteilen", lautete schon bisher § 128 A.B.G. Nach dem Wortlaut dieses § regelte derselbe schon bisher mangels jeder Andeutung, dass dadurch bloss das Rechtsverhältnis nach innen zwischen Gewerkschaft und Vorstand getroffen werde, auch die Rechtsbeziehungen nach aussen, und war deshalb generell — sowohl für das Verhältnis nach innen, wie nach aussen — dahin zu verstehen, dass, soweit nicht nach dem Inhalte des A.B.G. der Repräsentant resp. Grubenvorstand als gesetzlicher Vertreter der Gewerkschaft zu gelten hatte, er als deren Bevollmächtigter anzusehen war[2].

Wenn darüber noch ein Zweifel sein konnte, so ist derselbe durch die jetzige Fassung des § 128[3] behoben. Nunmehr greifen auf die durch Bestellung eines Repräsentanten resp. Grubenvorstandes entstehenden Rechtsverhältnisse die Grundsätze des B.G.B. „über die Voll-

---

[1] VI S. 158.

[1] Brassert S. 327, R.G. 3./5. 1900 XLI S. 500 ff., a. M. Simon S. 447.

[2] Brassert S. 341, Klostermann-Thielmann Anm. 2 zu § 128.

[3] Art. 37 Nr. X Pr.A.G. zum B.G.B.

macht und den Auftrag" Platz, von denen die erstere nach dem B.G.B. nur die direkte Vertretung nach aussen hin begreift[1].

Hiernach ist der Grubenvorstand, soweit er nicht als gesetzlicher Vertreter der Gewerkschaft gilt, d. h. soweit seine Vertretungsbefugnis nicht kraft des A.B.G. mit seiner Stellung ohne weiteres verbunden ist, vielmehr auf besonderen Beschluss der Gewerkschaft beruht[2], nicht als gesetzlicher Vertreter der Gewerkschaft, sondern als deren Bevollmächtigter anzusehen[3].

Daraus ergibt sich:

a) In den Fällen des § 120 A.B.G. tritt der Repräsentant resp. Grubenvorstand stets als Bevollmächtigter der Gewerkschaft auf. Dies gilt nicht bloss dann, wenn er im einzelnen Falle nach dem Wortlaut dieses § „besonderen Auftrag" oder richtiger jetzt „besondere Vollmacht" erhält, sondern auch dann, wenn ihm generell durch das Statut die Befugnis zur Vornahme der dort in Rede stehenden Rechtsgeschäfte nach aussen hin erteilt ist[4]. Eine Erweiterung der gesetzlichen Vertretungsmacht des Vorstandes einer juristischen Person durch generellen oder speziellen Beschluss derselben gibt es überhaupt nicht, weil dies einen Widerspruch in sich darstellt. Eine Vertretungsmacht, die zu ihrer Entstehung erst eines besonderen Willensaktes der Vertretenen bedarf, kann niemals als eine solche gelten, die unmittelbar auf Grund des Gesetzes entsteht. Auch das B.G.B. kennt nur eine Beschränkung, nicht eine Erweiterung der gesetzlichen Vertretungsbefugnis[5].

b) Macht die Gewerkschaft von der Befugnis des § 124 A.B.G. Gebrauch und beschränkt den Repräsentanten auf die im Abs. 2 dieses § vorgesehenen Rechtshandlungen, benimmt ihm somit jede Vertretungsmacht

[1] Plank Vorbemerkung zu § 164, Stranz und Gerhard S. 239.
[2] Plank S. 210, § 166 B.G.B.
[3] Brassert Anm. 1 zu § 128, Klostermann-Thielmann Anm. 2, Oppenhoff Anm. 696.
[4] A. M., aber wohl mit Unrecht Kuhnt im „Glückauf", 1911, S. 59.
[5] § 26 Abs. 2 B.G.B.

zur Vornahme eines Rechtsgeschäftes —, abgesehen von den Passivprozessen, bezüglich deren auch die nicht rechtsfähigen Vereine eine gleiche Stellung einnehmen[1], und der Entgegennahme von Vorladungen und Zustellungen — so kann überhaupt kaum noch von dem Vorhandensein eines gesetzlichen Vertreters gesprochen werden. In solchem Falle, der praktisch denkbar und auch empfehlenswert sein kann, wenn z. B. eine Gewerkschaft nur aus 2 oder 3 Personen besteht, die unter selbsttätiger Mitwirkung deren Geschäfte erledigen wollen, sinkt die Gewerkschaft nahezu zu einer universitas inordinata herab, die ihre Geschäfte im wesentlichen durch die Gesamtheit ihrer Mitglieder auch nach aussen erledigt, eine Rechtsbildung, die allgemeinen Rechtsgrundsätzen nicht widerspricht[2]. Wird in diesem Falle oder in anderen Fällen statutarischer teilweiser Entziehung der normalen gesetzlichen Vertretungsbefugnis der Repräsentant oder Grubenvorstand nachträglich generell oder speziell zu einem oder einzelnen Geschäften ermächtigt, so ist er auch in diesem Falle nur als Bevollmächtigter der Gewerkschaft anzusehen, da seine Vertretungsmacht auch dann nicht direkt durch Gesetz, sondern durch „Rechtsgeschäft", die durch Kundgebung des Gewerkschaftsbeschlusses ihm gewordene Vollmacht, begründet ist[3].

Das Hessische Berggesetz bestimmt in seiner neuen Fassung (Art. 116), dass, soweit das A.G.B. nichts besonderes bestimmt, die rechtliche Stellung des Repräsentanten sich nach § 27 Abs. 2 u. 3 B.G.B. richtet, was im Resultat auf dasselbe herauskommt, wie das Preuss. A.B.G. in seiner jetzigen Fassung.

B. Der Repräsentant als gesetzlicher Vertreter.

Je nachdem der Repräsentant nach dem zu 1. Gesagten in seiner Eigenschaft als gesetzlicher Ver-

---

[1] § 50 Abs. 2 C.P.O.

[2] Rehbein a. a. O., Motive zum Entwurf I B.G.B. I S. 95, für bisheriges Recht auch R.G. 4/4. 81 XXIII S. 250.

[3] § 166 Abs. 2 B.G.B.

treter der Gewerkschaft oder lediglich als deren Bevollmächtigter handelt, sind seine Handlungen und deren Folgen verschieden zu beurteilen.

Soweit der Repräsentant oder Grubenvorstand als gesetzlicher Vertreter gilt, ist er grundsätzlich bei allen seinen Handlungen die Gewerkschaft selbst[1].

I. Insbesondere gilt dies für die Vornahme von **Rechtsgeschäften,** d. h. solchen Willenserklärungen, welche eine rechtliche Folge herbeiführen wollen und herbeiführen können[2].

Welcher Art diese Rechtsgeschäfte sind, ob einseitig oder zweiseitig, ist dabei gleichgültig. Ihre Grenze findet die gesetzliche Vertretungsmacht des Repräsentanten nur einerseits in der Handlungsfähigkeit der Gewerkschaft überhaupt[3], wie andererseits in denjenigen Bestimmungen des Gesetzes[4] und des Statuts, welche die Vertretungsmacht des Repräsentanten gegenüber der darüber hinausgehenden Rechts- und Handlungsfähigkeit der Gewerkschaft einschränken.

1. Voraussetzung ist dabei aber, dass der Repräsentant bei Vornahme des Rechtsgeschäftes **im Namen der Gewerkschaft** handelt[5]. Ein blosses Handeln im Interesse oder für Rechnung der Gewerkschaft steht dem nicht gleich[6].

Fehlt es an einem Handeln im Namen der Gewerkschaft, so wird der Repräsentant allein berechtigt und verpflichtet, und zwar dies auch dann, wenn ein besonderer Auftrag der Gewerkenversammlung zur Vornahme des Rechtsgeschäfts vorlag[7]. Im letzteren Falle ist der Repräsentant nur obligatorisch verpflichtet, Forderung, Besitz und Eigentum der Gewerkschaft zu übertragen[8]. Handelt es sich um den Abschluss eines zwei-

---

[1] Rehbein I S. 45.
[2] Rehbein I S. 101, Förster-Eccius Pr.Pr. I S. 149.
[3] Hierüber vgl. zu § 96. [4] § 120 A.B.G.
[5] §§ 125, 126 A.B.G.
[6] Vgl. R.G. 20./4. 95 Entsch. Bd. 35 S. 41, R.O.H.G. 9./4. 75 Entsch. Bd. 17 S. 98.
[7] Vgl. Staub S. 227 Anm. 4, R.G. 2./10. 80 Bd. 2 S. 166.
[8] Rehbein I S. 251.

seitigen Rechtsgeschäfts, so muss auch der Gegenkontrahent mit der Gewerkschaft haben kontrahieren wollen, da es sonst an der Willensübereinstimmung über die Person des anderen Kontrahenten fehlt[1].

Dass ausdrücklich im Namen der Gewerkschaft gehandelt sei, wird nicht verlangt. Es genügt, wie sich von selbst versteht[2], wie aber im § 125 A.B.G. noch besonders hervorgehoben ist, wenn „die Umstände ergeben", dass für die Gewerkschaft hat gehandelt werden sollen. Ein Handeln „namens der Gewerkschaft" kann deshab nach den Umständen des Falles auch vorliegen, wenn der Repräsentant mit seinem Namen unterzeichnet oder sich sonst einer Ausdrucksweise bedient, als wenn er das Geschäft abschliesse[3]. Immer muss aber aus den Umständen auch nach aussen hin erkennbar bleiben, dass der Repräsentant namens der Gewerkschaft hat handeln wollen[4].

2. Dass namens der Gewerkschaft gehandelt sei, muss nach allgemeinen Rechtsgrundsätzen derjenige beweisen, der Rechte daraus gegen die Gewerkschaft herleiten will. Die Behauptung des Repräsentanten, dass er im eigenen Namen gehandelt habe, ist lediglich Bestreiten des Klagegrundes[5].

3. Da das **Handeln des Repräsentanten als das der Gewerkschaft** selbst gilt, so wird seine Willensmeinung, z. B. auch etwaige Erklärungen, die er bei der Vorverhandlung eines Vertrages abgegeben hat[6], sein Versehen, der Willensmangel, der sich in seiner Person ereignet, als derjenige der Gewerkschaft angesehen[7], sein Kennen und resp. Kennenmüssen eines Umstandes, der für die rechtliche Folge einer Willenserklärung von

---

[1] R.O.H.G. 10/4. 75 Bd. 16 S. 356.

[2] Rehbein I S. 252.

[3] Staub S. 228 Anm. 7, Rehbein I S. 253, R.O.H.G. 16./11. 74 Bd. 15 S. 78, 26./11. 73 Bd. 12 S. 134, R.G. Bd. 2 S. 194, Bd. 3 S. 122.

[4] Rehbein a. a. O.

[5] Rehbein I S. 253, Staub S. 227 Anm. 4, R.O.H.G. 1./11. 77 Bd. 23 S. 57, R.G. 30./4. 80 Bd. 2 S. 194, 2./2. 81 Bd. 3 S. 133.

[6] R.G. 11./3. 96 bei Daubenspeck II S. 74.

[7] § 166 Abs. 1 B.G.B., Rehbein I S. 257, Plank Anm. 1 u. 3 zu § 166.

Einfluss ist, gilt als das der Gewerkschaft[1]. Sie haftet daher für den Schaden, der den einzelnen Gewerken dadurch erwächst, dass bei der Umschreibung und Rückgabe der Kuxscheine Versehen vorgekommen sind[2]. Es kommt ferner lediglich darauf an, ob ihm gegenüber absolute Gewalt, Täuschung, Bedrohung verübt, ob er sich im Irrtum befunden[3], ob er das Geschäft ernstlich oder nur zum Schein gewollt hat[4]. Sein Wissen resp. Nichtwissen entscheidet bezüglich der Frage gutgläubigen Erwerbes, der Klageverjährung[5], des Dolus[6], des Schadenersatzes im Fall des § 122 B.G.B.[7]. Auf das Wissen oder Nichtwissen, auf den guten Glauben oder den Dolus der Gewerken oder ihrer Mehrheit kommt es überall nicht an. Nur § 826 B.G.B. dürfte eine Handhabe bieten, bei Gutgläubigkeit des Repräsentanten, aber vorhandenem Dolus der Mehrheit der Gewerken, die Gewerkschaft zum Schadenersatz zu verpflichten[8].

4. Aus den vom Repräsentanten namens der Gewerkschaft abgeschlossenen Rechtsgeschäften wird die **Gewerkschaft unmittelbar berechtigt und verpflichtet,** ihr erwächst die Forderung, Besitz und Eigentum an beweglichen Sachen geht sofort mit dem Erwerb durch den Repräsentanten auf sie über[9].

5. Die besonderen Vorschriften der §§ 167–176 B.G.B. finden regelmässig auf den Repräsentanten keine Anwendung. Die entgegenstehende Auffassung Simons S. 26 übersieht, dass der § 128 A.B.G. in der Fassung des Preuss. Ausf.-Ges. Art. 37 X den Repräsentanten nicht zu einem blossen Bevollmächtigten degradiert, sondern dass nach diesem nur, „soweit" das A.B.G. nichts anderes bestimmt, d. h. soweit nach Obigem nicht der Repräsentant gesetzlicher Vertreter ist, die Grundsätze über den Vollmachtsvertrag Anwendung finden. Es ist deshalb auch nicht richtig, dass der Repräsentant, wie Simon annimmt (S. 45), z. B. bei Kündigung von

---

[1] Plank a. a. O. [2] R.G. 8./11. 1902, XLV, 89.
[3] R.G. 18./12. 84 Bd. 13 S. 28. [4] Rehbein I S. 257.
[5] R.G. Bd. 30 S. 241. [6] R.G. Bd. 18 S. 116.
[7] Plank a. a. O. [8] Rehbein I S. 259.
[9] § 125 A.B.G., Rehbein I S. 268, Staub Anm. 31 zu § 232.

Arbeitern oder eines auf einem Grundstück der Gewerkschaft eingetragenen Kapitals, seine Vollmachtsurkunde vorlegen muss.

6. Ob der **Repräsentant auch berechtigt ist, Bevollmächtigte zu ernennen** und durch dieselben bestimmte Geschäfte oder Geschäftszweige erledigen zu lassen, kann zweifelhaft sein.

Nach bisherigem Recht war die Befugnis des Repräsentanten, soweit er als gesetzlicher Verteter handelte, wohl unbestritten[1].

Für das B.G.B. wird man trotz §§ 27, 664 B.G.B. nach aussen hin die Befugnis des Repräsentanten, einen Bevollmächtigten zu bestellen, soweit sie nicht durch Statut eingeschränkt ist[2], als zu Recht bestehend annehmen dürfen[3]. § 27 Abs. 3 bezieht sich nur auf das Rechtsverhältnis nach innen[4]. Insbesondere ist deshalb auch beim Mangel einer besonderen statutarischen Bestimmung der Repräsentant resp. Grubenvorstand zur Bestellung eines Direktors für die Leitung des Grubenbetriebes und die Erledigung der laufenden Geschäfte nach Aussen hin befugt. Das Westfälische Statut hat in seiner Mustersatzung II dem Grubenvorstand im § 19 ausdrücklich diese Befugnis erteilt. Nach Inhalt dieses § 19, insbesondere des Abs. 3 und 7 muss die Grubenverwaltung (Direktion) auch ihrerseits als berechtigt gelten, Substituten zu bestellen, welche Befugnis ihr an sich nicht innewohnen würde[5].

Der Repräsentant resp. Grubenvorstand einer zum Handelsregister eingetragenen Gewerkschaft ist nunmehr auch berechtigt, **Prokuristen und Handlungsbevollmächtigte** zu bestellen[6]). Insbesondere haben

---

[1] Brassert Anm. 4 zu § 119, Klostermann-Thielmann Anm. 5, Naumburg 7./3. 77 XIX 266, Hamm 4./2. 84 XXVII 94.

[2] §§ 124 A.B.G., § 26 Abs. 2 B.G.B.

[3] Ebenso K.G. 8./4. 1903, XLIV, 36.

[4] Plank Anm. 4 zu § 27, Mugdan Materialien S. 406 ff., Rehbein I S. 45, Neumann Anm. 3 zu § 27.

[5] Vgl. Hamm 4./2. 84 XXVII S. 94, § 664 B.G.B., Plank Anm. 6 zu § 167.

[6] §§ 48 u. 54 H.G.B., Staub Anm. 4 zu § 48, Simon S. 57 ff. Dühringer und Hachenburg S. 175.

auch nach § 54 H.G.B. die Bergwerksdirektoren, welche mit der technischen Leitung des Betriebes und der Erledigung der laufenden Geschäfte betraut sind, nunmehr die Stellung eines Handlungsbevollmächtigten[1]. Darnach sind solche Direktoren im Zweifel zu allen Geschäften und Rechtshandlungen, welche der Bergbaubetrieb gewöhnlich mit sich bringt, legitimiert, mit Ausnahme der im § 54 Abs. 2 H.G.B. vorgesehenen (Belastung und Veräusserung von Grundstücken, Eingehung von Wechselverbindlichkeiten, Aufnahme von Darlehen und Prozessführung).

Für das Westfälische Statut II ist die Vollmacht der Direktoren auch für diese im § 54 Abs. 2 aufgeführten Geschäfte zweifellos[2].

Da eine Eintragung von Beschränkungen der Handelsvollmacht zum Handelsregister nicht stattfindet, so kann sich fragen, ob die stattgehabte Einschränkung der Vollmacht eines Grubendirektors einem Dritten gegenüber, der von der Einschränkung keine Kenntnis hat, mit Erfolg geltend gemacht werden kann. Man wird annehmen dürfen, dass auch eine anderweite öffentliche Bekanntmachung des Umfanges der Vollmacht des Direktors (z. B. durch die in Industriekreisen verbreiteten Zeitungen) wenigstens r e g e l m ä s s i g das „Kennen-Müssen" des Abs. 3 § 54 H.G.B. für jeden Dritten begründet[3].

7. Die Frage, ob der Repräsentant **namens der Gewerkschaft mit sich selbst kontrahieren** kann, ist jetzt durch die §§ 34, 28, 181 B.G.B.[4] geregelt, deren Zutreffen auf die Gewerkschaft hier mit Rücksicht auf § 128 A.B.G. unzweifelhaft ist. Darnach kann der Repräsentant regelmässig namens der Gewerkschaft mit sich kein Rechtsgeschäft abschliessen, das trotzdem vorgenommene ist nichtig[5]). Es gilt dies auch für einseitge

---

[1] Simon a. a. O., Staub Anm. 16 zu § 54.

[2] § 19 Abs. 7 des Statuts II.

[3] Staub Anm. 22 zu § 54, cfr. auch Lehmann u. Ring Anm. 10 zu § 54. [4] Rehbein I S. 47, 254 ff.

[5] § 134 B.G.B, Plank Anm. 2 zu § 181; Klostermann-Thielmann Anm. 3 zu § 125.

Rechtsgeschäfte, z. B. Kündigung[1]. Noch weniger kann der Repräsentant namens der Gewerkschaft mit sich selbst Prozesse führen[2]. Die Gewerkschaft kann den Repräsentanten aber zum Abschluss eines Rechtsgeschäftes mit sich ermächtigen. Will die Gewerkschaft dies nicht, so muss die Gewerkenversammlung ein etwa notwendig werdendes Geschäft, z. B. den Anstellungsvertrag, entweder selbst mit dem Repräsentanten abschliessen oder einen besonderen Bevollmächtigten für den Abschluss bestellen, wie dies z. B, generell durch § 19 Nr. 3 des Westfälischen Statuts III bz. des Verwaltungsrates geschehen ist. Hat sie letzteres nicht getan, so wird der Repräsentant z. B. die Kündigung eines Dienstvertrages oder eines ihm geschuldeten Darlehns allen Gewerken zustellen müssen. Eventuell dürfte hier auch § 29 B.G.B. anzuwenden sein. Das Kammergericht[3] hat es für zulässig erachtet, dass der Repräsentant einen Bevollmächtigten für die Gewerkschaft bestellt und dann mit diesen das Geschäft abschliesst.

Eine Ausnahme machen von alledem die Erfüllungsgeschäfte, d. h. solche Geschäfte, durch welche der Repräsentant eine ihm gegenüber der Gewerkschaft obliegende Verbindlichkeit erfüllt oder sich wegen einer der Gewerkschaft ihm gegenüber obliegenden Verpflichtung befriedigt[4]). Zu solchen Geschäften ist der Repräsentant — soweit nicht § 120 A.B.G. oder das Statut entgegensteht — ohne besondere Ermächtigung der Gewerkschaft befugt. Der Repräsentant kann also z. B. ein von ihm verkauftes Grundstück an die Gewerkschaft auflassen, sein Gehalt aus der Kasse der Gewerkschaft entnehmen.

II. Aber nicht bloss das rechtsgeschäftliche Handeln des Repräsentanten, **auch alle seine übrigen Handlungen und Unterlassungen verpflichten die Gewerkschaft**, soweit sie innerhalb des gesetzlichen oder statutarischen Wirkungskreises des Repräsentanten liegen.

---

[1] Rehbein I S. 255. [2] R.G. Entsch. 7 S. 404 ff.
[3] K.G. 8./4. 1900, XLIV, 362. [4] Rehbein a. a. O.

Es ergibt sich zwar dies nicht aus § 126 A.B.G., weil dieser § nur von „namens der Gewerkschaft" vorgenommenen „Rechtshandlungen" handelt, also nur rechtsgeschäftliches Handeln umfasst. Wohl aber ergibt sich dieser Grundsatz aus der Natur der Gewerkschaft als juristischer Person und des Repräsentanten als ihres Organs, aus den Bestimmungen des § 119 Abs. 1 A.B.G. und nunmehr auch aus § 31 B.G.B., der, soweit nicht schon § 119 Abs. 1 A.B.G. zutraf, diese Lücke des A.B.G. ausfüllen würde. Nach dieser, übrigens schon der bisherigen Praxis des R.G. entsprechenden Bestimmung[1] ist die Gewerkschaft für allen Schaden verantwortlich, welchen der Repräsentant „in Ausübung der ihm zustehenden Verrichtungen durch eine zum Schadenersatze verpflichtende Handlung einem Dritten zufügt", mag diese Handlung an sich eine schuldhafte, rechtswidrige sein oder auch ohne solches Verschulden zum Schadenersatze verpflichten[2], mag die Handlung bei Tätigung eines Rechtsgeschäftes (z. B. Verübung eines Betruges dabei) oder bei Ausführung ihm als Repräsentanten obliegender, bloss tatsächlicher Verrichtungen (z. B. Unterlassung erforderlicher Sicherheitsvorrichtungen) vorgenommen sein[3]. Mit Recht ist deshalb eine Gewerkschaft für schadenspflichtig erklärt, als der Repräsentant beim Betrieb des Bergwerks absichtlich oder fahrlässiger Weise Raubbau in fremdem Felde getrieben hatte[4].

Strafrechtlich ist die Gewerkschaft dagegen für die Delikte ihres Repräsentanten nicht verantwortlich[5], da Subjekt einer strafbaren Handlung nur eine natürliche Person sein kann. Dies gilt auch für Geldstrafen, mögen dieselben vom Gericht oder der Polizei

---

[1] Rehbein I S. 33; ebenso R.A. Dr. Gottschalk im „Glückauf", 1911, Nr. 32, S. 1254.

[2] Rehbein I S. 34, R G. 14./12. Bd. 30 S. 241, 16./3. 87 Bd. 18 S. 116, 15./10. 88 Bd. 22 S. 259, 10./11. 87, Bd. 19 S. 349; R.G. 8./11. 1902, XLV, 90.

[3] Plank Anm. 3 zu § 31 B.G.B., R.G.G. 10./12. 72 Bd. 8 S. 202.

[4] O.Tr. 14./6. 78 XIX S. 510, R.G. 4./6. 90 bei Daubenspeck I S. 100. [5] Vgl. oben zu § 96.

festgesetzt werden[1]. Für sie haftet der Repräsentant nur persönlich. Insbesondere gilt deshalb auch der Repräsentant und resp. Grubenvorstand als Gewerbetreibender im Sinne des § 151 Abs. 1 S. 2 der Gewerbe-Ordnung, so dass er bei Uebertretung polizeilicher Vorschriften (z. B. hinsichtlich der Beschäftigung jugendlicher Arbeiter) strafrechtlich verantwortlich wird[2]. Ebenso kann der Grubenvorstand strafrechtlich für die Befolgung bergpolizeilicher Anordnungen besonders verantwortlich gemacht werden[3]. Wenn dieser Erfolg herbeigeführt werden soll, muss die bergpolizeiliche Auflage jedem Mitgliede des Grubenvorstandes besonders bekannt gegeben werden. Die gleiche Verantwortung trifft auch für Stempelstrafen zu, wie dies im § 17 des Preuss. Stempelgesetzes Abs. 6 ausdrücklich anerkannt ist[4]. Die verwirkte Stempelstrafe wird dort gegen die sämtlichen Mitglieder des Grubenvorstandes aber nur zum einmaligen Betrage festgesetzt.

II. **Alles dies sub. I und II Gesagte gilt aber nur, soweit die gesetzliche Vertretungsmacht des Repräsentanten**, bzw. hinsichtlichlich des nicht rechtsgeschäftlichen Handelns sub II der Kreis der „ihm zustehenden Verrichtungen“ reicht.

Dieser Satz ist für die Gewerkschaft von besonderer Bedeutung, weil eine dem § 235 Abs. 2 S. 1 H.G.B. entsprechende Bestimmung, wonach eine Beschränkung der Vertretungsbefugnis des Vorstandes einer Aktiengesellschaft Dritten gegenüber ohne Wirksamkeit ist, nicht nur im A.B.G. fehlt, sondern im Gegenteil die Beschränkbarkeit derselben auch nach aussen hin in den §§ 119, 124 ausdrücklich ausgesprochen ist.

Soweit daher diese gesetzliche Vertretungsbefugnis durch statutarische oder wenigstens generelle Beschlüsse, z. B. einen solchen, dass der gegenwärtige Repräsentant zu keiner Auflassung oder Belastung von Grundstücken der Gewerkschaft ohne besonderen Auf-

---

[1] Ehrenbreitstein 22./11. 73 XV 398, Brassert Anm. 2 zu § 125, Klostermann-Thielmann Anm. 2 zu diesem §.

[2] R.G. 3./5. 1900 XLI S. 492.

[3] Berlin 2./2. 1899, XL, 241. [4] Heinitz S. 163.

trag ermächtigt sei, beschränkt ist, gilt sein Handeln nicht als das der Gewerkschaft.

Nimmt er trotzdem ein solches seiner Vertretungsmacht entzogenes Geschäft vor, so treten die §§ 177 ff. B.G.B. ein, soweit nicht etwa die Nichtaufnahme der Beschränkung in die Legitimation oder ihre Nichteintragung in das Handelsregister[1] ein anderes Resultat herbeiführt. Dagegen liegt eine „Beschränkung der Befugnisse" im Sinne des § 119 A.B.G. nicht vor, wenn die Gewerkenversammlung besondere Beschlüsse über ein Rechtsgeschäft fasst, bezüglich dessen der Repräsentant die gesetzliche Vertretungsmacht nach aussen hat, z. B. falls die Gewerkschaft, deren Repräsentant die normale, gesetzliche Vertretungsmacht besitzt, beschliesst, auf einzelne der Gewerkschaft gehörige Häuser eine Hypothek aufzunehmen. Ein solcher Beschluss berührt, da eine „Beschränkung der Befugnisse" des Repräsentanten darin nicht liegt, auch nicht die dem Repräsentanten nach aussen hin gemäss Abs. 1 dieses § zustehende Vertretungsmacht. Ebenso wie sich aus § 119 Abs. 1 und argumento e contrario aus § 120 A.B.G. ergibt, dass in solchen Fällen der Repräsentant zu einer Legitimation betr. des Antrages auf Hypothekeneintragung dem Grundbuchrichter den Beschluss der Gewerkenversammlung nicht vorzulegen braucht[2], bleibt er, weil er für dieses Geschäft die Gewerkschaft selbst ist[3], auch Dritten gegenüber nach aussen hin allein berechtigt, die Gewerkschaft zu vertreten. Wenn er deshalb in dem vorangegebenen Falle statt einer Hypothek eine Grundschuld eintragen lässt, so kann die Gewerkschaft nicht von dem Dritten die Umwandlung der Grundschuld in eine Hypothek oder deren Löschung und zwar auch dann nicht verlangen, wenn der Dritte den abweichenden Beschluss der Gewerkenversammlung gekannt hat[4]. Nur dann hat ein anderes zu gelten, falls Kollusion vorliegt, d. h. falls der Repräsentant absichtlich zum Nachteil der

---

[1] Vgl. hierüber unten.
[2] Vgl. Hamm 26./3. 73 XVII S. 529. [3] Rehbein I S. 45.
[4] Oppenhoff Nr. 685, vgl. Plank Anm. 3 zu § 26 B.G.B.

Gewerkschaft handelt und der Dritte an diesem Dolus des Repräsentanten dergestalt teil nimmt, dass ihm gegenüber etwa der § 826 B.G.B. zutrifft[1]).

IV. Die Frage, wann der Vorstand ausnahmsweise in den Fällen sub I und II neben der Gewerkschaft persönlich haftet, wird zu § 126 behandelt werden.

C. Der Repräsentant als Bevollmächtigter.

Soweit der Repräsentant nur kraft besonderen Auftrages der Gewerkenversammlung handelt, sind seine Handlungen nach aussen hin als diejenigen eines Bevollmächtigten der Gewerkschaft zu behandeln und unterliegen demgemäss den Bestimmungen des B.G.B. über „die durch Rechtsgeschäft erteilte Vertretungsmacht". Da indes einerseits ein grosser Teil der Vorschriften des B.G.B. die gesetzliche und die gewillkürte Vertretungsmacht gleichmässig behandelt[2], andererseits sich auch die Vorschriften der §§ 125, 126 A.B.G. auf jedes Handeln des Repräsentanten beziehen, mag dasselbe nun in den Kreis seiner gesetzlichen oder seiner rechtsgeschäftlichen Vertretungsmacht fallen, so gilt zum grossen Teil auch für das Handeln des Repräsentanten als Bevollmächtigter das unter B Gesagte. Insbesondere trifft auf den Repräsentanten auch in dieser seiner letzteren Eigenschaft das dort unter I 1. Ausgeführte zu. Auch soweit der Repräsentant als Bevollmächtigter rechtsgeschäftlich handelt, muss er, um die Gewerkschaft zu berechtigen und verpflichten, namens der Gewerkschaft gehandelt haben.

Ebenso gilt bezüglich der Beweistlast das dort unter 2. Ausgeführte. Dass auch aus seinen als Bevollmächtigter Namens der Gewerkschaft vorgenommenen Rechtsgeschäften nur die Gewerkschaft berechtigt und verpflichtet wird, ergibt sich aus § 126 A.B.G., wie § 164 Abs. 1 B.G.B. Und auch bezüglich des Selbstkontrahierens des Repräsentanten mit sich gilt gemäss § 181 B.G-B. das zu 7. Gesagte.

---

[1] R.G. 15./9. 82 Bd. 9 S. 149.

[2] §§ 164, 165, 177—181 B.G.B., Rehbein I S. 249.

Dagegen tritt der Unterschied in der Doppelnatur des Repräsentanten, je nachdem er als gesetzlicher oder gewillkürter Vertreter handelt, in folgenden Beziehungen hervor:

1. Als **Bevollmächtigter** kann der Repräsentant die Gewerkschaft **nur soweit vertreten, als der Umfang seiner Vollmacht reicht**[1]. Während ein instruktionswidriges Verhalten gegenüber den Beschlüssen der Gewerkschaft nach aussen hin, soweit der Repräsentant als gesetzlicher Vertreter der Gewerkschaft handelt, nicht beachtet wird[2], ist er, so soweit er als Bevollmächtigter handelt, auch aussen hin nur soweit legitimiert, als der ihn bevollmächtigende Beschluss der Gewerkschaft reicht. Er handelt also, wenn er diesem Beschlusse zuwiderhandelt, insofern „ohne Vertretungsmacht“[3] mit den sich daraus ergebenden Folgen, z. B. wenn er sich verpflichtet, auf dem Bergwerk eine Grundschuld eintragen zu lassen, während die Gewerkschaft nur die Eintragung einer Hypothek beschlossen hat.

2. Während nach dem oben unter I 3 Ausgeführten für die Folgen einer Willenserklärung nicht bloss bezüglich etwaiger „Willensmängel“, sondern auch bezüglich „der Kenntnis und des Kennen-Müssens gewisser Umstände“, soweit der Repräsentant gesetzlicher Vertreter ist, nur seine Person in Betracht kommt, trifft, soweit er als Bevollmächtigter handelt, bezüglich der „Kenntnis gewisser Umstände“, also nicht auch wegen Willensmängel[4] die Ausnahmebestimmung des Abs. 2 jenes § zu. Vorausgesetzt wird dabei allerdings, dass der Repräsentant „nach bestimmten Weisungen“ der Gewerkenversammlung handelt, was indes z. B. in den Fällen des § 120 A.B.G. regelmässig zutreffen wird[5]. Würde also z. B. die Gewerkenversammlung beschliessen, das Bergwerk an B als Vertreter des A zu verkaufen, obwohl ihr, nicht aber dem Repräsentanten

---

[1] § 164 Abs. 1 B.G.B. [2] Vgl. hierüber oben B III.
[3] § 177 B.G.B., Rehbein I S. 278.
[4] Plank Anm. 2 zu § 166. [5] Plank Anm. 2 zu § 166.

bekannt ist, dass die Vollmacht des B erloschen ist, so würde der Vertrag gegenüber dem A gemäss §§ 168 ff. B.G.B. nicht gelten[1]. Dabei wird man anzunehmen haben, dass die „Kenntnis" der Gewerkenversammlung bezüglich eines von ihr beschlossenen Rechtsgeschäfts dann anzunehmen ist, wenn nicht wenigstens die Eigentümer der für den betr. Beschluss erforderlichen Anzahl von Kuxen gutgläubig war[2].

3. Auch die **Haftung der Gewerkschaft für Delikte des Repräsentanten** oder Grubenvorstandes ist eine andere, soweit dieselben nur als Bevollmächtigte gelten.

Während nämlich nach B.G.B. die Haftung der Gewerkschaft für die Versehen ihres Repräsentanten oder Grubenvorstandes bei Erfüllung bestehender Verbindlichkeiten (insbesondere also kontraktlicher) dieselbe ist[3], mag nun gesetzliche Vertretung oder rechtsgeschäftliche Vollmacht vorliegen, haftet bei Delikten des Repräsentanten resp. Grubenvorstandes in seiner Eigenschaft als Bevollmächtigter die Gewerkschaft dann nicht, wenn sie bei der Auswahl und resp. Beaufsichtigung des Repräsentanten resp. Grubenvorstandes es an der im Verkehr erforderlichen Sorgfalt nicht hat fehlen lassen[4]. Hat also z. B. der Repräsentant, der statutarisch auf die im § 124 Abs. 2 A.B.G. bezeichneten Rechtshandlungen beschränkt, demnächst aber mit der technischen Leitung des Betriebes betraut war, unter Ueberschreitung der Feldesgrenzen Kohlen aus fremden Bergwerken gefördert, so haftet die Gewerkschaft regelmässig jedenfalls nicht aus dem Delikt, sondern höchstens aus der rechtlosen Bereicherung. Ist durch die Entnahme der Kohlen deshalb z. B. eine Schädigung des überliegenden Grund und Bodens erfolgt, so kann der beschädigte Grundeigentümer nur

---

[1] Rehbein I S. 259, Plank Anm. 2 zu § 166 Abs. 2, vgl. auch R.G. 16./12. 84 Bd. 13 S. 25.

[2] Vgl. Rehbein Entsch. des O.Tr. Bd. I S. 678, §§ 26 I 7 A.L.R.

[3] § 278 B.G.B., Oertmann Anm. 3c und 6 dazu.

[4] § 831 B.G.B.

gegen den Repräsentanten oder Grubenvorstand seinen Schaden einklagen.

Was bezüglich der Haftung für Delikte gilt, trifft auf die Haftung für culpa in contrahendo nur zu, wenn dieselbe nach Lage des Falles sich gleichzeitig als unerlaubte Handlung im Sinne der §§ 823 ff. B.G.B. darstellt[1]. Davon abgesehen haftet, soweit der Repräsentant als Bevollmächtigter gehandelt hat, die Gewerkschaft. Auch bei culpa in contrahendo ist § 278 B.G.B.[2] entscheidend.

4. Soweit der Repräsentant als Bevollmächtigter der Gewerkschaft auftritt, hat er **regelmässig das Recht der Substitution nach aussen hin nicht**. Sie muss ihm, wenigstens stillschweigend, erteilt sein[3].

Die Praxis wird also auch in Zukunft daran festhalten müssen, in den Gewerkschaftsbeschlüssen, durch welche der Repräsentant zur Vornahme eines der in §§ 114, 120 A.B.G. vorgesehenen Rechtsgeschäfte ermächtigt wird, die Substitutionsbefugnis besonders zum Ausdruck zu bringen, wenn dieselbe für solche Fälle nicht bereits im Statut vorgesehen ist, was bezüglich des Westfälischen Statuts nicht zutreffen dürfte[4].

D. Grubenvorstand.

1. Ist ein **Grubenvorstand** bestellt, so erhebt sich die Frage, ob derselbe **nach aussen hin nur gemeinschaftlich handeln** kann oder ob jedes einzelne Mitglied desselben die Gewerkschaft nach aussen vertritt.

Für das bisherige preussische Recht war die Frage im Sinne der ersteren Alternative zu bejahen. Nach den §§ 207 ff. I 13 A.B.G., welche nach § 128 A.B.G. ergänzend eintraten, war, falls das Statut nichts anderes

---

[1] Vgl. darüber Anm. 6 zu § 128.

[2] Plank II S. 602, 603, Kuhlenbeck Anm. 5 zu § 278, a. M. Oertmann Anm. 5 zu § 831, Staub I S. 231.

[3] Plank Anm. 6 zu § 167, Rehbein I S. 269, Oertmann Anm. 1 zu § 664.

[4] Vgl. §§ 12, 23, I, 19 II desselben.

betimmte, regelmässig gemeinschaftliches Handeln des gesamten Grubenvorstandes erforderlich[1].

Auch für das B.G.B. wird man regelmässig dasselbe anzunehmen haben und zwar sowohl in dem Falle, wo der Grubenvorstand als gesetzlicher Vertreter, wie dort, wo er als Bevollmächtigter aufzutreten hat. Es wird also auch Kollektivvertretung bei Prozessen erforderlich sein. Regelmässig wird daher die Prozessvollmacht von allen Mitgliedern des Grubenvorstandes erteilt sein müssen[2]; die Zustellungsvorschrift in § 171 C.P.O. steht dem nicht entgegen.

Besondere Bestimmungen hinsichtlich der Vertretungsbefugnis mehrerer Bevollmächtigter enthält das B.G.B. überhaupt nicht. Es ist vielmehr in jedem einzelnen Falle der Wille des Machtgebers durch Auslegung zu ermitteln, ob er alle nur gemeinschaftlich zu seiner Vertretung hat ermächtigen wollen, oder ob die Mehrheit bzw. jeder Einzelne diese Befugnis haben sollte[3].

Regelmässig wird man aber wohl als Willensmeinung der Gewerkschaft zu unterstellen haben, dass auch in denjenigen Fällen, wo der Grubenvorstand kraft besonderer Vollmacht handelt, seine Vertretungsbefugnis dieselbe sein soll, wie in den Fällen, wo er kraft Gesetzes handelt. Aber auch die gesetzliche Vertretungsbefugnis des aus Mehreren bestehenden Vorstandes hat im B.G.B. keine klare Entscheidung gefunden. Im § 28 B.G.B. ist nur bestimmt, dass die Beschlussfassung des Vorstandes, wenn er aus mehreren Personen besteht, sich nach den für die Beschlussfassung der Mitglieder geltenden Vorschriften der §§ 32, 34 B.G.B. richtet, d. h. dass der Beschluss in einer Versammlung des Vorstandes gefasst, der zur Beschlussfassung stehende Gegenstand vorher mitgeteilt und die

---

[1] So R.O.H.G. 12./10. 1874 XVI 226, R.G. 21./1. 80 XXI 392, 21./9. 81 XXIV 249, 15./5. 86 XXVII 531, Brassert Anm. 3 zu § 119, Klostermann-Thielmann Anm. 5 zu § 117.

[2] Vgl. R.G. 9./1. 1900 in Entsch. Bd. 46, S. 318.

[3] Plank Anm. 7 zu § 219 B.G.B., Rehbein I S. 269 unter d), Neumann Anm. 3b zu § 167.

Mehrheit der erschienenen Vorstandsmitglieder sich dafür entschieden haben muss[1]. Einer Beschlussfassung in einer Versammlung bedarf es nicht, wenn sämtliche Mitglieder des Vorstandes schriftlich ihre Zustimmung erklären[2]. Es kann zweifelhaft sein, ob der § 28 sich nicht nur auf das Verhältnis nach innen bezieht[3]. Da Abs. 2 des § 28 einen zweifellosen Fall der Vertretung nach aussen regelt, so wird man wohl anzunehmen haben, dass auch Abs. 1 sich zugleich auf das Verhältnis nach aussen bezieht. Der mit dem Grubenvorstande Kontrahierende wird also nur sicher gehen, wenn der ganze Vorstand handelt. Handelt nur ein Teil des Vorstandes, sei es ein Einzelner oder auch die Mehrheit, so wird der Dritte den Nachweis verlangen müssen, dass ein gültiger Beschluss des Vorstandes unter den oben angegebenen Bedingungen in einer Versammlung desselben gefasst ist und dass dadurch die kontrahierenden Mitglieder des Gesamtvorstandes ermächtigt sind, das Rechtsgeschäft zu tätigen[4].

2. Handelt das eine kontrahierende Vorstandsmitglied ohne gültigen, ihn ermächtigenden Vorstandsbeschluss, so handelt er „ohne Vertretungsmacht"[5]. Die nicht mit kontrahierenden Vorstandsmitglieder können indes nachträglich ihre Genehmigung erteilen[6]. Dabei wird man trotz R.G. 29./10. 1897 Entsch. Bd. 40 S. 17 anzunehmen haben, dass die Genehmigung auch dem kontrahierenden Vorstandsmitglied gegenüber erklärt werden kann, weil man die Erklärung der Kollektivvertreter als diejenigen der Vertretenen selbst anzusehen hat und deshalb § 182 B.G.B. wenigstens analoge Anwendung findet[7].

Die Genehmigung muss aber dem Dritten gegenüber selbst erklärt werden, wenn der letztere die

---

[1] Plank Anm. 1 zu § 28 B.G.B. [2] § 32 B.G.B.

[3] So Kuhlenbeck Anm. 4 zu § 32, a. M. anscheinend Plank Anm. 1 zu § 28.

[4] So anscheinend auch Plank a. a. O., Neumann Anm. 1 zu § 28.

[5] § 177 B.G.B.

[6] §§ 177, 182 B.G.B., Rehbein Bd. I S. 285 unter Nr. 3.

[7] Rehbein a. a. O. S. 286.

übrigen Vorstandsmitglieder um diese Erklärung ersucht hat[1].

Selbstredend ist eine nachträgliche Genehmigung dort ausgeschlossen, wo das Gesetz ausnahmsweise im Augenblick des Handelns gemeinschaftliches Handeln erfordert. Der Vorstand einer Gewerkschaft, welche z. B. Kuxe einer anderen Gewerkschaft besitzt, kann deshalb nicht nachträglich die Abstimmung eines seiner Mitglieder in der Gewerkenversammlung der letzteren Gewerkschaft genehmigen, es muss vielmehr schon im Zeitpunkt dieser Versammlung das abstimmende Mitglied des Vorstandes dazu von den übrigen durch gültigen Beschluss ermächtigt sein.

3. Alles dies gilt natürlich, soweit nicht im Statut ausdrücklich vorgesehen, dass zur Vertretung der Gewerkschaft nach aussen hin das Handeln einzelner Mitglieder des Grubenvorstandes genügt, da eine solche statutarische Bestimmung sich als eine nach § 119 Abs. 4 zulässige „Erweiterung der Befugnisse des Grubenvorstandes" darstellt. So ist deshalb die Bestimmung des Westfälischen Statuts § 23 I, dass die Gewerkschaft nach aussen hin durch zwei Mitglieder des Grubenvorstandes vertreten wird, zweifellos giltig.

4. Aber auch abgesehen davon kann eine Willenserklärung, die dem Vorstande gegenüber abzugeben ist, stets gültig einem Mitgliede desselben abgegeben werden (z. B. Kündigung, Mahnung). Es ergibt sich dies schon aus § 123 A.B.G. und gilt deshalb nicht bloss, soweit der Grubenvorstand gesetzlicher Vertreter[2]), sondern auch dort, wo er als Bevollmächtigter handelt, da die §§ 121 ff. A.B.G. wie schon hervorgehoben, keinen Unterschied darin machen, ob der Repräsentant in der einen oder anderen Eigenschaft handelt. Es kann deshalb z. B. auch die Akzeptation einer Offerte der Gewerkschaft über Aufnahme eines Darlehns gegen Verpfändung des Bergwerks einem Mitgliede des Grubenvorstandes gegenüber erklärt werden. Darüber, dass indes

---

[1] § 177 Abs. 2 B.G.B., Neumann I S. 100 unter III.
[2] Vgl. § 28 Abs. 2 B.G.B.

trotz §§ 28 Abs. 2, § 40 B.G.B. auch jetzt noch ein bestimmtes Mitglied des Grubenvorstandes ausschliesslich für Empfangnahme solcher Erklärungen bestimmt werden kann, vgl. zu § 123 A.B.G.

5. **Fällt ein Mitglied des Vorstandes durch Tod oder Niederlegung seines Amtes weg,** so wird es auf den Inhalt des Statuts oder Beschlusses ankommen, ob die übrig bleibenden Mitglieder des Vorstandes noch berechtigt sind, die Gewerkschaft zu vertreten.

Hat das Statut die Zahl der Vorstandsmitglieder genau auf die bestimmte Zahl normiert, so werden bei Wegfall eines derselben die übrigbleibenden Mitglieder des Vorstandes regelmässig nicht mehr zur Vertretung berechtigt sein, weil es dann an dem statutarisch vorgesehenen Organ, dem aus der bestimmten Zahl bestehenden Vorstande fehlt[1].

Ist dagegen, wie oft, im Statut die Zahl der Vorstandsmitglieder nur limitiert, z. B. 5—7, und besteht der Vorstand aus 7 Mitgliedern, von denen eins wegfällt, so wird es Auslegungsfrage des Statuts sein, ob bei Wegfall eines der Vorstandsmitglieder die übrigen noch zur Vertretung der Gewerkschaft ermächtigt bleiben. Im Westfälischen Statut[2] ist letzteres ausdrücklich bestimmt.

6. Die obigen Grundsätze gelten übrigens nicht nur, soweit es sich um die Vertretung der Gewerkschaft nach aussen handelt, sondern auch für das Verhältnis des Grubenvorstandes nach innen, insbesondere für seine Befugnis zur Geschäftsführung. Insbesondere wird also z. B. auch die Einladung zur Gewerkenversammlung regelmässig vom ganzen Vorstande ergehen oder doch in seiner beschlussfähigen Versammlung verfügt sein müssen. Auch hier sind also regelmässig bei Wegfall eines Vorstandsmitgliedes die Uebrigbleibenden zur Berufung der Gewerkenversammlung nicht mehr befugt. Es tritt vielmehr ev. § 122 A.B.G. ein[3].

---

[1] R.G. 15./5. 86 XXVII S. 531, R.O.H.G. Entsch. Bd. 14 S. 429, R.G. 22./2. 82, Daubenspeck Bd. I S. 152. [2] § 14 I, § 13 II.
[3] R.G. 15./5. 86 XXVII S. 531.

7. Auch die Beschlussfassung über die internen Verhältnisse des Grubenvorstandes, z. B. die Wahl der Vorsitzenden und Verteilung der Vergütung, unterliegt den allgemeinen Grundsätzen. Die dem Vorstande als Ganzem statutarisch zugebilligte Vergütung wird deshalb durch Mehrheitsbeschluss in einer gemäss § 28 B.G.B. beschlussfähigen Vorstandssitzung auf die einzelnen Mitglieder verteilt. Einstimmigkeit ist nicht erforderlich[1].

E. Einzelnes.

1. **Eide namens der Gewerkschaft** werden durch den Repräsentanten oder Grubenvorstand geleistet. Dabei macht der Umfang ihrer Vertretungsmacht nach aussen hin keinen Unterschied, ebensowenig, ob der Prozess ein Rechtsgeschäft betrifft, dass sie nach Obigem nur als gesetzliche Vertreter oder als Bevollmächtigte abgeschlossen haben. Statutarisch oder auch durch Einzelbeschluss kann ihnen aber die Vertretung in den Aktivprozessen und die Eidesleistung in denselben entzogen werden[2]. In solchem Fall würde die Gesamtheit der Gewerken resp. die Gewerkenversammlung den Prozessvertreter zu bestellen haben.

Soweit ein solcher statutarischer oder spezieller Beschluss nicht vorliegt, und stets in den Passivprozessen sind Repräsentant bzw. Grubenvorstand die gesetzlichen Prozessvertreter der Gewerkschaft und können deshalb als Zeugen nicht vernommen werden[3]. Es muss angenommen werden, dass dies für sämtliche Mitglieder des Grubenvorstandes gilt, auch für diejenigen, welche an der Prozessführung nach aussen hin deshalb nicht teilnehmen, weil z. B. auf Grund des Statuts die Gewerkschaft nach aussen hin durch zwei von ihnen gewählte Mitglieder vertreten wird. Denn auch die dazu nicht gewählten Mitglieder bleiben gesetzliche

---

[1] R.G. 30./10. 80 XXII S. 360.
[2] Arg. § 124 Abs. 2 A.B.G.
[3] R.G.-Entsch. Bd. 2 S. 400.

Vertreter der Gewerkschaft, sind deshalb am Prozesse als Partei beteiligt[1]. Dagegen steht nichts im Wege, *frühere* Mitglieder des Grubenvorstandes als Zeugen zu vernehmen[2].

Die Streitfrage, ob bei Vorhandensein eines Grubenvorstandes seine sämtlichen Mitglieder die Parteieide leisten müssen, ist nunmehr durch §§ 472, 474 und 475 C.P.O. gegenstandslos geworden.

2. **Die Befugnisse des Repräsensanten oder Grubenvorstandes können erweitert oder beschränkt werden.**

Es ist zulässig z. B. zu bestimmen, dass auch in den Fällen des § 120 A.B.G. der Grubenvorstand ohne besonderen Auftrag zur Vertretung der Gewerkschaft berechtigt sein soll. Darüber, dass ein solcher Beschluss auch, soweit er *inhaltlich* kein statutarischer ist, doch der statutarischen Form bedarf, vgl. zu § 124.

Es kann ferner statutarisch bestimmt werden[3], dass der Vorsitzende des Grubenvorstandes allein die Gewerkenversammlung zu berufen befugt ist.

Auch kann eine Erweiterung der Befugnisse des Grubenvorstandes dahin eintreten, dass ein oder mehrere Mitglieder des Grubenvorstandes die Gewerkschaft nach aussen hin allein vertreten können[4].

In diesem Falle kann also nicht der Nachweis verlangt werden, dass die zur Vertretung berufenen Mitglieder des Grubenvorstandes auf Grund eines gesetzmässig gefassten Vorstandsbeschlusses handeln.

Die Beschränkung der Befugnisse des Repräsentanten oder Grubenvorstandes findet ihre Grenze im § 124 Abs. 2. Abgesehen davon ist jede Beschränkung zulässig. Es kann der Kreis derjenigen Geschäfte, zu welchem nach § 120 besondere Vollmacht der Gewerkenversammlung erforderlich ist, erweitert werden. So ist z. B. im Westfälischen Statut III (§§ 12 und 14) der

---

[1] R.G. 9./1. 1900 Entsch. Bd. 46 S. 318.

[2] R.G.-Entsch. Bd. 13 S. 416 und Bd. 29 S. 370.

[3] Vgl. z. B. Westf. Statut I u. II.

[4] So z. B. Westf. Statut I § 23 und II § 19.

Repräsentant zum Erwerb und Veräusserung von Kuxen und Grundstücken im Werte von mehr als 60000 Mark, zum Abschluss von Lieferungsverträgen über die Dauer von 2 Jahren hinaus, zur Aufnahme von Anleihen durch Teilschuldverschreibungen usw. für nichtbefugt erklärt.

Auch insofern kann eine Beschränkung der Vollmacht des Repräsentanten beschlossen werden, dass er nach aussen hin für gewisse Geschäfte nicht allein, sondern nur in Gemeinschaft mit einem anderen (etwa einem Mitgliede eines statutarisch bestellten Aufsichtsrates) berufen ist. So ist im Westf. Statut III § 14 bestimmt, dass der Repräsentant Wechselverbindlichkeiten nur unter gleichzeitiger Unterschrift eines Mitgliedes des Verwaltungsrates oder eines besonderen vom Verwaltungsrat dazu bestimmten Beamten übernehmen kann.

3. **Diese Beschränkungen und Erweiterungen müssen in die Legitimation**, d. h. die Ausfertigung der notariellen Wahlprotokolle, **aufgenommen werden.** Waren sie nicht aufgenommen, so galten sie nach bisherigem Recht jedenfalls nicht gegenüber gutgläubigen Dritten [1], wie dies in den Berggesetzen von Sondershausen (§ 126) und Rudolstadt (§ 131) auch ausdrücklich bestimmt ist [2].

Für das jetzige Recht ist zu unterscheiden, ob die Gewerkschaft zum Handelsregister eingetragen ist oder nicht.

a) **Ist die Gewerkschaft nicht zum Handelsregister eingetragen**, sei es, weil sie nicht zu den eintragungspflichtigen gehört, sei es, dass sie zwar dazu gehört, aber tatsächlich nicht eingetragen ist, so würden, falls der Repräsentant oder Grubenvorstand einen Vertrag abgeschlossen oder ein einseitiges Rechtsgeschäft vorgenommen hat, zu dem er kraft Statutes nicht befugt war, die §§ 177 ff. B.G.B. zutreffen. Dar-

---

[1] R.G. 6./7. 92, Daubenspeck I S. 155, Brassert Anm. 6 zu § 119, Klostermann-Thielmann Anm. 6 dazu.

[2] Sachsen-Weimar (§ 153) sieht grundsätzlich die öffentliche Bekanntmachung des Grubenvorstandes vor.

nach ist der Vertag, den der Repräsentant ohne Vertretungsmacht abschliesst — und dazu ist auch der Fall der Ueberschreitung der Vertretungsbefugnis zu rechnen[1] — für die Gewerkschaft nicht verbindlich. Er wird erst verbindlich mit der Genehmigung. Bis zur Genehmigung hat der Dritte das Recht des Widerrufes, falls er die Beschränkung der Vertretungsmacht nicht gekannt hat[2]. Auf der anderen Seite macht aber Gutgläubigheit des Dritten bezw. des Umfanges der Vertretungsmacht den Vertrag deshalb nicht zu einem für die Gewerkschaft verbindlichen[3]. Nach allgemeinen Grundsätzen wird man aber[4] auch für das B.G.B. annehmen dürfen, dass bei Gutgläubigkeit des Dritten das unter Ueberschreitung der Vollmacht abgeschlossene Geschäft gültig ist, wenn schriftliche Vollmacht vorliegt, welche die dem Geschäftsabschluss entgegenstehenden Beschränkungen derselben nicht enthält, und wenn der Dritte sich diese Vollmacht hat vorlegen lassen[5]. Daraus hat man auch nach heutigem Recht zu entnehmen, dass, wenn die Beschränkungen der Vertretungsbefugnis nicht in der Legitimation des Repräsentanten aufgenommen sind, sie einem gutgläubigen Dritten jedenfalls dann nicht entgegengestellt werden können, wenn er sich die Legitimation hat vorlegen lassen[6]. Schlechtgläubige Dritte würden sich auf das Fehlen einer Beschränkung in der Legitimation auch bei Vorlegung derselben nicht berufen können, weil sie regelmässig arglistig handeln, wenn sie trotz Kenntnis der fehlenden Vertretungsmacht des Vertreters mit demselben kontrahieren[7].

b) **Ist die Gewerkschaft zum Handelsregister eingetragen, so ist § 15 H.G.B. massgebend.** Danach hat die wirklich erfolgte Eintragung der tatsächlich geschehenen Beschränkung oder Erweiterung der Vertretungsmacht des Vorstandes zunächst die Wirkung, dass damit diese Erweiterung und Beschränkung jedem

---

[1] Rehbein I S. 278. [2] § 178 B.G.B.
[3] §§ 177, 178 B.G.B. [4] Arg. §§ 170, 171, 172 B.G.B.
[5] So Rehbein I S. 267. [6] § 172 B.G.B.
[7] R.G.-Entsch. Bd. 15 S. 206.

als bekannt gilt, damit gegen jeden Dritten gilt, „es sei denn, dass er sie weder kennt noch kennen musste"[1].

Andererseits hat die unterbliebene Eintragung die Wirkung, dass die Erweiterung oder Beschränkung der Vertretung einem Dritten nicht entgegengesetzt werden kann, es sei denn, dass sie ihm bekannt war[2].

Aus diesen Bestimmungen ergibt sich, dass damit der Abs. 4 des § 119 A.B.G. für die eingetragene Gewerkschaft seine wesentlichste Bedeutung verloren hat. Da das H.G.B. auch dem durch das B.G.B. im übrigen aufrecht erhaltenden Landesrecht vorgeht[3], so ist es fortab bei solchen Gewerkschaften regelmässig unerheblich, ob die Erweiterung oder Beschränkung auch in die Legitimationsurkunde aufgenommen ist. Der Dritte muss die Beschränkung und Erweiterung gegen sich gelten lassen, wenn sie auch in die Legitimation nicht aufgenommen ist, wenn sie nur zum Handelsregister eingetragen. Die Legitimationsurkunde hat für diesen Fall nur noch die Bedeutung, dass ihre Vorzeigung bei Abschluss des Geschäftes diejenige Kenntnis im gesetzlichen Sinne verschaffen kann, der gegenüber auch die unterbliebene Eintragung zum Handelsregister und die damit nach Abs. 1 des § 15 an sich eintretende Rechtswirkung zurücktritt.

Abgesehen hiervon beurteilt sich die Frage der Vertretungsmacht lediglich nach § 15 H.G.B. ev. dem B.G.B. Hat deshalb der Repräsentant A der Gewerkschaft C namens derselben an B ein Grundstück verkauft, obwohl seine Befugnis dazu statutarisch ausgeschlossen war, so kann die Gewerkschaft den Mangel der Vertretungsmacht des A nicht rügen, wenn dieselbe nicht eingetragen war. Wohl aber kann B deshalb vom Vertrage bis zu seiner Genehmigung durch die Gewerkschaft zurücktreten, falls er die Beschränkung bei Abschluss des Vertrages nicht gekannt hat[4], da ihm die

---

[1] § 15 Abs. 2 Dühringer und Hachenburg S. 81.

[2] § 15 Abs. 2 Dühringer und Hachenburg S. 87.

[3] Art. 2 Reichsverfassung, Art. 2, 5 u. 15 des E.G. zum H.G.B., Staub S. 6, Dühringer und Hachenburg S. 6.

[4] § 178 B.G.B.

Beschränkung nur zu seinem Nachteil nicht entgegengesetzt werden kann[1], im übrigen daher die allgemeinen Bestimmungen des B.G.B. zur Anwendung kommen.

Macht B der Gewerkschaft für ihr Bergwerk eine Kaufofferte und der Repräsentant A, bei dem Erweiterung der Vertretungsmacht eingetragen war, akzeptiert[2], hier in seiner Eigenschaft als Bevollmächtigter, so ist B nicht berechtigt, diese Akzeptationserklärung „unverzüglich zurückzuweisen", auch wenn A seine Legitimation nicht vorlegt. § 174 B.G.B. ist dadurch ausgeschlossen, weil B die Tatsache der Erweiterung der Vertretungsmacht des A gegen sich gelten lassen muss[3]. Falls dagegen die tatsächlich bestehende Vertretungsmacht des A nicht eingetragen ist, so kann B die Akzeptation des A „beanstanden". Dann ist die Genehmigung damit ausgeschlossen, ein Vertrag nicht zustande gekommen[4]. Beanstandet B nicht[5], so treten §§ 178 ff. A.B.G. ein. Entscheidend ist jedenfalls § 180 B.G.B. und nicht § 174 B.G.B., da bei Nichteintragung der Erweiterung der Vollmacht die Vertretungsmacht dem Dritten gegenüber als nicht vorhanden gilt[6]. Die Frage ist von Bedeutung z. B. hinsichtlich der Beweislast, die in §§ 174 und 180 B.G.B. verschieden geordnet ist[7].

4. Der Repräsentant resp. Grubenvorstand ist regelmässig auch **das geschäftsführende Organ** der Gesellschaft.

Er führt das Gewerkenbuch und fertigt die Kuxscheine aus (§ 121), er hat die nach A.B.G. und ev. auch nach H.G.B. erforderlichen Bücher zu führen[8], er beruft die Gewerkenversammlungen[9], hat alljährlich eine mit Belägen versehene Verwaltungsrechnung vorzulegen und nunmehr, falls die Gewerkschaft im Handelsregister eingetragen ist, alljährlich Bilanz und Inventar aufzu-

---

[1] Staub Zusatz von § 15.
[2] Rehbein I S. 261. [3] § 15 Abs. 2 H.G.B.
[4] § 180 B.G.B. [5] § 180 B.G.B. S. 2.
[6] Staub S. 100 zu § 15 H.G.B. [7] Plank Anm. 1a zu § 180.
[8] § 121 Abs. 2. [9] § 122 Abs. 1.

stellen[1], er hat alle Vorladungen und Zustellungen für die Gewerkschaft in Empfang zu nehmen[2], er vertritt die Gewerkschaft insbesondere bei ihren Verhandlungen mit den Bergbehörden, mit den Knappschaftsvereinen und mit anderen auf den Bergbau bezüglichen Instituten[3], er hat endlich nach §§ 33 ff. H.G.B. nötigenfalls die erforderlichen Anmeldungen zum Handelsregister zu erwirken.

Aber auch hier kann die Geschäftsführung durch das Statut anderen Personen übertragen werden. Das Nähere siehe zu den einzelnen §§.

5. Die Gewerkschaft ist berechtigt, neben dem Grubenvorstande und Repräsentanten für „einzelne Verrichtungen" einen **satzungsmässigen Vertreter** zu bestellen. Es dürfte wenigstens keinerlei Bestimmungen des A.B.G. der Anwendung des § 30 B.G.B. entgegenstehen.

Es ist deshalb zulässig, neben dem Grubenvorstand oder Repräsentanten einen Betriebsdirektor satzungsmässig für die technische Leitung des Bergbaues zu berufen. Derselbe ist dann nicht als Bevollmächtigter, sondern als gesetzlicher Vertreter der Gewerkschaft für alle Rechtsgeschäfte ermächtigt, die der ihm zugewiesene Geschäftskreis gewöhnlich mit sich bringt. Innerhalb dieses Umfanges der ihm statutarisch zugewiesenen Tätigkeit vertritt er die Gewerkschaft in derselben Weise, als er wenn der Vorstand oder Repräsentant selbst wäre. Es kann sogar bestimmt werden, dass er innerhalb der ihm zugewiesenen Tätigkeit allein und unter Ausschluss des Vorstandes zur Vertretung der Gewerkschaft berechtigt sein soll[4]. Selbstredend würde das Mass seiner Befugnisse an § 124 A.B.G. Abs. 2 und den darnach dem Repräsentanten zu belassenden Minimalbefugnissen seine Grenze finden. Der § 30 B.G.B. dürfte darnach die Möglichkeit bieten, für den betriebsleitenden Direktor eine seiner Tätig-

---

[1] § 122 Abs. 2 A.B.G., §§ 39 ff. H.G.B., Dühringer und Hachenburg S. 47. [2] § 123 A.B.G. [3] § 123 A.B.G.

[4] § 26 B.G.B., Plank Anm. 2 zu 30.

keit entsprechende rechtliche Grundlage zu schaffen[1]. Auch dürften die Bedenken, welche gegen die Stellung des Direktors als Handlungsbevollmächtigter" schon wegen der Unmöglichkeit der Eintragung seiner Vertretungsbefugnisse zum Handelsregister sprechen, dadurch beseitigt werden können, da doch jedenfalls die Vertretungsbefugnisse eines derartigen satzungsmässigen Vertreters zum Handelsregister dann eingetragen werden müssen, wenn dadurch die normale, gesetzliche Vertretungsmacht des Vorstandes ausgeschlossen wird[2].

---

§ 120. Der Repräsentant oder Grubenvorstand bedarf eines besonderen Auftrages der Gewerkenversammlung:

1. wenn es sich um Gegenstände handelt, welche nur von einer Mehrheit von wenigstens drei Vierteilen aller Kuxe oder nur mit Einstimmigkeit beschlossen werden können;
2. wenn Beiträge von den Gewerken erhoben werden sollen.

Zu § 120.

1. Der Repräsentant oder Grubenvorstand bedarf in den Fällen des § 120 **eines besonderen Auftrages** oder, wie es in der Rechtssprache des B.G.B. jetzt richtiger heissen muss, einer besonderen Vollmacht. Seine regelmässig generelle gesetzliche Vertretungsbefugnis[3] findet also an den Fällen dieses § seine Grenze. Während regelmässig zu allen Rechtshandlungen nach aussen hin der Repräsentant unbeschränkt befugt ist,

---

[1] Vgl. hinsichtlich der Bedenken über die Stellung des Betriebsdirektors die zutreffenden Ausführungen Simon S. 70 ff.

[2] § 33 Abs. 3, § 34, Abs. 2 H.G.B.

[3] Vgl. Erläuterungen zu § 119 B.

ohne einen besonderen, ihn legitimierenden Beschluss der Generalversammlung vorlegen zu brauchen, sind in den Fällen dieses §, falls das Statut der Gewerkschaft nichts anderes bestimmt[1], die Behörden (Oberbergamt, Grundbuchrichter, Handelsrichter) berechtigt, den Nachweis zu verlangen, dass der Grubenvorstand bzw. Repräsentant zur Stellung der Anträge durch besonderen, gesetzmässigen Beschluss der Gewerkschaft legitimiert ist.

2. Die einzelnen Fälle, in denen nach § 120 der Repräsentant resp. Grubenvorstand einer besonderen Vollmacht bedarf, sind:

a) die Statutänderung nach § 94 Abs. 2;

b) die im § 114 vorgesehenen Rechtsgeschäfte, worüber die Erläuterungen zu diesem § nachzusehen sind;

c) die Erhebung von Zubusse.

3. In allen diesen Fällen gilt der Repräsentant resp. Grubenvorstand, wie bereits zu § 119 unter C ausgeführt, nicht als gesetzlicher Vertreter der Gewerkschaft, sondern als **Bevollmächtigter** derselben. Der Umfang seiner Vertretungsmacht richtet sich deshalb jetzt nach den Grundsätzen des B.G.B. über die Vollmacht. Da das B.G.B. besondere Vorschriften über den Umfang der Vollmacht nicht aufgestellt hat, so ist derselbe in jedem einzelnen Falle durch Auslegung unter Beobachtung der konkreten Sachlage festzustellen[2]. Darnach ist bezüglich der hier streitig gewordenen Fragen der bisherige Rechtszustand des preussischen Rechts unverändert geblieben[3].

Insbesondere wird man regelmässig auch für das heutige Recht anzunehmen haben,

a) dass, falls die Gewerkschaft die Aufnahme einer Anleihe unter hypothekarischer Belastung des Bergwerks beschlossen hat, der Repräsentant resp. Grubenvorstand auch, ohne dass dies im Beschlusse besonders hervorgehoben, berechtigt ist, die Modalitäten dieses Darlehns,

---

[1] § 119 Abs. 4 A.B.G.

[2] Rehbein I S. 267 Anm. 4a, Plank I S. 218 Anm. 6, Neumann Anm. 3 zu § 167 B.G.B.

[3] Brassert Anm. 2.

insbesondere die Höhe des Zinsfusses näher festzustellen [1], weil dies der mutmasslichen Absicht der Gewerkenversammlung entspricht;

b) dass aus gleichem Grunde, falls die Erhebung von Zubusse beschlossen, der Repräsentant resp. Grubenvorstand berechtigt ist, dieselbe einzuziehen und einzuklagen, auch wenn dies in dem Beschlusse nicht besonders ausgedrückt ist [2];

c) dagegen wird man, falls die Gewerkenversammlung die Bestellung einer Hypothek am Bergwerk bewilligt hat, nicht annehmen dürfen, dass der Repräsentant damit auch ermächtigt ist, statt deren eine Grundschuld eintragen zu lassen [3];

d) ebensowenig ist der Repräsentant, welcher statutarisch generell berechtigt ist, alle Rechtshandlungen vorzunehmen, welche mit $^3/_4$ Majorität oder Einstimmigkeit beschlossen werden können, ermächtigt, den Umwandelungsantrag bzw. Beschluss gemäss § 235a A.B.G. zu fassen, da nach § 235b immer ein Gewerkschaftsbeschluss vorliegen muss [4].

4. Der § 120 ist durch Statut abänderlich, und zwar verlangt jeder Beschluss, welcher über den einzelnen konkreten Fall hinaus eine Aenderung dieses § herbeiführen will, wenn er materiell sich auch nicht als Statutänderung darstellt (z. B. nur dem gegenwärtigen Repräsentanten weitere Befugnisse einräumen will), der statutarischen Form. Das Nähere hierüber vgl. zu § 124.

Dass § 94 Abs. 2 unabänderlich ist, der Repräsentant resp. Grubenvorstand daher durch Statut nicht ermächtigt werden kann, selbständig Statutänderungen vorzunehmen, ist schon oben zu § 94 S. 32 erörtert.

Dagegen erscheint die Bestimmung mancher Statuten, namentlich von noch in der Bauperiode begriffenen Gewerkschaften, wonach der Repräsentant selbständig

---

[1] A.G. Hamm 11./2. 75 XVII 531.
[2] O.Tr. 7./2. 68 X 423, 18./3. 78 XX S. 344.
[3] A.G. Hamm 3./6. 74 XVII 531.
[4] So auch O.Tr. 19./10. 77 unter anderer Begründung XIX 249/1.

Zubusse ausschreiben kann, wobei gewöhnlich ein Maximalbetrag festgesetzt ist, rechtsgültig.

Eine Klage aus § 115 A.B.G. würde gegen solche Verfügung des Repräsentanten nicht zulässig sein[1].

---

§ 121. Der Repräsentant oder Grubenvorstand führt das Gewerkenbuch und fertigt die Kuxscheine aus (§ 103).

Er ist verpflichtet, für die Führung der übrigen erforderlichen Bücher der Gewerkschaft Sorge zu tragen und jedem Gewerken auf Verlangen die Bücher zur Einsicht offen zu legen.

Zu § 121.

1. Der Repräsentant oder Grubenvorstand führt **das Gewerkenbuch und fertigt die Kuxscheine aus.** Das Nähere hierüber ist zu § 103, 105 und 106 erörtert. Für Versehen bei Führung des Gewerkenbuches und Ausfertigung der Kuxscheine haftet die Gewerkschaft den einzelnen Gewerken[2], daneben aber auch nach § 126 A.B.G. der Repräsentant.

2. Er ist verpflichtet, für die Führung **der übrigen erforderlichen Bücher** der Gewerkschaft Sorge zu tragen. Zu diesen „erforderlichen“ Büchern gehören für diejenigen Gewerkschaften, welche ihre Eintragung zum Handelsregister bewirkt haben, auch die Handelsbücher im Sinne der § 38 ff. H.G.B. Die Verpflichtung zur Führung der Handelsbücher beginnt mit der Eintragung der Gewerkschaft zum Handelsregister[3]. Darüber, welche Bücher und wie dieselben

---

[1] Klostermann-Thielmann Anm. 1 zu § 120 und Anm. 3 zu § 129.
[2] R.G. 8./11. 1902 und 6./2. 1904, XLV, 89 und 94.
[3] Staub Anm. 1a zu § 38 H.G.B., Dühringer und Hachenburg S. 148.

zu führen sind, enthält das Gesetz — abgesehen von der Vorschrift des Bankdepotgesetzes § 132 und der Ordnungsschrift des § 43 H.G.B. — keinerlei Bestimmung[1].

Das Westfälische Normalstatut hat auf Vorschlag von Simon, die laut des Verhandlungsprotokolles „allseitige Zustimmung" fand, im § 23 Ziffer 1 doppelte Buchführung vorgeschrieben.

3. Der Grubenvorstand oder Repräsentant ist verpflichtet, **jedem Gewerken die Bücher zur Einsicht vorzulegen.**

Nach dem Zusammenhang der Bestimmung wird man anzunehmen haben, dass das Recht auf Einsichtnahme der Bücher sich nur auf die „übrigen erforderlichen Bücher" erstreckt, so dass das Recht jedes Gewerken, auch das Gewerkenbuch einzusehen, jedenfalls nicht aus diesem § hergeleitet werden kann[2]).

Auch kann statutarisch das Recht auf Einsichtnahme der Bücher beschränkt oder ganz aufgehoben werden[3]. Die Rechtsgültigkeit der Bestimmung des Westfälischen Normalstatuts, wonach (§ 29) nur auf Verlangen von mindestens $^1/_4$ aller Kuxe die Einsichtnahme durch einen gemeinsamen Bevollmächtigten erfolgen darf, kann deshalb nicht zweifelhaft sein. Abgesehen von solcher statutarischen Bestimmung steht das Recht der Einsichtnahme zwar jedem Gewerken, aber nur höchstpersönlich zu[4], so dass er es regelmässig durch einen Bevollmächtigten nicht ausüben darf. Wohl aber ist ihm gestattet, einen Sachverständigen zuziehen, es sei denn, dass die Zuziehung eines solchen wegen ausreichender Sachkunde des Gewerken überflüssig ist oder die Persönlichkeit des Sachverständigen die Gefahr eines Missbrauchs nahelegt. Die Beweislast für das Vorhandensein solcher Umstände,

---

1 Dühringer und Hachenburg S. 151, Staub Anm. 6 zu § 38.
2 A. M. Oppenhoff Anm. 665, Klostermann-Thielmann Anm. 3.
3 § 94 Abs. 3, § 124 A.B.G., Brassert Anm. 4.
4 Vgl. R.O.H.G.-Entsch. Bd. 7 S. 75, Staub Anm. 3 zu § 118 H.G.B., Lehmann und Ring Anm. 2 dazu.

welche im gegebenen Falle die Zuziehung der Sachverständigen ausschliessen, liegt bei der Gewerkschaft[1].

4. Durch die Bestimmung des § 121 A.B.G. wird das Recht, **die Einsichtnahme der Bücher auf Grund sonstiger gesetzlicher Vorschriften** fordern zu dürfen, nicht berührt, da der § eine erschöpfende Regelung der Editionspflicht nicht gibt[2]. Die Frage kann namentlich von Bedeutung werden, wenn durch Statut, z. B. wie in dem Westfälischen, dem einzelnen Gewerken das Recht der Einsichtnahme versagt ist[3]. Die Frage, ob in solchem Falle doch auch dem Einzelnen das Recht der Einsicht zusteht, würde nunmehr § 610 B.G.B. entscheiden. Auf Grund dieses § wird man z. B. einen Gewerken, der keine Einladung zur Gewerkenversammlung erhalten hat, weil er angeblich zur Zeit der Einladung noch nicht zum Gewerkenbuche eingetragen war, während er zur Annahme berechtigt ist, damals schon eingetragen gewesen zu sein, das Recht auf Einsichtnahme des Gewerkenbuches zusprechen müssen, weil die Eintragung zum Gewerkenbuche „ein zwischen ihm und der Gewerkschafs bestehendes Rechtsverhältnis (nämlich seine Mitgliedschaft) beurkundet“. Freilich wird sich aber diese Einsichtnahme nicht auf das ganze Gewerkenbuch erstrecken dürfen, sondern nur auf denjenigen Teil, welcher sich über die ihn interessierenden Kuxe verhält[4].

5. Die **prozessuale Editionspflicht** deckt sich regelmässig mit der materiellrechtlichen[5]. Abgesehen davon, dass nach § 423 C.P.O. die Editionspflicht auf alle Urkunden sich erstreckt, auf welche die Gewerkschaft in ihren vorbereitenden Prozess-Schriftsätzen selbst Bezug genommen hat, besteht also regelmässig eine Verpflichtung zur prozessualischen Vorlegung nur so-

---

[1] Vgl. R.G. 22/3. 90 Entsch. Bd. 25 S. 88.

[2] Brassert Anm. 4, Oppenhoff 666; a. M. Klostermann-Thielmann Anm. 3.

[3] Vgl. auch Berlin 30./7. 79 XX S. 539.

[4] Oertmann Anm. 3 zu § 810 B.G.B., Neumann Anm. 1.

[5] § 422 C.P.O.

weit, als dieselbe materiell rechtlich durch § 121 A.B.G. und § 810 B.G.B. gegeben ist.

Der einzelne klagende Gewerke kann deshalb dort, wo das Westfälische Normalstatut angenommen ist, auch im Prozesse regelmässig nur soweit die Vorlegung des Gewerkenbuches fordern, als ihm der § 810 B.G.B. zur Seite steht, d. h. soweit es sich um den Nachweis seiner Eintragung zum Gewerkenbuch handelt. Dagegen kann z. B. der Gewerke, welcher die Rechtsgültigkeit eines Gewerkschaftsbeschlusses anficht, zum Nachweise, dass nicht alle zum Gewerkenbuche eingetragenen Gewerken eingeladen seien, auf das Gewerkenbuch nicht Bezug nehmen, weil hierfür nach diesseitiger Auffassung eine materielle Editionspflicht nicht besteht. Dies gilt auch bezüglich der Gewerkschaften, die im Handelsregister eingetragen sind. Denn wenn für diese auch eine über die materiell-rechtliche hinausgehende prozessuale Editionspflicht auf Grund des § 45 H.G.B. besteht[1], so bleibt doch zu beachten, dass dieser § auf das Gewerkenbuch niemals Anwendung finden kann. Das Gewerkenbuch ist kein „Handelsbuch“ im Sinne der §§ 38 ff. H.G.B., weil es die Handelsgeschäfte und die Lage des Vermögens der Gewerkschaft nicht ersichtlich macht[2].

Die Beschränkung der Einsichtnahme des Gewerkenbuches hat eine erhebliche praktische Bedeutung, weil diese Einsicht erfahrungsmässig vielfach zu eigennützigen Zwecken missbraucht wird.

---

§ 122. Der Repräsentant oder Grubenvorstand beruft die Gewerkenversammlungen.

Er muss, wenn das Bergwerk im Betriebe ist, alljährlich eine Gewerkenversammlung berufen und

---

[1] Staub Anm. 2 zu § 45, Dühringer und Hachenburg Anm. 1 und 2, Lehmann und Ring Anm. 2.

[2] §§ 38, 45 Staub Anm. 4 zu § 45, Lehmann und Ring Anm. 2b.

derselben eine vollständig belegte Verwaltungsrechnung vorlegen.

Der Repräsentant ist zur Berufung einer Gewerkenversammlung verpflichtet, wenn dies die Eigentümer von wenigstens einem Vierteil aller Kuxe verlangen. Unterlässt er die Berufung, so erfolgt dieselbe durch die Bergbehörde auf den an sie gerichteten Antrag.

Zur Vornahme der Wahl eines Repräsentanten oder Grubenvorstandes oder zur Beschlussfassung über den Widerruf der erfolgten Bestellung kann die Bergbehörde auf den an sie gerichteten Antrag eine Gewerkenversammlung berufen.

Zu § 122.

1. **Der Repräsentant resp. Grubenvorstand beruft die Gewerkenversammlung.**

Das Nähere hierzu ist bereits zu § 112 und § 119 unter D und E erörtert. Insbesondere kann es darnach nicht zweifelhaft sein, dass nur der Repräsentant oder der Grubenvorstand einberufen kann, so dass der einzelne Gewerke dazu nicht berechtigt ist[1], und zwar auch dann nicht, wenn eine gesetzmässige Vertretung der Gewerkschaft fehlt. Auch die erste Gewerkenversammlung der neu entstandenen Gewerkschaft ist deshalb nur beschlussfähig, wenn entweder alle Gewerken anwesend sind oder gemäss Abs. 4 dieses § verfahren ist[2].

Dass die Einladung des Grubenvorstandes regelmässig von allen Mitgliedern des Vorstandes ausgehen muss, soweit nicht statutarisch etwas anderes zugelassen, z. B. die Einladung bloss durch den Vorsitzenden zu erfolgen hat[3], oder soweit nicht durch gültigen Vorstandsbeschluss einzelne Mitglieder damit betraut sind, ist gleich-

---

[1] R.G. 15./5. 86 XXVII 531, Brassert Anm. 1, Klostermann-Thielmann Anm. 2, Oppenhoff 669, a. M. Klostermann Anm. 236.

[2] Vgl. zu § 94.

[3] Vgl. z. B. § 18 Nr. 1 I, § 17 Nr. 1 II des Westf. Statuts.

falls bereits erörtert[1]; ebenso dass, wenn der Sitz der Gewerkschaft zweifelhaft ist, die Gewerkenversammlung an den Ort einberufen werden muss, an dem die Verwaltung tatsächlich geführt wird.

2. **Die Gewerkschaftsversammlung muss, wenn das Bergwerk im Betriebe ist, alljährlich berufen werden.** Damit ist nicht gesagt, dass darin die Verpflichtung des Repräsentanten bzw. Grubenvorstandes bezüglich der Einberufung der Gewerkenversammlung erschöpft ist. Im Gegenteil ergibt sich aus der Anwendung der gesetzmässigen Sorgfalt bei der Verwaltung der Geschäfte der Gewerkschaft, dass der Repräsentant und resp. Grubenvorstand auch sonst zur Einberufung der Gewerkenversammlung verpflichtet ist, sofern sie im Interesse der Gewerkschaft notwendig erscheint und vorausgesetzt, dass die betreffende Verwaltungsmassregel für die Gewerkschaft bis dahin ausgesetzt werden kann. Ein „Betrieb" des Bergwerkes ist jedenfalls auch dann anzunehmen, wenn er nur in einem Teile des Jahres stattgefunden hat[2].

3. Der jährlichen, ordentlichen Gewerkenversammlung ist eine vollständig belegte **Verwaltungsrechnung** vorzulegen.

Unter einer „Verwaltungsrechnung" wird man eine Rechnung im Sinne der §§ 133 ff. I 14 A.L.R. zu verstehen haben[3]. Die Rechnung muss daher nicht bloss alle Einnahme- und Ausgabeposten enthalten und dieselben mit Belägen rechtfertigen[4], sondern auch als solche verständlich sein, d. h. erkennen lassen, was, wofür, von wem, an wem, wann gezahlt bzw. empfangen ist[5].

4. **Für diejenigen Gewerkschaften, welche zum Handelsregister eingetragen und damit Kaufleute geworden sind, ist nunmehr die weitergehende Ver-**

---

[1] Vgl. zu § 119 unter D.

[2] Brassert Anm. 2, Klostermann-Thielmann Anm. 3.

[3] Vgl. auch O.V.G.-Entsch. in Staatssteuersachen 10./7. 97 Bd. 6 S. 174.

[4] § 136 I, 14 A.L.R.

[5] Rehbein Entsch. O.Tr. II 672, Striethorst Archiv 66 S. 226 I. 2 D. 3, 5.

pflichtung der §§ 39 ff. H.G.B. begründet[1]. Sie haben die Verpflichtung zur Zeit der Eintragung zum Handelsregister und alsdann alljährlich Inventar und Bilanz nach näherem Anhalt der angegebenen §§ aufzustellen[2]. Insbesondere sind auch nach § 41 H.G.B. Inventar und Bilanz vom Repräsentanten und Grubenvorstand zu unterzeichnen.

Die Aufstellung der Bilanz und Inventar richtet sich dabei im allgemeinen nach den handelsrechtlichen Bestimmungen. Für die Bilanz der Gewerkschaften bleibt indes folgendes zu beachten:

a) Für die Aufstellung der einzelnen Werte der Bilanz ist nur § 40 H.G.B. massgebend. Die Sonderbestimmungen des § 261 H.G.B. gelten nur für die Aktiengesellschaft[3].

Die Gewerkschaft ist deshalb z. B. berechtigt, eine von ihr gekaufte Bergbauberechtigung oder eine von ihr durchgeführte Bohrung resp. Mutung zu einem höheren Betrage als dem „Anschaffungs- und Herstellungspreis" des § 261 Nr. 2 H.G.B. in die Bilanz einzusetzen, wenn der wahre Wert des durch Kauf oder Mutung erworbenen Bergwerks über den Kaufpreis bzw. die Bohrungkosten hinausgeht[4].

Andererseits sind periodische Abschreibungen nach Prozenten „auf Anlagen und sonstige Gegenstände, welche dauernd zum Geschäftsbetriebe bestimmt sind" nur soweit zulässig, als sie der wahren Wertminderung mindestens gleichkommen[5].

b) Insbesondere ist deshalb auch **für die Ansetzung der Bergwerkssubstanz in der Bilanz lediglich deren Wert** zu derjenigen Zeit, für welche die Aufstellung erfolgt, massgebend. Dabei würde für die Wertsan-

---

1 Simon S. 41 ff.

2 Ob.-Verw.-Ger. 3./3. 1909, LI, 162; für Sachsen-Weimar vgl. § 155.

3 Staub Anm. 9 zu § 40, Lehmann und Ring Nr. 5 dazu, Dühringer und Hachenburg S. 157, Westhoff in XLVIII, 269.

4 Vgl. Staub S. 798 ff., Dühringer und Hachenburg S. 157.

5 Staub Anm. 9 zu § 40 Anm. 33 zu § 261, Dühringer und Hachenburg S. 157.

setzung nach der herrschenden Ansicht[1] im Gegensatz zu dem von Simon[2] verteidigten „individuellen“ Wert, d. h. dem Wert, den die Sache in der Hand des gegenwärtigen Eigentümers hat, der objektive Wert zugrunde zu legen sein, d. h. derjenige Wert, den das Bergwerk beim Fortbestehen des Betriebes, jedoch ohne Rücksicht auf besondere, vom Regelmässigen abweichende Verhältnisse des gegenwärtigen Besitzers hat. Von dem Standpunkt der letzteren Auffassung ist der allgemeine Verkaufswert der Bergwerkssubstanz regelmässig der richtigste Faktor der Wertsbemessung.

Für beide Meinungen wird es aber auf eine Schätzung des Wertes der Bergwerkssubstanz ankommen. Da über die Gesichtspunkte, von welchen bei dieser Schätzung auszugehen ist, gesetzliche Vorschriften fehlen, hat das Westfälische Normalstatut in zweckmässiger Weise auf den Vorschlag von Simon (S. 41 ff.) festgestellt, dass der ersten Bilanz per 1./1. 1900 für die Bewertung der Bergwerkssubstanz die in der Entscheidung des Oberverwaltungsgerichts vom 11./6. 1895 festgestellten Grundsätze mit der Massgabe zugrunde zu legen sind, dass der Zinsfuss mit 4% berechnet wird, die Durchschnittsberechnung nach den Ergebnissen der Jahre 1897, 1898 und 1899 erfolgt und dass darauf alljährlich eine der Abnutzung entsprechende Abschreibung vorzunehmen ist. Die für die Bewertung der Bergwerkssubstanz massgebenden Grundsätze hat das O.V.G. in jener Entscheidung im Anschluss an die ausführlichen Erörterungen in der Entsch. vom 19. Dezember 1888[3], wie folgt, zusammengefasst:

„Zuvörderst ist die gesamte bei Beginn der in Be„tracht kommenden Periode vorhandene Kohlenmenge „zu berechnen. Sodann ist der Wert der jährlichen „Kohlenförderung zu ermitteln und hiervon ein Abzug

---

[1] Vgl. R.O.H.G.-Entsch. Bd. 12 S. 19, R.G.-Entsch. Bd. 19 S. 22, Staub Anm. 3 zu § 40, Dühringer und Hachenburg S. 156.

[2] Bilanzen S. 160.

[3] Entsch. O.V.G. Bd. XVII S. 128 ff., vgl. auch Westhoff in XLVIII, 248 ff. und die neuerliche Entscheidung des Ob.-Verw.-Ger. vom 3./3. 1909, LI, 162.

„für die Verzinsung des in den Bergwerksanlagen an„gelegten Kapitals zu machen. Nach Massgabe des so „ermittelten Wertes der verkauften Kohle ist mit Hilfe „der üblichen Rentenformel, bei der auf der Bemessung „des Zinsfusses Gewicht zu legen sein wird, der Wert „der vorhandenen Kohlenmenge für jedes der drei „Durchschnittsjahre festzustellen, womit sich dann für „jedes Jahr die Quote der Substanzverminderung er„gibt."

Diese Art der Wertsbemessung hat jedenfalls den Vorzug, dass dieselbe die Autorität eines höchsten Gerichtshofes für sich hat, und sie wird, wie bei der Beratung des Statuts von den sachverständigen Mitgliedern der Kommission anerkannt wurde, regelmässig auch zu einer Bemessung des Wertes der Bergwerkssubstanz führen, wie sie ihrem wahren Werte entspricht. Selbstredend bleibt aber die Gewerkschaft nach § 40 H.G.B. verpflichtet, die Bergwerkssubstanz zu einem niedrigerem Werte anzusetzen, wenn die nach dem Normalstatut erfolgte Abschätzung ihren wahren Wert übersteigt.

c) Die **Bilanz der Gewerkschaft** unterscheidet sich auch dadurch von der der Aktiengesellschaft, dass sie nicht, wie diese die Grundlage für die Gewinnverteilung, so diejenige für die Verteilung der Ausbeute bildet, dass vielmehr Ausbeute auch dort verteilt werden kann, wo kein oder nur ein geringerer Gewinn erzielt ist, und umgekehrt eine Ausbeute nicht verteilt zu werden braucht, wo Gewinn erzielt ist[1]. Der Posten „Kapitalkonto" auf der Passivseite der Bilanz wird deshalb und wegen der mit dem fortschreitenden Abbau des Minerals verbundenen Wertsverringerung der Bergwerkssubstanz keinen unveränderten Bestand aufweisen, wie das entsprechende „Aktien-Kapital-Konto" bei der Aktiengesellschaft. Vielmehr wird, je nachdem trotz Gewinnerzielung Ausbeute nicht verteilt oder höhere Ausbeute, wie erzielter Gewinn verteilt ist, eine Zu-

---

[1] Vgl. oben zu § 102 und über die Bilanz als Grundlage für die Besteuerung der Gewerkschaft vgl. Westhoff, XLVIII, 268 ff.

schreibung oder eine Abschreibung auf diesem Kapitalkonto erfolgen müssen. Die dadurch notwendig werdenden Buchungen sind bei Simon S. 46 ff. an praktischen Beispielen zutreffend erläutert.

5. Die Verwaltungsrechnung ist der **Gewerkenversammlung** vorzulegen. Der einzelne Gewerke hat deshalb auf Vorlegung keinen Anspruch. Da § 122 auch für die Gewerkschaften alten Rechts gilt (§§ 226, 227), so besteht auch bei diesen ein solcher Anspruch für den einzelnen Gewerken nicht[1]. Dass bei Dechargierung der Verwaltungsrechnung auch nach heutigem Recht der Repräsentant mitstimmen darf, ist bereits oben zu § 113 erörtert.

6. **Der Repräsentant ist zur Berufung einer Gewerkenversammlung auf Antrag von mindestens $^1/_4$ der Kuxe verpflichtet.** Dass die gleiche Verpflichtung auch bei Vorhandensein eines Grubenvorstandes diesen trifft, kann, obwohl er in diesem Absatz nicht erwähnt ist, nicht zweifelhaft sein. Es liegt eine durch die Kommission des Herrenhauses verschuldete ungenaue Redaktion vor[2].

7. Unterlässt der Repräsentant oder Grubenvorstand die Berufung, so **erfolgt**, d. h. so **muss dieselbe erfolgen durch die Bergbehörde**, d. h. den Bergrevierbeamten[3], und zwar den Revierbeamten desjenigen Bezirks, in welchem die Gewerkschaft ihren Sitz hat[4].

Bezüglich dieser durch den Revierbeamten zu berufenden Versammlung ist im einzelnen folgendes zu bemerken:

a) Der Revierbeamte ist **nur bei Vorhandensein der gesetzlichen Voraussetzungen** zur Berufung der Gewerkenversammlung legitimiert, d. h. falls der Repräsentant und resp. Grubenvorstand trotz eines vorliegenden Antrages von mindestens $^1/_4$ der Kuxe die Be-

---

[1] O.Tr. 19./10. 77 XIX S. 249, Brassert Anm. 2, Klostermann-Thielmann Anm. 3.

[2] VI S. 27, 159, 258, Brassert Anm. 3, Klostermann-Thielmann Anm. 4, Esser S. 91, Oppenhoff S. 671. [3] § 189 A B.G.

[4] § 189 Abs. 1.

rufung der Gewerkschaft nicht bewirkt hat. Der Revierbeamte wird also, bevor er die Einladung erlässt, den Nachweis verlangen müssen, dass diese Voraussetzung vorliegt. Sollte der Revierbeamte trotz Nichtvorliegens dieser Voraussetzung die Versammlung berufen haben, so würde sie nicht als gesetzmässig berufene gelten und die Rechtsgültigkeit ihrer Beschlüsse deshalb auch später noch im Rechtswege angefochten werden können, soweit besondere Privatrechte von ihrer Gültigkeit oder Ungültigkeit abhängen[1]. Gegen die Verfügung des Revierbeamten, welcher die Berufung der Gewerkenversammlung ablehnt, findet Rekurs nach § 191 A.G.B. statt[2].

b) Die **Einladung** des Revierbeamten muss im übrigen den Vorschriften des Gesetzes und des Statuts entsprechen.

Regelmässig muss also auch hier die Einladung durch Postzustellungsurkunde erfolgen, Einschreibebrief genügt nicht, auch muss die statutarische Frist beobachtet sein (A.B.G.)[3].

Die Einladung muss an sämtliche im Gewerkenbuch eingetragene Gewerken erfolgen. Nicht eingetragene Gewerken können nicht an der Abstimmung teilnehmen[4]. Der Bergrevierbeamte bedarf daher nach diesen beiden Richtungen des Gewerkenbuches. Wird dessen von ihm angeordnete Vorlegung geweigert, so hat auf seinen Antrag das Oberbergamt durch Androhung von Geld- ev. Haftstrafen gemäss §§ 132 ff. des Gesetzes über die allgemeine Landesverwaltung vom 30./7. 1880 den Repräsentanten resp. Grubenvorstand zur Vorlegung anzuhalten oder das Gewerkenbuch zwangsweise einziehen zu lassen[5].

Die aus der Einladung der Staatskasse entstehenden

---

1 Vgl. Clausthal 27./1. 1886 XXVII S. 285, Roenne Staatsrecht I S. 489, 512, Droop Rechtsweg in Preussen S. 5, vgl. RG.-Entsch. Bd. 3 S. 410, Bd. 11 S. 71 und Bd. 25 S. 302.

2 Oppenhoff 672.

3 A. M. für beides O.L.G. Cassel 28./7. 95 XXXVIII S. 337.

4 A. M. Cassel a. a. O.

5 § 190 Abs. 6 A.B.G., Brassert Anm. 5 dazu.

Kosten fallen der Gewerkschaft, weil durch die Einladung eine ihr obliegende gesetzliche Verpflichtung erfüllt wird[1], zur Last und sind nötigenfalls im Verwaltungszwangswege von ihr einzuziehen[2]. Zweckmässigerweise wird sie der Bergrevierbeamte vom Antragsteller vorschiessen lassen.

Eines Stempels, etwa aus Tarifstelle 10 des Preuss. Stempelgesetzes „Ausfertigungen", werden die Einladungen nicht bedürfen[3]. Unter „Ausfertigungen" im Sinne dieser Tarifstelle sind zu verstehen: „beglaubigte Abschriften, welche bestimmt sind, die Urschrift im Verkehr zu vertreten"[4]. Das Einladungsschreiben ist aber seiner Natur nach überhaupt keine „Abschrift", sondern die Urschrift selbst, und daran ändert sich nichts, wenn auch für den inneren Dienst der Behörde ein Entwurf des Einladungsschreibens zurückbehalten wird[5]. Aehnlich entscheidet der Ministerial-Erlass vom 22. Mai 1896[6] diese strittige Frage.

c) Dass der Revierbeamte der von ihm selbst berufenen Gewerkenversammlung **beizuwohnen** hat, ist im A.B.G. nicht ausgesprochen. Seine Nichtanwesenheit berührt daher die Gültigkeit des Beschlusses nicht[7]. Da aber der Zweck der Berufung der Gewerkenversammlung der ist, eine gesetzmässige Beschlussfassung der Gewerkschaft zu ermöglichen, so wird man, wie es auch meist in der Praxis geschieht, den Revierbeamten für berechtigt ansehen müssen, der Gewerkenversammlung jedenfalls so lange beiwohnen zu dürfen, bis die Abhaltung und Beschlussfassung der Gewerkenversammlung gesichert ist, regelmässig also bis zur Eröffnung der Verhandlungen durch den statutarisch berufenen oder von der Versammlung erwählten Vorsitzenden.

d) Der **§ 37 Abs. 2 des B.G.B.**, wonach unter den

---

[1] §§ 812, 813 B.G.B. [2] § 194 A.B.G.

[3] A. M. für bisheriges Recht Brassert Anm. 6, Klostermann-Thielmann Anm. 9. [4] Heinitz S. 312. [5] Heinitz a. a. O.

[6] XXXVIII, 1.

[7] Brassert Anm. 4, Klostermann-Thielmann Anm. 7, Oppenhoff 674.

dort angegebenen Voraussetzungen das Amtsgericht einzelne Mitglieder einer Korperation zur Berufung der Gewerkenversammlung ermächtigen kann, findet auf die Gewerkenversammlung keine Anwendung, da die Berufung der Gewerkenversammlung durch das A.B.G. insofern erschöpfend geregelt ist[1]. Die in der früheren Auflage vertretene Ansicht, nach welcher das Amtsgericht in „dringenden Fällen" nach § 29 B.G.B. einen Repräsentanten bzw. Grubenvorstandsmitglieder soll ernennen können, wird sich nicht aufrecht erhalten lassen. Die zur Begründung dieser Ansicht betonte, im A.B.G. angeblich vorhandene Lücke einer gesetzlichen Bestimmung für „dringende Fälle" ist tatsächlich nicht vorhanden, da die Vorschrift des Abs. 4 des § 122 A.B.G. unter dem Gesichtswinkel betrachtet werden muss, dass die Bestellung oder Abberufung des Repräsentanten auch für den Notfall durch Abs. 4 erschöpfend geregelt wird[2].

8. **Zur Vornahme der Wahl des Repräsentanten oder Grubenvorstandes** oder zur Beschlussfassung über den Widerruf der erfolgten Bestellung kann die Bergbehörde auf Antrag eine Gewerkenversammlung berufen.

a) Sie kann berufen, ist also nicht, wie im Falle des Abs. 3, dazu verpflichtet.

b) Auf Antrag! Dass der Antrag von einem Gewerken ausgehen muss, ist nicht gesagt. Der Antrag kann daher auch von einem Gläubiger oder einer Behörde gestellt sein.

c) Nur zum Zwecke der Wahl oder Abberufung eines Repräsentanten oder Grubenvorstandes, also nicht für andere Zwecke. Auch die gleichzeitige Anberaumung der Versammlung über andere Gegenstände ausser der Wahl des Repräsentanten ist ungültig[3].

---

[1] Habicht S. 102.

[2] Ebenso Klostermann-Thielmann Anm. 8; a. M. übereinstimmend mit Westhoff R.A. Dr. Gottschalk im „Glückauf", 1911, Nr. 32, S. 1254.

[3] Bonn 11./10. 99 XLI 121.

Wohl aber findet auch bei der Wahl eines einzelnen Grubenvorstandsmitgliedes der Abs. 4 Anwendung. Es handelt sich auch in diesem Falle regelmässig um die Wahl „des Grubenvorstandes". Wenn z. B. der Grubenvorstand statutarisch aus fünf Mitgliedern bestehen muss, zur Zeit aber nur 4 Mitglieder zählt, so ist bis zur Wahl des fünften Mitgliedes ein gesetzmässiger „Grubenvorstand" nicht vorhanden.

d) Da eine gesetzliche Verpflichtung der Gewerkschaft zur Berufung der Gewerkenversammlung im Falle des Abs. 4 nicht vorzuliegen braucht, so würden die Kosten der Einladung in solchem Falle von dem Antragsteller zu tragen sein, ohne dass ein Rückgriff an die Gewerkschaft gegeben zu sein braucht. Jedenfalls ist, da nach Abs. 4 die Berufung der Versammlung von dem freien Ermessen der Bergbehörde abhängig gemacht ist, dieselbe auch berechtigt, die Berufung ihrerseits von der Einzahlung eines Vorschusses zur Deckung der voraussichtlich entstehenden Kosten abhängig zu machen [1].

9. Da der § 122 durch Statut abgeändert werden kann, so kann z. B. die Minimalzahl der antragsberechtigten Kuxe im Abs. 3 erhöht oder erniedrigt werden. Auch erscheint es, wie im Westfälischen Normalstatut (§. 5) vorgesehen, zulässig, Antragstellern stets die Kosten der Berufung der Versammlung aufzulegen, falls die Gewerkenversammlung die von ihnen gestellten Anträge verwirft.

---

§ 123. Der Repräsentant ist berechtigt und verpflichtet, alle Vorladungen und andere Zustellungen an die Gewerkschaft mit voller rechtlicher Wirkung in Empfang zu nehmen.

Bestellt die Gewerkschaft einen Grubenvorstand,

---

[1] Berlin 13./5. 1880 XXI S. 397.

so muss ein Mitglied desselben mit dieser Empfangnahme beauftragt und in der Legitimation des Grubenvorstandes bezeichnet werden. Wenn dies nicht geschehen ist, so kann die Zustellung an jedes Mitglied des Grubenvorstandes erfolgen.

Zu § 123.

1. Der Repräsentant und das dazu bestimmte, ev. jedes Mitglied des Grubenvorstandes nimmt alle Vorladungen und Zustellungen an die Gewerkschaft mit voller rechtlicher Wirkung für sie entgegen. Die Bestimmung ist auch statutarisch unabänderlich[1]. Unter „Zustellungen" ist nach Sinn und Wortlaut nur diejenige von Ladungen und Erklärungen, nicht diejenige von Wertgegenständen zu verstehen. Die Zustellung z. B. von Geld oder Geldbriefen fällt nicht unter § 123 und könnte deshalb durch Statut anders geregelt werden[2]. Dagegen ist es gleichgültig, ob die „zuzustellende" Erklärung oder Vorladung schriftlich oder mündlich erfolgt, oder von wem sie ausgeht, sei der Zustellende nun eine Behörde, oder ein bergbaulicher Verein (z. B. Knappschaftsverein) oder ein Privater[3].

Für die prozessualische Zustellung hat der § seine Bedeutung verloren, da sie durch die §§ 171 ff. C.P.O. geregelt ist[4]. Dagegen kann die Bestimmung des § 28 Abs. 2 B.G.B., wonach statutarisch unabänderlich[5] jedes Grubenvorstandsmitglied zur Entgegennahme von Willenserklärungen berechtigt ist, gegenüber diesem § nicht zur Anwendung kommen, die Gewerkschaft ist vielmehr berechtigt, durch Beschluss zu bestimmen, dass nur ein bestimmtes Mitglied des Grubenvorstandes zur Entgegennahme solcher einseitigen Erklärungen berechtigt sein soll.

---

[1] §§ 94, 124 A.B.G.
[2] Klostermann-Thielmann Anm. 4.
[3] Brassert Anm. 1, vgl. auch Motive VI 159.
[4] § 14 E.-G. zur C.P.O. [5] § 40 B.G.B.

2. Nach Abs. 2 des § kann die Zustellung auch dann an jedes Mitglied des Grubenvorstandes erfolgen, falls ein Zustellungsbevollmächtigter zwar bestimmt, dies aber in der Legitimation des Grubenvorstandes nicht zum Ausdruck gekommen ist.

Konsequenter Weise wird man daher fortab bei den zum Handelsregister eingetragenen Gewerkschaften anzunehmen haben, dass gutgläubigen Dritten gegenüber jedes Mitglied des Grubenvorstandes zur Entgegennahme der Zustellungen, Vorladungen und Erklärungen als berechtigt gilt, wenn diese Aenderung der gesetzlichen Vertretungsbefugnis sämtlicher Grubenvorstandsmitglieder durch Bestellung eines oder einzelner besonderer Mitglieder des Grubenvorstandes nicht zum Handelsregister eingetragen ist[1].

Umgekehrt wird der Dritte, der, obwohl das zustellungsbevollmächtige Mitglied des Grubenvorstandes zum Handelsregister eingetragen war, in vertretbarer Unkenntnis[2] eine Erklärung einem anderen Grubenvorstandsmitgliede gegenüber abgegeben hat, gegen sich gelten lassen müssen, dass die von ihm abgegebene Erklärung (z. B. Kündigung) regelmässig als nicht erfolgt gilt[3].

3. Die Wahl der empfangsbevollmächtigten Mitglieder des Grubenvorstandes erfolgt durch einfache Beschlussfassung gemäss § 113 A.B.G., da weder materiell ein statutarischer Beschluss, noch eine „Wahl" gemäss § 118 vorliegt.

---

§ 124. Die Bestimmungen der §§ 120, 121 und 122 dürfen nur durch ein förmliches Statut (§ 94), diejenigen des § 123 aber gar nicht abgeändert werden.

In keinem Falle darf dem Repräsentanten oder

---

[1] §§ 33, 15 H.G.B. [2] § 15 Abs. 2 H.G.B.
[3] §§ 180, 177 ff. B.G.B. und oben zu § 119 unter E.

Grubenvorstande die Vertretung der Gewerkschaft bei den Verhandlungen mit der Bergbehörde, mit dem Knappschaftsvereine und mit anderen auf den Bergbau bezüglichen Instituten, sowie in den gegen sie angestellten Prozessen und die Eidesleistung in letzteren entzogen werden.

Zu § 124.

1. Die Bestimmungen der §§ 120, 121 und 122 dürfen **nur** durch Statut abgeändert werden, d. h.[1] auch in solchen Fällen, wo materiell ein statutarischer Beschluss nicht vorliegt. Liegt materiell ein statutarischer Beschluss vor, wird z. B. die Befugnis des Repräsentanten der Gewerkschaft ein für allemal unter Abänderung der §§ 120—122 geregelt, so unterfällt ein solcher Beschluss schon dem § 94 Abs. 2 A.B.G. und verlangt deshalb $^3/_4$ Majorität und oberbergamtliche Bestätigung. Der § 124 geht aber weiter! Er bestimmt, dass jede Abänderung der §§ 120—122 in allen Fällen, also auch in solchen, wo § 94 Abs. 2 nicht zutrifft, derselben statutarischen Form, wie ein materiell statutarischer Beschluss, bedarf. Darnach benötigt also auch ein Beschluss, der nur die Stellung des jeweiligen Repräsentanten oder auch dieses bezüglich bestimmter Geschäfte oder auf bestimmte Zeit abweichend von den §§ 120—122 regeln will, der statutarischen Form des § 94 Abs. 2[2] unter Hinzutritt der oberbergamtlichen Bestätigung.

2. **§ 123 darf gar nicht abgeändert werden,** d. h. also auch im **einzelnen** Falle nicht.

Die Gewerkschaft kann also nicht beschliessen, dass z. B. für die Entgegennahme der Zustellung einer bestimmten Klage ihr Repräsentant nicht befugt sein soll, während z. B. § 102, der nach § 94 Abs. 3 auch

---

[1] Arg. § 94 Abs. 2 und 3.

[2] Brassert Anm. 1, Klostermann-Thielmann Anm. 1, Oppenhoff 679, Motive VI S. 160, a. M. Arndt S. 138, der den § 124 für „überflüssig" hält.

unabänderlich ist, doch nicht ausschliesst, dass die Gewerkschaft durch einfachen Mehrheitsbeschluss einem einzelnen Gewerken die Zahlung einer speziellen Zubusse nachlässt. Insofern liegt also auch hier keine überflüssige Wiederholung des bereits im § 94 Abs. 3 Gesagten vor, wie Arndt a. a. O. und Esser S. 93 annehmen [1].

Ein Verstoss gegen § 124 liegt nicht vor, wenn statutarisch neben dem Repräsentanten und Grubenvorstande ein besonderer Zustellungsbevollmächtigter (etwa z. B. der Betriebsdirektor) bestellt wird. Der § 124 will nur ausschliessen, dass statt des Repräsentanten und resp. Grubenvorstandes ein Dritter zur Empfangnahme der Zustellungen ausschliesslich bestellt wird [2].

Dass der § 124 A.B.G. auch auf die Gewerkschaften alten Rechts Anwendung findet, ist zwar streitig [3], muss aber m. D. bejaht werden [4]. Es muss entscheiden, dass der § 124 in § 227 nicht unter denjenigen §§ aufgeführt ist, welche auf die alten Gewerkschaften keine Anwendung finden.

Auch der Einwand, dass § 124 von der Anwendung auf die alten Gewerkschaften deshalb ausgeschlossen sein müsse, weil dieselben infolge der Ausschliessung des § 94 Abs. 2 überhaupt kein Statut errichten könnten, erscheint nicht durchschlagend.

Denn der § 124 disponiert, wie aus dem zu 1. und 2. Gesagten erhellt, überhaupt nicht über Statutänderungen in materiellem Sinne, sondern bestimmt nur, dass für nicht statutarische Einzelbeschlüsse ausnahmsweise die Form statutarischer Beschlüsse verlangt werde. Es steht also keineswegs im Widerspruch miteinander, wenn man zwar der Gewerkschaft alten Rechts Statutänderungen, d. h. also generelle und dauernde Abweichungen von der gesetzlichen Grundverfassung

---

[1] Brassert Anm. 1, Klostermann-Thielmann Anm. 2, Oppenhoff 680, Motive a. a. O. [2] Berlin 17./4. 91 XXXII S. 402.
[3] Brassert Anm. 2, Klostermann-Thielmann Anm. 6.
[4] Achenbach VII 176.

untersagt, ihr wohl aber gestattet, in den Fällen der §§ 120—122, im einzelnen Falle von dieser Grundverfassung abzuweichen, vorausgesetzt, dass ihr Beschluss mit $^3/_4$ Majorität und unter oberbergamtlicher Zustimmung gefasst ist.

---

§ 125. Die Gewerkschaft wird durch die von dem Repräsentanten oder Grubenvorstande in ihrem Namen geschlossenen Rechtsgeschäfte berechtigt und verpflichtet.

Es ist gleichgültig, ob das Geschäft ausdrücklich im Namen der Gewerkschaft geschlossen worden ist, oder ob die Umstände ergeben, dass es nach dem Willen der Kontrahenten für die Gewerkschaft geschlossen werden sollte.

Zu § 125.

Die Bestimmung dieses § ist dem Art. 230 damaligen H.G.B. nachgebildet, der in dem neuen H.G.B., weil überflüssig und durch § 164 B.G.B. gedeckt, gestrichen ist[1].

Im übrigen hat der § seine Erläuterung bereits bei § 119 gefunden.

---

§ 126. Der Repräsentant oder die Mitglieder des Grubenvorstandes sind aus den von ihnen im Namen der Gewerkschaft vorgenommenen Rechtshandlungen Dritten gegenüber für die Verbindlichkeiten der Gewerkschaft persönlich nicht verpflichtet.

---

[1] Entwurf eines H.G.B. 1896 S. 139.

Handeln dieselben ausser den Grenzen ihres Auftrages oder den Vorschriften dieses Titels entgegen, so haften sie persönlich, beziehungsweise solidarisch für den dadurch entstandenen Schaden.

Zu § 126.

1. Der Abs. 1 dieses §, der dem gleichfalls nunmehr als überflüssig gestrichenen Abs. 1 des Art. 241 H.G.B. entsprach, ist zu § 119 bereits erörtert worden.

2. In den Fällen des Abs. 2 haften Repräsentant bez. Grubenvorstand **persönlich bzw. solidarisch für den entstandenen Schaden.** Die Vorschrift besagt nach ihrem Inhalt und ihrem Zusammenhange zweifellos, dass in den dort bezeichneten Fällen der Repräsentant dem Beschädigten für den entstandenen Schaden haftet, gleichgültig wer der Beschädigte ist, also nicht bloss der Gewerkschaft, sondern auch dem einzelnen Gewerken und einem Dritten[1].

Dass dies der Sinn der Bestimmung, kann um so weniger zweifelhaft sein, als auch der vorbildliche Art. 241 H.G.B. in seiner ursprünglichen Fassung konstant diese Auslegung gefunden hat[2].

Der Abs. 2 statuiert somit eine Ausnahmebestimmung von der gesetzlichen Regel, dass soweit nicht besondere Vorschriften des allgemeinen bürgerlichen Rechts entgegenstehen[3], für die Rechtsgeschäfte, welche vom Repräsentanten namens der Gewerkschaft getätigt werden, und für die Handlungen, die er sonst bei seiner Geschäftsführung vornimmt, nur die Gewerkschaft haftbar ist[4].

3. Als solche Ausnahmebestimmung von der gesetzlichen Regel ist sie deshalb strikte zu interpretieren.

---

[1] So Brassert S. 338, Klostermann-Thielmann Anm. 3, Oppenhoff Nr. 688; ebenso R.G. 1./11. 1906 in Jurist. Wochenschr. S. 780, Nr. 48.

[2] Puchelt H.G.B. III. Aufl. Anm. 2 zu Art. 241 H.G.B., R.O.H.G. Entsch. 23./11. 75 Bd. 19 S. 179, R.G. 10./3. 81 Bd. 5 S. 19, 10./6. 82 Bd. 7 S. 105. [3] Vgl. darüber unter Nr. 6.

[4] Vgl. oben zu § 119 unter B.

Insbesondere haftet also der Repräsentant — abgesehen von der Ueberschreitung seines „Auftrages", worüber noch unten zu handeln — direkt einzelnen Gläubigern oder Gewerken **nur für solche Versehen bei seiner Geschäftsführung, welche gegen Bestimmungen dieses vierten Titels der A.B.G. verstossen**, wenn man mit Rücksicht auf § 94 Abs. 2 A.B.G. darunter auch solche Bestimmungen des Statuts mag verstehen können, welche einzelne §§ dieses Titels abändern.

Versehen bei der Ausfertigung der Kuxscheine und der Führung des Gewerkenbuches, bei der Einberufung einer Gewerkenversammlung werden deshalb mit Rücksicht auf §§ 122 und 124 A.B.G. zweifellos unter den Abs. 2 fallen; ob auch Verzögerung der Einziehung der Zubusse darunter fällt, kann zweifelhaft sein, da die Verpflichtung zur Einziehung nicht aus §§ 102, 119 A.B.G., sondern aus §§ 665 ff. B.G.B. folgt. R.G. 27./4. 1881 XXIII S. 910, welches sich lediglich über die Haftbarkeit des Repräsentanten gegenüber der Gewerkschaft verhält, stützte diese Verpflichtung auch nur auf § 116 I 14 A.L.R. Die Frage wird jetzt wohl mit Recht vom R.G. 21./1. 1903[1] verneint. Jedenfalls wird derjenige Teil der Geschäftsführung, der nicht durch Vorschriften dieses Titels geregelt ist, sich vielmehr nach allgemeinen Rechtsvorschriften oder nach Statut und Spezialvollmacht (vgl. R.G. 21./1., 1903, XLIV, 254) regelt, auch nicht diesem Abs. 2 unterstellt werden können. In solchen Fällen ist daher eine direkte Haftung des Repräsentanten nicht gegeben, soweit nicht eine Haftung aus unerlaubter Handlung vorliegt[2], oder ausnahmsweise eine solche direkte Haftung sich aus allgemeinen Vorschriften ergibt, wie sie z. B. bez. der Verpflichtung zur Anmeldung des Konkurses, der Liquidationstätigkeit des Vorstandes, vorgesehen ist[3].

4. Die Haftung des Abs. 2 tritt ferner ein, wenn Repräsentant oder Grubenvorstand **ausserhalb der**

[1] XLIV, 254.
[2] Vgl. hierüber unten unter Nr. 6.
[3] §§ 42 Abs. 2, 53 B.G.B.

Grenzen ihres Auftrages handeln, d. h. also, wenn sie Rechtsgeschäfte oder sonstige Handlungen vornehmen, zu welchen sie von der Gewerkschaft überhaupt nicht oder nicht in dem Umfange oder der Art, wie sie vorgenommen sind, ermächtigt waren. Gemäss Art. 67 des E.G. des B.G.B. geht daher in diesem Falle der Abs. 2 den widersprechenden Bestimmungen des B.G.B. vor.

In denjenigen Berggesetzen, wo eine dem § 126 entsprechende Bestimmung fehlt, z. B. in Reuss j. L., Schaumburg-Lippe, Oldenburg, Sachsen-Weimar trifft nur § 179 B.G.B. zu. Im Falle des Provisionsversprechens kommt dies auf dasselbe hinaus. Der Grubenvorstand haftet gemäss § 179 Abs. 1 B.G.B. für ein Provisionsversprechen für Beschaffung eines Darlehns, wenn es für die Gewerkschaft nicht verbindlich ist. Das ist entgangener Gewinn (§§ 249 bis 252 B.G.B.). Ausserdem haftet die Gewerkschaft aus rechtloser Bereicherung in Höhe des Angemessenen.

Nach Abs. 2 des § 126 A.B.G. ist also der Dritte, welcher einen Vertrag mit dem Repräsentanten abgeschlossen hat, auf den Schadenanspruch beschränkt; der wahlweise Anspruch auf Erfüllung gemäss § 179 Abs. 1 B.B.G. ist ihm versagt. Dagegen wird der Umfang des Schadens, mangels einer entgegenstehenden Vorschrift des A.B.G., sich wieder nach dem B.G.B. richten, sich also z. B. auf das negative Vertragsinteresse im Sinne des B.G.B. beschränken[1], wenn der Repräsentant den Mangel seiner Vertretungsmacht nicht kennt. Im übrigen wird ein Ersatzanspruch gegen den Repräsentanten durch Uebertretung seiner Vertretungsmacht beim Abschluss von Verträgen mit Rücksicht auf § 15 H.G.B., § 119 Abs. 4 A.B.G. und § 179 Abs. 3 S. 1 B.G.B. regelmässig ausgeschlossen sein. Möglich ist er aber immerhin z. B. in den Fällen des § 120 A.B.G., wenn die Gewerkschaft ihre ursprünglich weitergehende Vollmacht durch einen zweiten, materiell nicht statutarischen und deshalb nicht eintragungspflichtigen Beschluss einschränkt,

---

[1] § 179 Abs. 2 B.G.B., Rehbein I S. 281.

der Repräsentant aber nur den ersteren den gutgläubigen Gegenkontrahenten mitteilt. Nach R.G. 21./1 1903 soll übrigens bei der Alternative des Abs. 2 des § 126 immer ein positives Handeln notwendig sein, blosses Geschehenlassen z. B. einer Arbeit (Schachtabteufen durch einen Dritten) genügt nicht.

5. Der Anspruch aus Abs. 2 hat auch, soweit er sich auf die Ueberschreitung des „Auftrages“ stützt, regelmässig den **Eintritt eines Schadens** zu seiner Voraussetzung, setzt also gegenüber Dritten regelmässig voraus, dass ein Anspruch auf Erfüllung gegenüber der Gewerkschaft nicht besteht. Diese zweite Alternative des Abs. 2 kann deshalb Dritten gegenüber nur dort zutreffen, wo die Vertretungsmacht des Vorstandes von der Gewerkschaft auch mit Wirkung nach aussen beschränkt werden konnte, d. h. also in den Fällen des § 120 A.B.G. und etwaiger statutarischer Beschränkung der normalen, gesetzlichen Vertretungsbefugnis; sie greift auch dort Platz, wo nur einzelne Mitglieder des Grubenvorstandes, die zur alleinigen Vertretung nach aussen nicht berechtigt waren, gehandelt haben. In den übrigen Fällen, wo der Repräsentant der erteilten Instruktion zuwiderhandelt, die Gewerkschaft aber doch nach aussen hin verpflichtet, kann ein Schadensanspruch höchstens von den einzelnen Gewerken erhoben werden. Ein solcher wird für die einzelnen Gewerken auch dann gegeben sein, wenn der zunächst der Gewerkschaft zustehende Regress durch Verzicht (Dechargeerteilung) erloschen ist.

6. Soweit ein Anspruch auf Grund dieses § von einem Dritten wegen einer von dem Repräsentanten bei Abschluss eines Vertrages begangenen Ueberschreitung der Vollmacht erhoben wird, unterliegt er an sich der regelmässigen **Verjährungsfrist** und nicht der dreijährigen aus § 852 B.G.B., da culpa in contrahendo nicht ohne weiteres als „unerlaubte Handlung“ im Sinne des B.G.B. angehen werden kann[1]. Dagegen wird im übrigen und speziell regelmässig der zweite Fall des

[1] Oertmann S. 589, Plank II 602 und 603.

Abs. 2, die Haftung für Zuwiderhandlungen gegen die Vorschriften dieses Titels, als quasideliktischer der kurzen Verjährung aus § 852 B.G.B. unterworfen sein. Die Pflicht der Gewerkschaft zur ordnungsmässigen Führung des Gewerkenbuches, zur gesetzmässigen Einberufung der Gewerkenversammlung u. dgl. wird man unmöglich als eine auch nur der Gewerkschaft gegenüber dem Gewerken vertraglich obliegende ansehen können.

7. Durch die Bestimmungen dieses Abs. 2 sind allgemeine Rechtsgrundsätze des B.G.B., nach welchen eine anderweite persönliche Haftung des Repräsentanten oder Grubenvorstandes eintritt, nicht berührt. So ist auch Artikel 241 H.G.B. stets aufgefasst worden [1]. Insbesondere haftet also der Repräsentant oder Grubenvorstand dem Dritten oder dem Gewerken persönlich, wenn er sich einen „unerlaubten Handlung" gemäss §§ 823, 826 B.G.B. schuldig macht und dadurch Schaden zufügt [2]. Dabei bleibt aber zu beachten, dass unter § 823 Abs. 1 nur die dort aufgeführten absoluten Rechte fallen [3], dass deshalb die Verletzung obligatorischer Rechte durch den Repräsentanten, sei es bei dem Vertragsabschluss, sei es bei der Erfüllung, regelmässig kein Klagerecht gegen ihn gibt [4], es sei denn, dass die Handlung sich davon abgesehen deshalb als „unerlaubte Handlung" darstellt, weil sie zugleich unter Abs. 1 fallende Rechte des Gegenkontrahenten, z. B. dessen Eigentumsrechte verletzt. Aus einem Versehen des Repräsentanten oder Grubenvorstandes bei Abschluss oder Erfüllung eines Vertrages wird daher regelmässig, d. h. soweit nicht § 823 Abs. 1 B.G.B. oder § 126 Abs. 2 A.B.G. zutrifft, nur ein Anspruch gegen die Gewerkschaft, nicht auch gegen den Repräsentanten selbst begründet.

---

[1] R.O.H.G. Bd. 19 S. 178, Puchelt III. Aufl. Bd. I S. 498.

[2] Vgl. Staub S. 232, Rehbein I S. 47; für das Gebiet des code civil vgl. R.G. 16./3. 1906, XLVIII, 113 und ferner R.G. 7./6. 1905, XLVI, 528.

[3] Plank II S. 602, Oertmann S. 557, Liszt Deliktsobligationen S. 10.

[4] Oertmann a. a. O., a. M. Liszt S. 21.

§ 823 Abs. 1 B.G.B. und auch § 123 Abs. 2 A.B.G. treffen aber zu, wenn z. B. der Gewerkschaft durch Vertrag von dem Besitzer des benachbarten Bergwerks die Lösung nur eines bestimmten Flötzes oder bis zu einer bestimmten Demarkationslinie gestattet ist, der Repräsentant aber trotzdem aus verbotenen Flötzen fahrlässiger Weise oder vorsätzlich Kohlen entnimmt.

In solchem Fall hat nach allerdings nicht unbestrittener Ansicht der dritte Kontrahent die Wahl zwischen dem Anspruche aus dem Vertrage gegen die Gewerkschaft oder ex delicto gegen den Repräsentanten[1], weil auch „unerlaubte Handlung“ vorliegt, da durch die Entnahme nicht bloss der obligatorische Anspruch, sondern auch das Eigentumsrecht bzw. das eigentumsgleiche Recht des Gegenkontrahenten an seinem Bergwerk verletzt ist[2].

---

§ 127. Die Bergbehörde ist befugt, eine Gewerkschaft aufzufordern, innerhalb drei Monaten einen Repräsentanten oder einen Grubenvorstand zu bestellen.

Wird dieser Aufforderung nicht entsprochen, so kann die Bergbehörde bis dahin, dass dies geschieht, einen Repräsentanten bestellen und demselben eine angemessene, von der Gewerkschaft aufzubringende und nötigenfalls im Verwaltungswege exekutivisch einzuziehende Belohnung zusichern.

Dieser interimistische Repräsentant hat die in den §§ 119 bis 123 bestimmten Rechte und Pflichten, insofern die Bergbehörde keine Beschränkungen eintreten lässt.

---

[1] Oertmann S. 554, Liszt S. 11 ff.

[2] Oertmann S. 558, vgl. auch R.G. 14./11. 92 Bd. 30 S. 45, Staub S. 233.

Zu § 127.

1. **Die Aufforderung ist an die Gewerkschaft zu richten.** Wie sie ihr aber zuzustellen ist, wenn ein Zustellungsbevollmächtigter nicht vorhanden ist, kann streitig sein. Da die Gewerkschaft im Falle dieses § einer gesetzlichen Vertretung entbehrt, so wird sie nach aussen hin durch die Gesamtheit der jeweilgen Mitglieder vertreten, so dass also, falls keine gesetzliche Sonderbestimmung existierte, jedem einzelnen Gewerken diese Aufforderung zuzustellen sein würde[1].

Darnach würde aber die Zustellung der Aufforderung vielfach undurchführbar sein, da regelmässig die Ermittelung der einzelnen Gewerken dem Revierbeamten schwer möglich sein wird, die Zustellung auch, da die erleichternden Bestimmungen des § 113 A.B.G. nicht zutreffen[2], bei Unbekanntheit des Aufenthaltes auch nur eines Gewerken überhaupt unmöglich sein würde.

Man wird indes die Vorschriften des § 28 Abs. 2 B.G.B.. § 123 Abs. 2 A.B.G. auch dann analog anwenden dürfen, wenn, wie hier, die Vertretung nach aussen hin nicht durch einen mehrgliedrigen Vorstand, sondern durch die Mitglieder selbst erfolgt, so dass Zustellung an ein Mitglied genügen wird, um nach Ablauf der Frist dem Revierbeamten die Berechtigung zu geben, einen Repräsentanten zu bestellen[3].

2. **Die Bergbehörde ist befugt, das Verfahren dieses § einzuschlagen,** d. h. es ist ihrem freien Ermessen überlassen, ob sie von der Befugnis Gebrauch machen will. Auf die Art der Gründe, weshalb sie von der Befugnis Gebrauch machen will, kommt es nicht an. Die Gründe brauchen nicht gerade bergpolizeilicher Natur zu sein oder in der Notwendigkeit einer Vertretung gegenüber den Bergbehörden oder bergbaulichen Instituten bestehen. Es braucht überhaupt kein öffentliches Interesse vorzuliegen. Auch der Schutz z. B. des Gläubigers, welcher eine Klage gegen die Gewerkschaft

---

[1] So Brassert Bd. 2 S. 166. [2] A. M. Oppenhoff Anm. 692.
[3] Klostermann-Thielmann Anm. 3, a. M. Brassert Bd. 2 S. 166.

nicht anstrengen kann, würde die Bergbehörde berechtigen, von der Befugnis des § Gebrauch zu machen, obwohl hier auch § 57 C.P.O. dem Gläubiger zum Ziele verhilft. Zweifellos erscheint die Bergbehörde auch befugt, ihr Einschreiten von der Einzahlung eines die voraussichtlichen Kosten deckenden Vorschusses abhängig zu machen[1].

Auf besonderen Antrag seitens eines Gläubigers eines Gewerken oder einer Behörde bzw. Bergbauinstituts würde der Revierbeamte auch gemäss § 122 Abs. 4 eine Gewerkenversammlung selbst berufen können, welcher Modus gegenüber dem umständlichen Verfahren des § 127 A.B.G. regelmässig den Vorzug verdienen wird.

3. Die Befugnis steht der Bergbehörde aber nur zu, **wenn ein Repräsentant überhaupt nicht vorhanden**, nicht auch dann, wenn der vorhandene Repräsentant nach Ansicht der Bergbehörde wegen Geistesschwäche, Trunksucht, Verschwendung oder aus sonstigen Gründen unfähig erscheint, sein Amt zu versehen[2].

Dagegen wird Entmündigung des Repräsentanten wegen Geisteskrankheit der Bergbehörde die Befugnis dieses § geben, da in diesem Falle ein Repräsentant im gesetzlichen Sinne nicht vorhanden ist[3].

4. Bei der Bestellung des Repräsentanten haftet der Bergfiskus niemals seinerseits für die Ansprüche des Repräsentanten auf **Honorar**.

Der Anspruch des Repräsentanten auf das angemessene Honorar steht ihm vielmehr, wie Abs. 2 bestimmt, nur gegen die Gewerkschaft zu, also, wie jede andere gewerkschaftliche Verbindlichkeit, nicht gegen die einzelnen Gewerken. Noch weniger haftet das Honorar auf dem Bergwerk dinglich[4]. Die Belohnung kann von dem Repräsentanten auch im Prozesswege gegen

---

[1] Berlin 13./5. 80 XXI S. 397, Brassert Anm. 4, Klostermann-Thielmann Anm. 5.

[2] Berlin 15./4 78 XXI 399. [3] Vgl. zu § 117.

[4] Berlin 10./12. 72 XIV S. 263, 20./7. 71 XII 405, Brassert Anm. 3, Klostermann-Thielmann Anm. 5.

die Gewerkschaft eingeklagt werden, da im Abs. 2 nicht zum Ausdruck gebracht ist, dass die Festsetzung und Beitreibung nur im Verwaltungswege erfolgen könne[1].

5. Der bestellte Repräsentant hat die gesetzlich normalen **Befugnisse** eines Repräsentanten der Gewerkschaft. Seine Rechtshandlungen verpflichten also die Gewerkschaft genau so, wie diejenigen eines aus ihrer Wahl hervorgegangenen Repräsentanten. Sollen die Befugnisse des Repräsentanten gegenüber den normalen eingeschränkt werden, so müssen sie, um gutgläubigen Dritten gegenüber zu gelten, in derselben Weise in die Legitimation aufgenommen bzw. zum Handelsregister eingetragen werden, wie dies bez. des gewählten Repräsentanten notwendig ist[2].

6. Die Anordnungen der Bergbehörde sind einer **Nachprüfung im Rechtswege** nicht entzogen, wenn das Nichtvorhandensein derjenigen Voraussetzungen behauptet wird, die allein der Bergbehörde die Möglichkeit eines Einschreitens aus § 127 A.B.G. gewähren, und wenn ferner die Gültigkeit oder Nichtgültigkeit der Bestellung die Existenz privatrechtlicher Ansprüche Dritter gegenüber der Gewerkschaft bedingt[3].

Es erscheint deshalb zulässig, die rechtsgeschäftlichen Handlungen eines von der Bergbehörde bestellten Repräsentanten deshalb anzufechten, weil ein von der Gewerkschaft gewählter Repräsentant vorhanden oder weil der Bestellung durch die Bergbehörde die Aufforderung gemäss Abs. 1 nicht vorangegangen war[4].

Dagegen erscheint eine richterliche Nachprüfung der Zweckmässigkeit eines Einschreitens aus § 127 A.B.G. ausgeschlossen[5].

---

§ 128. Soweit der gegenwärtige Titel nichts anderes bestimmt, sind die durch die Bestellung

[1] Brassert Anm. 5.
[2] Klostermann-Thielmann Anm. 7.
[3] Vgl. oben zu § 122. [4] A. M. Oppenhoff Anm. 694.
[5] Arg. auch § 209 Abs. 3 A.B.G.

eines Repräsentanten oder Grubenvorstandes entstehenden Rechtsverhältnisse nach den allgemeinen Vorschriften über die Vollmacht und den Auftrag zu beurteilen.

Zu § 128.

A. Allgemeines.

1. Die Stellung des Repräsentanten als Bevollmächtigten der Gewerkschaft ist zu § 119 unter C. erläutert. Hier ist nur noch das Rechtsverhältnis des Repräsentanten zur Gewerkschaft **nach innen hin** zu erörtern. Für dieses ist jetzt die oben wieder gegebene Fassung des Pr.A.G. Art. 37 unter X massgebend, wonach, „soweit dieser Titel nichts anders bestimmt", die „allgemeinen Vorschriften über den Auftrag" entscheiden. Man kann Simon zugeben, dass die Fassung dieses § zu Zweifeln Anlass gibt, namentlich darüber, ob damit eine Honorierung der Tätigkeit des Repräsentanten gemäss § 662 B.G.B. und auch eine Anstellung auf Dauer ausgeschlossen ist, letzteres, weil bei dem Auftrag nach der herrschenden Auffassung der vertragsmässige Verzicht des Auftraggebers auf den Widerruf des Auftrages nichtig ist[1]. Man wird indes zu einem dem Bedürfnis der bisherigen Praxis entsprechenden Resultat, welche bei im Betrieb befindlichen Gewerkschaften die Tätigkeit des Repräsentanten stets honoriert und ihn, sofern er ihr seine Tätigkeit ausschliesslich widmet, auch regelmässig für längere Zeit anstellt, gelangen können, ohne in direktem Widerspruch mit der jetzigen Fassung des Art. 37 X a. a. O., den § 675 B.G.B., Geschäftsbesorgung gegen Entgelt, als die vom Gesetzgeber gemeinte, ergänzende Bestimmung des B.G.B. zu bezeichnen[2].

Art. 37 X a. a. O. bestimmt nur, dass „soweit

---

[1] Oertmann Anm. 1 zu § 671 B.G.B., Plank Anm. 2 dazu, Kuhlenbeck desgl. Anm. 1, Neumann Anm. 1.

[2] So Simon a. a. O.

dieser Titel nichts anderes bestimmt", die Vorschriften über den Auftrag Anwendung finden. Soweit also in dem Titel vorgesehen ist, dass auch abweichend vom Begriff des „Auftrages" das Rechtsverhältnis des Repräsentanten nach innen geordnet werden kann, haben diese letzteren Bestimmungen vorzugehen.

Zu diesen Bestimmungen gehört aber auch diejenige des § 127 Abs. 2, wonach dem Repräsentanten „eine angemessene, von der Gewerkschaft aufzubringende Belohnung" ausgesetzt werden kann. Aus diesem § muss gefolgert werden, das das A.B.G. prinzipiell die Anstellung des Repräsentanten auch gegen Entgelt, d. h. also in der Begriffsabgrenzung des B.G.B. auch auf Dienstvertrag zulässt, und dass deshalb auch die durch § 94 Abs. 2 ausgesprochene Unabänderlichkeit des § 128 A.B.G. einer Anstellung des Repräsentanten durch Dienstvertrag nicht entgegensteht. Diese durch § 127 bedingte Interpretation der §§ 94, 128 A.B.G. findet ihre Stütze auch in den Motiven zum A.B.G., welche der Gewerkschaft bezüglich der statutarischen Ausgestaltung ihrer Grundverfassung die freieste Hand hat lassen und nur diejenigen Bestimmungen des IV. Titels für statutarisch unabänderlich hat erklären wollen, bei denen dies mit Rücksicht auf öffentliche Interessen, den Schutz der Minorität, die rechtliche Natur der Gewerkschaft als juristischer Person und ihre Vertretung nach aussen hin notwendig erschien, alles Gesichtspunkte, die hier bezüglich der Regelung des internen Verhältnisses des Repräsentanten zur Gewerkschaft nicht in Betracht kommen. Damit stimmt überein, dass in den Motiven die Unabänderlichkeit des § 128 A.B.G. auch nur dadurch gerechtfertigt wird, dass „derselbe die Vertretung der Gewerkschaft nach aussen hin regele". Auch daraus ergibt sich die Zulässigkeit, aus dem § 127 A.B.G. den generellen Grundsatz zu entnehmen, dass nach positiver Vorschrift des A.B.G. die Bestellung des Repräsentanten auch gegen Entgelt geschehen kann[1].

---

[1] Ebenso Klostermann-Thielmann Anm. 2 zu § 128; Oldenburg

2. Aus vorstehendem ergibt sich, dass der Repräsentant zwar regelmässig nach innen hin als Beauftragter der Gewerkschaft gilt, dass aber die Gewerkschaft berechtigt ist, ihn auch auf Dienstvertrag anzustellen. Soll letzteres der Fall sein, so bedarf es besonderer Festsetzung, sei es im Statut, sei es in dem Einzelbeschlusse der Gewerkschaft. Mit Recht hat deshalb das Westfälische Musterstatut sowohl die Feststellung eines bestimmten Gehaltes und der Amtsdauer, wie die Zubilligung einer Tantième, die auch schon den Begriff des Dienstvertrages erfüllt[1], ausdrücklich ausgesprochen[2]. Je nachdem also der Bestellung des Repräsentanten wie regelmässig Auftrag, oder kraft besonderer Bestimmung Dienstvertrag zu Grunde liegt, ist das Rechtsverhältnis des Repräsentanten ein verschiedenes. Bemerkt sei dabei, dass bei Anstellung gegen Entgelt regelmässig Dienstvertrag und nicht etwa Werkvertrag vorliegt. Denn Gegenstand des Vertrages bilden die einzelnen, vom Repräsentanten zu leistenden Dienste, nicht das Produkt derselben[3]. Es ist aber im einzelnen Falle ausnahmsweise möglich, dass Werkvertrag gegeben, wenn z. B. der Repräsentant von der Gewerkschaft gerade für die Durchführung einer schwierigen Finanzoperation oder der Schachtanlage gewählt ist[4].

Der praktische Unterschied zwischen Dienst- und Werkvertrag besteht hauptsächlich darin, dass bei dem Dienstvertrag beiden Teilen die Möglichkeit offensteht, den Vertrag vorzeitig zu kündigen[5], während bei Vorhandenseins eines Werkvertrages der Gewerkschaft nur ein beschränktes, dem Repräsentanten aber gar kein Kündigungsrecht zusteht[6].

---

und Schaumburg-Lippe sehen ausdrücklich (§ 78) die Möglichkeit des Abschlusses eines Dienstvertrages vor.

[1] Arg. §§ 621, 622 B.G.B., Oertmann S. 332 Anm. 2.

[2] §§ 20 und 25 I, 21 II, 13 III.

[3] Plank II S. 349 unter Nr. 5.

[4] Plank a. a. O. u. II S. 368 unter Nr. 2.

[5] §§ 620 ff.

[6] § 649 B.G.B., Plank Anm. 2.

B. Der Repräsentant aus Auftrag.

Ist eine Vergütung (sei es Gehalt, sei es Tantième) nicht besonders vereinbart, so finden auf das Verhältnis des Repräsentanten zur Gewerkschaft die §§ 662—674 B.G.B. Anwendung.

1. **Es kann also regelmässig auch eine angemessene Vergütung nicht nachträglich gefordert werden**[1]. Wird sie nachträglich freiwillig von der Gewerkschaft gewährt, so qualifiziert sie sich aber jedenfalls nicht als Schenkung, höchstens als solche im Sinne des § 534 B.G.B.[2].

Aber selbst, wenn eine Vergütung nicht vorbedungen ist, kann ausnahmsweise doch eine solche verlangt werden, nämlich wenn § 354 H.G.B. zutrifft, d. h. wenn der Repräsentant Kaufmann ist und die Uebernahme des Amtes als Repräsentant in einem wenn auch entfernten Zusammenhange mit seinem Gewerbebetrieb (z. B. dem von ihm betriebenenen Bankgeschäfte) sich befindet[3]. Selbstredend fällt aber auch hier der Anspruch weg, wenn Unentgeltlichkeit vereinbart war. Es empfiehlt sich daher nötigenfalls die Aufnahme einer besonderen, dies aussprechenden Bestimmung in das Statut.

2. **Der Repräsentant kann im Zweifel die Ausführung der ihm obliegenden Geschäfte nicht einem Dritten übertragen**, andernfalls er sich nach innen hin nach Massgabe des § 664 B.G.B. der Gewerkschaft verantwortlich macht. Ueber die Substitutionsbefugnis des Repräsentanten nach aussen hin ist bereits zu § 119 unter B u. C gehandelt. Aber auch nach innen hin wird er zur Annahme von Gehülfen (z. B. der Bestellung der notwendigen bergtechnischen und kaufmännischen Büreaubeamten) regelmässig selbständig befugt erscheinen[4], sofern nicht im Statut Ausnahmen vorgesehen sind[5]. Dagegen ist er regelmässig nicht berechtigt, z. B. Dritten Vollmacht zu erteilen, ein Rechts-

---

[1] § 662 B.G.B. [2] Oertmann S. 393.
[3] R.G. 12./7. 87 Entsch. Bd. 19 S. 123, Staub Anm. 3 zu § 354.
[4] Oertmann Anm. 1 zu diesem §.
[5] Vgl. Westf. Statut I § 21 Nr. 7.

geschäft selbständig für die Gewerkschaft abzuschliessen[1], es sei denn, dass ausdrücklich oder stillschweigend ihm diese Substitutionsbefugnis zusteht[2].

Hat der Repräsentant den Gesetzen, Statuten, oder Einzelbeschlüssen der Gewerkschaft zuwider einen Substituten oder Gehülfen bestellt, so haftet er für allen Schaden, der daraus direkt oder indirekt entsteht[3].

3. Im allgemeinen ist der Repräsentant — abgesehen von der mangelnden Substitutionsbefugnis — in allen Fällen, in denen er nach aussen hin Vertretungsmacht hat, auch nach innen hin berechtigt frei zu handeln. Nur, soweit ihm besondere Weisungen seitens der Gewerkschaft gegeben sind, hat er ihnen nachzukommen[4]. Diese Weisungen können ihm durch Einzelbeschluss seitens der Gewerkenversammlung oder der dazu von dieser ermächtigten Personen (z. B. Verwaltungsrat oder einer besonderen für das Geschäft bestimmten Kommission) oder durch Statut auferlegt sein. So hat das Westf. Statut z. B. in III § 21 angeordnet, dass alle Beschlüsse des Verwaltungsrates vom Repräsentanten zur Ausführung zu bringen sind und dass ihm gegen sie nur das Recht zusteht, binnen 14 Tagen auf die Entscheidung der Gewerkenversammlung zu provozieren. Ebenso bedürfen nach § 22 dieses Statuts III der Repräsentant der Genehmigung des Verwaltungsrats, nach § 21 des Statuts I die geschäftsführenden Mitglieder des Grubenvorstandes der Genehmigung der übrigen Mitglieder des Grubenvorstandes, zu einer Reihe von Geschäften, wobei es allerdings nach der Fassung des Statuts zweifelhaft sein kann, ob diese Begrenzung der Befugnisse des Repräsentanten bez. der geschäftsführenden Mitglieder des Grubenvorstandes nicht auch nach aussen hin gelten sollen. Für das Statut III wird man wohl mit Rücksicht auf dessen § 14 diese Frage zu verneinen haben,

---

[1] Plank Anm. 3 zu § 664 B.G.B.

[2] Vgl. Westf. Statut III Nr. 15.

[3] §§ 664, 276 B.G.B., Oertmann S. 397, Neumann Anm. 1 zu § 278, Kuhlenbeck Anm. 1 zu § 664 B.G.B. [4] Arg. § 665 B.G.B.

während im Statut I das Gegenteil gemeint zu sein scheint.

Von den „Weisungen" der Gewerkenversammlung bezüglich der von ihr bestellten Personen (Verwaltungsrat, besondere Kommission, übrigen Mitglieder des Grubenvorstandes) darf der Repräsentant im Falle des § 665 B.G.B. bei Gefahr im Verzuge selbständig abweichen.

4. Nach §§ 666, 667 und 668 B.G.B. hat der Repräsentant der Gewerkenversammlung oder dem von ihr bestellten Kontrolorgan (z. B. dem Verwaltungsrat des Westf. Statuts III) auch ohne besondere statutarische Festsetzung jederzeit die erforderlichen Nachrichten zu geben, sowie über den Stand des Bergwerksbetriebes und des Gewerkschaftsvermögens Auskunft zu erteilen, auch alles, was er aus der Geschäftsbesorgung für die Gewerkschaft erhält, also auch die ihm etwa dabei zugeflossenen Provisionen [1] herauszugeben und von ihm entnommene Gelder der Gewerkschaft zu verzinsen. Aufwendungen (z. B. Reisekosten, Korrespondenzkosten usw.) kann er von der Gewerkschaft ersetzt verlangen, auch dieserhalb in Vorschuss gehen [2].

5. **Die Gewerkschaft kann die Bestellung des Repräsentanten jederzeit widerrufen,** auch wenn die Bestellung auf bestimmte Dauer von Jahren erfolgt ist [3]. Der Repräsentant ist dagegen, falls er auf eine Reihe von Jahren bestellt ist und dieses Amt angetreten, gebunden, sofern nicht ein wichtiger Grund (z. B. schwere Krankheit, Verarmung, Wechsel des Wohnsitzes) ihn berechtigt, sein Amt niederzulegen. Aber auch dann darf er, soweit auch hier nicht wichtige Gründe ein anderes rechtfertigen, nicht „unzeitig" kündigen, d. h. er muss der Gewerkschaft Zeit lassen, einen anderen Repräsentanten an seiner Stelle zu erwählen [4].

6. **Regelmässig erlischt durch den Tod des Repräsentanten sein Amt.** Sein Erbe ist verpflichtet,

---

[1] Kuhlenbeck Anm. 1, a. M. Oertmann Anm. 1c zu § 667 B.G.B.
[2] §§ 669, 670 B.G.B.
[3] Oertmann Anm. 1, Neumann Anm. 1, Kuhlenbeck Anm. 1 zu § 671 B.G.B. [4] § 671 B.G.B.

von dem Tode der Gewerkschaft sofort Anzeige zu machen und, soweit Gefahr im Verzuge, die Geschäfte der Gewerkschaft einsweilen zu erledigen [1].

Andere Erlöschungsgründe, wie den Tod, führt das B.G.B. nicht auf. Trotzdem wird Entmündigung wegen Geisteskrankheit auch dahin zu rechnen sein, weil es dem Repräsentanten die Fähigkeit zur Geschäftsordnung nimmt [2]. Beschränkung der Geschäftsfähigkeit führt dagegen eine Beendigung des Amtes nicht herbei [3]. Jedenfalls empfiehlt es sich daher nach dem Vorgange des Westf. Statuts, welches in den §§ 15 I, 14 II und 17 III noch Konkurs und Verlust der bürgerlichen Ehrenrechte vorsieht, die Erlöschungsgründe im Statut festzusetzen und den im Westfälischen Statut bestimmten auch Beschränkung der Geschäftsfähigkeit [4] beizufügen.

7. Uebergangsfrage. Das Rechtsverhältnis des vor dem 1. Januar 1900 ohne Vergütung angestellten Repräsentanten, resp. Grubenvorstands zur Gewerkschaft richtet sich auch nachher, bis zum Ablauf seiner Funktionsperiode, regelmässig nach dem früheren Recht [5].

C. Der Repräsentant auf Grund Dienstvertrages.

1. Seine Rechtsstellung zur Gewerkschaft ist im allgemeinen dieselbe, wie die des Repräsentanten aus Auftrag [6]. Nur treffen einerseits die §§ 662 und 671 B.G.B. auf ihn nicht zu und andererseits finden die §§ 611—630 B.G.B. Anwendung, soweit sie nicht mit den in erster Reihe anzuwendenden §§ 663, 665—670, 672—674 B.G.B. unvereinbar sind [7].

Speziell kann also hier die Stellung des Repräsen-

---

[1] § 673 B.G.B.

[2] Plank Anm. 2 zu § 673, Neumann Anm. 4 zu § 674, a. M. Oertmann Anm. 4.

[3] Plank und Oertmann a. a. O., Neumann § 165 B.G.B.

[4] § 114 B.G.B.

[5] Art. 170 E.G. zum B.G.B., Habicht S. 215.

[6] § 675 B.G.B. [7] Oertmann S. 410.

tanten auf eine bestimmte Reihe von Jahren beiderseits festgelegt werden [1].

Ist eine bestimmte Zeit nicht vereinbart, so kann dem Repräsentanten, welcher nur auf Jahresgehalt oder auf Jahresgehalt und Tantième angestellt ist, zum Schlusse eines jeden Kalendervierteljahres mit sechswöchentlicher Frist gekündigt werden [2]. Diesem § 621 B.G.B. dürften auch die Grubenvorstandsmitglieder des Westf. Statuts [3] unterliegen, welche auf eine fixierte Minimaltantième angestellt sind. Macht deshalb die Gewerkschaft von ihrer jederzeitigen Kündigungsbefugnis, welche ihr nach den §§ 15 I, 14 II und 17 III dieses Statuts zusteht, Gebrauch, so hat sie doch die Tantième noch bis zum Ablauf der Frist des § 622 B.G.B. zu vergüten. Dabei kommt der gesamte Jahresgewinn pro rata temporis in Betracht, nicht der in dem betreffenden Teil des Jahres erzielte Gewinn [4].

Ist der Repräsentant nur auf Tantième gestellt, so trifft gleichfalls § 621 B.G.B. zu, so dass, weil regelmässig wohl Jahrestantième gewährt wird, die Kündigungsfrist dieselbe ist, wie bei Anstellung mit festen Bezügen.

2. Abgesehen davon kann „aus wichtigen Gründen" jederzeits beiderseits ohne Innehaltung einer Frist gekündigt werden [5].

Als wichtige Gründe, den Repräsentanten seines Amtes zu entlassen, können z. B. in Betracht kommen Indiskretion, Nichtausführung des Beschlusses der Gewerkenversammlung oder des bestellten Verwaltungsrates, Verheimlichung eines geschäftlichen Vorganges durch falsche Buchführung, Annahme einer Gratifikation bei Bestellungen von Materialien für die Gewerkschaft, strafbarer Raubbau in fremdem Felde, ebenso auch Vertrauensmissbrauch, dauernde Krankheit [6]. Bei vorüber-

---

[1] § 620 Abs. 1 B.G.B.

[2] § 621 Abs. 4 B.G.B., Staub Anm. 26 zu § 731 H.G.B.

[3] § 25 I, § 21 II.

[4] Staub Anm. 12 zu § 237 H.G.B. [5] § 626 B.G.B.

[6] Vgl. Staub Anm. 28 zu § 231 H.G.B. und die dortigen Zitate aus der Judikatur betr. den Vorstand der Aktiengesellschaft.

gehender Krankheit trifft § 616 B.G.B. zu. Als wichtige Gründe für den Repräsentanten, sein Amt sofort niederzulegen, kommen z. B. in Betracht: Verzug der Gewerkschaft mit der Zahlung des Gehaltes, beleidigende Behandlung durch den Verwaltungsrat, die nicht geschäftsführenden Mitglieder des Grubenvorstandes oder die Mehrheit der Gewerken[1].

3. In denjenigen Fällen, wo ein wichtiger Grund zur sofortigen Auflösung des Verhältnisses nicht gegeben ist, wird die Vertretungsbefugnis dem Repräsentanten oder Grubenvorstande nach aussen hin nicht sofort entzogen werden können, da eine dem § 231 Abs. 3 H.G.B. entsprechende Vorschrift fehlt.

3. Uebergangsfrage. Das Rechtsverhältnis des vor dem 1. Januar 1900 gegen Entgelt bestellten Repräsentanten resp. Grubenvorstandsmitgliedes zur Gewerkschaft richtet sich von dem Augenblick an, wo eine Kündigung vertragsmässig oder nach bisherigem Rechte zulässig war, regelmässig nach neuem Recht[2].

4. **Die Dienstbezüge** des Repräsentanten resp. Grubenvorstandes geniessen **im Konkurse der Gewerkschaft** das Vorrecht des § 61 Nr. 1 der R.K.O. Es gilt dies auch für eine etwa vereinbarte Minimaltantième[3]. Ebenso trifft § 22 und § 59 Nr. 59 der R.K.O. auf Repräsentanten und Grubenvorstand zu[4].

---

§ 129. Die Klage gegen einen Gewerken auf Zahlung seines durch Gewerkschaftsbeschluss bestimmten Beitrages kann nicht vor Ablauf der in dem § 115 bestimmten Präklusivfrist von vier Wochen erhoben werden. Ist innerhalb dieser Frist von dem

---

[1] Staub Anm. 18 und 29 zu § 231 H.G.B.

[2] Art. 170, 171 E.G. zum B.G.B., Habicht S. 287, Staub Anm. 35 zu § 231 H.G.B. [3] Wilmowsky S. 245, Wolff S. 235.

[4] Vgl. auch Staub Anm. 31 zu § 231 H.G.B.

Gewerken auf Aufhebung des Beschlusses Klage erhoben worden (§ 115), so findet vor rechtskräftiger Entscheidung über dieselbe die Klage gegen den Gewerken nicht statt.

Die Klage gegen den Gewerken kann nur bei dem ordentlichen Richter angestellt werden, in dessen Bezirk das Bergwerk liegt.

Das Verfahren über beide Klagen richtet sich nach den für schleunige Sachen bestehenden Vorschriften.

Zu § 129.

I. Einleitung. Die §§ 129—131 A.B.G. haben das bis dahin bestandene, rechtsrheinische Zubuss- und Kaduzierungsverfahren sowohl für die neue, wie auch die alte Gewerkschaft[1] beseitigt und mussten es beseitigen, „nachdem die Grundbedingungen desselben mit der Teilnahme der Bergbehörde an dem Betriebe und der Verwaltung der Bergwerke fortgefallen waren". „Die veränderte Stellung der Bergbehörden schloss grundsätzlich jede Beteiligung derselben an der Ausschreibung und Einziehung der Betriebsgelder", wie sie bis dahin nach den §§ 274 ff. II 16 A.L.R. und den damit im wesentlichen übereinstimmenden partikulären, preussischen Bergordnungen stattfand[2], aus[3].

„Andererseits ergab sich aber aus der der Gewerkschaft eigentümlichen Einrichtung, wonach die Betriebsgelder je nach den wechselnden Bedürfnissen von den Beteiligten aufgebracht werden müssen, die Notwendigkeit eines anderen Verfahrens, welches die Interessen der einzelnen Gewerken, wie der Gewerkschaft gleichmässig wahrt."

Aus diesem Grunde, „musste dem Gewerken die Befugnis erhalten bleiben, sich von der persönlichen Haftbarkeit für die von ihm der Gewerkschaft verschuldeten Beiträge durch Hingabe seines Kuxes zu

---

[1] § 227 A.B.G.

[2] Gräff Handbuch des preuss. Bergrechts S. 150 ff.

[3] Motive VI S. 161.

befreien"[1]. Dementsprechend ist die Verpflichtung des Gewerken zur Zahlung der Zubusse in den §§ 102, 107, 129—131 A.B.G. rein als persönliche festgesetzt, für die der Kux nicht dinglich haftet, für die der Gewerke grundsätzlich nicht nur mit seinem Kux, sondern mit seinem ganzen Vermögen aufzukommen hat, die er aber auf eine Haftung bloss mit dem Kux beschränken kann, wenn er bis zu dem aus § 130 A.B.G. sich ergebenden Zeitpunkte den Kux der Gewerkschaft zur Verfügung stellt.

1. Da die Zubusse den Gewerken nicht anders wie jede andere persönliche Schuld belastet, so ist er auch berechtigt, sie **in jeder gesetzlich zulässigen Weise zu berichtigen**, also nicht bloss durch Zahlung, sondern auch durch die derselben gleichstehenden Rechtshandlungen, insbesondere durch **Aufrechnung** einer ihm sonst zustehenden Forderung an die Gewerkschaft.

Eine dem § 221 H.G.B.[2] entsprechende, die Aufrechnung ausschliessende positive Besimmung fehlt. Auch aus allgemeinen Rechtsgrundsätzen lässt sie sich bei der Gewerkschaft nicht begründen. Die bezüglich der Aktiengesellschaft entgegenstehende Ansicht des R.G.[3], welche schon für das frühere Recht vor dem den ausdrücklichen Ausschluss der Aufrechnung anordnenden Gesetz vom 18. Juli 1884 denselben annahm, trifft für die Gewerkschaft nicht zu. Bei der Aktiengesellschaft ist es gewiss richtig, wie das R.G. a. a. O. ausführt, dass die Willensintention der Parteien auf Barzahlung des Beitrages des einzelnen Aktionärs zum Grundkapital gerichtet war. Nicht minder mag dort auch stets Ungleichartigkeit der Forderungen vorliegen, wenn die eine lediglich auf eine Geldzahlung geht, während die andere „die Verpflichtung umfasst, zu einem Betriebsganzen beizutragen, aus dem und vermöge dessen kapitalerzeugender Kraft auch die Gegenforderung getilgt werden soll". Der Ausschluss der Kompensation bei der Aktien-

---

[1] Motive a. a. O. [2] Früher Art. 184c.

[3] Entsch. Bd. 6 S. 69, Bd. 18 S. 3, Bd. 19 S. 127.

gesellschaft ist darnach eine notwendige Konsequenz aus dem bei ihr wesentlichen Erfordernis des Vorhandenseins und der Erhaltung eines bestimmten Grundkapitals. Dieselben Erwägungen treffen aber bei der Gewerkschaft nicht zu. Die Gewerken leisten nicht Beiträge zu einem Betriebsganzen, mit dem als unabänderliche Grundlage gewirtschaftet werden soll, sondern sie leisten „laufende Zuschüsse“[1], um „die Schuldverbindlichkeiten der Gewerkschaft zu erfüllen“[2]. Wenn der Gewerke durch die Erklärung der Aufrechnung kundgibt, dass er auf das Recht aus § 130 A.B.G. endgültig verzichtet, so stehen sich deshalb unzweifelhaft „dem Gegenstande nach gleichartige Forderungen“ gegenüber[3]. Man kann auch nicht sagen, dass die Aufrechnung seiner und der Gewerkschaft Willensintention widerspreche, denn er erfüllt durch die Aufrechnung eine Schuldverbindlichkeit der Gewerkschaft, leistet also das, wozu nach § 102 Abs. 2 A.B.G. gesetzlich die Zubusse bestimmt ist.

Umgekehrt ist aber die Gewerkschaft ihrerseits nicht berechtigt, gegen eine anderweite Forderung des Gewerken wider dessen Willen mit einer von ihm verschuldeten Zubusse aufzurechnen. Hier steht hindernd im Wege, dass die beiden Forderungen „dem Gegenstande nach“ so lange nicht gleichartig sind[4], als der Gewerke noch im stande ist, sein Recht aus § 130 A.B.G. geltend zu machen[5].

Wie aber, wenn die Forderung des Gewerken an die Gewerkschaft in einer Ausbeuteforderung besteht? Ist die Ausbeute festgestellt, bevor die Zubusse beschlossen wurde, mit welcher die Gewerkschaft gegen die erstere aufrechnen will, so ist dies nach obigem unzulässig, weil die erstere durch den Verteilungsbeschluss einen selbständigen obligationenähnlichen Charakter erhalten hat und der Gewerke deshalb berechtigt erscheint, diese Ausbeute zu verlangen, trotzdem aber die Zahlung

---

[1] Motive VI S. 146. [2] § 102 A.B.G. [3] § 387 B.G.B.
[4] §§ 387, 391 B.G.B.
[5] R.G. 26./2. 92 XXXIII S. 535, Westhoff ebendaselbst S. 117.

der später fällig werdenden Zubusse gemäss § 130 A.B.G. abzulehnen. Auch hier steht also der Kompensation die Ungleichartigkeit der Gegenforderung entgegen. Anders liegt dagegen der Fall, wenn die Zubusse früher fällig war wie die Ausbeute. Nimmt hier der Gewerke die später zur Existenz gelangte Ausbeute für sich in Anspruch, so muss darin gleichzeitig auch die Erklärung noch Gewerke sein und auf das Recht des § 130 wegen der bis dahin verfallenen Zubussen verzichten zu wollen, gefunden werden, so dass damit das dem Erfordernisse der Gleichartigkeit sonst entgegenstehende Bedenken gehoben wäre.

Die Frage der Kompensation von Ausbeute und Zubusse bei Wechsel der Gewerken ist oben zu § 107 behandelt.

2. Auch die **Person des Verpflichteten** richtet sich nach allgemeinen Rechtsgrundsätzen.

Wie die Verpflichtung sich zwischen dem Zedenten und Zessionar auch gegenüber der Gewerkschaft im Falle einer Zession regelt, ist bereits erörtert[1]. Jedenfalls haftet der Gewerkschaft gegenüber regelmässig nur der jetzige, ausnahmsweise auch der frühere Gewerke.

a) Was die Haftung des Niessbrauchers am Kuxe angeht, so war für Preussisches Recht anzunehmen, dass er der Gewerkschaft für die Zubusse haftete[2]. Dasselbe muss für jetziges Recht gelten, da die Zahlung der Zubusse in der dem Niessbraucher obliegenden Pflicht der „Erhaltung des Rechtes in seinem wirtschaftlichen Bestande" mitenthalten ist[3]. Aus gleichem Grunde haftet auch bei dem gesetzlichen Güterstande der Verwaltungsgemeinschaft der Mann persönlich für die Zubusse, welche für die zum Eingebrachten der Frau gehörigen Kuxe zu zahlen ist[4]. Das Sächsische A.G. § 29 zum B.G.B hat bestimmt, dass der Niessbraucher dem Eigentümer gegenüber verpflichtet ist, die Zubusse zu zahlen.

---

[1] § 107 oben.

[2] §§ 80, 81 I 21 A.L.R., R.G. 17./5. 99 Bd. 44 S. 211.

[3] §§ 1041, 1068 B.G.B. [4] § 1384 B.G.B.

b) Ob mehrere Kuxberechtigte für die Zubussen als Gesamtschuldner oder bloss anteilig haften, richtet sich nach dem unterliegenden Rechtsverhältnis. Steht der Kux z. B. einer offenen Handelsgesellschaft zu, so haften die sämtlichen Gesellschafter für die Zubussen sowohl mit dem Gesellschaftsvermögen, wie solidarisch mit ihrem Privatvermögen[1]. Bei einer Gesellschaft der §§ 705 ff. B.G.B. wird man anteilige Haftung der mehreren Gesellschafter anzunehmen haben, da lediglich eine Verpflichtung ex lege, aus § 102 A.B.G. vorliegt[2]. Dasselbe gilt, falls der Kux sich im Eigentum einer Gemeinschaft befindet[3]. Mehrere Miterben haften dagegen für die Zubussen gemäss §§ 2058 ff. B.G.B., also regelmässig als Gesamtschuldner, jedoch mit der Massgabe, dass bis zur Teilung die Gesamthaftung jedes Erben auf seinen Anteil am Nachlass begrenzt ist[4]. Es gilt dies auch bezüglich der Zubusse, die nach dem Tode des Erblassers bis zur Nachlassteilung beschlossen ist, weil sie als notwendige Auslage zur Erhaltung des Nachlasses den Erben als solchen treffen dürfte[5].

Nach bisherigem Rechte hafteten in letzterem Falle die mehreren Miterben regelmässig nur anteilig[6].

3. **Im Konkurse der einzelnen Gewerken** können die Zubussen, soweit sie für den Betrieb des Bergwerks während der Dauer des Konkurses erforderlich sind als **Massekosten** gemäss § 58 Nr. 2 R.K.O. geltend gemacht werden. Sie gehören zu den sumtus oeconomici des Konkurses, „den Ausgaben für die Verwaltung und Verwertung der Masse", weil es sich um Bestreitung von Wirtschafts- und Verwaltungskosten für das zur Konkursmasse gehörige Mitgliedschaftsrecht an der Gewerkschaft handelt[7].

---

[1] § 128 H.G.B., Staub Anm. 4.

[2] § 420 B.G.B., Oertmann S. 465 zu § 733 B.G.B., Plank Anm. 2 zu § 714, Neumann Anm. 1b, R.G. 17./5. 99 Entsch. Bd. 44 S. 211 ff. [3] §§ 755, 420 B.G.B. [4] Plank V S. 215.

[5] § 1967 Abs. 2, vgl. Plank Anm. 2, Kuhlenbeck Anm. 1 dazu, Neumann II S. 1113.

[6] R.G. 17./5. 99 XL S. 465, Rehbein Entsch. Bd. III S. 298.

[7] Wolff R.K.O. S. 223; vgl. auch Klostermann-Thielmann Anm. 2 zu § 102.

Die Zubussen haben aber nur insoweit den Charakter der Massekosten, als sie sich tatsächlich auf die Verwaltung der Masse beziehen, d. h. soweit sie Kosten betreffen, welche für die Dauer des Konkursverfahrens für das Bergwerk aufzuwenden sind. Soweit die Zubusse Kosten umfasst, welche für die Zeit vor der Konkurseröffnung benötigt waren, geniesst sie ein Vorrecht nicht, sondern rangiert als einfache Konkursforderung. Zubusse, welche für die Zeit des Konkursverfahrens erforderlich ist, ist aber andererseits stets als ein Teil der Massekosten anzusehen, gleichgültig, ob die Zubusse vor oder nach Konkurseröffnung eingefordert ist.

Die Beweislast, dass hiernach die Zubusse im einzelnen Falle die Natur der Massekosten hat, liegt der Gewerkschaft ob, als derjenigen, welche das weitergehende Recht behauptet[1].

4. Der Repräsentant hat die Pflicht, **die Zubusse**, sobald die Rechtsgültigkeit des Zubussenbeschlusses auch im Hinblick auf seine Nichtschädlichkeit für die Gewerkschaft feststeht, also nach Ablauf der vierwöchentlichen Frist des § 115[2], **alsbald einzufordern** und ebenso alsbald nach Ablauf der Frist dieses § einzuklagen[3]. Unterlässt er dies, so ist er schadensersatzpflichtig, allerdings nur der Gewerkschaft als solcher, nicht etwa den einzelnen Gewerken gegenüber[4] und vorausgesetzt, dass er es bei der Nichteinziehung bzw. Nichteinklagung an „der im Verkehr erforderlichen Sorgfalt"[5] hat fehlen lassen und dass der Gewerkschaft durch die Verzögerung der Einziehung bzw. Einklagung wirklich Schaden erwachsen ist[6]. In ersterer Beziehung wird bei Hinausschiebung der Einziehung regelmässig der Repräsentant oder Grubenvorstand den Beweis zu führen haben, dass in dieser

---

[1] O.Tr. 7./1. 74 XVI 218, R.G. 29./4. 82, 8./12. 86 XXIV, 359 XXVIII 517, Brassert Anm. 6, Arndt, Oppenhoff, Wilmowsky R.K.O. Anm. 3 zu § 51. [2] Vgl. Anm. 4 zu § 116.

[3] Arg. §§ 271, 665 B.G.B.

[4] Vgl. R.G. 7./6. 1905, XLVI, 526/7.

[5] § 276 B.G.B. [6] R.G. 27./4. 81 XXIII S. 110.

Hinausschiebung im konkreten Falle ein Verschulden nicht gefunden werden könne, da regelmässig eine Verpflichtung zur sofortigen Einziehung besteht[1], und die Nichtbeachtung dieser Pflicht, falls sie nicht durch besondere Gründe gerechtfertigt werden kann, sich als Ausserachtlassung „der im Verkehr erforderlichen Sorgfalt" darstellt[2].

Ausserdem muss eine Schädigung der Gewerkschaft dargetan werden. Diese hat das R.G. a. a. O. in einem Falle, wo auf die erst mit Jahresfrist nach dem Beschluss der Gewerkschaft eingelegte Klage die Gewerken ihre Kuxe zur Verfügung gestellt hatten, mit Recht um deswillen verneint, weil nicht nachgewiesen, dass bei früherer Einklagung die Anheimstellung der Kuxe nicht erfolgt sein würde.

5. Ueber die **Klage auf Zubusse** ist im einzelnen folgendes zu bemerken:

a) Sie darf erst erhoben werden **nach Ablauf der Präklusivfrist des § 115** A.B.G. und nur, falls innerhalb ihrer die dort vorgesehene Klage nicht erhoben ist. Ist die Klage aus § 115 A.B.G. erhoben, so muss die Klage auf Zahlung der Zubusse zwar gegen den Gewerken unterbleiben, welcher die Anfechtungsklage aus § 115 A.B.G. erhoben hat, sie findet aber statt gegen die übrigen Gewerken, wie sich aus dem unzweideutigen Wortlaut des Satzes 2 des Abs. 1 dieses § ergibt. § 116 steht dem nicht entgegen, da § 129 in seinem Spezialfalle eine Ausnahme von § 116 darstellt[3].

Es kann sich deshalb, wenn die Anfechtungsklage aus § 115 A.B.G. von einem der Gewerken erfolgreich durchgeführt wird, die Frage erheben: Können die Gewerken, welche, sei es freiwillig, sei es auf Grund rechtskräftigen Urteils gezahlt haben, Rückzahlung der von ihnen geleisteten Zubusse fordern?

Man wird die Frage bejahen müssen, zumal das auf Aufhebung des Beschlusses ergehende Urteil Rechtskraft

---

[1] Arg. § 271 B.G.B.

[2] R.G. 1./12. 88 Bd. 22 S. 171, Bd. 34 S. 224.

[3] Ebenso R.A. Dr. Gottschalk im „Glückauf", 1910, S. 1173 und Klostermann-Thielmann Anm. 4 zu § 116; a. M. Oppenhoff 701.

für alle Gewerken macht[1], also auch für diejenigen, welche bereits gezahlt haben, rechtskräftig feststellt, dass sie „ohne rechtlichen Grund“ gezahlt haben. Ihr Rückforderungsanspruch auf Grund der §§ 812, 813 B.G.G. kann deshalb nicht zweifelhaft sein.

b) Als **Gerichtsstand** für die Zubussenklage war früher durch Abs. 2 dieses § und zwar als **ausschliesslicher**, das Gericht vorgeschrieben, in dessen Bezirk das Bergwerk liegt. Nachdem gemäss § 14 des Einf.-G. zur C.P.O. diese Bestimmung als aufgehoben zu gelten hat, treffen nunmehr die §§ 17 und 22 C.P.O. zu. Insbesondere muss dieser letztere Gerichtsstand auch dann als gegeben gelten, wenn unterdes der zubussepflichtige Gewerke seine Kuxe verkauft hat und also zur Zeit der Klagezustellung nicht mehr Gewerke ist[2].

Eben dasselbe muss gelten, wenn der Zessionar der Gewerkschaft die Zubusse einklagt, da dieser durch die Zession auch in die Rechte der Gewerkschaft bezüglich des Gerichtsstandes eingetreten ist[3]. Schliesslich wird aber auch im persönlichen Gerichtsstande des Gewerken geklagt werden können.

Dass, wenn mehrere allgemeine Gerichtsstände der Gewerkschaft vorhanden sind, auch die Klage aus § 22 C.P.O. wahlweise in einem derselben erhoben werden kann, z. B. in dem statutarisch gewählten[4] oder in einem der mehreren Gerichtsbezirke, in welchem das Bergwerk liegt, ist bereits zu § 96 A.B.G. erörtert. Daneben kann die Klage auch im allgemeinen Gerichtsstande der Gewerken angestellt werden[5].

Wenn mehrere Erben eines Kuxes verklagt werden, wird im allgemeinen Gerichtsstande der Gewerkschaft geklagt werden müssen.

c) Auch das **Verfahren**, welches durch den früheren Abs. 3 als schleuniges vorgeschrieben war, richtet sich

---

[1] Vgl. oben zu § 115.

[2] O.Tr. 25./11. 72 XIV S. 247, Klostermann-Thielmann Anm. 4, Brassert Anm. 2, R.G. 29./1. 81 Bd. 3 S. 388.

[3] O.Tr. 13./7. 68 X S. 423, Brassert Anm. 2, Oertmann Anm. 1 zu § 401. [4] Wilmowsky Anm. 1 zu § 23.

[5] Brassert Anm. 2, Klostermann-Thielmann Anm. 4.

nunmehr lediglich nach den allgemeinen Vorschriften der C.P.O. Darnach wird auch im Urkundenprozess gemäss §§ 592 ff. C.P.O. geklagt werden können, da zur Begründung der Klage nur der Beschluss der Gewerkenversammlung auf Erhebung der Zubusse und die Tatsache, dass der Beklagte zur Zeit desselben Gewerke war, anzuführen ist. Ersteres wird durch die Ausfertigung des notariellen Versammlungsprotokolles, letzteres regelmässig durch den vom Repräsentanten zu beglaubigenden Auszug aus dem Gewerkenbuche dargetan[1].

d) Die Klage geht auf Zahlung des Betrages der **Zubusse nebst eventuellen Verzugszinsen.** Lauf und Höhe der letzteren richtet sich nach allgemeinen Grundsätzen. Ist also z. B. ein bestimmter Zahlungstermin für die Zubusse durch den Beschluss der Gewerkenversammlung festgesetzt, so laufen die Zinsen von diesem Tage an, andernfalls erst seit dem Zeitpunkte der Einforderung durch den Repräsentanten[2]. Der Zinsfuss beträgt stets 4⁰/₀[3] auch dann, wenn die Gewerkschaft zum Handelsregister eingetragen und der Gewerke Kaufmann. Denn die Verpflichtung resultiert nicht aus einem beiderseitigen „Geschäft“, sondern lediglich ex lege, nämlich dem § 102 A.B.G., § 352 H.G.B. trifft deshalb nicht zu. Dagegen wird die Forderung eines höheren Zinsfusses aus dem Gesichtspunkte des Schadenersatzes, z. B. bei höherem Diskontsatz, nicht ausgeschlossen sein[4].

e) **Einreden** gegen die **materielle** Gültigkeit des Zubussenbeschlusses, z. B. dass die Zubussen zu statutwidrigen Zwecken verwendet werden sollen, sind überhaupt unzulässig[5]. Ebenso ist der Einwand, dass der Beschluss der Gewerkschaft nachteilig sei, jedenfalls, wenn überhaupt als solcher zulässig[6], durch Ablauf der vierwöchentlichen Frist präkludiert. Alle übrigen Einreden sind dagegen unbeschränkt gegeben, ins-

---

[1] Brassert Anm. 1, Klostermann-Thielmann Anm. 4.
[2] § 284 B.G.B. [3] § 288 B.G.B.
[4] Staub Bd. 2 S. 1099 Anm. 1.
[5] Vgl. darüber zu §§ 94 u. 115; in Sachsen-Weimar würden sie zulässig sein: vgl. oben zu § 115 unter Ziff. 6, a, α.
[6] Vgl. zu § 115.

besondere also auch der Einwand, dass der Beschluss nicht in formell gültiger Weise zustande gekommen sei, soweit nicht auch dieses, wie im Westfälischen Statut, statutarisch nach Ablauf der Frist ausgeschlossen.

6. **Stempelfragen.** Durch Reichsgesetz vom 14./6. 1900 hat der Reichsstempeltarif eine neue Tarifnummer 1 c, jetzt 1 d vom 3. Juni 1906, erhalten, wonach u. a. für alle nach dem 1. Juli 1900 „ausgeschriebenen Einzahlungen", „soweit sie nicht zur Deckung von Betriebsverlusten oder zur Erhaltung des Betriebes in seinem bisherigen Umfange bestimmt sind", ein vom Hundert[1] vom Betrage der Einzahlung als Reichsstempel zu zahlen ist. Unter diese Einzahlungen können auch Sacheinlagen von Personen fallen, die bei Ausgabe neuer Kuxe letztere übernehmen[2]. Stempelpflichtig ist die Gewerkschaft, welche auch der Stempelbehörde die erforderliche Anzeige zu erstatten hat. Die Fälligkeit der Stempelsteuer tritt ein „zwei Wochen nach dem von der Gewerkschaftsvertretung festgesetzten Einzahlungstermine". Was als stempelfreie Zubusse zu erachten ist, ist in den Ausführungsbestimmungen vom 23. Juni 1900[3] beispielsweise näher spezialisiert. Massgebend ist für die Besteuerung nur der Betrag der wirklich erfolgten Einzahlung, nicht also der der ausgeschriebenen Zubusse. Auf die Gewerkschaften alten Rechtes findet die Tarifstelle keine Anwendung. Sie betrifft nur solche Gewerkschaften, für welche „Anteilscheine" ausgegeben sind oder ausgegeben werden können, also nur Kuxe neueren Rechtes[4]. Dagegen belastet sie bei der Gewerkschaft neueren

---

[1] Für alle nach dem 1. August 1909 ausgeschriebenen Zubussen beträgt der Stempel drei vom Hundert: Reichsstempelgesetz vom 15. Juli 1909 in der Fassung der Bekanntmachung vom 22. Juli 1909 (R.G.H. S. 833).

[2] R.G. 20./9. 1910, mitgeteilt im Zentr.-Bl. f. Abg. Ges. Gebg., 1910, S. 545 und LII, 128.

[3] XLI S. 391 ff., vgl. auch Erlass vom 1./2. 1901 (Zubussen für Zwecke des Schachtabteufens, XLIII, 14./5., andererseits setzt der Begriff des „Betriebsverlustes" im Sinne dieser Vorschrift bereits einen Gewinnungs-, einen Förderbetrieb voraus: R.G. 30./9. 1902, XLIV, 255).

[4] Brassert a. a. O. S. 391.

Rechtes „Einzahlungen" jeder Art, also z. B. auch die Darlehen, welche die Gewerken als solche der Gewerkschaft zu geben sich verpflichtet haben[1].

---

§ 130. Der Gewerke kann seine Verurteilung und die Exekution dadurch abwenden, dass er unter Ueberreichung des Kuxscheins den Verkauf seines Anteils behufs Befriedigung der Gewerkschaft anheimstellt.

Zu § 130.

1. Der Gewerke kann seine **Verurteilung und die Exekution abwenden**, also nicht bloss während des Prozesses, sondern auch in der Exekutionsinstanz noch das Recht des § 130 ausüben[2]. Nur der im Gewerkenbuch eingetragene Gewerke, nicht auch der wirkliche, aber noch nicht dort eingetragene Kuxeigentümer hat diese Befugnis, denn § 130 a. a. O. schafft ein Recht für den Gewerken und zu dessen Ausübung ist nach § 106 A.B.G. nur der eingetragene Kuxeigentümer befugt[3]. Zur Anheimstellung ist der Gewerke unter Umständen auch dann noch befugt, wenn er den Kux verkauft hat und der Käufer sich in Annahmeverzug und gleichzeitig wegen des Kaufpreises und der vom Verkäufer bezahlten Zubussen im Zahlungsverzuge befindet[4].

a) Der **letzte Zeitpunkt**, bis zu dem der Gewerke sich von seiner persönlichen Haftung befreien kann, ist deshalb jedenfalls derjenige, wo die Exekution durch-

---

[1] Brassert a. a. O. S. 395.

[2] O.Tr. 23./10. 76 XVIII 131, Brassert Anm. 4c, Fürst-Klostermann-Thielmann Anm. 5.

[3] Vgl. Löwenberg in XLIII, S. 475 ff.; a. M. Klostermann-Thielmann Anm. 2 zu § 130.

[4] R.G. 18./2. 1905, XLVII, 245.

geführt ist, also Zuschlag bei der Zwangsversteigerung, wenn, wie regelmässig, diese Art Verwertung des Kuxes angeordnet ist[1]. Wenn durch Zwangsvollstreckung in das sonstige bewegliche Vermögen des Gewerken die Zubusse beigetrieben werden soll, ist der letzte Zeitpunkt derjenige der Durchführung der Zwangsvollstreckung nach rechtskräftiger Entscheidung des Prozesses. Wird also schon auf Grund erstinstanzlichen vorläufig vollstreckbaren Urteils beigetrieben, so kann der Gewerke, welcher Berufung einlegt, immer noch das Recht des § 130 ausüben, kaduzieren. Bis zu den erwähnten Zeitpunkten ist der Gewerke noch Gewerke und deshalb auch in der Lage, von den ihm als solchen zustehenden Rechten Gebrauch zu machen[2].

Pfändet daher das Gericht gemäss § 857 Abs. 5, 844 C.P.O. den Kux lediglich zu Gunsten der Gewerkschaft, überweist ihn aber nicht derselben, sondern ordnet den Verkauf des Kuxes an, so wird der Gewerke auch noch in der Zeit zwischen der Pfändung und dem Verkauf von dem Rechte des § 130 A.B.G. Gebrauch machen und gegen eine trotzdem seitens der Gewerkschaft bewirkte Zwangsvollstreckung aus § 767 C.P.O. Klage erheben können. Ist dagegen der Kux der Gewerkschaft zur Einziehung überwiesen, was praktisch empfehlenswert sein kann, wenn z. B. die Versilberung des Gewerkschaftsvermögens nahe bevorsteht, so ist das Recht aus § 130 mit Zustellung des Ueberweisungsbeschlusses ausgeschlossen. Der Gewerke bleibt zwar auch trotz der Ueberweisung noch Gewerke, aber er kann über den Kux durch Anheimstellung des Verkaufes jedenfalls nur noch mit Genehmigung des Pfandgläubigers, hier der Gewerkschaft, verfügen[3].

b) Der **früheste Zeitpunkt**, zu dem der Gewerke von dem Rechte des § 130 A.B.G. Gebrauch machen kann, wird mit Rücksicht auf § 132 A.B.G. derjenige

---

[1] §§ 857 Abs. 5 C.P.O., 844 C.P.O., vgl. oben zu § 109 A.B.G.
[2] Plathner XIX S. 412 ff.
[3] Vgl. R.G.-Entsch. Bd. 21 S. 366, Bd. 18 S. 399 und Wilmowsky Anm. 1 zu § 736.

sein, wo die Pflicht zur Zahlung der Zubusse rechtsgültig feststeht, d. h. der Moment des Ablaufes der vierwöchentlichen Präklusivfrist des § 115 A.B.G. Vorher wird der Gewerke nur bei Vorhandensein der Voraussetzungen des § 132 A.B.G. verzichten können.

2. Die Ausübung des Rechtes aus § 130 A.B.G. hat zunächst zur Voraussetzung, dass **der Gewerke den Verkauf seines Anteils behufs Befriedigung der Gewerkschaft anheimstellt.**

a) Er muss den **Verkauf** anheimstellen. Eine besondere Form für diese Erklärung ist nicht vorzusehen. Eine öffentliche Beglaubigung derselben ist deshalb, abgesehen von besonderer statutarischer Vorschrift, nicht erforderlich[1], es genügt jetzt mündliche Erklärung gegenüber der Gewerkschaft. Inhaltlich muss aber die Erklärung dahin gehen, dass der Verkauf des Kuxes anheimgestellt werde. Jede andere Erklärung, z. B. Hingabe an Zahlungsstatt oder die einfache Abtretung des Kuxes an die Gewerkschaft genügt nicht[2].

b) Da der Gewerke den Verkauf des Kuxes **anheimstellen** muss, so muss er auch rechtlich in der Lage sein, diese Anheimstellung zum Zwecke des Verkaufes erklären zu können, und zwar in dem Zeitpunkte, wo er diese Erklärung abgibt. Kuxe, deren Veräusserung an Fremde z. B. durch Testament verboten ist oder die zu einem Fideikommiss gehören, können deshalb regelmässig nicht zur Verfügung gestellt werden[3]. Dasselbe muss auch gelten, wenn auf Grund administrativen Defektenbeschlusses eine Beschlagnahme der Kuxe erfolgt ist[4]. Der Gewerke kann auch nicht etwa beanspruchen, dass ihm eine besondere Frist eingeräumt werde, binnen deren er die Freistellung des Kuxes von der darauf haftenden Veräusserungsbeschränkung bewirkt. Es ist lediglich seine Sache dafür Sorge zu tragen, dass er spätestens bis zu dem oben erörterten

---

[1] O.Tr. 21./11. 73 XV 129.
[2] O.Tr. 30./11. 74 XVI 237, Brassert Anm. 4, Esser S. 102, Klostermann-Thielmann Anm. 2.
[3] Hamm 7./11. 88 XXX S. 343.
[4] R.G. 12./1. 92, Daubenspeck I 114 ff.

letzten Zeitpunkt, der Ausübung des Rechts aus § 130, die Freistellung bewirken kann [1]. Ebenso kann es auch nicht zweifelhaft sein, dass der einzelne Mitberechtigte an einem Kux von dem Rechte des § 130 A.B.G. auch bezüglich seines Anteils an dem Kux keinen Gebrauch machen kann. Nur der „Anteil“ an der Gewerkschaft, also der ganze Kux kann zur Verfügung gestellt werden. Es müssen daher regelmässig alle Mitberechtigten die Erklärung aus § 130 abgeben, andernfalls bleiben sie sämtlich der Gewerkschaft persönlich verhaftet.

c) Der Gewerke muss den Verkauf **seines Anteils** anheimstellen. Das heisst nicht, dass der Gewerke, welcher mehrere Kuxe hat, diese sämtlich als seinen Anteil an der Gewerkschaft derselben zur Verfügung zu stellen hat. Denn da nach § 101 A.B.G. „Anteil“ identisch mit „Kux“ ist, und andererseits, wie sich aus §§ 102, 104 A.B.G. ergibt, jeder Kux ein selbständiges Rechtsobjekt ist, dergestalt, dass sogar eine statutarische Vinkulierung mehrerer Kuxe diesen unabänderlichen §§ widersprechen würde [2], so kann es nicht zweifelhaft sein, dass der Gewerke, welcher mehrere Kuxe besitzt, berechtigt ist, auch nur bezüglich einiger derselben das Recht aus § 130 A.B.G. auszuüben [3]. Klagt eine Gewerkschaft gegen einen Gewerken, welcher mehrere Kuxe besitzt, nur einen Teilbetrag der von ihm geschuldeten Zubusse ein, so ist es, falls die Klage eine ausdrückliche Bestimmung darüber nicht enthält, Sache der Auslegung, ob nach der Willensintention der Gewerkschaft ein Teilbetrag der für jeden Kux geschuldeten Zubusse hat eingeklagt werden sollen, oder die ganze Zubusse von einzelnen der mehreren Kuxe. In dem ersteren Falle, den man im Zweifel wohl wird zu Grunde zu legen haben, wird der Gewerke nur durch Hingabe sämtlicher Kuxe, im letzteren Falle dagegen schon durch Hingabe der dem Betrag

---

1 Hamm a. a. O. 2 Vgl. darüber zu § 101.

3 Oppenhoff 707, Klostermann-Thielmann Anm. 4, R.G. 7./5. 98 XXXIX S. 495 ff.

der Zubusse entsprechenden Zahl von Kuxen von der persönlichen Haftung sich befreien können[1].

d) Der **Gewerke** muss anheimstellen. Das Recht aus § 130 A.B.G. greift also nicht Platz, wo der Verkauf des Kuxes nicht auf Grund der Anheimstellung der Gewerken, sondern ohne solche im Wege der gewöhnlichen Zwangsvollstreckung erfolgt[2].

e) **Behufs Befriedigung** der Gewerkschaft muss die Anheimstellung erfolgen, d. h. es ist nicht erforderlich, dass die Befriedigung der Gewerkschaft durch die Anheimstellung wirklich ganz oder teilweise erfolgt, es genügt, dass der Gewerkschaft der Kux übergeben wird, damit sie ihrerseits den Versuch mache, sich aus demselben zu befriedigen. Der Kux muss also immerhin die Möglichkeit wenigstens teilweiser Befriedigung gewähren. Ist auch diese Möglichkeit von vornherein ausgeschlossen, ist z. B. der Kux neuen Rechts, über den ein Kuxschein nicht gebildet ist, oder ein Kux alten Rechtes dergestalt mit Pfandrechten resp. Hypotheken überlastet, dass nach vernünftigem Ermessen irgend ein Ueberschuss für die Gewerkschaft ausgeschlossen, so ist die Gewerkschaft berechtigt, eine solche Anheimstellung zurückzuweisen[3]. Freilich wird aber die Gewerkschaft zu erwägen haben, ob sie nicht auch in solchen Fällen besser tut, von diesem Einwande keinen Gebrauch zu machen, da ein Zwangsverkauf auch solch überlasteter Kuxe der Gewerkschaft die Möglichkeit gewährt, wenigstens für die Zukunft wieder einen solventen und zahlungswilligen Gewerken zu gewinnen. Bezüglich der Gewerkschaft neueren Rechtes sind darüber noch die Erläuterungen zu § 131 einzusehen. Für die Gewerkschaft alten Rechts sind durch Art. 23, 27 des Pr.A.G. zum R.Zw.G. in Uebereinstimmung mit dem bis-

---

[1] Vgl. R.G. a. a. O. XXXIX S. 495 ff.

[2] O.Tr 11./9. 71 XII 512 ff., 30./11. 74 XVI 117, 23./10. 76 XVIII 131, Brassert Anm. 4, Klostermann-Thielmann Anm. 3, Plathner XIX 415.

[3] Brassert S. 344, noch weitergehend Oppenhoff Nr. 710; vgl. aber R.G. 30./11. 1904, XLVI, 93/4.

herigen Recht [1] die Vorschriften über das geringste Gebot im Falle des § 130 ausdrücklich ausgeschlossen. Durch die Eröffnung des Konkurses über das Vermögen der Gewerkschaft geht das aus § 130 fliessende Recht des einzelnen Gewerken nicht verloren [2].

3. Die zweite Voraussetzung der Ausübung des Rechtes aus § 130 ist **die Ueberreichung des Kuxscheins**, selbstredend nur dort, wo ein solcher wirklich gebildet ist. Ist ein Kuxschein nicht gebildet [3] oder kann ein solcher nicht gebildet werden, d. h. also bei den Gewerkschaften alten Rechts [4], so steht die Nichtüberreichung eines Kuxscheins dem Recht aus § 130 nicht entgegen [5]. Wo aber ein solcher gebildet ist, muss er mit übergeben werden. Kann er nicht übergeben werden, z. B. weil der Kux einem dritten Gläubiger verpfändet ist, so ist die Erklärung aus § 130 wirkungslos [6]. Wenn der Kuxschein verloren gegangen ist, wird die Uebergabe des Ausschlussurteils genügen, weil der Kuxschein doch nicht mehr existiert.

4. Die **Folgen** der Ausübung des Rechtes aus § 130 sind:

a) Der Gewerke wird von seiner **persönlichen Haftung für die Zubusse frei**, und zwar nicht bloss für die eingeklagte, sondern für alle übrigen Rückstände von Zubussen, soweit sie auf ihm lasten. In sein sonstiges Vermögen darf auch, falls der Verkauf nach § 131 A.B.G. nicht zu einer Befriedigung der Gewerkschaft führt, keine Zwangsvollstreckung mehr versucht werden [7].

Die Ansicht der ersten Auflage, dass der anheimstellende Gewerke nur frei für seine Person werde,

---

[1] §§ 180, 186 des Zwangsvollstr.-Gesetzes vom 13./7. 83, R.G. 12./1. 92, Daubenspeck I 116. [2] R.G. 30./11. 1904, XLVI, 90.

[3] § 103 A.B.G. [4] §§ 103, 227, 229 A.B.G.

[5] Vgl. A.G. Hamm 6./6. 77, O.Tr. 12./11. 77 XIX S. 389 ff., 21./4. 79 XXI 379.

[6] Brassert Anm. 4 f., Klostermann-Thielmann Anm. 5, Oppenhoff Nr. 709, Arndt, Esser S. 103 f. Die oben zitierten Erkenntnisse des A.G. Hamm und O.Tr.

[7] Brassert Anm. 3, Klostermann-Thielmann Anm. 2, Oppenhoff 711.

nur seine Verurteilung und die Exekution gegen sich abwende und dass die früheren Gewerken, welche für frühere Zubussen aufzukommen haben, sei es, weil sie in ihre Berechtigungszeit fallen, sei es, dass sie nach § 107 A.G.B. noch dafür aufkommen müssen, der Gewerkschaft verhaftet[1] bleiben, wird angesichts der Entscheidung des Reichsgerichts vom 8./3. 1902, XLIII, 366 nicht mehr aufrecht erhalten werden können. Mit Recht argumentiert das Reichsgericht, dass ein Gesamtschuldverhältnis (§ 421 B.G.B.) vorliege, in welchem die Erfüllung durch den einen Schuldner, den neuen Gewerken, nämlich im Wege der Anheimstellung des Kuxes auch für die anderen, die alten Gewerken wirke.

b) Da der Verkauf nur behufs Befriedigung der Gewerkschaft erfolgt, so verbleibt der **Verkaufserlös**, soweit er zur Befriedigung der Gewerkschaft nicht erforderlich ist, also soweit er über den Betrag der von der Gewerkschaft persönlich verschuldeten Zubussen hinaus erzielt wird, dem Gewerken.

5. **Prozesskosten.** Macht der Gewerke von dem Rechte aus § 130 A.B.G. erst während des Prozesses Gebrauch, erkennt er aber im übrigen den Klageanspruch an, so ist er seinem Anerkenntnisse gemäss zu verurteilen, die Kosten treffen aber auch hier ihn, weil er die Erklärung aus § 130 A.B.G. nach dem zu 1. Ausgeführten auch schon vor Klagezustellung hätte abgeben können und insofern zur Klage Veranlassung gegeben hat[2]. Sondershausen hat die Pflicht zur Tragung der Kosten für diesen Fall noch besonders ausgesprochen (§ 137).

6. Die Geltendmachung dieses durch § 130 A.B.G. gesetzlich gewährten sog. Abandonrechts des Gewerken kann nach der Entscheidung des Reichsgerichts vom 8./7. 1908, L, 96 durch das Gewerkschaftstatut ausgeschlossen werden. Dieser Ausschluss soll nicht etwa dem Wesen der gewerkschaftlichen Verfassung widerstreiten[3].

---

[1] Plathner XIX 412 ff.

[2] § 93 C.P.O., Klostermann-Thielmann Anm. 5.

[3] A. M. Löwenberg in XLIII, 479 und § 105 unter III dieses Werks und unter Ziff. 12 zu § 131; vgl. auch Berlin 31./1. 1912, LIII.

§ 131. Der Verkauf des Anteils erfolgt im Wege der Mobiliarversteigerung nach Vorschrift des § 109.

Aus dem gelösten Kaufpreise werden zunächst die Verkaufskosten und sodann die schuldigen Beiträge gezahlt.

Ist der Anteil unverkäuflich, so wird derselbe den anderen Gewerken nach Verhältnis ihrer Anteile in ganzen Kuxen, soweit dies aber nicht möglich ist, der Gewerkschaft als solcher im Gewerkenbuche lastenfrei zugeschrieben.

Zu § 131.

1. **Der § 131 trifft**, wie nach seinem Zusammenhange und Wortlaut, wie nach den Motiven[1] nicht zweifelhaft sein kann, **nur im Falle des § 130 zu**, d. h. nur falls der Gewerke den Verkauf selbst rechtzeitig und in gesetzlicher Form anheimgestellt hat. Erfolgt der Verkauf zwangsweise, gemäss § 109 A.B.G., so richtet er sich lediglich nach den allgemeinen Grundsätzen über die Zwangsvollstreckung. Dies ist besonders wichtig für die alte Gewerkschaft, da in diesem letzteren Falle[2] die Art. 22, 27 des Pr.A.G. zum R.Zw.G. nicht zutreffen, deshalb die Vorschriften über das geringste Gebot Anwendung finden, was bei starker Hypothekenbelastung einen Verkauf vielfach unmöglich machen wird. Auch bleibt der Gewerke in diesem Falle des zwangsweisen Verkaufs nach § 109 A.B.G., wofern der Verkaufserlös nicht zur Deckung ausreicht, persönlich für den Zubusserest verhaftet[3].

2. Der Verkauf erfolgt im Wege **der Mobilarversteigerung**, d. h. also nach den Vorschriften der C.P.O. über die Zwangsvollstreckung in körperliche Sachen; er erfolgt also durch den Gerichtsvollzieher, nicht auch etwa durch den Notar. Während also sonst

---

[1] VI S. 162. [2] § 234 A.B.G.
[3] O.Tr. 11./10. 1871, XII, 512.

die Verwertung zwangsweise gepfändeter Kuxe, auch derjenigen, welche wegen einer Zubusseforderung der Gewerkschaft gepfändet sind, gemäss § 867 C.P.O. den §§ 828 ff. C.P.O. unterliegt, richtet sich im Falle der Anheimgabe der Kuxe an die Gewerkschaft der alsdann erforderliche Zwangsverkauf nach den §§ 808—825 C.P.O. Abs. 1. Der § 131 A.B.G. ist zweifellos keine prozessrechtliche Vorschrift und deshalb durch die §§ 13, 14 E.G. zur C.P.O. nicht berührt[1].

Ein wesentlicher Unterschied ist aber bezüglich der Ausführung des Verkaufes dadurch nicht herbeigeführt, da wenigstens regelmässig auch sonst die Zwangsvollstreckung eines Kuxes durch den allerdings dann besonders anzuordnenden Zwangsverkauf seine Erledigung finden wird[2].

Württemberg[3] lässt den Verkauf aus freier Hand zu, wenn der Kux einen Börsenpreis hat. Damit stimmt sachlich Birkenfeld (§ 141) im wesentlichen überein, wenn es den Verkauf nach den Vorschriften der C.P.O. über den Verkauf verpfändeter auf den Namen lautender Wertpapiere anordnet. Nach dem Berggesetze von Gotha (§ 145) erfolgt der Verkauf nach Massgabe der §§ 1234 bis 1249 B.G.B. über den Verkauf verpfändeter beweglicher Sachen; ebenso nach demjenigen für Schaumburg-Lippe und Oldenburg; ähnlich auch Sachsen-Weimar (§ 166).

Da im Fall des § 131 die Versteigerung des Kuxes nach Preussischem Recht lediglich den allgemeinen Grundsätzen der C.P.O. über die Zwangsvollstreckung in körperlichen Sachen unterliegt, so ist nach diesen auch hier die Frage, ob der bisherige Gewerke selbst als Meistbietender auftreten kann und ihm nötigenfalls der Zuschlag erteilt werden muss, und zwar bejahend zu beantworten[4]. Selbstredend ist und bleibt der Gewerke trotz des Zuschlages von der bis dahin ihn belastenden Zubusse befreit. Ebenso ist auch die Bestimmung des § 65 Absatz 2 der Gerichtsvollzieher-Ordnung vom

---

[1] Vgl. Wilmowsky u. Levy C.P.O. S. 1226 zu § 13.
[2] §§ 857 Abs. 5, 844 C.P.O., vgl. zu § 109. [3] Art. 122.
[4] Wilmowsky u. Levy C.P.O. S. 1046, a. M. Oppenhoff S. 712.

12. Dezember 1899 zu beobachten, d. h. der anheimstellende Gewerke muss von dem Versteigerungstermin unterrichtet werden, wofern dies nicht etwa deshalb untunlich ist, weil sein Aufenthalt unbekannt ist. Die Gewerkschaft wird als Meistbietende nicht auftreten können, nicht bloss deshalb, weil dies dem Abs. 3 dieses § widerspricht, sondern auch deshalb, weil die Gewerkschaft überhaupt begrifflich eigene Kuxe nicht erwerben kann[1]. Sind der Gewerkschaft mehrere Kuxe zur Verfügung gestellt, so wird nach obigem regelmässig jeder Kux einzeln versteigert werden müssen. Nur falls zweifellos ein Ueberschuss für die Gewerken, welche anheimgestellt haben, nicht zu erwarten steht, mag es kein Bedenken haben, die Versteigerung im ganzen oder in Partien vorzunehmen.

3. **Ein freihändiger Verkauf ist** der Gewerkschaft nach dem Wortlaut dieses § **nicht gestattet.** Ist er trotzdem ohne Genehmigung des Gewerken vorgenommen, so sollte nach bisherigem Recht der Gewerke zwar nötigenfalls Anspruch auf Schadenersatz gegen die Gewerkschaft haben, weitergehende Ansprüche waren ihm aber versagt[2]. Diese Auffassung ist für das B.G.B. jedenfalls nicht ohne Bedenken. Der Gewerke, welcher zum Verkaufe anheimstellt, ermächtigt die Gewerkschaft nur zu einem gesetzmässigen Verkauf, d. h. zu einem mittelst öffentlicher Versteigerung. Die Gewerkschaft handelt deshalb „ohne Vertretungsmacht", wenn sie den Verkauf freihändig vornimmt. Der Verkauf ist wegen dieser mangelnden Vertretungsmacht der Gewerkschaft für den Gewerken unwirksam[3], der Gewerke kann Rückgabe des Kuxes seitens des Erwerbers zwar nicht an sich — weil er einmal wirksam und damit einseitig unwiderruflich denselben der Gewerkschaft zur Verfügung gestellt hat —, wohl aber an die Gewerkschaft fordern, damit dieselbe den Verkauf in gesetzmässiger Weise wiederhole. Die Vor-

---

[1] Vgl. hierüber zu § 113 A.B.G.

[2] R.G. 10./12. 81 XXIII S. 259, Brassert Anm. 1, Klostermann-Thielmann Anm. 3 zu § 131 u. 130.

[3] §§ 177 ff. B.G.B.

schriften des B.G.B. über den Erwerb in gutem Glauben (§§ 932 ff.) stehen der Rückforderung nicht entgegen, da der Kux keine „Sache" im Sinne des B.G.B. ist[1]. Der Verkauf des Kuxes muss am Sitze der Gewerkschaft stattfinden. Die Gewerkschaft kann selbstverständlich dem Gewerken, welcher nach Anheimstellung die Zubusse zahlt, den Kux zurückgeben.

4. Ueber den **Zeitpunkt**, wann die Gewerkschaft den Verkauf vorzunehmen hat, besagt das Gesetz nichts. Man wird deshalb anzunehmen haben, dass sie den Verkauf sofort nach Verfügungstellung des Kuxes vorzunehmen hat[2]. Andernfalls wird sie dem letzteren möglicherweise z. B. bei Rückgang des Kurses schadensersatzpflichtig[3].

5. **Bis zur Durchführung des Verkaufes sind die anheimstellenden Gewerken noch Gewerken,** zumal sie als solche ja auch im Gewerkenbuch eingetragen bleiben. Sie müssen also auch noch zu einer etwaigen Gewerkenversammlung eingeladen werden und haben das Stimmrecht.

6. **Aus dem Kauferlöse sind zunächst die Verkaufskosten und sodann die schuldigen Beiträge zu** leisten, d. h. diejenigen Beiträge, die der anheimstellende Gewerke selbst verschuldet, nicht etwa auch solche Beiträge, die seitens der früheren Gewerken bezüglich des Kuxes noch verschuldet werden[4]. Der darüber hinaus erzielte Ueberschuss gebührt, da der Verkauf nur insoweit zugunsten der Gewerkschaft erfolgt, als sie aus dem Erlöse ihre Befriedigung wegen der von den jetzigen Gewerken verschuldeten Zubussenbeträge finden soll, dem bisherigen Gewerken. Bleiben die Kuxe unverkäuflich, so ist einerseits der Gewerke trotzdem von seiner persönlichen Zahlungspflicht befreit, da nach § 130 schon die Anheimstellung zum Zwecke des Verkaufes diese Liberation herbeiführt. Andererseits hat er aber auch keinen Anspruch auf einen etwaigen Mehrerlös,

---

[1] Vgl. zu § 101; a. M. allerdings ohne Begründung Klostermann-Thielmann Anm. 3 zu § 131. [2] Arg. § 271 B.G.B.

[3] §§ 286 ff. B.G.B.

[4] Vgl. zu § 105.

wenn die Gewerkschaft den Verkaufsversuch hinsichtlich der ihr infolge der Vergeblichkeit des ersten Verkaufs „zugeschriebenen" Kuxe mit dem Erfolge eines Ueberschusses über die schuldige Zubusse wiederholt.

7. **Ein Pfandrecht oder Absonderungsrecht der Gewerkschaft an den Kuxen bezüglich der Zubusse** dergestalt, dass bei einem etwaigen Zwangsverkaufe des Kuxes, sei es ausserhalb, sei es innerhalb des Konkurses, aus dem Verkaufserlöse vorab die von den Gewerken verschuldete Zubusse gedeckt werden muss, **besteht weder bei der Gewerkschaft neueren, noch bei der alten Rechts.** Weder der Wortlaut des § 131 A.B.G., noch seine Entstehungsgeschichte, noch allgemeine Rechtsgrundsätze rechtfertigen die Annahme eines solchen.

Die früher sehr umstrittene Frage[1] hat dadurch ihre praktische Erledigung gefunden, dass das R.G. durch Urteil vom 15./1. 1881 in ausführlicher, an die Entsch. des O.Tr. vom 30./11. 74[2] sich anlehnender Begründung[3] sich für die vom Obertribunal konstant vertretene Ansicht, welche ein solches Verzugs- oder Pfandrecht ablehnte[4], ausgesprochen und diese seine Auffassung auch für die Gewerkschaft alten Rechts aufrecht erhalten hat[5].

Der Wortlaut des § 131 a. a. O. rechtfertigt in der Tat die Annahme eines Vorzugs- oder Pfandrechtes nicht. Ein solches bestand auch nach dem früheren Bergrechte nicht[6]. Auch die Motive zum A.B.G.[7] geben nicht den geringsten Anhalt dafür, dass eine so wesentliche Neuerung und Abweichung von den allgemeinen Vorschriften hat eingeführt werden sollen, die doch übrigens auch im § 109 des A.B.G. ihre systematische Stellung hätte finden müssen. Im

---

[1] Für ein Vorzugsrecht u. a. Strohn VII 54, Plathner XIX 353, Dernburg I S. 688, dagegen Brassert Anm. 2, Klostermann-Thielmann 2, Oppenhoff Nr. 589, Esser S. 104.

[2] XVI 117. [3] Entsch. Bd. 3 S. 275 XXII S. 363.

[4] O.Tr. 30/11. 74 a. a. O., 7./9. 77 XIX S. 100, 28./6. 78 XIX S. 519.

[5] 29./11. 92 Daubenspeck II 77 und Entsch. Bd. 31, S. 308.

[6] § 343 II 16 A.L.R. [7] VI 162.

Gegenteil führen die Motive an, dass die Verteilung des Erlöses, wie sie im § 131 vorgesehen sei, „den allgemeinen Vorschriften“ entspreche.

Die jetzige, nicht ganz korrekte Fassung des § 131 will deshalb nichts anderes besagen, als dass im Verhältnisse der Gewerkschaft zum Gewerken nicht bloss die Beiträge, sondern auch vorab die Kosten des Verkaufes aus dem Erlöse zu decken sind und erst der auch nach vorigem Abzug der Kosten verbleibende Ueberschuss dem Gewerken selbst gebühre.

Dagegen hat durch die Bestimmung des § nichts darüber festgesetzt werden sollen und ist nichts darüber bestimmt, wie sich das Verhältnis der Gewerkschaft zu dritten Gläubigern des Gewerken regelt, etwa wenn ein Pfandrecht an dem Kux bestellt ist. Diesen gegenüber verbleibt es also bei den allgemeinen Rechtsgrundsätzen, aus denen aber auch ein Pfand- oder Vorzugsrecht der juristischen Person an den Anteilen ihrer Genossen wegen deren Beiträge nicht hergeleitet werden kann.

Ein Absonderungsrecht der Gewerkschaft im Konkurse der Gewerken bezüglich der Zubusse besteht auch nicht etwa auf Grund des § 51 R.K.O., da die Gewerkschaft neueren Rechtes jedenfalls mit dem Gewerken sich nicht in einer „Gemeinschaft“ befindet, vielmehr selbst die „Gemeinschaft“ ist, in der die Gewerken sich befinden[1].

Bei der Gewerkschaft alten Rechtes würde allerdings an sich „eine Gesellschaft oder Gemeinschaft“ im Sinne des § 51 R.K.O. vorliegen. Aber auch hier kann während bestehender Gewerkschaft eine Auseinandersetzung und Absonderung deshalb nicht eintreten, weil die Konkurseröffnung über das Vermögen eines der Gewerken den Bestand der Gewerkschaft nicht alteriert. Der neue § 16 Abs. 2 der R.K.O endlich trifft nicht zu, weil die Ausschliessung der Teilung bei der Gewerkschaft nicht auf „Vereinbarung“, sondern Gesetz[2] beruht[3].

---

[1] Wolff S. 202, für früheres Recht auch O.Tr. 28./6. 78 XIX S. 519, Brassert Anm. 3.

[2] §§ 227, 100 A.B.G. [3] Wolff Anm. 3.

Die oben zitierte Entscheidung des R.G., wodurch gegen einen Dritten, welcher auf Grund eines vom Gewerken ihm gemäss Art. 310 H.G.B. bestellten Pfandrechts den Kux zum Verkauf gebracht hatte, die Klage der Gewerkschaft auf Ausantwortung des Kauferlöses wegen einer vom Gewerken verschuldeten, den Kauferlös übersteigenden Zubusse abgewiesen wurde, betraf einen Rechtsfall, auf welchen die C.P.O. und die R.K.O. noch keine Anwendung fand. Nunmehr würde auch durch §§ 48, 49 und 51 R.K.O. der Gewerkschaft im Konkurse des Gewerken jedenfalls ein Absonderungsrecht versagt sein[1] und deshalb auch ein Pfand- und Vorzugsrecht wegen der Zubusse, selbst wenn es nach § 131 A.B.G. begründet gewesen wäre, einem Pfändungspfandrecht nachzustehen haben[2].

Das bayerische Einführungsgesetz zur R.K.O. hat deshalb auch den Art. 99 Abs. 2 des Bayerischen Berggesetzes, welcher zwar wörtlich mit § 131 Abs. 2 des Preuss. A.B.G. übereinstimmte, nach der ausgesprochenen Ansicht des Bayerischen Gesetzgebers aber ein Vorzugsrecht der Gewerkschaft wegen der Zubusse anerkennen sollte, abgeändert und durch die Bestimmung ersetzt, dass der Ansteigerer der Gewerkschaft für die verfallenen Zubussen hafte[3].

Besteht darnach an sich weder ein Pfandrecht der Gewerkschaft an Kuxen noch ein Anspruch auf vorzugsweise Befriedigung aus dem Verkaufserlöse für die Gewerkschaft, so kann die Gewerkschaft doch eine vorzugsweise Befriedigung wegen der Zubusse insoweit herbeiführen, als ihr dies nach allgemeinen Rechtsgrundsätzen auf dem Wege der Aufrechnung möglich ist, d. h. soweit aus der Kuxberechtigung dem Gewerken eine Forderung auf Zahlung einer Geldsumme gegen die Gewerkschaft entsteht, gegen welche sie mit der Zubusse aufrechnet. Es ist dies einmal möglich, falls es zu einer Verteilung von Ausbeute kommt. Das

---

[1] Motive zur R.K.O. S. 1458, Wolff R.K.O. S. 202.
[2] § 804 C.P.O.
[3] Vgl. R.G.-Entsch. 3 S. 290 Anm.

Nähere hierüber ist bereits oben zu §§ 107 und 129 erörtert.

Dasselbe trifft aber auch zu, wenn die Gewerkschaft infolge ihrer Auflösung liquidiert. Hier wird man annehmen müssen, dass die Gewerkschaft im gleichen Umfange, wie dies bezüglich der Ausbeute der Fall ist, gegen den Anspruch des Gewerken auf Auszahlung des ihm zustehenden, ratierlichen Geldbetrages mit der Zubusse aufrechnen kann. Bei der Gewerkschaft alten Rechtes wird allerdings etwaigen auf den Kux eingetragenen Hypothekenforderungen gegenüber die Aufrechnung nur alsdann zuläsig sein, wenn man, wie diesseits, auch in dem Kux alten Rechts einen Anteil am gewerkschaftlichen Vermögen und nicht etwa einen ideellen Anteil am Bergwerk erblickt.

Das Nähere hierüber siehe zu §§ 227 ff.

8. Die Nichtexistenz eines Pfand- oder Absonderungsrechtes bezüglich der Zubussen hat jedenfalls für das B.G.B. nicht die Bedenken, wie sie seither vielfach geäussert sind und zu vielfachen legislatorischen Anträgen geführt haben[1], vorausgesetzt, dass nur der Repräsentant oder Grubenvorstand seiner Verpflichtung, die ausgeschriebenen Zubussen rechtzeitig, d. h. regelmässig sofort einzuziehen, nachkommt. Es mag dann unter Umständen die Gewerkschaft um den Betrag einer Zubusse zu kurz kommen. Ausgeschlossen erscheint aber, dass ein insolventer Gewerke etwa unter Beihülfe eines ihn als Strohmann vorschiebenden solventen Pfandgläubigers sich seinerseits kostenlos die Vorteile der Wertsteigerung seines Kuxes durch die Beitragsleistung der übrigen Gewerken aneignet. Man wird nämlich für das B.G.B. anzunehmen haben, dass **die Gewerkschaft auch bei Verpfändung des Kuxes denselben für die Zubusse pfänden und zum zwangweisen Verkauf bringen kann.** Der bei dem Verkauf erzielte Erlös wird zwar dann in Höhe der Pfandforderung dem vorstehenden Pfandgläubiger, der Kux selbst aber pfandfrei dem Erwerber zufallen, so dass die Gewerkschaft auf diese

---

[1] Vgl. ausführliche Literaturangabe bei Brassert S. 347.

Weise wenigstens für die Zukunft wieder einen zahlungswilligen Gewerken erhält. Die in der Praxis zuweilen verteidigte entgegenstehende Auffassung, als wenn ein solcher Verkauf nur vorbehaltlich des auch bei dem Verkauf aufrecht zu erhaltenden Pfandrechts erfolge[1], dürfte für das B.G.B. jedenfalls nicht zutreffen. Das B.G.B. steht grundsätzlich auf dem Standpunkt, dass bei mehrfacher Verpfändung jedem der mehreren Pfandgläubiger das Verkaufsrecht zusteht, „dass das grundsätzlich mit jedem Pfandrecht verbundene Verkaufsrecht durch das Bestehen eines besseren Pfandrechts nicht aufgehoben werde, dass vielmehr das Vorzugsrecht des früheren Pfandgläubigers in der Regel nur an dem Erlöse sich geltend macht". Demgegenüber stellt sich § 1232 Abs. 1 nur als eine Ausnahmebestimmung dar. „Dem früheren Pfandgläubiger muss es unbenommen bleiben, sein unbeschränktes oder beschränktes Recht auf die Innehabung des Pfandes aufrecht zu erhalten." Aus diesem Grunde ist ein Anspruch des späteren Pfandgläubigers auf Herausgabe des Pfandes zum Zwecke des Verkaufes, welches Recht an sich ihm konsequent aus dem dem B.G.B. zugrunde liegenden Prinzip zustehen würde, versagt[2]. Daraus muss man entnehmen, dass der § 1232 B.G.B. trotz § 1273 das Pfandrecht an Rechten nicht berührt, zumal wohl kein Zweifel darüber sein kann, das nicht bloss die ausdrücklich im § 1273 B.G.B. ausgeschlossenen Bestimmungen keine Anwendung auf das Pfandrecht an Rechten finden, sondern überhaupt alle diejenigen Bestimmungen der §§ 1203 ff., welche den Besitz von „Sachen" zur Voraussetzung haben[3]. Da zur rechtsgültigen Pfändung eines Kuxes die Besitznahme des Kuxscheins aber keineswegs erforderlich ist, so trifft der § 1232 B.G.B. überhaupt auf den Kux nicht zu, es greift vielmehr das oben wiedergegebene, im B.G.G. im Anschluss an die bisherigen §§ 805, 826, 827 C.P.O.

---

1 Vgl. Landgericht Duisburg 17./12. 80 XXII 245.
2 Mugdan Materialien Bd. 3 S. 457.
3 Biermann, Turnau und Förster zu § 1273.

niedergelegte Prinzip Platz, dass auch der zweite Pfandgläubiger regelmässig das Recht zum Verkauf hat. Und da nach § 804 C.P.O. das Pfändungspfandrecht dieselbe Befugnis gewährt, wie ein durch Vertrag erworbenes Pfandrecht, so muss dasselbe auch zugunsten der Gewerkschaft gelten, die durch Pfändung und gerichtliche Anordnung ein Pfandrecht und ein Recht auf zwangsweise Veräusserung des Kuxes erlangt hat.

Für den, der eine solche Befugnis der Gewerkschaft nicht anerkennt, wird der einzige Ausweg, die Gewerkschaft vor den oben geschilderten Nachteilen, welche die Nichtgewährung eines Pfand- oder Absonderungsrechtes bezüglich der Zubusse im Gefolge hat, der sein, dass die Gewerkschaft über das Vermögen des Gewerken den Konkurs beantragt, weil in diesem Falle der Konkursverwalter zweifellos das Recht der Veräusserung des Kuxes besitzt[1].

9. Ist der Anteil unverkäuflich, so wird er den anderen Gewerken, soweit möglich, nach Verhältnis ihrer Anteile in ganzen Kuxen, soweit nicht möglich aber der „**Gewerkschaft zugeschrieben**". Sind also von dem Gewerken A 15 Kuxe zur Verfügung, während noch die Gewerken B mit 25, C mit 20 und D mit 40 Kuxen vorhanden sind, so müssen sämtliche Kuxe, falls B, C und D sich nicht anders verständigen, auf die „Gewerkschaft" geschrieben werden, weil sie sich nicht verhältnismässig auf den Gewerken verteilen lassen, da B 5, C 4 und D 8, zusammen also 17 Kuxe verhältnismässig zu verlangen hätten, für diese Verteilung aber die Zahl der anheimgefallenen Kuxe zu gering ist.

Wenn aber A 25 Kuxe zur Verfügung stellt, B noch mit 15 Kuxen beteiligt bleibt, während C und D die oben angegebene Zahl von Kuxen 20 und resp. 40 behalten, so erhält B 3 Kuxe, C 4 und D 8 Kuxe, zusammen 15 Kuxe zugeschrieben, während die restlichen

---

[1] § 127 R.K.O., Wolff Anm. 2, Wilmowsky Anm. 3 zu § 117.

10 Kuxe auf die Gewerkschaft „geschrieben“ werden müssen.

9. **Die Gewerkschaft ist trotz „Zuschreibung“ nicht als Gewerke anzusehen**, wie dies bereits an anderer Stelle ausgeführt ist[1].

10. Die Kuxe werden **lastenfrei** sowohl dem Gewerken wie der Gewerkschaft zugeschrieben. Die neuen Gewerken haften daher nicht für die Zubusse, welche die Vorbesitzer der Kuxe der Gewerkschaft verschuldeten.

Wird von der Gewerkschaft nach Zuschreibung einzelner Kuxe auf die Gewerkschaft eine Zubusse beschlossen, so ist es Interpretationsfrage des einzelnen Falles, ob die Zubusse bezüglich der der Gewerkschaft zugeschriebenen Kuxen unerhoben bleibt, so dass also jeder Gewerke pro Kux nur $^1/_{100}$ bzw. $^1/_{1000}$ der Gesamtzubusse zu zahlen hat oder ob die ganze Zubusse von den Gewerken nach Verhältnis ihrer Beteiligung aufgebracht werden muss.

11. Der § 131 gilt auch für die Gewerkschaften alten Rechts, das Einzelne siehe zu § 234.

12. Die §§ 129—131 unterliegen der **statutarischen Abänderung.**

Es wird daher statutarisch festgestellt werden können, dass freihändiger Verkauf des Kuxes statt des öffentlichen, oder ein Verkauf durch den Notar statt durch den Gerichtsvollzieher stattfinden soll oder dass die Kuxe auch ohne vorherigen Verkauf auf die übrigen Mitgewerken bzw. die Gewerkschaft umschrieben werden können. Dagegen wird die Bergbehörde es jedenfalls ablehnen müssen, einem Statut seine Genehmigung zu erteilen, welches die §§ 129, 130 ganz ausschlösse. Nach den Motiven[2] kann es nicht zweifelhaft sein, dass der Gesetzgeber gerade einerseits die persönliche Verpflichtung des Gewerken für die Zubusse und andererseits aber auch seine Befugnis, sich davon durch Hingabe des Kuxes in der Form der §§ 130—131

---

[1] Vgl. zu § 113.
[2] VI S. 146 ff., S. 161 ff.; vgl. auch Berlin 31./1. 1912, LIII.

zu befreien, für eine der wesentlichsten Grundlagen der gewerkschaftlichen Verfassung gehalten hat.

Dagegen wird eine statutarische Bestimmung, welche, falls die Gewerken nach vorheriger Mahnung binnen bestimmter Fristen die Zubussen nicht leisten, die betr. Kuxen für verfallen erklärt, unbedenklich sein.

Das Sächs. Berggesetz (§ 15) und Reuss j. L. (§ 88 Cc) überlassen die Festsetzung der Folgen der Nichtzahlung der Zubusse überhaupt der statutarischen Festsetzung. Sachsen-Weimar hat in den §§ 163 ff. ganz besondere Bestimmungen über die Aufgabe des Gewerkenrechts und auch über eine zwangsweise Zurverfügungstellung des Kuxes zugunsten der Gewerkschaft erlassen.

---

§ 132. Jeder Gewerke ist befugt, auf seinen Anteil freiwillig zu verzichten, wenn auf dem Anteile weder schuldige Beiträge noch sonstige Schuldverbindlichkeiten haften, oder die ausdrückliche Einwilligung der Gläubiger beigebracht wird, und ausserdem die Rückgabe des Kuxscheins an die Gewerkschaft erfolgt.

Der Anteil soll alsdann, sofern die Gewerkschaft nicht anderweitig über denselben verfügt, durch den Repräsentanten zugunsten der Gewerkschaft verkauft werden.

Ist der Anteil unverkäuflich, so findet die für diesen Fall im § 131 getroffene Bestimmung Anwendung.

Zu § 132.

1. Jeder Gewerke ist unter den im § angegebenen Voraussetzungen berechtigt, auf seinen Anteil **freiwillig zu verzichten.**

Gegenüber dem Recht des § 130 hat der § eine geringe praktische Bedeutung, da der Gewerke regelmässig auch bei einer wenig lukrativen Gewerkschaft wohl erst zu einer Hingabe seines Kuxes sich entschliessen wird, wenn er vor die Notwendigkeit gestellt ist, Zubusse zahlen zu müssen[1]. Immerhin bietet der § einen Weg, wie Gewerken, welche der Gewerkschaft zur Aufbringung voraussichtlicher Betriebsmittel neue Beteiligte zuführen wollen, einen Teil ihres Kuxenbesitzes dieserhalb der Gewerkschaft zur Verfügung stellen können. In solchen und ähnlichen Fällen behält der § immerhin seine Berechtigung, indem er ein Mal das jederzeitige Recht zur Dereliktion feststellt, was beim Fehlen einer solchen Bestimmung mit Rücksicht auf die durch § 102 A.B.G. festgestellte Beitragspflicht, sofern nicht § 130 vorläge, bestritten werden könnte. Und andererseits enthält der § die weitere wichtige Bestimmung, dass die Entsagung auf den Kux ausgeschlossen ist, wenn derselbe einem dritten Gläubiger verpfändet ist, während im Falle eines Fehlens dieser Bestimmung angenommen werden könnte, dass auch trotz des Pfandrechts und vorbehaltlich desselben der Kux zur Verfügung gestellt werden könne.

Das Bedenken von Beughem[2], dass § 132 mit § 130 nicht vereinbar sei, kann deshalb nicht als berechtigt anerkannt werden[3], obwohl es zur Klarstellung des gegenseitigen Verhältnisses der beiden §§ vielleicht richtiger gewesen wäre, den § 132 als den den allgemeinen Rechtssatz enthaltenden an die Spitze zu stellen und ihm die §§ 130 und 131 als die Ausnahme folgen zu lassen.

2. Das Recht des § 132 ist aber nur gegeben, wenn zunächst **auf dem Kux keine Beiträge haften**, d. h. falls der verzichtende Gewerke bezüglich des Kuxes seinerseits nicht mit Zubussen im Rückstande ist (ebenso auch Sachsen-Weimar: § 167). Eine dingliche Ver-

---

[1] v. Beughem A.B.G. S. 194.
[2] A.B.G. S. 194.
[3] Vgl. auch O.Tr. 23./10. 76 XVIII S. 134.

haftung des Kuxes für die Zubusse hat jedenfalls durch den § nicht festgesetzt werden sollen. Eine solche Annahme widerspricht dem oben zu § 129 wiedergegebenen Inhalt und Standpunkt des A.B.G., welcher die Zubusse lediglich als eine persönliche Verpflichtung des jeweiligen Gewerken ansieht. Man wird deshalb die etwas ungenaue Fassung des § lediglich dem Bestreben des Gesetzgebers nach möglichster Kürze des Ausdruckes zuschreiben müssen[1]. Das Sächsische Recht (§ 11) und Reuss j. L. (§ 88 c.) geben den Gewerken das Recht, jederzeit auf die Kuxe zu verzichten, ohne jede Bedingung, also auch dann, wenn noch Beiträge darauf haften.

3. Der Anteil ist, sofern die Gewerkschaft nicht anderweit darüber verfügt, z. B. den verbleibenden Gewerken mit deren Zustimmung ohne weiteres zuteilt, **zugunsten der Gewerkschaft zu verkaufen.** Eine besondere Art des Verkaufes ist nicht vorgeschrieben, weil hier nur die Gewerkschaft Interesse an dem Ausfalle des Verkaufes hat. Es kann deshalb der Kux auch freihändig verkauft werden[2].

Nur bezüglich der Kuxe alten Rechts ist die Form der Zwangsversteigerung vorgeschrieben[3].

Auch insofern liegt ein Unterschied gegenüber dem Verfahren des § 130 A.B.G. vor, als hier, weil der Verkauf nur zugunsten der Gewerkschaft stattfindet, der letzteren auch allein der ganze Verkaufserlös bleibt[4].

Dass ein Gewerke auch auf einen Teil seiner Kuxe verzichten, den anderen dagegen behalten kann, ist auch hier aus den oben zu § 130 entwickelten Gründen zweifellos[5].

In Sachsen-Weimar verfällt der Kux ohne weiteres zugunsten der Gewerkschaft (§ 167).

---

[1] Oppenhoff 589.
[2] Brassert Anm. 2, Klostermann-Thielmann Anm. 4.
[3] § 234 A.B.G.
[4] O.Tr. 23./10. 78 XVIII 133, Brassert Anm. 1, Klostermann-Thielmann Anm. 5. [5] Oppenhoff 715.

§ 133. Die Bestimmungen der §§ 94 bis 132 kommen nicht zur Anwendung, wenn die Rechtsverhältnisse der Mitbeteiligten eines Bergwerks durch Vertrag oder sonstige Willenserklärung anderweitig geregelt sind. Ein solches Rechtsgeschäft bedarf zu seiner Gültigkeit der notariellen oder gerichtlichen Form. Die Urkunde über dasselbe ist der Bergbehörde einzureichen.

Mitbeteiligte eines Bergwerks im Sinne des § 94 sind nicht die Teilhaber an einer ungeteilten Erbschaft oder an einer sonstigen gemeinschaftlichen Masse, zu welcher ein Bergwerk gehört.

Zu § 133.

1. Die Bestimmungen der §§ 94 ff. kommen nicht zur Anwendung, wenn die Rechtsverhältnisse der Mitbeteiligten eines Bergwerkes **durch Vertrag anderweitig geregelt sind.** Es ist also nicht zulässig, durch Beschluss der Gewerkschaft den Eintritt der gewerkschaftlichen Verfassung auszuschliessen, sondern es bedarf dazu einer vertraglich erklärten Uebereinstimmung sämtlicher Mitbeteiligten [1].

Eine Bohrgesellschaft, welche für die in ihr zusammengefasste Personenmehrheit Mutung einlegt, wird z. B. deshalb Gewerkschaft, wenn nur einer der Mitbeteiligten darauf besteht. Die Bestimmung des § 133 findet aber nicht bloss Anwendung bei Errichtung der Gewerkschaft. Es kann vielmehr nach seinem Wortlaute keinem Zweifel unterliegen, dass auch die ein Mal entstandene Gewerkschaft nur durch Vertrag, d. h. durch Willensübereinstimmung sämtlicher Gewerke, in eine andere Beteiligungsform umgewandelt werden kann. Eine solche Umwandlung geht über den § 114 A.B.G. hinaus. Dort handelt es sich z. B. im Falle des Verkaufes des Bergwerkes lediglich um die

---

[1] Vgl. Bericht des Abgeordnetenhauses VI 335.

Auflösung der Gewerkschaft, hier handelt es sich dagegen nicht bloss um die Auflösung, sondern auch um den Fortbetrieb der bergbaulichen Unternehmung in einer von der früheren verschiedenen Assoziationsform. Sofern es sich lediglich um die Beendigung der bisherigen Korporation handelt, rechtfertigt es sich, dieselbe regelmässig durch den Mehrheitsbeschluss der Gewerkschaft herbeiführen zu lassen. Soweit aber die einzelnen Gewerken darüber hinaus sich z. B. an einer unter Einwerfung des Bergwerks neu zu bildenden Aktiengesellschaft beteiligen sollen, können sie dazu nach allgemeinen Rechtsgrundsätzen nicht durch Mehrheitsbeschluss einer anderen Korporation, hier der Gewerkschaft, verpflichtet werden. Hier ist vielmehr die vertragliche Zustimmung eines Jeden erforderlich.

Auch nicht indirekt, auf dem Wege der Statutänderung kann deshalb während des Bestandes der Gewerkschaft der § 133 aufgehoben werden. Dass § 94 Abs. 2 den § 133 nicht als unabänderlich bezeichnet, steht nicht entgegen. Der § 94 Abs. 3 betrifft überhaupt nur die §§, die die Satzung der einmal entstandenen Gewerkschaft unabänderlich regeln. Es behandelt aber nicht die ausserhalb der Satzung stehende, vom Gesetz im § 133 erörterte Frage, unter welchen Voraussetzungen es überhaupt nicht zur Entstehung der Gewerkschaft resp. unter welchen es zu einer Umwandlung der enstandenen Gewerkschaft in eine andere Assoziationsform kommen soll. Eine statutarische Bestimmung dahin, dass auch im Falle der Umwandlung der Gewerkschaft in eine andere Gewerkschaftsform eine gewisse Mehrheit genügen solle, ist deshalb unzulässig, weil ein solcher Beschluss über das Gebiet der statutarischen Regelung hinausgeht[1].

Fraglich kann nur sein, ob nicht etwa im ursprünglichen, ersten Gesellschaftsvertrage die Gewerken einstimmig bestimmen können, das im Falle einer zukünftigen Umwandlung der Gewerkschaft in eine andere

[1] Berlin 7./5. 96 XXXVIII 119, R.G. 22./1. 91 XXXIII 221.

Gesellschaft dieselbe schon durch Mehrheitsbeschluss der Gewerken erfolgen könne. Man könnte zur Begründung dieser Ansicht auch darauf hinweisen, dass nach dem zur Zeit der Emanation des A.B.G. geltenden Aktienrechte[1], welches nach den Motiven, soweit gemeinsame Grundsätze angebracht, als Vorbild für das Gewerkschaftsrecht gedient hat, die zu einer Fusion, wie zu jeder Umänderung des Gegenstandes des Unternehmens erforderliche Einstimmigkeit des — wenigstens nach verbreiteter Ansicht — ganzen Grundkapitals[2] dann wegfiel, wenn in dem ursprünglichen Gesellschaftsvertrage ein Anderes bestimmt war. Aber eine analoge Anwendung dieser Bestimmung verbietet sich bei der Gewerkschaft schon deshalb, weil dieselbe nicht wie die Aktiengesellschaft gleichzeitig mit dem ursprünglichen Gesellschaftsvertrage ins Leben tritt, sondern ipso iure mit dem Erwerb des Bergwerks und zunächst mit dem gesetzlichen Normalstatut, eine wenn auch sofort beantragte Aenderung dieses Normalstatutes darnach aber schon dem § 133 unterliegt. Auch ein gleichzeitig mit oder in dem ursprünglichen Statut gefasster einstimmiger Beschluss der Gewerkschaft, das Statut derart abzuändern, dass in Zukunft durch Mehrheitsbeschluss die Einführung einer anderweitigen Beteiligungsform zulässig sein solle, würde nur insoweit rechtsgültig sein, als er auch als vertragliche Uebereinstimmung der Gewerken gelten kann. Ein solcher „Beschluss“ würde aber auch dann nur die Kontrahenten selbst, die Singularsukzessoren derselben aber jedenfalls ohne weiteres nicht binden. Es müsste vielmehr seitens jeden derselben eine besondere Uebernahme dieser vertraglichen Bindung vorliegen, weil sie sich nach obigem nicht als Ausfluss der mit dem Kux übergehenden Mitgliedschaft an der Gewerkschaft darstellt und deshalb an sich für die neuen Gewerken nicht massgebend ist.

Wohl aber wird regelmässig in dem einstimmigen

---

[1] Art. 215 H.G.B.

[2] Vgl. Puchelt Bd. I S. 446 und dortige Literaturangabe.

Beschluss der Gewerken, die Gewerkschaft in eine andere Gesellschaftsform umzuwandeln, für diese und für deren Person eine vertragliche Vereinbarung gefunden werden können[1]. Einer oberbergamtlichen Bestätigung bedarf ein solcher Vertrag nicht, weil er nach obigem keinen statutarischen Beschluss der Gewerkschaft darstellt[2].

2. Die Ausschliessung der gewerkschaftlichen Verfassung kann aber auch durch **„sonstige Willenserklärung"** erfolgen. Dass darunter nicht etwa ein statutarischer Beschluss verstanden wird, ist bereits unter Nr. 1 auseinandergesetzt[3].

Der Zusatz: „sonstige Willenserklärung", welcher sich in dem Regierungsentwurf nicht fand, ist vielmehr von der Kommission des Herrenhauses gemacht worden, um damit ausser Zweifel zu stellen, dass die gewerkschaftliche Verfassung auch durch letztwillige Verordnung ausgeschlossen werden kann[4]. Es kann darnach der Erblasser, welcher z. B. mehreren Personen das ihm allein gehörige Bergwerk vermacht, anordnen, dass sie nicht eine Gewerkschaft bilden sollen.

3. **Die anderweitige Regelung** kann in der Begründung jeder anderweitigen Gesellschaftsform des Zivil- und Handelsrechts bestehen.

Speziell kann es gegenüber §§ 2, 105 H.G.B nicht zweifelhaft sein, dass der Betrieb des Bergwerks auch in den Formen der offenen Handelsgesellschaft erfolgen kann, selbst wenn er nur auf den Betrieb des Bergwerks gerichtet ist[5]. Nur die Vorschriften der Gewerkschaft alter Verfassung können als ganze nicht übernommen werden. Denn aus §§ 94, 226, 227, 244 A.B.G. ergibt sich, dass, wenn eine Gewerkschaft entstehen soll, dieselbe nur ipso iure, nicht auf Grund Vertrages und nur noch als solche der § 94 ff. entstehen kann. Dagegen kann es nicht verhindert werden, das in einem Gesellschaftsvertrage[6] die Gesellschaft durch spezielle

---

[1] R.G. 22./1. 91 a. a. O. [2] Oppenhoff 536.
[3] Vgl. auch Berlin 7./5. 96 XXXVIII 119. [4] VI S. 335.
[5] Staub Anm. 1 ff. zu § 105 H G.B., Lehmann und Ring Nr. 5.
[6] §§ 705 ff. B.G.B.

Vertragsbestimmungen eine der Gewerkschaft alten Rechts möglichst gleichkommende Verfassung erhält.

4. Das die gewerkschaftliche Verfassung ausschliessende **Rechtsgeschäft** bedarf zu seiner Gültigkeit der **gerichtlichen oder notariellen** Form. Privattestament genügt daher nicht[1].

Ebenso wird auch zur Begründung einer offenen Handelsgesellschaft, für welche sonst mündlicher Vertrag genügt[2], falls es sich um Betreibung eines Bergwerkes handelt, zunächst ein Beschluss der Gewerkschafter in gerichtlicher oder notarieller Form dahin erforderlich sein, dass das Bergwerk in der Form der offenen Handelsgesellschaft betrieben werden solle. Dieser Beschluss ist jedenfalls noch keine „Handelssache“, sondern bewirkt nur, dass von da ab der Bergbaubetrieb „Handelssache“ wird[3].

5. **Die Urkunde ist der Bergbehörde einzureichen.**

Die Vorschrift ist lediglich instruktioneller Natur und berührt die Gültigkeit der Anordnung nicht[4].

6. Ueber Absatz 2 des § 133 vergleiche oben zu § 94[5], über die Frage des Ausschusses der gewerkschaftlichen Verfassung bei Ausschliessung unabänderlicher Bestimmungen des § 94 gleichfalls zu § 94[6], über Umwandlung der Gesellschaft in eine Aktiengesellschaft Anhang zu § 94[7].

---

§ 134. In den Fällen des § 133 muss[8], wenn die Mitbeteiligten eines Bergwerks nicht eine Gesellschaft

---

1 Oppenhoff 722.

2 Staub Anm. 29 zu § 105, Lehmann und Ring Nr. 9 dazu.

3 Art. 2 E.G. zum H.G.B.

4 O.Tr. 7./1. 74 XVI 222, K.G. 21./9. 1908, L, 106, Brassert Anm. 2, Klostermann-Thielmann Anm. 4, Oppenhoff 723.

5 Oben § 94 unter Ziff. 5, a.

6 Unter Ziff. 5, c. 7 Unter Ziff. II.

8 Die Gültigkeit der nach § 133 A.B.G. getroffenen vertraglichen Regelung hängt von der Bestellung des Repräsentanten nicht ab: K.G. 21./9. 1908, L, 106.

bilden, deren Vertretung durch die allgemeinen Gesetze geordnet ist, ein im Inlande wohnender Repräsentant bestellt und der Bergbehörde namhaft gemacht werden, widrigenfalls letztere nach § 127 zu verfahren befugt ist.

Dasselbe gilt, wenn der Alleineigentümer eines Bergwerks im Auslande wohnt.

Dieser Repräsentant hat diejenigen Geschäfte zu besorgen, welche im § 124 als solche bezeichnet sind, die dem Repräsentanten oder Grubenvorstande einer Gewerkschaft niemals entzogen werden dürfen. Eine Abänderung ist auch hier unzulässig.

Zu § 134.

1. **In den Fällen des § 133, d. h. also sowohl in den Fällen des Abs. 1 wie des Abs. 2!** Der Auffassung von Oppenhoff, welcher § 134 mit Rücksicht darauf, dass die ursprüngliche Regierungsvorlage zwar § 133, Ab. 1, aber nicht Abs. 2 enthielt, nur auf die Fälle des Abs. 1 des § 133 beziehen will, steht m. D. der Wortlaut des Gesetzes entgegen.

2. **Wenn die Vertretung der Gesellschaft nicht durch die allgemeinen Gesetze geordnet ist!** Unter dieser „Ordnung“ ist nicht etwa zu verstehen, dass die Gesetze überhaupt irgendwelche Vorschriften über die Vertretung dieser dem § 133 unterfallenden Gemeinschaften enthalten. Würde man den § 134 so interpretieren, so bliebe für denselben überhaupt kein Raum. Denn es gibt kein Gemeinschaftsverhältnis, das nicht durch die Gesetze wenigstens dahin geordnet wäre, dass regelmässig alle Teilhaber die Gemeinschaft vertreten[1].

Zu einer richtigen Interpretation der „Geordnetheit“ der Vertretung im Sinne dieses § kommt man nur, wenn man auf den gesetzgeberischen Zweck dieses § zurückgeht. Derselbe bestand nach den Motiven darin[2],

[1] Vgl. §§ 709 ff., 744 ff., 2038 B.G.B. [2] VI S. 163.

für die Erfüllung der Verpflichtungen, welche auf Gründen des öffentlichen Interesses beruhten, eine einfache, geordnete Vertretung nach aussen hin zu schaffen. Man wird deshalb nicht fehl gehen, wenn man die „Geordnetheit" im Sinne dieses § nur dort als vorhanden ansieht, wo durch die allgemeinen Gesetze die Vertretung der Gemeinschaft derart geregelt ist, dass die Person und der Umfang der Vertretungsbefugnis sowohl der Behörde wie Dritten gegenüber nach aussen hin jederzeit in zweifelloser Form erkennbar ist, dies um so mehr, als unter diese generelle Formulierung des dem § 134 zu Grunde liegenden Gedankens auch das in den Motiven gewählte Beispiel, die Aktiengesellschaft, fällt. Eine im Sinne dieses § „geordnete" Vertretung wird man deshalb bei den handelsrechtlichen Gesellschaftsformen (offene Handelsgesellschaft, Kommanditgesellschaft, Aktiengesellschaft), sowie bei der Gesellschaft mit beschränkter Haftung annehmen dürfen, weil hier namentlich durch die Notwendigkeit der Eintragung zum Handelsregister Person und Umfang der Befugnisse des Vertreters nach aussen hin ausreichend erkennbar sind. Dasselbe wird man auch bei der ehelichen Gütergemeinschaft anzunehmen haben, da hier durch die Tatsache des Bestandes der Gütergemeinschaft an sich auch die Vertretungsbefugnis nach aussen hin geregelt ist[1]. Dagegen wird man in allen anderen Fällen (Gesellschaft, Gemeinschaft, mehrere Miterben, mehrere Vermächtnisnehmer, falls ausnahmsweise die gewerkschaftliche Form ausgeschlossen ist), die Bestellung eines Repräsentanten erfordern müssen.

3. Die Bestellung eines Repräsentanten muss nach Abs. 2 ferner erfolgen, **wenn der Alleineigentümer im Auslande wohnt.** Ob er Ausländer ist, ist also gleichgültig. Auch auf Deutsche, welche im Auslande wohnen, findet der § 134 Anwendung, wie er andererseits auf Ausländer, welche im Inlande, d. h. im Deutschen Reiche[2], wohnen, nicht zutrifft.

Einzelne Berggesetze haben den Ausdruck „Ausland"

---

[1] §§ 1443 ff., 1487 B.G.B. [2] Vgl. zu § 117.

dadurch näher präzisiert, dass sie an dessen Stelle „Deutsches Reich" gesetzt haben: so Elsass-Lothringen (§ 114), Hessen (Art. 125), Baden (§ 114), Rudolstadt (§ 146), Königreich Sachsen (§ 21 Abs. 5), während andere Berggesetze die Bestellung eines in dem betr. Bundesstaate wohnenden Repräsentanten verlangen, wenn der Alleineigentümer nicht in demselben seinen Wohnsitz hat (Bayern § 154, Württemberg Art. 125).

4. Ein **Repräsentant** muss bestellt werden, die Bestellung eines Grubenvorstandes ist weder zulässig noch ausreichend[1]. Der Repräsentant hat die Geschäfte zu besorgen, welche nach § 124 **dem Repräsentanten niemals entzogen werden können**, also diejenigen des § 123 Abs. 1 und des § 124 Abs. 2[2].

Dass ihm diese Minimalbefugnisse nicht entzogen werden können, bestimmt ausdrücklich der letzte Satz des Abs. 3. Dass ihm von der „Gesellschaft" oder dem im „Auslande wohnenden Alleineigentümer" auch noch weitergehende Befugnisse durch besondere Vollmacht erteilt werden können, ist selbstverständlich[3].

5. Der Repräsentant des § 134 ist **gesetzlicher Vertreter** der Gesellschaft resp. des Alleineigentümers im Rahmen der Befugnisse des § 123 Abs. 1 und § 124 Abs. 2, weil ihm die letzteren mit seiner Bestellung als „Repräsentant" auf Grund des Gesetzes zufallen.

Darüber hinaus, also soweit etwa seine Befugnisse durch generelle oder spezielle Vollmacht erweitert sind, gilt er als Bevollmächtigter des Bergwerkseigentümers. Ueber die verschiedene Stellung des Repräsentanten, je nachdem er als gesetzlicher oder gewillkürter Vertreter gilt, vergleiche die Erläuterungen zu § 119 sub B und C.

6. Alles unter 3 und 4 angeführte, **gilt auch für den seitens der Bergbehörde im Falle dieses § gemäss § 127 bestellten Repräsentanten.** Seine Befug-

---

[1] Oppenhoff 730, Klostermann-Thielmann Anm. 4.
[2] Oppenhoff 732. [3] Oppenhoff 734.

nisse reichen also gleichfalls nicht über §§ 123 und 124 Abs. 2 hinaus.

7. **Personen oder Gesellschaften, welche nach § 134 nicht verpflichtet sind, einen Repräsentanten zu bestellen, sind dazu auch nicht berechtigt.** Mit Recht hat deshalb L.G. Dortmund 28./3. 1881 (XXIII 233) einen Lösevertrag, der von dem sonst nicht mit Vollmacht versehenen „Repräsentanten“ einer im Inlande domizilierten Aktiengesellschaft abgeschlossen war, als ungültig erklärt, weil neben der durch das H.G.B. geregelten Vertretung der Aktiengesellschaft durch ihren Vorstand, nicht auch noch eine solche durch einen Repräsentanten stattfinden könne[1].

8. Dass durch § 134 an dem gesetzlichen Gerichtsstande nichts geändert wird, war schon für die Zeit vor der C.P.O. anzunehmen[2]. Indes kann nunmehr, sofern der Eigentümer des Bergwerks im Auslande wohnt, gemäss § 23 C.P.O. wegen vermögensrechtlicher Ansprüche dort geklagt werden, wo das Bergwerk liegt. Dasselbe muss gelten, wenn der Eigentümer eine im Auslande domizilierte juristische Person ist[3].

---

[1] Brassert Anm. 3. [2] Oppenhoff 735.
[3] R.G. 21./1. 85, Entsch. Bd. 14 S. 412 ff.

Elfter Titel.

Uebergangsbestimmungen.

§ 226. Die Rechtsverhältnisse der bei dem Eintritt der Gesetzeskraft des gegenwärtigen G. in den rechtsrheinischen Landesteilen bestehenden Gewerkschaften sind, soweit es an vertragsmässigen Verabredungen fehlt und nicht in den nachfolgenden §§ 227 bis 239 etwas anderes bestimmt ist, nach den Vorschriften des vierten Titels zu beurteilen.

Zu § 226.

A. Bisheriges Recht.

1. Einleitung. Die Gewerkschaften alten Rechts, welche das A.B.G. bei seiner Emanation in grosser Zahl vorfand und die auch jetzt noch freilich allmählich in abgeschwächtem Umfange sich erhalten haben, würden nach allgemeinen Rechtsgrundsätzen, abgesehen von solchen Rechtsgeschäften, welche von ihnen nach Eintritt des A.B.G. abgeschlossen wurden, oder von solchen Tatbeständen, die unter der Herrschaft dieses Gesetzes, sie verpflichtend, entstanden, durchweg nicht nach dem A.B.G. zn beurteilen gewesen sein. Da die Gewerkschaft alten Rechts sich vielmehr nach A.B.R. II 16 und dem Gesetze vom 12. Mai 1851 als ein, allerdings eigenartig gestaltetes Gesellschaftsverhältnis darstellte, wie noch weiter unten auszuführen sein wird, würde sie an sich als solches Vertragsverhältnis nach denjenigen Vorschriften zu beurteilen gewesen sein, welche zur Zeit ihrer Entstehung in Kraft waren[1]. Das A.B.G. hat aber diese Konsequenz nicht eintreten lassen, vielmehr

[1] Förster-Eccius Pr.Pr. Bd. I S. 46, vgl. auch Habicht S. 295 ff.

die weitere Anwendung des früheren Bergrechts auf die bestehenden Gewerkschaften ausgeschlossen und dieselben in möglichst weitem Umfange dem Bergrecht des A.B.G. und ev. den allgemeinen Vorschriften des Privatrechts unterworfen.

Die Gründe, welche den Gesetzgeber zu dieser Regelung bestimmt haben, sind in den Motiven[1], wie folgt, entwickelt:

„Da die im vierten Titel vorgeschlagene Organi„sation der Gewerkschaft sich unmittelbar an die seit„herige Verfassung derselben und namentlich an das „Gesetz vom 12. Mai 1851 anlehnt und nur den Zweck „hat, die gewerkschaftlichen Rechtsverhältnisse auf der „vorhandenen Grundlage konsequenter durchzubilden „und zu entwickeln, so erscheint es ebenso ausführbar „wie zweckmässig, den vierten Titel auch auf die in „den rechtsrheinischen Landesteilen bereits bestehenden „Gewerkschaften auszudehnen. Es bedarf nur gewisser „Modifikationen, welche sich aus der Personifizierung „der Gewerkschaft und der veränderten Natur der Kuxe „ergeben. Denn in dieser Beziehung darf, wie schon „in den einleitenden Bemerkungen ausgeführt worden, „ein Zwang zur Annahme der neuen Gewerkschaftsform „gegen die bestehenden Gewerkschaften nicht ausgeübt „werden.

„Wird in dieser Weise die Wirksamkeit des vierten „Titels erweitert, so erlangen nicht nur die Gewerk„schaften, welche das Berggesetz in sehr grosser Zahl „vorfindet, die Vorteile der verbesserten gewerkschaft„lichen Verfassung, sondern es wird dem dringenden „Bedürfnisse nach einfachen und übersichtlichen Rechts„normen auch in diesem besonders wichtigen Teile des „Bergrechts genügt.“

2. Die Reihenfolge derjenigen Vorschriften, welche das gewerkschaftliche Rechtsverhältnis der am 1. Oktober 1865 bereits bestandenen Gewerkschaften regelte, war also:

---

[1] VI S. 222.

a) in erster Reihe entschied die vertragsmässige Abrede;

b) soweit sie nichts enthielt, traten mit dem 1./10. 1865 die §§ 227—239 A.B.G., in zweiter Reihe die Bestimmungen des IV. Titels ergänzend ein;

c) in letzter Reihe entschieden die allgemeinen gesetzlichen Vorschriften, d. h. wie noch auszuführen sein wird, diejenigen des Abschnitts III des I 17 A.L.R.[1].

Das bisherige Spezialrecht, insbesondere die §§ 253 bis 306 II 16 A.L.R. und das Gesetz vom 12./5. 51, welche überdies im §§ 244 A.B.G. nochmals besonders aufgehoben sind, schieden mit der Geltung des A.B.G. für die Beurteilung des gewerkschaftlichen Verhältnisses gänzlich aus, zumal das A.B.G. bei seinem zweifellos kodifizierenden Charakter[2] im ganzen Umfange des bisherigen Bergrechts an dessen Stelle treten sollte, für die bisherigen allgemeinen gesetzlichen Vorschriften also nur noch so viel Raum blieb, als sie auch schon bis dahin neben dem Bergrecht ergänzend eintraten.

3. Alles dies galt aber nur, soweit es sich um die Rechtsverhältnisse **der bestehenden Gewerkschaften als solcher,** also soweit es sich um die Verfassung der Gewerkschaft und das Rechtsverhältnis der Gewerken untereinander handelte. Dass darüber hinaus auch Rechte Dritter dem §§ 226 A.B.G. unterliegen sollten, ist im Gesetze nicht bestimmt. Soweit solche Rechte Dritter in Frage standen, entschieden daher lediglich die allgemeinen Grundsätze des Preussischen Rechts über die rückwirkende Kraft neuer Gesetze. Nach diesen blieben aber für die Ansprüche Dritter, welche aus Rechtsgeschäften, unerlaubten Handlungen oder ex lege (wie z. B. Grundschäden) unter der Herrschaft des früheren Rechtes entstanden waren, lediglich das frühere Recht massgebend, § 99 A.B.G. traf auf diese Ansprüche mangels eines auch diese Rückwirkung aussprechenden Rechtssatzes nicht zu[3].

---

[1] R.G. 12./12. 81, Daubenspeck I S. 80 ff., Brassert Anm. 2 zu § 227. [2] Motive VI S. 1 ff.

[3] O.Tr. 26./6. 72 XIII 547, Westhoff XXXII S. 283 ff. und

Die Ansprüche eines Dritten aus einem vor dem 1./10. 65 abgeschlossenen Lösevertrage, richteten sich deshalb, was Form, Inhalt und Wirkung, insbesondere also auch was den Umfang der persönlichen Haftung der Gewerken anging, für die ganze, oft sehr beträchtliche Dauer des Vertrages nach wie vor nach bisherigem Recht[1].

4. Von den Vorschriften, welche das Rechtsverhältnis der Gewerkschaft regelten, bedürfen einer näheren Besprechung die sub 2 a) und c) erwähnten.

a) Was zunächst die **vertragsmässige Abrede** angeht, so wird unter einer solchen wohl nur diejenige zu verstehen sein, welche bereits zur Zeit der Emanation des A.B.G. getroffen war[2], so dass durch späteren Vertrag unter der Herrschaft des A.B.G. das gesetzliche Statut der §§ 227 ff. A.B.G. nicht mehr abgeändert werden kann. Der blosse Wortlaut des § lässt diese Frage allerdings zweifelhaft. Wenn aber der Gesetzgeber, wie sich aus den oben mitgeteilten Stellen der Motive ergibt, die alte Gewerkschaft möglichst in Uebereinstimmung mit der neuen gebracht haben will, so ergibt sich daraus notwendig, dass er die Regelung des gewerkschaftlichen Verhältnisses nicht auch fortab noch der Privatwillkür des Gewerken hat überlassen wollen. Dazu kommt, dass eine Abänderung der gesetzlichen Vorschriften der §§ 227 ff. und des IV. Titels der Gewerkschaft des alten Rechts durch Statut jedenfalls untersagt ist. Wollte der Gesetzgeber aber statt dessen Abänderungen des gewerkschaftlichen Statuts auch nach dem 1. Oktober 1865 noch durch einstimmigen Vertrag der Gewerken, aber ohne Genehmigung des Oberbergamtes zulassen, so würde er jedoch jedenfalls, um das von ihm verfolgte Ziel, die Schaffung möglichst übereinstimmender Rechtsnormen für beide Gewerkschaftsformen, zu erreichen, vorgeschrieben haben,

---

XLVIII, 91 ff., Brassert Anm. 1, Klostermann-Thielmann Anm. 1 zu § 226.

[1] Vgl. einen solchen tatsächlich komplizierten Fall bei Westhoff XXXII S. 282 ff. und die dortige Literaturangabe.

[2] § 1 des Ges. vom 12./5. 51.

dass gewisse Bestimmungen des gesetzlichen Statuts auch durch Vertrag nicht abänderbar sein sollten, zumal unter den nach § 227 A.B.G. auch für die alte Gewerkschaft für anwendbar erklärten Bestimmungen des IV. Titels mehrere sich befinden z. B. §§ 99, 102, 104 und 107, die auch für die neue Gewerkschaft überhaupt unabänderlich sind. Selbstverständlich können diese Ausführungen aber nur die Bedeutung haben, dass die vertragsmässige Abrede nicht über die Gewerkschaft hinaus, also gegen Dritte Gültigkeit haben soll. Unter den Gewerken selbst hat natürlich jede vertragliche Abmachung Gültigkeit.

b) Die an letzter Stelle ergänzend eintretenden allgemeinen Bestimmungen sind die des **III. und resp. I. Abschnittes des Tit. I 17 A.L.R.**

Die Frage war allerdings streitig. Von vielen Seiten[1] wird die Auffassung vertreten, dass die Gewerkschaft alten Rechts eine erlaubte Privatgesellschaft im Sinne des T. II Tit. 6 A.L.R. bilde. Namentlich von Klostermann[2] wird dieselbe vornehmlich aus der Organisation der Gewerkschaft nach innen hin begründet, da der Gewerke bei dem Ausscheiden aus der Gewerkschaft nicht die Herausgabe seines Anteils an dem gewerkschaftlichen Vermögen verlangen. vielmehr nur sein Anteilsrecht veräussern, seine im Eigentum enthaltenen Befugnisse nur innerhalb der Gewerkensammlung ausüben könne usw. Die Frage war namentlich für das frühere Recht wesentlich wegen der Haftung für die Schulden, welche bei der erlaubten Privatgesellschaft nach der herrschenden Auffassung bloss eine gemeinschaftliche und ratierliche ist[3], während für die Haftung

---

[1] Brassert Kommentar S. 582, Arndt Kommentar Anm. 1 zu § 226, Turnau Grundbuchordnung Bd. 2 S. 112, Klostermann Uebersicht der bergrechtlichen Entscheidungen des O.Tr. S. 232 ff., Erk. des O.Tr. vom 5./7. 58, Entsch. Bd. 39 S. 340.

[2] Klostermann-Thielmann teilt jetzt die hier vertretene Auffassung: vgl. Vorbem. zu § 226.

[3] Rehbein Bd. III S. 315, Koch Kommentar Anm. 14, 15 zu Tit. II Tit. 6, a. M. dagegen Rosin bei Gruchot, Beiträge Bd. 27 S. 127 ff.

bei den Miteigentumsverhältnissen des 17. Tit. andere Grundsätze massgebend sind.

Die Charakterisierung der Gewerkschaft als einer erlaubten Privatgesellschaft entbehrt indess der gesetzlichen Begründung. Sie würde selbst dann unrichtig sein, wenn keine ausdrücklichen Gesetzesstellen vorlägen, welche sich über das Wesen dieser älteren Gewerkschaft aussprechen. Denn nicht die Art und Weise der Organisation einer Gesellschaft ist für die Frage, ob man dieselbe den erlaubten Privatgesellschaften oder aber den Sozietäten des 17. Tit. zuzuteilen hat, entscheidend. Mit Rücksicht darauf, dass § 16 T. II Tit. 6 A.L.R. die Handlungsgesellschaften ausdrücklich aus dem Kreise der erlaubten Privatgesellschaften ausschliesst, andererseits § 614 T. II Tit. 8 daselbst ersichtlich die Handelsgesellschaft den Sozietäten des dritten Abschnittes T. I Tit. 17 A.L.R. zuweist, und dass für die Gesellschaften dieses Abschnittes ausführliche Vorschriften über den Geschäftsbetrieb, Gewinn und Verlust getroffen sind, die im T. II Tit. 6 gänzlich fehlen, dass aber andererseits in den §§ 2 ff. T. II Tit. 6 die Zwecke der dort behandelten Gesellschaften durch ihre Beziehung auf das gemeine Wohl näher gekennzeichnet sind und die Korporation mit der landrechtlichen Basis eines nicht bloss dauernden, sondern auch gemeinnützigen Zweckes aus der erlaubten Privatgesellschaft heraus entwickelt wird, muss man der Auffassung sich anschliessen, nach der lediglich der Zweck der gesellschaftlichen Vereinigung es ist, welcher darüber entscheidet, welcher Klasse von rechtlichen Organisationen eine Vereinigung zuzuweisen ist. Gesellschaften mit dem Zweck der Erlangung von Vermögensvorteilen und Erwerb zum Besten der Mitglieder waren nach Preussischem Rechte zu den Sozietäten, Gesellschaften mit anderen, nicht auf Erwerb von Vermögensvorteilen gerichteten Zwecken den erlaubten Privatgesellschaften zuzurechnen[1].

---

[1] R.G.-Entsch. 9 S. 109, 16 S. 189 ff., Rehbein Entsch. III S. 311 ff.

Dass eine so eminent auf Vermögenserwerb gerichtete Gesellschaft, wie die Gewerkschaft, schon begrifflich nur den Sozietäten zugewiesen werden konnte, darf schon hiernach einem Zweifel nicht unterliegen[1].

Es kommt aber hinzu, dass positive Gesetzstellen die Gewerkschaften unter die Sozietäten ausdrücklich verwiesen. Denn § 132 II 16 A.L.R. bezeichnet die Gewerkschaft als „Gesellschaft" und § 268 T. II Tit. 16 A.L.R. bestimmt: „Die Verhältnisse der Gesamteigentümer unter sich sind nach dem unter ihnen bestehenden Vertrage und in dessen Ermangelung nach den allgemeinen Grundsätzen des ersten Teils Tit. 17 zu beurteilen." Das Gesetz über die Verhältnisse der Miteigentümer eines Bergwerks vom 12. Mai 1851 endlich stand mit dieser Vorschrift zum mindesten nicht im Widerspruch, wenn es im § 1 die Gewerken als Gesellschaft von „Miteigentümern" bezeichnete und bestimmte, dass dieselben „nach allgemeinen Grundsätzen" zu behandeln seien.

Hiernach war die Gewerkschaft als eine wenngleich durch die Spezialvorschriften des Bergrechts eigenartig gestaltete Gesellschaft von „Miteigentümern" im Sinne des Tit. 17 T. I A.L.R. anzusehen, wie sich übrigens auch aus der bei Brassert Motiven S. 151 mitgeteilten Entstehungsgeschichte der § 132, 264, 267 II 16 A.L.R. ergibt, und demgemäss, soweit nicht besondere gesetzliche Bestimmungen des A.L.R. im T. II Tit. 16 oder des Gesetzes vom 12. Mai 1851 entgegenstanden, auch nach den Vorschriften dieses Titels zu behandeln. Und zwar kam, da das gewerkschaftliche Miteigentum sich auf die Willensentschliessung der Mitglieder zu gemeinschaftlichem Bergbau zurückführte, sonach ein Vertrag der Miteigentumsbildung zugrunde lag, der Abschnitt 3 des Tit. 17 zur Anwendung (§ 6 das.), d. h. es fanden zunächst die Bestimmungen dieses dritten Abschnittes und nur, wenn die Entscheidung

---

[1] Vgl. auch O.Tr. 8./4. 62 IV S. 377, Graeff S. 46.

aus den (über die Gesellschaft) gegebenen „besonderen Gesetzen nicht entnommen werden konnte", die Vorschriften des ersten Abschnittes Anwendung (§ 9 das.).

B. Jetziges Recht.

In allem unter A Vorgetragenen ist mit dem 1. Januar 1900 eine Aenderung nicht eingetreten. Auch unter der Herrschaft des B.G.B. werden die bestehenden alten Gewerkschaften — neue können überhaupt nicht mehr zur Entstehung gelangen — jedenfalls, soweit es sich um das Verhältnis nach innen handelt, regelmässig, wie bisher, wenn es an vertragsmässiger Abrede fehlt und soweit nicht die Vorschriften der §§ 277 ff. entscheiden, nach Tit. I 17 A.L.R. zu beurteilen sein. Mag man die Gewerkschaft in der Abgrenzung des B.G.B. als „nicht rechtsfähigen Verein" im Sinne des § 54 B.G.B. oder als einfache Gesellschaft im Sinne der §§ 705 ff. ansehen, in beiden Fällen bleibt für das Rechtsverhältnis der Gewerken unter sich in dem Umfange, in welchem überhaupt für das allgemeine bürgerliche Recht noch Raum bleibt (was z. B. bei den §§ 189 ff. I 17 A.L.R. und §§ 304 ff. der Fall ist und soweit nicht die positive Vorschrift des jetzigen § 231 A.B.G. entgegensteht), das alte Recht entscheidend. Dieser Grundsatz äussert auch seine Wirkung hinsichtlich der Frage der Einkommensteuerpflicht der Gewerkschaft alten Rechts[1]. Die Gewerkschaft alten Rechts verdankt einem Vertrage ihre Entstehung, sie ist deshalb ein „Schuldverhältnis" im Sinne des Art. 170 E.G. zum B.G.B., für welches die bisherigen Gesetze massgebend sind[2].

Nach der Abgrenzung des B.G.B. wird man dabei die Gewerkschaft den „nicht rechtsfähigen Vereinen" des § 54 B.G.B. zuweisen müssen. Unter diese „Vereine" dürften „alle korporativ angelegten" Gesellschaften, welche Persönlichkeit nicht besitzen, zu verstehen sein[3].

---

[1] Vgl. hierüber Westhoff, XLVIII, 88 ff.

[2] Habicht S. 122 ff., S. 295 ff. [3] Mugdan I S. 638.

Zu diesen wird man aber auch die Gewerkschaft, wenn sie auch wegen ihres auf Erwerb gerichteten Zweckes nicht den erlaubten Privatgesellschaften des A.B.G. zugewiesen werden konnte, zu rechnen haben. Die alte Gewerkschaft besitzt eine korporative Gestaltung nicht bloss nach innen, sondern in gewissem Umfange auch nach aussen hin, wie unten im einzelnen noch weiter auszuführen ist. Die Qualifikation der Gewerkschaft als „nicht rechtsfähiger Verein" ist, wie noch an anderer Stelle zu behandeln, für die Frage der Prozessfähigkeit[1] von Bedeutung.

Soweit es sich dagegen um die Rechtsverhältnisse der Gewerkschaft zu Dritten handelt, greifen für solche Rechtsgeschäfte und Rechtshandlungen, welche unter der Herrschaft des B.G.B. zur rechtswirkenden Entstehung gelangen, die Vorschriften des neuen Rechtes Platz[2].

Der nach dem 1. Januar 1900 gewählte Repräsentant unterliegt in seinem Verhältnis zur Gesellschaft auch nach innen hin dem neuen Recht, und alle Rechtshandlungen, welche auch der vor dem 1. Januar gewählte Repräsentant nach aussen hin vornimmt, werden nach dem neuen Recht in demselben Umfange beurteilt, wie dies bei der neuen Gewerkschaft der Fall ist.

Die Haftung der Gewerkschaft für die von ihr nach dem 1. Januar 1900 kontrahierten Schuldverbindlichkeiten richtet sich nach wie vor nach § 99 A.B.G.[3].

C. Einzelnes.

Die §§ 226 ff. gelten auch in den 1866 neu erworbenen preussischen Gebietsteilen[4].

Insbesondere ist dies auch bezüglich der Provinz

---

[1] §§ 50 C.P.O., 213 R.K.O.

[2] Habicht S. 300. [3] Art. 67 E.G. zum B.G.B.

[4] Vgl. Einführungs-Verordnung für Nassau vom 22./2. 67 VIII S. 3 ff. Art. I und XI, für Hessen-Homburg vom 22./2. 67 VIII S. 29 ff. Art. I, für Kurhessen vom 1./6. 67 VIII S. 197 ff. Art. I; näheres hierüber besonders auch über die sog. alten Salzgewerkschaften vergl. bei Westhoff XLVIII, 95 ff.

Hannover der Fall[1]. Art. I der Einführungs-Verordnung vom 8./5. 67 führt das ganze A.B.G. für die Provinz Hannover ein, ohne dass in dem nachfolgenden Art. bezüglich der §§ 226 ff. eine Ausnahme gemacht ist[2].

---

§ 227. Die §§ 94 bis 98, 101, 103, 105, 106, 108, 109 und 110 finden auf die bestehenden Bergwerke keine Anwendung.

Zu § 227.

1. **Bestehende Bergwerke** im Sinne dieser §§ sind, wie nach dem Zusammenhange der §§ 226 ff., welche lediglich die Rechtsverhältnisse der bestehenden Gewerkschaften regeln wollen, nicht zweifelhaft sein kann, nur solche bestehenden Bergwerke, welche zur Zeit der Emanation des A.B.G. sich im Eigentum von Gewerkschaften befinden[3].

Auf solche Bergwerke, welche am 1./10. 65 noch nicht im Eigentum von Gewerkschaften sich befanden, sondern erst nach diesem Zeitpunkte in deren Eigentum übergehen, z. B. dadurch, dass der Alleineigentümer, der das Bergwerk schon vor dem 1./10. 65 besessen, nach diesem Zeitpunkte andere an dem Bergwerke mitbeteiligt oder einer Mehrheit von Personen auflässt, findet deshalb nicht § 227 A.B.G., sondern § 94 Anwendung, d. h. es entsteht eine Gewerkschaft neuen Rechtes.

Dasselbe muss auch gelten, wenn zwar am 1./10. 65 eine Gewerkschaft Eigentümerin des Bergwerks war,

---

[1] A. M. früher Klostermann III. Auflage S. 185, welcher auf diese alten Gewerkschaften in der Provinz Hannover unmittelbar die Vorschriften des IV. Titels anwenden wollte.

[2] Brassert S. 271, Klostermann-Thielmann Anm. 1 zu § 226, Oppenhoff Nr. 1173.

[3] Brassert Anm. 1, Klostermann-Thielmann Anm. 1, Berlin 28./12. 77 XIX S. 301.

nachher aber durch Vereinigung sämtlicher Kuxe in einer Hand unterging und dann dadurch wieder ins Leben trat, dass der schliesslich allein übrig gebliebene Gewerke einen Teil seiner Berechtigung Dritten überliess. Auch hier fällt der Uebergang des Bergwerks in die Berechtigung Mehrerer unter die Herrschaftszeit des A.B.G. [1].

Zweifelhafter ist die Frage, ob, wenn eine Gewerkschaft alten Rechtes mehrere ihr gehörige Bergwerke konsolidiert oder mehrere Gewerkschaften alten Rechts die ihnen gehörigen Bergwerke konsolidieren, eine Gewerkschaft neuen Rechts entsteht. Die herrschende Meinung verneint die Frage [2].

M. E. kann man aber gewichtige Bedenken haben, ob diese Ansicht richtig ist. Die Konsolidation schafft zweifellos ein neues Rechtsobjekt [3], durch die oberbergamtliche Bestätigung des Konsolidationsbeschlusses wird das Bergwerkseigentum erworben [4], dieser Erwerb vollzieht sich unter der Herrschaft des A.B.G. und muss deshalb auch die Folge haben, welche eintritt, wenn ein bisher nicht bestandenes, erst unter der Geltung des A.B.G. neu geschaffenes Bergwerkseigentum mehreren zufällt: den Eintritt der gewerkschaftlichen Verfassung der §§ 94 ff. A.B.G. [5]. Freilich wird man bei dieser Argumentation nach der Meinung von Westhoff auch die Konsequenz nicht zurückweisen dürfen, dass die Gewerkschaft des IV. Titels auch dann eintritt, wenn eine Gewerkschaft alten Rechts zwei ihr selbst gehörige Bergwerke konsolidiert. Diese Konsequenz lehnt Klostermann-Thielmann und zwar wohl mit Recht ab.

---

[1] O.Tr. 21./1. 78 XX S. 353, Kammergericht 4./1. 92 XXXVIII S. 102.

[2] Brassert S. 151, besond. ausführl. Fürst-Klostermann V. Auflage, Anm. 1 zu § 43; Klostermann-Thielmann vertritt aber jetzt in der VI. Auflage einen anderen Standpunkt.

[3] Brassert S. 147, O.Tr. 29./1. 77, XIX S. 115, R.G. 30./6. 80, XXIII S. 323, R.O.H.G. 21./10. 75 Entsch. Bd. 18 S. 261.

[4] Art. 37 I Preuss. A.G. zum B.G.B., Art. 23 des Preuss. A.G. zum R.O.H.G.

[5] Arndt Anm. 1 zu § 43, Fleischhauer XXXVI S. 225 ff., Klostermann-Thielmann Anm. 1 zu § 43.

2. Aus den Einzelbestimmungen der §§ 226 und 227 und der nachfolgenden ergibt sich bezüglich der **Rechts- und Handlungsfähigkeit** der Gewerkschaft alten Rechts zunächst, dass sie:

a) auch nach aussen hin in gewissem Umfange korporativ gestaltet ist. Sie besitzt in dem **Repräsentanten einen gesetzlichen Vertreter**, der sie in allen ihren Angelegenheiten gerichtlich und aussergerichtlich vertritt[1], der insbesondere deshalb auch berechtigt ist, innerhalb des Umfangs der Rechts- und Handlungsfähigkeit der Gewerkschaft Verbindlichkeiten namens ihrer einzugehen[2], der ferner zweifellos in gleichem Umfange berechtigt ist, auch Vermögen für die Gewerkschaft zu erwerben[3], wie denn ja auch für die Gewerkschaft alten Rechts der Grundsatz gilt, dass aus den von dem Repräsentanten abgeschlossenen Rechtsgeschäften die Gewerkschaft unmittelbar berechtigt und verpflichtet wird[4].

Die Grenze der Vertretungsmacht des Repräsentanten nach aussen hin deckt sich deshalb auch hier — abgesehen vom § 120 A.B.G. — regelmässig mit der Rechts- und Handlungsfähigkeit der Gewerkschaft überhaupt und ist deshalb hier in demselben Umfange nach aussen hin beschränkt, wie die Handlungsfähigkeit der Gewerkschaft selbst beschränkt ist.

b) Die für den Umfang der Vertretungsmacht des Repräsentanten massgebliche Grenze **der Rechts- und Handlungsfähigkeit der Gewerkschaft** richtet sich ihrerseits nach dem oben Ausgeführten nach den allgemeinen Vorschriften des 17. Titels I. Teil A.L R., speziell also nach §§ 188 ff. I 17 A.L.R., wonach die „Ausdehnung des Zweckes der Verbindung auf einen neuen darin bisher nicht betriebenen Gegenstand" nicht zulässig, vielmehr als Begründung eines neuen Sozietätsverhältnisses unter den zu dieser Ausdehnung konsentierenden Sozien angesehen wird[5], während anderer-

---

[1] §§ 226, 227, 223, 99, 119 A.B.G. [2] §§ 233, 99, 119 A.B.G.
[3] Arg. dieselben §§. [4] §§ 226, 227, 233, 125 A.B.G.
[5] §§ 196, 197 I 17 A.L.R.

seits „blosse Erweiterung des Geschäfts ohne Aenderung des Gegenstandes" das Gesellschaftsverhältnis nicht berührt[1]. Dass dabei die Anwendung des § 194 a. a. O. durch §§ 102, 227 A.B.G. ausgeschlossen ist, der Gewerke für alle Schuldverbindlichkeiten der Gewerkschaft, soweit sie überhaupt noch im Rahmen des § 193 I 17 liegen, aufzukommen hat, kann nicht zweifelhaft sein.

Man wird hiernach annehmen dürfen, dass die Gewerkschaft Grundstücke ankaufen, Aufbereitungsanstalten errichten darf, welche sie zum Betriebe ihres Bergwerks benötigt, dass sie sich auch an Eisenbahnunternehmungen als Aktionär beteiligen kann, wenn dieselben mit dem Betriebe ihres Bergwerks zusammenhängen, dass sie auch neues Bergwerkseigentum zu erwerben berechtigt ist, wenn dies auf Grund von Funden, welche bei dem Betriebe ihres Bergwerkes gemacht sind, geschieht oder falls dies ferner geschieht, um die Konkurrenz andrer Gesellschaften abzuhalten, wenn das neu erworbene Bergwerk also bloss still liegen soll.

Ueberhaupt erscheint die Rechts- und Handlungsfähigkeit soweit, aber auch nur soweit begründet, als es sich um die Erwerbung, Veränderung, Aufgabe des verliehenen Bergwerkseigentums, seine Nutzbarmachung und Verwaltung, die Abfuhr und die Verwertung der gewonnenen Produkte handelt[2]: alles dies natürlich, soweit nicht in dem der Gewerkschaft zu Grunde liegenden, vor dem 1./10. 65 abgeschlossenen Vertrage der Kreis des gewerkschaftlichen Unternehmens enger oder weiter gezogen ist. Ist das aber nicht der Fall, so ist die Gewerkschaft z. B. nicht berechtigt, durch Mehrheitsbeschluss den Ankauf neuen Bergwerkseigentums zu beschliessen[3].

c) Wohl aber wird man annehmen dürfen, dass die Gewerkschaft innerhalb des Rahmens ihrer Handlungsfähigkeit auch **wechselfähig** ist. Da sie sich

---

[1] §§ 193 ff. I 17 A.L.R.

[2] Ebmeier I S. 140.

[3] O.Tr. 14./12. 76 XVI S. 126, Brassert S. 91 mit ausführlicher Literaturangabe, a. M. anscheinend O.L.G. Köln 29./11. 99 XLI S. 364 ff., vgl. auch L.G. Essen 21./12. 1900, XLII, 363/65.

nach Obigem durch Verträge als solche durch ihren Repräsentanten verpflichten kann, erscheint nach dem Wortlaut des Art. 1 W.O. ihre Wechselfähigkeit begründet[1]. Es wird deshalb auch aus einem von dem Repräsentanten einer alten Gewerkschaft gegebenen Akzept im Wechselprozesse geklagt werden können, da der Nachweis, dass die Wechselhingabe im Bereiche der Handlungsfähigkeit der Gewerkschaft erfolgt ist, nicht durch Urkunden wird erbracht zu werden brauchen[2].

d) Was die **Parteifähigkeit** der Gewerkschaft alten Rechts angeht, so ist sie nunmehr durch § 50 Abs. 2 C.P.O. dahin beschränkt, dass sie — abgesehen von den zugelassenen Ausnahmen[3] — nur noch als solche verklagt, nicht aber als solche auch klagen kann. Die bisher für die Gewerkschaft alten Rechts nicht bloss aus allgemeinen Grundsätzen, sondern auch schon aus §§ 227, 119 Absatz 1 und 3, 124 sich ergebende Parteifähigkeit für Aktivprozesse muss gemäss § 14 E.G. zur C.P.O. als beseitigt gelten[4]. Etwaige Aktivklagen müssen deshalb namens sämtlicher Gewerken durch den Repräsentanten oder Grubenvorstand angestellt werden, der dazu gemäss §§ 227, 119 regelmässig besonderer Vollmacht nicht bedarf. Nötigenfalls wird die Zession der Forderung an einen Dritten die Gewerkschaft vor etwaigen Schwierigkeiten bewahren.

Die früher streitige, aber auch schon bisher zu bejahende Frage, ob über das Vermögen einer Gewerkschaft alten Rechts Konkurs eröffnet werden kann[5], ist nunmehr durch § 213 R.K.O. in bejahendem Sinne entschieden.

3. Ueber die Frage, ob die Gewerkschaft alten Rechts, abgesehen von dem durch die Vorschriften in § 50 Abs. 2 und § 17 Abs. 1 Satz 2 R.C.P.O. geregelten

---

[1] Köln A.G. 16./1. 61 IV S. 126.

[2] Rehbein W.O. Anm. 5 zu Art. 1.

[3] Widerklage, Klage aus §§ 578, 767, 302, 717, Sydow und Busch C.P.O. Anm. 4 zu § 50.

[4] Habicht S. 124; a M. Klostermann-Thielmann in Vorbem. zu § 226, Dernburg, Sachenrecht S. 520.

[5] O.L.G. Köln 15./3. 99, R.G. 4./7. 99 XLI S. 103 ff.

zivilprozessualen Sitz einen Sitz im materiell rechtlichen Sinne überhaupt haben kann, hat sich Westhoff in seinem Aufsatz „Einkommenbesteuerung der Gewerkschaften" XLVIII, 90 eingehend verbreitet. Wenn er dort zu einer Verneinung der Frage gelangt, so muss demgegenüber doch betont werden, dass die Praxis als Sitz auch der Gewerkschaft alten Rechts unbedenklich den Ort gelten lässt, an dem ihre Verwaltung geführt wird.

4. Die Gewerkschaft alten Rechts gilt an sich nicht als Kaufmann; sie kann aber bei Erfüllung der Voraussetzungen in § 2 H.B.G. in das Handelsregister eingetragen werden und hat dann die Verpflichtung zur Führung von Handelsbüchern [1].

5. Nach § 227 A.B.G. findet **bzw. der Schuldenhaftung** auch § 99 auf die Gewerkschaften alten Rechts Anwendung. Auch für sie gilt daher der Satz, dass „für die Verbindlichkeiten der Gewerkschaft nur das Vermögen derselben haftet" [2].

a) Aus dem unzweideutigen Inhalte dieses Paragraphen ergibt sich zunächst, dass jedenfalls eine Haftung der Gewerken mit ihrem sonstigen Privatvermögen nicht eintritt. Es folgt daraus ferner, dass die zur Zeit der Erhebung eines Anspruchs bereits ausgeschiedenen Gewerken auch um deswillen nicht haften, weil sie, da ihre Haftung sich jedenfalls auf ihre Bergwerksbeteiligung begrenzte, durch deren Verkauf aus dem Schuldnexus ausgeschieden sind. Es ergibt sich weiter daraus, dass, weil das Vermögen der Gewerkschaft unterschiedslos für alle ihre Schulden derselben haftet — gleichgültig, zu welchem Zeitpunkte sie entstanden —, die neu eintretenden Gewerken die Schulden der Gewerkschaft in gleicher Weise übernehmen, wie sie ihren Verkäufern oblagen, mit anderen Worten, dass der Wechsel der Mitglieder für die Leistung und Geltendmachung der Ansprüche gegen die Gewerkschaft irrelevant ist [3].

---

[1] Ob.-Verw.-Ger. 3./3. 1909, LI, 162.
[2] R.G. 21./5. 85 bei Daubenspeck I S. 98.
[3] Westhoff XXXII S. 314.

b) Fraglich kann sein, ob der Gewerkschaftsgläubiger nicht wenigstens die Wahl hat, ob er sich wegen seiner Forderungen sowohl an die Gewerkschaft als Ganze, also z. B. an das ganze Bergwerk, wie auch an die Anteile der einzelnen Gewerken an diesem gewerkschaftlichen Vermögen halten könne. Die Frage ist zu verneinen. Da nach § 99 nur das Vermögen der „Gewerkschaft" haften soll, so können darunter die einzelnen Kuxe nicht gerechnet werden; denn dieselben sind nicht Eigentum der Gewerkschaft, sondern Sondereigentum der Gewerken, wie noch weiter unten auszuführen ist.

Für die Annahme, dass man unter dem „Vermögen der Gewerkschaft" nur das Vermögen der Gewerkschaft als solcher hat verstehen wollen und nicht etwa auch die Beteiligung der einzelnen Gewerken an diesem Vermögen, sprechen auch die Motive des Gesetzes[1], nach denen für die Anwendung des § 99 auch auf die alte Gewerkschaft der Zweck vorgewaltet hat, „möglichst zu übereinstimmenden Grundsätzen mit der neuen Gewerkschaft zu gelangen". Zu solcher möglichster Uebereinstimmung der Rechtsgrundsätze gelangt man aber bezüglich des § 99 nur, wenn man auch bei der alten Gewerkschaft einen Zugriff der Gewerkschaftsgläubiger an die Kuxe ausschliesst[2].

Bei der Anwendung des § 99 ist es auch hier gleichgültig, aus welchem Rechtsgrunde die Forderung entstanden, ob aus dem Vertrag, oder ex lege (wie z. B. bei Grundschäden) oder ex delicto (resp. rechtloser Bereicherung z. B. Feldesüberschreitung)[3].

In allen Fällen besteht der Anspruch nur gegenüber der Gewerkschaft als solcher.

c) Eine etwaige **Klage muss deshalb auch gegen die Gewerkschaft**, vertreten durch den Repräsentanten bzw. Grubenvorstand, gerichtet werden. Das gegen die Gewerkschaft ergehende Urteil macht materiell gegenüber den sämtlichen Gewerken Rechtskraft dahin,

---

[1] VI 222, 148 ff. [2] Westhoff XXXII S. 315 ff.
[3] R.G. 4./6. 90 bei Daubenspeck I S. 100.

dass die Gewerkschaftsschuld ihnen gegenüber als solche festgestellt gilt, so dass, wenn sie aus irgend einem Grunde ausnahmsweise persönlich zu haften haben (z. B. bei Verteilung von Gewerkschaftsvermögen) sie gegen die aus dem Urteil erhobene Judikatsklage nur noch Einreden aus ihrer Person zu erheben vermögen[1]. Tritt ein Wechsel im Personalbestande der Gewerkschaft während der Dauer des Prozesses ein, so macht das Urteil gegen sämtliche Gewerken Rechtskraft, welche seit Rechtshängigkeit des Prozesses bis zur Rechtskraft der Gewerkschaft als Gewerken angehört haben: gegen den seit Rechtshängigkeit neu eintretenden Gewerken, weil er nach Obigem in alle Schuldverbindlichkeiten der Gewerkschaft mit eintritt, also auch die Verbindlichkeiten in derjenigen Eigenschaft gegen sich gelten lassen muss, die sie dadurch gewonnen haben, dass sie Gegenstand eines Rechtsstreites geworden sind[2]; gegen den ausgetretenen, weil er bezüglich der bereits begonnenen Prozesse noch als Gewerke gilt[3].

d) Wie ist es mit den **Ansprüchen, welche erst erhoben werden, wenn Gewerkschaftsvermögen nicht mehr vorhanden ist,** die Gewerken vielmehr das vorhandene unter sich verteilt haben?

Die Frage hat für die Gewerkschaft alten Rechtes jetzt noch dieselbe Bedeutung wie früher, auch für die Gewerkschaft neueren Rechtes, weil bei ersterer ein Liquidationsverfahren nicht vorgesehen ist. Es greifen vielmehr die §§ 304 ff. I 17 A.L.R. Platz mit der Massgabe, welche sich aus §§ 99, 227 A.B.G. ergibt, d. h. die Gewerken haften innerhalb eines Jahres solidarisch in Höhe des ihnen aus dem Gewerkschaftsvermögen Zugeflossenen, nachher nur noch pro rata nach Verhältnis ihrer Kuxe.

e) Für die **Verbindlichkeiten aus Verträgen, welche vor dem 1. Oktober 1865** abgeschlossen sind und öfters, wie z. B. Löseverträge, noch jetzt in Kraft

---

[1] Vgl. zu § 96 unter Ziff. 5.
[2] Lippmann in Archiv für zivilistische Praxis Bd. 65 S. 370.
[3] § 294 I 17 A.L.R., R.G 28./11. 99, Gruchot Bd. 45 S. 86.

stehen, haften die Gewerken auch nach dem 1. Oktober 1865 noch solidarisch und in voller Höhe mit ihrem ganzen Vermögen[1]. Es haften aber nur die Gewerken aus dem Vertrage, welche zur Zeit des Vertragsabschlusses der Gewerkschaft angehört haben, diese aber auch dann, wenn sie unterdes ihre Anteile verkauft haben. Neu eintretende Gewerken haften, da sich die Verpflichtung lediglich nach allgemeinen Grundsätzen richtet, nur soweit, als ihnen gegenüber etwa nützliche Verwendung Platz greift, wobei dann aber nur Haftung pro rata stattfindet. Alles dies gilt auch bezüglich der sogenannten Grubenschulden, d. h. aller derjenigen Schulden, welche das Bergwerk angehen und für dasselbe eingegangen sind. Die, namentlich von Westfälischen Gerichten, vielfach vertretene Auffassung, dass für solche Grubenschulden nur das Bergwerk selbst, nicht auch die Gewerken persönlich hafteten, entbehrt für das Preussische Recht der gesetzlichen Grundlage[2].

6. Schon zu Nr. 2 ist hervorgehoben, dass die Gewerkschaft zwar den ergänzenden Vorschriften des Abschnittes III des 17. Titels A.L.R. unterliegt und somit eine Gesellschaft von Miteigentümern bildet, dass sie aber andererseits als **rein zivilrechtliche Sozietät nicht** angesehen werden kann.

Insbesondere ist auch das Miteigentum der Gewerken an den Vermögensstücken der Gewerkschaft nicht als einfaches Miteigentum, wie es den Bestimmungen des Abschnittes III I 17 A.L.R. zu Grunde lag, sondern infolge der Gestaltung, welche die Gewerkschaft schon durch das A.L.R., durch das Gesetz vom 12./5. 1851, vor allem aber durch die §§ 227 ff. A.B.G. selbst erhalten hat, als Eigentum zur gesamten Hand zu erachten, so dass also in dieser Beziehung auch für die Gewerkschaft alten Rechts grundsätzlich eine ähnliche Rechtslage besteht, wie nunmehr überhaupt bezüglich der Gesellschaft das B.G.B.[3].

---

[1] Arg. §§ 301, 44, 45 I 17, 444, 445 I 5 A.L.R.

[2] O.Tr. 24./11. 68 X 170, 24./9. 54, Striethorst Archiv Bd. 15 S. 48, 8./4. 62 Entsch. Bd. 48 S. 374, 24./11. 73 XV S. 279 ff.

[3] Oertmann S. 442.

Die Unabhängigkeit des Bestandes der Gewerkschaft von dem Ausscheiden einzelner Mitglieder[1], die dem einzelnen Gewerken gewährte Befugnis, an seiner Stelle der Gewerkschaft ein anderes Mitglied aufzudrängen[2], der Ausschluss der Teilungsklage[3], die prinzipielle Möglichkeit der Verfügung über das gemeinschaftliche Vermögen durch Majoritätsbeschluss[4], die Vertretung nach aussen durch ein gesetzliches Organ in der Person des Repräsentanten oder Grubenvorstandes[5], durch deren Handlungen unmittelbar für die Gewerkschaft Rechte und Verbindlichkeiten erzeugt werden, vor allem die Vorschrift der §§ 227, 99 A.B.G., in welcher ausdrücklich bestimmt ist, dass einerseits ein „Vermögen der Gewerkschaft" besteht, dass andererseits aber auch „Verbindlichkeiten der Gewerkschaft" existieren und worin ferner ausgesprochen ist, dass nur das erstere für die letzteren haftet — kann es nicht zweifelhaft lassen, dass auch bei der Gewerkschaft ein eigentümliches, den Zwecken der Gewerkschaft gewidmetes Sondervermögen besteht, welches den Gewerken, wenn sie hier auch nicht zu einer juristischen Persönlichkeit zusammengefasst sind, doch lediglich in ihrer Vereinigung zusteht, und welches auch durch die Handlungen ihrer Vertreter nach dem Prinzip der direkten Stellvertretung unmittelbar berechtigt und verpflichtet wird, kurzum dass alle diejenigen Momente vorliegen, welche das Eigentum zur gesamten Hand als solches charakterisieren[6].

Der Satz des A.L.R. § 264 II 17: „Was bergmännisch verliehen wird, kann auch zum Gesamteigentum besessen werden"[7], wenngleich er nach seiner von Brassert[8] mitgeteilten Entstehungsgeschichte nur im Sinne des Miteigentums des III. Abschn. I 17 A.L.R. hat verstanden sein sollen, hat deshalb für die

---

[1] §§ 226, 100 A.B.G. [2] §§ 226, A.B.G. [3] §§ 226, 100.
[4] §§ 226, 114, 230 Abs. 2 A.B.G.
[5] §§ 226, 117 ff., 123 A.B.G.
[6] O.L.G. Köln 15./3. 99, R.G. 4./7. 99 XLI S. 103 ff., Westhoff a. a. O. S. 305 ff. [7] Vgl. auch § 268.
[8] Materialien des Bergrechts des A.L.R. 1861 S. 150.

heutige Gestaltung der Gewerkschaft alten Rechts seine volle Richtigkeit auch im wörtlichen Sinne.

Darnach kann es nicht zweifelhaft sein, dass die Gewerkschaft alten Rechts auch berechtigt ist, **grundbuchmässige Rechte auf ihren Namen** zu erwerben. Insbesondere sind Grundstücke, welche von dem Repräsentanten für die Gewerkschaft erworben werden, an diese aufzulassen und auf deren Namen im Grundbuche einzutragen. Es beruht auf einer Verkennung der Tatsache des der Gesamtheit der Gewerkschaft zustehenden Eigentums zur gesamten Hand an dem ganzen Vermögen der Gewerkschaft, speziell auch auf einer Nichtberücksichtigung der §§ 119, 125, 227 A.B.G., wenn das Kammergericht dementgegen die Ansicht vertritt, dass die von der Gewerkschaft erworbenen Grundstücke auf den Namen der einzelnen Gewerken im Grundbuch eingetragen werden müssten [1].

Ebenso folgt aus Obigem, dass aus einem gegen die Gewerkschaft erlassenen Urteil gegen sie und in ihr Vermögen **Zwangsvollstreckung**, insbesondere also auch Zwangseintragung, Zwangsversteigerung und Zwangsverwaltung in das ihr gehörige Bergwerk betrieben werden kann [2]. Dabei macht es nach Obigem keinen Unterschied, ob etwa seit Beginn des Prozesses oder Erlass des Urteils ein Wechsel in der Person der Gewerkschaft eingetreten ist. Andererseits kann aus dem gegen die Gewerkschaft ergangenen Urteil nicht etwa Zwangsvollstreckung gegen einen Gewerken betrieben werden, nicht bloss aus dem formellen Grunde des § 750 C.P.O., weil der Gewerke als Schuldner in dem vollstreckbaren Schuldtitel nicht namentlich aufgeführt ist, sondern auch materiell deshalb, weil der Gewerke für die nach dem 1./10. 65 entstandenen Schuldverbindlichkeiten niemals, auch nicht mit seinen Kuxen persönlich haftet.

7. **Zu dem von der Gewerkschaft zur gesamten Hand besessenen Vermögen gehört vor allem auch das Bergwerk selbst.** Schon nach dem oben Ausge-

---

[1] Kammergericht 19./11. 1894 XXXVIII, 245.

[2] Westhoff XXXII S. 304.

führten lässt sich annehmen, dass das A.B.G., welches für die Verbindlichkeiten der Gewerkschaft nur deren Vermögen haften lässt, von diesem Vermögen gerade die wichtigste Unterlage ihres allein auf das Vermögen der Gewerkschaft selbst gestützten Kredits nicht hat ausnehmen wollen. In Wahrheit liegen auch keinerlei durchschlagende Gründe vor, welche die Annahme rechtfertigen, dass zwar die Grundstücke, Forderungen, Gerätschaften und gewonnene Mineralien einer Gewerkschaft alten Rechts dieser als solcher, dagegen das Bergwerk nicht ihr, sondern den einzelnen Gewerken als blossen Miteigentümern gehören.

Die Kuxe der Gewerkschaft alten Rechts sind deshalb auch nicht als Eigentumsanteile an dem Bergwerk, sondern lediglich als Anteile am Gesamtvermögen der Gewerkschaft anzusehen.

Das Bergwerk und die Gesamtheit der Kuxe sind nicht mit einander identisch, der Kux bildet nicht den 128. Teil des Bergwerks[1]. Die Gesamtheit der Kuxe repräsentiert ausser dem Bergwerke noch die Gesamtheit aller übrigen Vermögensstücke der Gewerkschaft, abzüglich der Passiven. Der Wert des ganzen Bergwerks kann deshalb grösser oder geringer sein, als der Wert der Gesamtheit aller Kuxe. Aber nicht bloss in ihrem ökonomischen Werte, sondern auch in ihrem juristischen Wesen sind die zusammengefassten 128 Kuxe nicht identisch mit dem im Grundbuch eingetragenen Bergwerk. Die Kuxe repräsentieren in ihrer Gesamtheit die sämtlichen, im freien Privatvermögen der Gewerken stehenden Sonderanteile an dem ganzen gewerkschaftlichen Vermögen, während das Bergwerk dagegen — wenn auch meistenteils das wertvollste — so doch nur ein körperliches Stück des von ihnen zur gesamten Hand besessenen Vermögens ist. An den einzelnen Stücken dieses gemeinsamen Vermögens, namentlich auch etwa an dem Bergwerke, steht deshalb auch

---

[1] Klostermann Lehrbuch S. 215 ff., v. Rynsch bei Brassert Bd. III S. 261, Urt. des Appellationsgerichts Hamm vom 24./10. 64, bei Brassert Bd. VI S. 484.

nicht zu ideellen Teilen dem Gewerken ein Verfügungsrecht zu[1].

Der vorstehende von Westhoff wiederholt[2] verteidigte Standpunkt, der für eine Reihe wichtiger Einzelfragen von ausschlaggebender Bedeutung ist, hat anscheinend nunmehr auch die Autorität des R.G. für sich[3], während das Kammergericht bisher fortgesetzt den entgegenstehenden Standpunkt innegehalten hat[4]. In der Tat erscheinen die von der gegnerischen Meinung aufgestellten Gründe, aus denen sich ergeben soll, dass der Kux, wenigstens soweit er zum Grundbuch eingetragen ist, einen ideellen Eigentumsanteil am Bergwerk bedeutet, nicht haltbar.

Zwar werden die Kuxe vielfach sowohl im A.L.R.[5] wie in neueren Gesetzen[6] als „Bergteile, unbewegliche Bergwerksanteile" bezeichnet. Indes lassen sich aus solcher Bezeichnung allein Schlüsse auf die rechtliche Natur eines solchen „Bergwerksanteils" nicht ziehen, um so weniger, als an andern Gesetzesstellen im Gegensatz dazu die Kuxe wieder als „gewerkschaftliche Anteile" bezeichnet werden[7]. Der Ausdruck: „Bergteile, unbewegliche Bergwerksanteile" hat sich offenbar im Anschlusse an die Ausdrucksweise des A.L.R. eingebürgert. Wie farblos aber diese Wortfassung, wie wenig der Gesetzgeber des A.L.R. sich bewusst war, damit zum Ausdruck zu bringen, dass der Kux nicht ein gewerkschaftlicher Anteil, sondern ein Anteil an einem einzelnen

---

[1] Dernburg Bd. I S. 541, Plathner bei Gruchot a. a. O., Turnau Bd. II S. 162, Koch A.L.R. Bd. II S. 486 Anm. 58, H.G.B. Art. 111, 119, 120. [2] XXXII S. 304 ff., XXXIV S. 187 ff.

[3] 4./7. 99 XLI S. 110, O.L.G. Köln 15./3. 99 S. 102 ff.

[4] 4./4. 92 und 19./11. 94 XXXVIII S. 99 ff., 244 ff., 4./7. 98 XL S. 377 ff., vgl. auch Brassert Anm. 4 zu § 228, Klostermann-Thielmann Vorbem. zu § 226, ferner Begründung (S. 8) zum Ges. vom 23. Juni 1909, betreffs den Bergwerksbetrieb ausländischer juristischer Personen. [5] II 16 § 253.

[6] § 68 des E.E.G. vom 5./2. 72, Art. 15 des Preuss. A.G. zum R.Zw.V.G., §§ 1 und 2 des Gesetzes vom 23. Juni 1909, betr. den Bergwerksbetrieb ausländischer juristischer Personen.

[7] §§ 235, 236 A.B.G., Preuss. Minist.-Verf. zur R.Gr.B.O. vom 20./11. 99 § 25.

Teile dieses gewerkschaftlichen Vermögens, dem Bergwerk sei, ergibt sich am besten aus dem § 236 des Entwurfes zum Bergrecht des 16. Titels II. Teil, wo es sogar[1] hiess: „Jede Gewerkschaft oder Zeche wird gewöhnlich in 128 Kuxe geteilt."

Auch Bestimmungen, wie die der §§ 230, 43 ff. A.B.G., zwingen nicht zu der Annahme, dass in ihnen der Rechtssatz, dass die Kuxe einen Anteil am Bergwerk selbst darstellen, wenn auch nur indirekt, zum Ausdruck gebracht sei. Diese §§ finden ihre Rechtfertigung in der Zweifelhaftigkeit der vom Gesetzgeber nicht zur Entscheidung gebrachten Rechtsfrage, gerade so, wie z. B. auch § 159 Abs. 3 des Pr.Zw.V.G. vom 13./7. 1883 das Vorzugsrecht der Gewerkschaft wegen der Zubusse nicht festgestellt, sondern nur „nicht abgesprochen" hat[2].

Jedenfalls findet sich in keiner gesetzlichen Bestimmung ausgesprochen, dass die Gewerken als Miteigentümer des Bergwerks im Grundbuche einzutragen sind. § 229 disponiert nur, dass die Gewerken „als Eigentümer ihrer Kuxe in das Hypothekenbuch eingetragen werden". Der Wortlaut des früheren Abs. 2 des § 228 A.B.G., „dass die Kuxe die Eigenschaft der unbeweglichen Sache behalten", spricht sogar eher gegen die Annahme, dass die Kuxe Anteile an einer unbeweglichen Sache seien.

Auch das amtliche Grundbuchformular von 1872, welches der bei v. Kamptz Jahrbücher 40 S. 226 abgedruckten Instruktion für die Bergämter zu Essen und Bochum nachgebildet war und nunmehr auch im wesentlichen von Preussen für die R.Gr.B.O. übernommen ist[3], steht der diesseitigen Auffassung nicht entgegen.

M. E. nötigt jedenfalls die Form des für die Eintragung von Bergwerken und Kuxen alter Verfassung vorgeschriebenen Hypothekenformulars nicht zu der z. B. von Klostermann[4] gezogenen Schlussfolgerung,

---

[1] Brassert Materialien S. 163. [2] Jaeckel Anm. 3 dazu.
[3] Justiz-Ministerial-Ausführungs-Verordnung vom 22./11. 99 § 25.
[4] Lehrbuch S. 217.

dass die Verpfändung eines Kuxes danach gesetzlich auch als eine solche des entsprechenden Teiles der Grube gelte. Es würden allerdings manche rechtliche Bedenken vermieden worden sein, wenn man für die Gewerkschaften alten Rechts und für die Kuxe derselben auch äusserlich gesonderte Formulare, etwa die allgemeinen, vorgeschrieben hätte. Immerhin lässt sich aber auch jetzt die Fassung des amtlichen Formulars vom Standpunkte desjenigen aus rechtfertigen, welcher in dem Kux ein selbständiges, unbewegliches Vermögensrecht erblickt, das sich mit dem ideelen Anteile an dem Bergwerk weder quantitativ noch qualitativ deckt. Man kann sehr wohl deduzieren, dass das amtliche Formular III zwei selbständige Immobilarobjekte umfasse: einerseits das Bergwerk und anderseits die einzelnen kraft positiver Gesetzesvorschrift den Immobilien zugerechneten Anteile am gewerkschaftlichen Vermögen. Unter I wird nach diesem Formular vermerkt, dass die Gewerkschaft mit dem dort näher bezeichneten Bergwerke beliehen sei. Nachdem unter II die Zubehöre dieses Bergwerks aufgeführt sind, ist III den „dauernden Lasten, Beschränkungen des Eigentums und dinglichen Rechten, welche auf dem ganzen Bergwerke haften“, gewidmet. Das amtliche Formular von 1872 verzeichnet dabei unter dieser Nummer beispielsweise unter 1 und 4 eine jährliche Fördersteuer von 100 Tlr. und ein Darlehn von 1000 Tlr. Das Formular umfasst somit unter diesen Nummern I bis III den vollständiegn Inhalt des sonstigen generellen Grundbuchblattes, Nr. I und II das sonstige Titelblatt und die Abteilung 1 III die Abteilungen 2 und 3. Dann erst folgen die „erste, zweite und dritte Abteilung“, welche den einzelnen Kuxen gewidmet sind, und zwar Abt. 1 die Bezeichnung der Eigentümer enthaltend, Abt. 2, wie bei dem allgemeinen Formular, die dauernden Lasten, Abt. 3 die Hypotheken und Grundschulden auf den einzelnen Kuxen aufführend. Die Einrichtung dieses amtlichen Formulars spricht somit eher für als gegen die diesseitige Auffassung.

Andererseits hat aber doch materiell niemals ein Zweifel darüber geherrscht, dass, wer einen Kux alten

Rechts verkauft, damit nicht bloss einen ideellen Teil am Bergwerke, sondern eine ideelle Quote des gesamten gewerkschaftlichen Vermögensinbegriffs überträgt.

Die rechtlich unzweifelhafte Tatsache[1], dass der Erwerber eines Kuxes sowohl nach der Aktiv- wie nach der Passivseite genau in die Rechtsstellung seines Rechtsvorgängers eintritt, lässt sich auch gar nicht anders erklären, als wenn man annimmt, dass der Kux begrifflich eine Quote nicht einer einzigen körperlichen Sache bzw. eines einzelnen Rechts (des Bergwerks- bzw. des Bergbaurechts), sondern vielmehr eine Quote eines Vermögensinbegriffs darstellt. Wollte man annehmen, dass der Kux wesentlich nur einen Teil des immobilen Bergwerks bilde, so würde man doch den unzweifelhaft mit dem Kux in diesem Sinne gleichzeitig erfolgenden Uebergang eines entsprechenden Teiles der sonstigen Gewerkschaftsaktiven und der Schulden nur im Falle einer freiwilligen Veräusserung allenfalls daraus begründen können, dass vermöge einer stillschweigenden Willensmeinung beider Paziszenten mit der Auflassung des ideellen Teiles am Bergwerk auch ein gleichzeitiger anteilweiser Uebergang an den sonstigen Vermögensstücken der Gewerkschaft verknüpft sei. Für den Fall der zwangsweisen Veräusserung eines Kuxes würde aber doch dieser Gesichtspunkt versagen, um — beim Mangel jeder positiven Bestimmung — den anteilsweisen Uebergang des übrigen Gewerkschaftsvermögens auf den Ersteher rechtlich zu begründen.

Möglich wäre ja schliesslich eine rechtliche Konstruktion, die in dem Kux einen Anteil am Bergwerk sieht, mit dem aber ein ideeller Anteil an dem übrigen Gesellschaftsvermögen kraft Gesetzes verbunden sei[2].

Die Konsequenz dieser Auffassung würde aber doch zweifellos die sein, dass das Bergwerk damit aus dem Vermögen der Gewerkschaft als solcher ausscheidet. Nur die Gerätschaften, Materialien, ausstehenden Forderungen, allenfalls auch die zum Bergbaubetriebe ver-

---

[1] §§ 227, 100, 102 und 104 § 111 ff.

[2] So Brassert und Klostermann-Thielmann a. a. O.

wendeten Grundstücke würden dann das „Vermögen der Gewerkschaft" des § 99 A.B.G. bilden. Abgesehen davon, dass diese Konstruktion zu dem Resultat führen müsste, dass damit das Bergwerk, das hauptsächlichste Vermögensstück der Gewerkschaft aus der Haftung für die Gewerkschaftsschulden ausschiede, was doch zweifellos nicht die Absicht des Gesetzgebers gewesen sein kann, so würde ein so tiefgreifender Gegensatz zwischen Bergwerk und den übrigen Vermögensstücken der Gewerkschaft im Gesetze doch auch zweifellos besonders zum Ausdrucke gekommen sein.

Das Resultat dieser Ausführungen ist, dass es jedenfalls an gesetzlichen Bestimmungen, welche dazu nötigen, in den Kuxen ideelle Anteile am Bergwerke selbst zu sehen, fehlt. Daraus folgt aber, da im übrigen, wie sich aus der Erörterung unter Nr. 5 ergibt, das A.B.G. das den Mitgewerken bzw. der Gewerkschaft zustehende Vermögen sowohl nach der aktiven wie passiven Seite nach den Grundsätzen des Eigentums zur gesamten Hand geordnet hat, dasselbe auch bezüglich des Bergwerkes gelten muss, zumal auch, wie zu § 235g noch weiter auszuführen, die Bestimmungen dieses § direkt für die diesseitige Auffassung sprechen [1].

---

§ 228. Die seitherige Kuxeinteilung bleibt bestehen. Jedoch kann von jetzt an ein Kux nur noch in Zehnteile geteilt werden.

Die Kuxe behalten die Eigenschaft der unbeweglichen Sachen.

Zu § 228.

1. **Die seitherige Kuxeinteilung** war nach A.L.R. die, dass die Gewerkschaft in 128 Kuxe zerfiel [2], ebenso nach der Kleveschen Bergordnung (Kap. 30), während

---

[1] Vgl. die Anm. 3 und 4 zu § 235g.
[2] § 133 II 16 A.L.R.

die Schlesische und Magdeburger (Kap. 31) nur je 122 Kuxe kannten. Zu den gewerkschaftlichen Kuxen traten noch Freikuxe (für Kirche, Schule und Knappschafts- bzw. Armenkasse) hinzu. Ihre Zahl betrug je 6, nach der Kleveschen Bergordnung aber 8[1].

2. Dass **die Kuxe nur in Zehnteile geteilt** werden dürfen, bezieht sich auch auf die bereits bestehenden Bruchteile von Kuxen, so dass deren weitere Teilung ausgeschlossen ist, wenn nicht die sämtlich neu entstehenden Teile des seitherigen Teilkuxes einen oder mehrere Zehnteile des ganzen Kuxes darstellen.

Ein Anteil von $^1/_2$ Kux kann deshalb z. B. künftig nur noch in 5 Zehnteile, ein solcher von $^2/_3$ aber überhaupt nicht mehr geteilt werden[2]. Verträge, durch welche ein dem § 228 widersprechender neu zu schaffender Teilbetrag eines Kuxes verkauft werden, sind nichtig[3]. Dagegen können dem § 228 widersprechende Teilbeträge von Kuxen, welche schon am 1./10. 1865 bestanden, gültig weiter veräussert werden, auch Gegenstände einer Zwangsversteigerung bilden[4].

3. Der bisherige Abs. 2 des §:

„Die Kuxe behalten die Eigenschaft der unbeweglichen Sachen"

ist, weil er sich mit dem Sachenbegriff des B.G.B. nicht verträgt, gestrichen, aber mit gleichem materiellen Inhalt jetzt in § 231 A.B.G. wiedergegeben[5].

---

§ 229. Die einzelnen Gewerken werden, soweit die Einrichtung des Hypothekenwesens dies gestattet, als Eigentümer ihrer Kuxe in das Hypothekenbuch eingetragen.

---

[1] Graeff S. 93.

[2] Brassert Anm. 2, Klostermann-Thielmann Anm. 2, Oppenhoff 1180, Hamm 7./5. 74 XV 402.

[3] § 134 B.G.B., Oppenhoff 1180, Boelling VI 628.

[4] L.G. Essen 9./3. 83 XXV 119.

[5] Stranz und Gerhard S. 242.

Zu § 229.

Die grundbuchliche Behandlung ist nunmehr im Anschluss an Nr. XIII Art. 37 des Pr.A.G. zum B.G.B. durch Art. 22, 28 des A.G. zur R.Gr.B.O. und § 25 der Justiz-Ministerial-Verfügung vom 20./11. 1899 geregelt[1].

---

§ 230. Die einzelnen Gewerken können ihre Kuxe zur Hypothek stellen.

Eine Verpfändung des ganzen Bergwerks durch Mehrheitsbeschluss (§ 114) ist nur dann zulässig, wenn die einzelnen Kuxe nicht mit Hypotheken belastet sind. Anderenfalls ist Einstimmigkeit erforderlich.

Zu § 230.

1. Die Gewerken können ihre **Kuxe zur Hypothek stellen**, während die Verpfändung des Bergwerkes mit $^{3}/_{4}$ Majorität unter der Bedingung zulässig ist, dass die einzelnen Kuxe nicht belastet sind. Darüber, dass durch diese letzte Bestimmung der Rechtssatz, dass die Kuxe Eigentumsanteile am Bergwerk sind, nicht ausgesprochen ist, vgl. Erläuterungen zu § 227 unter Nr. 6. Vielmehr ergibt sich aus dem dort Angeführten, dass die Verpfändung eines Kuxes lediglich die Verpfändung des Anteils des Gewerken am gewerkschaftlichen Vermögen, nicht dagegen auch eine solche des Bergwerks zu 1./128 ideellem Anteil herbeiführt. Andererseits berührt auch die auf dem Bergwerk eingetragene Hypothek nicht die Kuxe. Dieselben sind trotz der ersteren nicht verpfändet. Auch eine auf allen 128 Kuxen eingetragene Hypothek ist deshalb nicht identisch mit einer auf dem Bergwerk eingetragenen. Zur Eintragung der ersteren genügt deshalb auch nicht

---

[1] Oberneck S. 376 unter Nr. 4; J.-M.-Bl. 349 ff.

die Majorität des Abs. 2 dieses §, es ist stets Einstimmigkeit aller Gewerken erforderlich.

Aus dem Vorgesagten ergibt sich:

a) Für die **Zwangsversteigerung**, sei es des der Gewerkschaft gehörigen Bergwerks, wie andererseits einzelner Kuxe von Gewerken bleibt zu beachten, dass die auf dem Bergwerk ruhenden Hypotheken nicht auf den Kuxen und andererseits die auf den Kuxen ruhenden nicht auf dem Bergwerk haften. Bei der Bemessung des geringsten Gebotes[1] — das, abgesehen von den Fällen der §§ 234, 235 g A.B.G.[2] auch in Zukunft bei der Zwangsversteigerung von Kuxen aufrecht erhalten ist — kommen deshalb im ersteren Falle die auf den Kuxen, in dem letzteren Falle die auf dem Bergwerk ruhenden Hypotheken nicht in Betracht. Die auf dem Bergwerk eingetragene Hypothek ist deshalb auch nicht etwa eine Gesamthypothek auf den einzelnen Kuxen[3]. Ueberhaupt scheidet die Frage, in welchem Rangverhältnisse die Eintragungen auf dem Bergwerk und diejenigen auf den Kuxen zueinander stehen, und die daraus für die Zwangsversteigerung entstehenden Folgen aus, da es sich überall um die Belastungen zweier verschiedener immobilaren Objekte handelt. Dass alle diese Fragen von dem entgegenstehenden Standpunkte des Kammergerichts abweichend zu beantworten sein würden, ist selbstredend.

b) Nicht minder ist auch für den Fall der **Veräusserung und Auflassung des Bergwerks** seitens einer Gewerkschaft alten Rechts daran festzuhalten, dass das Bergwerk unbelastet ist, wenn nur auf ihm selbst keine Hypotheken eingetragen stehen, mögen auch die einzelnen Kuxe mit solchen beschwert sein. Das Bergwerk ist deshalb in solchem Falle unbelastet auf den Ersteher zu umschreiben[4]. Der Verkauf des Berg-

---

[1] § 44 R.Zw.V.G. Art. 15 ff. Pr.A.G. dazu.

[2] Art. 23, 15 ff. des Pr.A.G. zum R.Zw.G.

[3] Vgl. für bisheriges Recht im einzelnen Westhoff XXXII S. 308 ff.

[4] Westhoff XXXIV S. 185 ff., a. M. Kammergericht XXXIV S. 198 ff. 4./7. 98 XL S. 377 ff., vgl. auch A.G. Hamm XVII S. 529

werks ändert an den Rechtsverhältnissen der auf den einzelnen Kuxen eingetragenen Hypothekengläubiger nur das Eine, dass an Stelle des für die Bewertung des verpfändeten Kuxes mitmassgeblichen Bergwerks der dafür an die Gewerkschaft zu zahlende Kaufpreis tritt. Solange dieser Kaufpreis noch nicht unter die Gewerken von der Gewerkschaft verteilt ist, besteht der Kux noch zu Recht, da er auch für die Gewerkschaft alten Rechts als Inbegriff der dem Gewerken gegen die Gewerkschaft zustehenden Rechte den Anspruch auf einen ratierlichen Teil des Kaufpreises mitumfasst. Daraus ergibt sich ferner, dass die auf dem Kux haftende Hypothek trotz Verkaufes des Bergwerks nicht damit schon, etwa wegen Unterganges der Pfandsache, erlischt, sondern erst dann, wenn der Repräsentant den ratierlichen Anteil des Gewerken am Gewerkschaftsvermögen einschliesslich des für die Veräusserung des Bergwerks Erlösten an den Gewerken abgeführt hat. Da der Kux nach Verkauf des Bergwerks im wesentlichen nur noch aus dieser „Forderung" des Gewerken an die Gewerkschaft besteht, dürften die §§ 1281, 1282 und 1287 B.G.B. zutreffen.

---

§ 231. Für die Kuxe gelten die sich auf Grundstücke beziehenden Vorschriften des Bürgerlichen Gesetzbuchs, soweit nicht ein anderes bestimmt ist.

Die für den Erwerb des Eigentums und die Ansprüche aus dem Eigentum an Grundstücken geltenden Vorschriften finden auf die Kuxe entsprechende Anwendung.

Zu § 231.

Der § 231 hatte früher folgenden Wortlaut:

„Bei der Veräusserung und Verpfändung von Kuxen

---

und Klostermann-Thielmann Anm. 2 zu § 230. Die auf den Kuxen ruhenden alten Lasten können übrigens auch auf dem Wege der §§ 1170, 1171 B.G.B. beseitigt werden.

„kommen die für Grundstücke gegebenen Bestimmungen „zur Anwendung". Die Aenderung der Fassung durch Art. 37 des Pr.A.G. zum B.G.B. rechtfertigt sich, wie schon zu § 228 hervorgehoben, durch den veränderten Sachbegriff des B.G.B., welcher nur körperliche Sachen als „Sachen" kennt. Unter die „Vorschriften" des Abs. 1 fallen jedenfalls die „Allgemeinen Vorschriften des B.G.B. über Rechte von Grundstücken", also die §§ 873 bis 902 B.G.B. Nach Abs. 2 finden ebenso die §§ 929 bis 1007 „entsprechende" Anwendung. Nach richtiger Ansicht wird man aber überhaupt wohl annehmen dürfen, dass die gesamten Vorschriften des B.G.B. und seiner Nebengesetze, soweit sie auf nichtkörperliche Vermögensgegenstände, wie den Kux überhaupt, passen, entsprechend zutreffen [1].

Da insbesondere der jetzige § 231 A.B.G. seine Geltung nicht auf das Sachenrecht beschränkt, so wird man, zumal § 105 A.B.G. durch § 227 von der Anwendung auf die Gewerkschaft alten Rechts ausgeschlossen ist, annehmen müssen, dass auch der obligatorische Vertrag, durch welchen ein Kux alten Rechts gegen Entgelt verkauft wird, zu seiner Gültigkeit gemäss § 313 B.G.B. der notariellen Form bedarf, dass aber auch hier die mangelnde Form durch Umschreibung im Grundbuche geheilt wird [2].

Beim Umsatz von Kuxen alten Rechts ist der Immobiliarstempel [3] von 1 $^0/_0$ gemäss Tarifstelle 32 des Preussischen Stempelsteuergesetzes in der Fassung der Bekanntmachung vom 30. Juni 1909 zu verwenden.

---

§ 232. Der § 107 findet mit der Massgabe Anwendung, dass die Erhebung der Beiträge beschlossen

---

[1] Stranz und Gerhard Anm. 11, 5, 6 und 10 zu Art. 37, Anm. 11 und 12 zu Art. 40, Turnau und Förster S. 410.

[2] Plank Anm. 1 zu § 313, Turnau und Förster Anm. 1 zu § 1017 B.G.B. und S. 405.

[3] Erlass des Finanzministeriums vom 7./10. 1905, XLVII, 282.

sein muss, bevor der seitherige Eigentümer der Kuxe dieselben veräussert hat.

Zu § 232.

1. Da der § 106 A.B.G. gemäss § 227 auf die Gewerkschaften alten Rechts keine Anwendung findet, so gilt der Gewerkschaft gegenüber **bei Ausübung der Rechte nur als Gewerke** derjenige, welcher nach den für Grundstücke geltenden Grundsätzen das „Eigentum" am Kux erworben hat, der Erwerber auf Grund einer freiwilligen Veräusserung unter Lebenden, also erst mit dem Augenblick, wo er im Grundbuch als Kuxberechtigter eingetragen ist[1]. Fidiziarisches Eigentum genügt[2].

Der Erbe erwirbt sofort mit dem Tode des Erblassers den Kux[3]. Dasselbe gilt für die eheliche Gütergemeinschaft mit der Eingehung der Ehe[4].

2. Was die dem Gewerken gegenüber der Gewerkschaft obliegenden **Pflichten, speziell Zahlung der Zubusse** anbetrifft, so würde nach allgemeinen Rechtsgrundsätzen jeder Gewerke diejenige Zubusse zu zahlen haben, die während seiner Berechtigungzeit beschlossen ist, so dass also z. B. bei einer freiwilligen Veräusserung der Augenblick der Umschreibung im Grundbuche der entscheidende Zeitpunkt wäre.

Für die vor der Umschreibung im Grundbuche beschlossene Zubusse würde der Gewerkschaft der bisherige, für die nachher beschlossene der neue Gewerke aufzukommen haben. Die in der Zeit zwischen Abschluss des obligatorischen Kausalgeschäftes und der Auflassung beschlossene Zubusse würde darnach den bisherigen Gewerken belasten. Diese Konsequenz will aber der Gesetzgeber, wie sich aus § 232 A.B.G. ergibt, nicht gezogen haben. Er lässt nicht den Augenblick der Auflassung oder Umschreibung im Grundbuche

---

[1] §§ 873, 925 B.G.B. § 231 A.B.G., R.G. 1./3. 93 XXXIV 502.
[2] R.G. a. a. O. [3] §§ 1922 B.G.B., 231 A.B.G.
[4] § 1438 Abs. 2 B.G.B.

entscheiden, sondern mit Rücksicht darauf, dass zur Zeit der Emanation des A.B.G. grössere Landesteile noch der Grundbuchverfassung entbehrten und dass deshalb gemeinsame Grundsätze für das ganze Geltungsgebiet des A.B.G. nur auf diesem Wege zu erreichen waren, den Augenblick des Abschlusses des obligatorischen Veräusserungsgeschäfts [1].

Darnach haftet also bei der Gewerkschaft alten Rechts der bisherige Gewerke für die Zubusse, welche bis zum Abschluss z. B. des Kaufvertrages oder Schenkungsvertrages beschlossen ist, der Erwerber für die nachher beschlossene Zubusse, gleichgültig, wann auf Grund des Kauf- oder Schenkungsvertrages die Umschreibung des Kuxes im Grundbuche erfolgt [2].

---

§ 233. Soweit die bereits bestellten Repräsentanten und Grubenvorstände mit besonderen Vollmachten versehen sind, behält es bei denselben sein Bewenden.

Im übrigen ist von der Anwendung der §§ 119 bis 126 und 128 auf diese Repräsentanten und Grubenvorstände nur die Bestimmung des § 121 über die Führung des Gewerkenbuchs und die Ausfertigung der Kuxscheine ausgeschlossen.

Zu § 233.

1. Der Abs. 1 des § hat jedenfalls für die heutige Zeit seine Bedeutung verloren, da er nur eine Uebergangsbestimmung enthielt, die jetzt nicht mehr praktisch werden kann. Repräsentanten, die schon vor 1865 bestellt waren, dürften nicht mehr existieren. Bemerkt

---

[1] VI S. 224 und Brassert, Klostermann-Thielmann, Oppenhoff Nr. 1185, a. M. Arndt.

[2] Vgl. auch § 107 unter Ziff. 1.

sei nur, dass der O.Tr.[1] eine „besondere Vollmacht" auch annahm, wenn die gesetzlichen Normalbefugnisse des § 18 Ges. vom 12./5. 1851 dem Repräsentanten oder Grubenvorstande durch Beschluss der Gewerkenversammlung noch besonders verliehen waren.

2. Auch Abs. 2 bedarf keiner weiteren Erläuterung, da die Rechtsstellung des Repräsentanten oder Grubenvorstandes nach ihm bei der Gewerkschaft alten Rechts — abgesehen von den die Führung des Gewerkenbuches und die Ausfertigung der Kuxscheine betreffenden Vorschriften — dieselbe ist, wie bei der Gewerkschaft neuen Rechts. Insbesondere gilt der Repräsentant und Grubenvorstand auch bei der ersteren, soweit die gesetzlichen Normalbefugnisse der §§ 119 ff. A.B.G. in Frage kommen, im Sinne des B.G.B. als gesetzlicher Vertreter der Gewerkschaft, da insoweit seine Vertretungsmacht kraft Gesetzes mit seiner Stellung verbunden ist[2]. Dass die Vertretungsmacht des Repräsentanten derselben Beschränkung unterliegt, wie die Rechts- und Handlungsfähigkeit der Gewerkschaft alten Rechtes überhaupt, ist schon zu § 227 erörtert.

---

§ 234. In den Fällen der §§ 130 bis 132 erfolgt der Verkauf des Anteils im Wege der notwendigen Subhastation und die Zuschreibung des unverkäuflichen Anteils im Hypothekenbuche, letzteres, soweit die Einrichtung des Hypothekenwesens dies gestattet.

Zu § 234.

Das Verfahren richtet sich nunmehr nach den allgemeinen Vorschriften des R.Zw.G.[3], mit den Modifikationen, welche sich aus Art. 1—21 und Art. 23—27

---

[1] 23./5. 77 XIX S. 117,
[2] Plank I S. 210.
[3] Art. 22 Pr.A.G. und § 172 R.Zw.G.

des Pr.A.G. ergeben, deren wichtigste die ist, dass die Vorschriften über das geringste Gebot mit den daran sich anknüpfenden gesetzlichen Folgen in diesem Falle keine Anwendung finden[1].

Stellt der Gewerke den Kux nicht zur Verfügung, sondern muss die Gewerkschaft ihn zwangsweise wegen der Zubusse zur Versteigerung bringen, so bleiben dagegen die Vorschriften über das geringste Gebot in Kraft — ein offenbarer Mangel im Gesetz, der gegenüber den praktischen Schwierigkeiten, mit welchen die Gewerkschaften alten Rechts oft gegenüber einzelnen weit über ihren Wert belasteten Kuxen zu kämpfen haben[2], nur bedauert werden kann.

Gerade mit Rücksicht auf diese Vorschrift des geringsten Gebotes und die dadurch geschaffene Unmöglichkeit die Kuxe hypothekenfrei zu stellen, war der Verkauf des Bergwerks einer Gewerkschaft alten Rechts für den, der auf dem Standpunkt des Kammergerichts steht, vielfach nur auf dem Umwege der §§ 235 ff. A.B.G. möglich, weil nur auf diesem Wege die Hypotheken auf den Kuxen beseitigt werden konnten, wenn man nicht vorzog, durch einen nicht bezahlten Bergarbeiter wegen seines rückständigen Lohnes Zwangsverkauf des Bergwerks herbeizuführen[3]. Jetzt mag übrigens auch § 1170 B.G.B. vielfach Hilfe gewähren können.

Ueber die Frage, dass der Kux nicht hypothekenfrei zur Verfügung gestellt zu werden braucht, und über die weitere Frage, ob die Hypothekenbelastung nur soweit gehen darf, dass ausser dem Hypothekengläubiger auch die Gewerkschaft noch Aussicht auf wenigstens teilweise Befriedigung haben muss, vgl. oben zu § 130. Hervorgehoben sei noch, dass auf die Zwangsversteigerung gemäss § 234 A.B.G., soweit nicht die Vorschriften des R.Zw.G. und des Pr.A.G. dazu entgegenstehen, im übrigen die §§ 130—132 A.B.G. zur Anwendung kommen.

---

[1] Wolff zu Art. 27 und Anm. 1—3 zu § 169.
[2] Westhoff XXXIV S 195 ff.
[3] Westhoff a. a. O. S. 195.

Der unverkäufliche Kux ist deshalb im Grundbuch auf den Namen der Gewerken resp. Gewerkschaft frei von allen eingetragenen Rechten umzuschreiben[1].

---

§ 235a. Durch einen von einer Mehrheit von wenigstens drei Vierteilen aller Kuxe gefassten Beschluss kann, soweit nicht vertragsmässige Verabredungen entgegenstehen, jede bereits bestehende Gewerkschaft sich denjenigen Bestimmungen des vierten Titels, welche nach § 227 auf die bestehenden Bergwerke keine Anwendung finden, unterwerfen und insbesondere die Zahl der Kuxe auf Einhundert oder Eintausend mit der Wirkung bestimmen, dass die neuen Kuxe zum beweglichen Vermögen gehören.

Stehen der vorbezeichneten Einteilung aussergewöhnliche Schwierigkeiten entgegen, so kann mit Genehmigung des Ministers für Handel, Gewerbe und öffentliche Arbeiten ausnahmsweise eine andere Zahl der Kuxe bestimmt werden.

Zu § 235a.

1. Die §§ 235a—235g sind infolge Gesetzes vom 9./4. 1873[2] an die Stelle des früheren § 235 getreten. Der frühere § 235 hatte die Umwandlung der Gewerkschaft in eine solche neuen Rechtes davon abhängig gemacht, dass, falls auf einzelnen Kuxen Hypotheken eingetragen waren, „die Gläubiger entweder vorher abzufinden sind oder in die Ausführung (des Umwandlungsbeschlusses) ausdrücklich eingewilligt haben“. Dieses Erfordernis und ferner der Umstand, dass der ursprüngliche § 235 keine Bestimmungen über das Schicksal

---

[1] Wolff Anm. 4 zu Art. 23. [2] XIV 145 ff.

überschiessender Kuxe bzw. Kuxanteile enthielt, hatte die vom Gesetzgeber gewünschte Umwandlung der alten Gewerkschaften ungebührlich verlangsamt und gab Veranlassung zu der durch das oben erwähnte Gesetz getroffenen Abänderung des § 235[1].

2. **Die Gewerkschaft kann sich den Bestimmungen des IV. Titels unterwerfen,** d. h. sie hat das Recht, sich der Gesamtheit dieser Bestimmungen zu unterwerfen. Da es sich um die Umwandlung in eine Gewerkschaft neuen Rechts handelt, so muss sich die Gewerkschaft den sämtlichen Bestimmungen des IV. Titels wenigstens insoweit unterwerfen, als sie nach § 94 Abs. 2 unabänderlich sind.

Sie ist nicht berechtigt, sich bloss einzelnen dieser unabänderlichen Bestimmungen zu unterwerfen, da solches lediglich auf eine statutarische Abänderung der Verfassung der alsdann doch bestehen bleibenden Gewerkschaft alten Rechts herauskäme, was den §§ 226, 227 A.B.G. widersprechen würde[2].

Andererseits ist die Gewerkschaft berechtigt, die abänderlichen Bestimmungen des IV. Titels in gleichem Umfange durch Statut, wie jede andere Gewerkschaft neuen Rechts, auszuschliessen bzw. abzuändern.

3. **Die Zahl der Kuxe kann auf 100 oder 1000 bestimmt werden,** d. h. in Gemässheit des § 101 A.B.G. Es bedarf also gemäss § 94 Abs. 2 oberbergamtlicher Bestätigung, wenn die Zahl der Kuxe auf 1000 bestimmt werden soll. An diesem Erfordernis hat wenigstens die Verwaltungspraxis konstant festgehalten[3].

4. **Ausnahmsweise kann eine andere Zahl bestimmt werden.** So beträgt z. B. bei der Mansfelder Gewerkschaft die Zahl der Kuxe 69120[4], bei einzelnen Steinkohlengruben des Waldenburger Bezirks 2200 resp. 11000[5].

5. **Ist Auflassung des Bergwerks erforderlich?**

---

[1] Brassert Anm. 1, Klostermann-Thielmann desgl.

[2] Brassert Anm. 3, Klostermann-Thielmann Anm. 2.

[3] Berlin 24./2. 90, 11./8. 92 XXXI 270, XXXIV 276, Klostermann-Thielmann Anm. 3.

[4] Brassert Anm. 5. [5] Klostermann-Thielmann Anm. 4.

Man wird die Frage bejahen müssen, da das Bergwerk aus dem Gesamteigentum der bisherigen Gewerken in das Alleineigentum der neu entstehenden juristischen Person übergeht und der Eintritt einer Universalsukzession im Gesetz nicht ausgesprochen ist[1]. Die neue Gewerkschaft haftet aber für die Schulden der bisherigen Gewerkschaft alten Rechts[2]; von rechtskräftigen Urteilen gegen die letztere können vollstreckbare Ausfertigungen gegen die erstere erteilt werden[3].

6. Stempelfrage. Der der Auflassung zugrundeliegende notarielle bzw. gerichtlich zu protokollierende Beschluss[4] unterliegt nur dem Fixstempel von 1.50 M. aus Tarifstelle 45 des Preuss. Stempeltarifs. Dass ein weitergehender Stempel, etwa aus Tarifstelle 8, nicht erhoben werden kann, ergibt sich aus den Anführungen oben zu § 94 Anhang[5]. Dagegen unterliegen fortab die auf Grund der Umwandlung auszufertigenden Kuxscheine der Tarifstelle 1c des Reichsstempelgesetzes in der Fassung der Gesetze vom $\frac{14./6.\ 1900}{15./7.\ 1909}$. Auch dürfte der Stempel aus Tarifstelle 4a Nr. 3 des Reichsstempelgesetzes (Anschaffungsstempel von 1 von 1000) zur Hebung kommen.

Endlich unterliegen die Zubussen der Gewerkschaft von der Umwandlung ab dem Zubussestempel aus der bereits genannten Tarifstelle 1c, jetzt 1d des Reichsstempelgesetzes[6], dem nach richtiger Ansicht die Gewerkschaft alten Rechts nicht unterliegt.

Ist endlich mit der Mobilisierung der Kuxe die Feststellung einer besonderen Satzung für die Gewerkschaft verbunden, wie dies gewöhnlich der Fall ist, so erfordert die Bestätigung dieser Satzung den Stempel aus Tarifstelle Nr. 25e, 1 des Preussischen Stempelgesetzes in der Fassung der Bekanntmachung vom 30. Juni 1909.

---

[1] Vgl. Plank Anm. 1 zu § 419 B.G.B., a. M. XLII, 493.
[2] § 419 B.G.B. [3] § 729 C.P.O. [4] § 235b Abs. 2.
[5] Vgl. Ziff. 3 des Anhangs.
[6] Vgl. § 129 unter Ziff. 6.

§ 235 b. Der Beschluss der Gewerkschaft unterliegt der Bestätigung des Oberbergamts.

Das Protokoll über die Gewerkenversammlung, in welcher der Beschluss gefasst wird, ist notariell oder gerichtlich aufzunehmen und in Ausfertigung dem Oberbergamte einzureichen. Wo die Einrichtung des Hypothekenwesens es gestattet, hat die Hypothekenbehörde den Beschluss auf Grund einer Ausfertigung des Protokolls im Hypothekenbuche zu vermerken und dem Oberbergamte eine beglaubigte Abschrift des Vermerks mitzuteilen. Die Löschung des Vermerks erfolgt auf Antrag des Oberbergamts.

Zu § 235 b.

Man wird gemäss dem Prinzip, welches dem Art. 23 des Pr.A.G. zur R.Gr.B.O. zugrunde liegt, annehmen dürfen, dass das Ersuchen um Eintragung des Umwandelungsbeschlusses auch vom Oberbergamt gestellt werden kann, zumal für den Löschungsantrag dieses ausdrücklich für zuständig erklärt ist; in der Praxis wird die Herbeiführung der Eintragung regelmässig als Sache der Gewerkschaft und ihrer Organe angesehen[1].

Die Eintragung wird unter IV (bisher III) des bisherigen Formulars III des Grundbuches zu erfolgen haben.

2. Der Umwandlungsbeschluss stellt eine „Verfügungsbeschränkung" der gegenwärtigen Gewerkschaft zugunsten der zukünftigen Korporation oder eine „Vormerkung" nicht dar. Die Eintragung des Beschlusses hat vielmehr nur die Wirkung des § 235 f. Sie verhindert weder die Eintragung von neuen Hypotheken, sei es auf dem Bergwerk, sei es auf den einzelnen Kuxen, noch den Verkauf und die Auflassung des Bergwerks an einen Dritten[2].

---

[1] Vgl. auch A.G. Naumburg 25./9. 74 für bisheriges Recht XIX 263, Brassert, Klostermann-Thielmann u. K.G. 6./2. 88, XXIX 400.

[2] K.G. a. a. O.

Vorstehendes ist auch für die Kostenberechnung von Erheblichkeit[1].

3. Wird der Eintragungsantrag vom Oberbergamt gestellt, so wird jedenfalls der Grundbuchrichter nicht berechtigt sein, den Antrag auch auf seine Rechtsgültigkeit besonders zu prüfen[2].

---

§ 235c. Wenn auf gewerkschaftlichen Anteilen Privilegien des Rheinischen Rechts oder Hypotheken haften, so wird der wesentliche Inhalt des Beschlusses, insbesondere die Zahl der neuen Kuxe durch das Oberbergamt den aus dem Hypothekenbuche oder aus den Rheinischen Hypothekenregistern ersichtlichen Berechtigten, insofern deren ausdrückliches Einverständnis mit dem Beschlusse nicht beigebracht ist, unter Verweisung auf diesen und die beiden nachstehenden Paragraphen bekannt gemacht.

In jedem Falle erfolgt diese Bekanntmachung durch das Amtsblatt der Regierung, in deren Bezirk das Bergwerk liegt.

Zu § 235c.

1. Die §§ 235c—f treten ein, wenn „auf gewerkschaftlichen Anteilen" Hypotheken lasten. Sie treten also nicht ein, wenn das „ganze Bergwerk"[3] verpfändet ist, da eine solche auf den Bergwerken als ganze eingetragene Hypothek der Umwandlung keine Schwierigkeiten bietet, vielmehr von der neuen Gewerkschaft einfach übernommen werden kann. Die Freikuxberechtigten sind keine Berechtigte im Sinne des § 235c Abs. 1, sie können also auch keine vorzeitige Befriedigung nach § 235d verlangen.

---

[1] Vgl darüber K.G. a. a. O. S. 398 ff.
[2] Naumburg a. a. O. [3] § 230 Abs. 2.

2. Die Bekanntmachung erfolgt in jedem Fall, d. h. wenn auch Hypothekengläubiger nicht vorhanden sind [1]), und zwar dies deshalb, weil die Eintragung des Beschlusses nicht bloss gegenüber den bereits eingetragenen Hypotheken, sondern gemäss § 235 f auch gegenüber den noch etwa nachher einzutragenden Gläubigern Wirkung hat.

---

§ 235 d. Die privilegierten Gläubiger des Rheinischen Rechts, sowie die Hypothekengläubiger können ihre Befriedigung vor der Verfallzeit verlangen, soweit dies die Natur ihres Anspruchs gestattet.

Dieses Recht muss binnen drei Monaten nach Ablauf des Tages, an welchem die Bekanntmachung zugestellt, beziehungsweise das die Bekanntmachung enthaltende Amtsblatt ausgegeben worden ist, durch gerichtliche Klage geltend gemacht und binnen derselben drei Monate muss dem Oberbergamte die erfolgte Klageanstellung nachgewiesen werden. Der eingeklagte Anspruch muss unausgesetzt gerichtlich weiter verfolgt werden. Die Nichtbeobachtung dieser Vorschriften zieht den Verlust des Rechts nach sich.

Zu § 235 d.

Soweit dies die Natur ihres Anspruches gestattet, was z. B. nicht der Fall ist, wenn auf einzelnen Kuxen eine jährliche Förderrente hypothekarisch eingetragen ist.

---

§ 235 e. Sind privilegierte Gläubiger des Rheinischen Rechts oder Hypothekengläubiger nicht vor-

---

1 Brassert, Klostermann-Thielmann.

handen, oder haben dieselben von dem ihnen beigelegten Recht ihre Befriedigung vor der Verfallzeit zu verlangen, keinen Gebrauch gemacht, oder sind deren Rechte nach den vorstehenden Bestimmungen oder im Wege der gütlichen Einigung erledigt, so hat das Oberbergamt den Beschluss zu bestätigen und die erfolgte Bestätigung durch das Amtsblatt der Regierung, in deren Bezirk das Bergwerk liegt, bekannt zu machen.

Zu § 235e.

Das Oberbergamt hat zu bestätigen, d. h. es muss bestätigen, wenn die Voraussetzungen des § 235e erfüllt sind[1].

---

§ 235f. Privilegierte Gläubiger des Rheinischen Rechts, sowie Hypothekengläubiger, deren Privilegium oder Realrecht erst nach dem Tage der Ausgabe des die Bekanntmachung des Beschlusses enthaltenden Amtsblattes, beziehungsweise nach der Eintragung des Vermerkes über den Beschluss im Hypothekenbuche entstanden ist, sind den rechtlichen Folgen des Beschlusses ohne weiteres unterworfen.

Zu § 235f.

1. Nach der Ausgabe des Amtsblattes beziehungsweise der Eintragung des Vermerkes, d. h. falls das letztere nicht stattgefunden hat, entscheidet der erstere Zeitpunkt[2].

2. Sie sind ohne weiteres unterworfen, d. h. sie unterliegen den Vorschriften der §§ 236—238 A.B.G.

---

[1] Brassert, Klostermann-Thielmann. [2] Brassert.

§ 235g. Bleiben bei der neuen Einteilung überschiessende Kuxteile zurück, so erfolgt nach geschehener Zusammenlegung zu ganzen Kuxen auf Grund des bestätigten Beschlusses die notwendige Subhastation derselben auf Antrag des Repräsentanten oder Grubenvorstandes durch den zuständigen Richter, insofern nicht die an den überschiessenden Kuxteilen beteiligten Gewerken über die anderweitige Zusammenlegung dieser Kuxteile ein Uebereinkommen getroffen und der Gewerkschaft vorgelegt haben. Mit der Subhastation erlöschen alle Privilegien des Rheinischen Rechts, Realrechte und Hypotheken, welche auf den überschiessenden Kuxteilen haften.

Die Kosten der Subhastation fallen der Gewerkschaft zur Last.

Zu § 235g.

1. Der § 235g trifft zunächst zu, falls überschiessende Kuxteile vorhanden sind, d. h. falls Teile von alten Kuxen übrig bleiben, die bei verhältnismässiger Verteilung der neuen Kuxe auf die alten nicht einem einzigen Gewerken zufallen, sondern mehreren der alten Gewerken zugeteilt werden müssen.

Dasselbe wird man aber auch annehmen müssen, wenn einzelne der neuen Kuxe überschiessen und deshalb mehreren alten Gewerken nach Verhältnis ihrer alten Kuxe zugewiesen werden müssen.

Eine bisher zu 128 alten Kuxen bestehende Gewerkschaft z. B. wandelt sich um und erhält vom Oberbergamt die 1000 Kuxzahl genehmigt. A ist mit 64, B mit 32, C mit 5, D mit 10, E mit 17 alten Kuxen beteiligt. Hier erhält zunächst jeder der Gewerken für je einen alten Kux 7 neue. Von den nach Abzug dieser zusammen 896 neuen Kuxe verbleibenden 104 erhält A nach Verhältnis seiner Beteiligung weitere 52, B 26, während an den übrigen 36 neuen Kuxen C zu $^{5}/_{32}$, D zu $^{10}/_{32}$, E zu $^{17}/_{32}$ beteiligt bleiben.

Auch hier bleiben also „überschiessende Kuxteile“ zurück, und man wird umsomehr auch hier die Notwendigkeit der Subhastation als Wille des Gesetzgebers annehmen müssen, weil andernfalls bei einer hypothekarischen Belastung der alten Kuxe von C, D und E sich unlösbare Schwierigkeiten bezüglich des Rangverhältnisses der Hypothekengläubiger ergeben würden, die der Gesetzgeber sicherlich gelöst haben würde, wenn er nicht auch auf diesen Fall den § 235 bezogen wissen wollte.

2. Da die Subhastation erst nach Bestätigung des Umwandlungsbeschlusses durch das Oberbergamt und nach geschehener Zusammenlegung der überschiessenden Kuxteile zu ganzen Kuxen erfolgt, nach dem Wortlaut dieses § auch die letzteren verkauft werden, so kann es nicht zweifelhaft sein, dass Gegenstand der Zwangsversteigerung die neuen mobilisierten Kuxe bilden[1].

Die Anomalie, die darin liegt, dass Gegenstände des beweglichen Vermögens in der Form der Immobilarversteigerung veräussert werden, ist vom Gesetzgeber eingeführt, weil sie den Beteiligten, insbesondere auch den Hypothekengläubigern, grössere Garantie bietet als die Mobilarversteigerung[2].

Das durch § 235g vorgesehene Verfahren bietet auch insofern Eigenartiges, als, wenngleich der neue Kux verkauft wird, dennoch für die Verteilung der Kaufgelder die grundbuchmässige Eintragung auf dem alten Kux massgebend bleibt. Denn erst mit der „Subhastation“, also mit ihrer Durchführung erlöschen die Hypotheken. In dem oben angegebenen Falle würde also der bei Verkauf der 36 Kuxe erzielte Kaufpreis bei der Kaufgelderverteilung auf C zu $^{5}/_{32}$, D zu $^{10}/_{32}$ und E zu $^{17}/_{32}$ zu überweisen sein und aus diesen drei zu bildenden Spezialmassen die auf den alten Kuxen von C, D und E etwa eingetragenen Hypotheken

---

1 L.G. Dortmund 14./2., 7./8. 83 XXVI S. 391.

2 Brassert, Klostermann-Thielmann Anm. 1 zu § 235g, Landtagsverhandlungen XIII S. 218.

in der Reihenfolge zur Hebung gelangen, wie sie auf den alten Kuxen von C, D und E noch zum Grundbuche eingetragen sind[1].

3. Aus dem obigen ergibt sich aber ferner, dass bei der gemäss § 235 a ff. sich umwandelnden Gewerkschaft in der Zeit zwischen Bestätigung des Beschlusses und der Kaufgelderbelegung bei der Zwangsversteigerung der neuen Kuxe über dieselbe Beteiligung sowohl Kuxe neuen Rechts, wie solche alten Rechts existieren. Verkauft werden die infolge der Bestätigung gebildeten, also als solche bereits existierenden neuen Kuxe. Andererseits müssen, da die Pfandrechte an den alten Kuxen noch fortbestehen, auch die alten Kuxe noch in ihrer rechtlichen Existenz erhalten sein. Da die neuen „Kuxe" gemäss § 94 A.B.G. ff. rechtlich als solche nur existieren können, wenn das Bergwerk bereits auf den Namen der Gewerkschaft eingetragen ist, so ergibt sich ferner daraus, dass zur Zeit der Subhastation das Bergwerkseigentum von der Gewerkschaft alten Rechts schon auf die neu entstandene übergegangen sein muss. Will man diese Schlussfolgerung nicht machen[2], so würde nur die Annahme erübrigen, dass das, was nach § 235g den Gegenstand der Subhastation bildet, nicht die „zusammengelegten neuen Kuxe" sind, sondern lediglich der obligationenähnliche Anspruch des Gewerken auf Zuteilung einer entsprechenden Anzahl neuer Kuxen, nachdem die Gewerkschaft neuen Rechts durch Eigentumserwerb am Bergwerk demnächst zur Entstehung gekommen. Einer solchen Annahme widerspricht der zweifellose Wortlaut des Gesetzes, der als Gegenstand der Subhastation „Kuxe", d. h. Anteile an einer bereits bestehenden Gewerkschaft und zwar die zusammengelegten Kuxe, d. h. die an der neuen Gewerkschaft, die also in diesem Augenblick bereits entstanden sein muss, bezeichnet. Der Wortlaut des Gesetzes nötigt daher zu der Annahme, dass nach Bestätigung des Oberbergamts zunächst die

---

[1] L.G. Dortmund a. a. O.

[2] So anscheinend Hamm 25./9. 78 XX 383.

Umschreibung des Bergwerks auf die neue Gewerkschaft stattzufinden und dann erst die Subhastation der neuen Kuxe zu erfolgen hat, die bis dahin im Gewerkenbuche auf die daran beteiligten Gewerken im Verhältnisse ihrer Beteiligung an den alten Kuxen zu umschreiben sind[1].

4. Die nach diesem tatsächlichen Inhalt des § 235 f. — auch trotz einer gelegentlichen bei der Gesetzesberatung gefallenen, entgegenstehenden Bemerkung[2] — m. D. unbestreitbare Tatsache, dass die Kuxe alten Rechts noch als solche mit ihren Belastungen bestehen bleiben, während das Bergwerk bereits in das Eigentum der Gewerkschaft neueren Rechts übergegangen ist, bietet einen weiteren Beweis für die Richtigkeit der diesseitigen Auffassung, dass **die Kuxe alten Rechts nicht ideelle Anteile am Bergwerk**, sondern Anteile an dem zur gesamten Hand besessenen Gewerkschaftsvermögen sind. Wären sie ersteres, so müssten sie mit dem Uebergang des Bergwerks auf die neue Gewerkschaft notwendig erlöschen. Sie bleiben aber tatsächlich nach positiver Vorschrift des Gesetzes noch bestehen, was vom Standpunkt der diesseitigen Auffassung seine Erklärung darin findet, dass sie, als Anteile am Vermögen der Gewerkschaft, trotz Ueberganges des Bergwerkseigentums noch nicht untergegangen sind, indem sie noch in dem Anspruch auf Auskehrung des ratierlichen Aequivalents für die Uebertragung des Bergwerks durch Zuwendung des verhältnismässigen Anteils am Erlöse der neuen Kuxe fortleben.

5. Die Subhastation findet nicht statt, wenn ein **Uebereinkommen** getroffen ist. Nach B.G.B. wird jetzt unter den Kontrahenten Mündlichkeit genügen. Der Gewerkschaft gegenüber bedarf es dagegen schriftlicher Form, da das Uebereinkommen vorgelegt werden muss. Es genügt aber auch ein Gewerkschaftsbeschluss, sofern nur alle an den überschiessenden Kuxteilen beteiligten Gewerken dem Beschlusse zustimmen[3].

---

[1] Vgl. L.G. Dortmund a. a. O., a. M. Hamm a. a. O. und 7./10. 74, 20./9. 74 XVII 529 und 530. [2] XIII S. 218.

[3] Appell.-Ger. Hamm 20./9. 1874, XVII, 530.

Auch wird derjenige, der wie das A.G. Hamm a. a. O. die Eintragung auf den Namen der neuen Gewerkschaft von der zuvorigen Durchführung der Subhastation gemäss § 235g abhängig macht, zum Beweise der Unnötigkeit der letzteren öffentliche oder öffentlich beglaubigte Urkunde über das Uebereinkommen fordern müssen[1].

---

§ 236. Soweit nicht etwas anderes vereinbart ist, haften den seitherigen Hypothekengläubigern die neuen Kuxe, welche an die Stelle der verpfändeten Anteile treten, in der unter denselben durch ihre Hypothekenrechte begründeten Rangordnung als Pfand.

Wo nach der Einrichtung des Hypothekenwesens die auf den gewerkschaftlichen Anteilen haftenden Hypotheken und anderen Realansprüche in der zweiten und dritten Rubrik des Hypothekenfoliums eingetragen sind, werden dieselben von diesem Folium wörtlich in die Kuxscheine übertragen.

Die Löschung dieser Vermerke erfolgt nach den für die Löschung im Hypothekenbuche massgebenden Vorschriften.

Zu § 236.

1. Nur die in der zweiten und dritten Rubrik des Hypothekenbuches eingetragenen Hypotheken werden übertragen, d. h. also nur die auf die einzelnen Kuxen eingetragenen Hypotheken, nicht dagegen diejenigen, die das ganze Bergwerk belasten. Die letzteren werden auf das Grundbuchblatt der neuen Gewerkschaft übertragen[2].

2. Die **Löschung dieser Vermerke** erfolgt auch nach den Vorschriften der Grundbuchordnung. Die Vor-

---

[1] § 29 R.Gr.B.O. [2] Vgl. Anm. 1 zu § 235c.

schrift ist als Ausnahme von der Rechtsregel einschränkend zu interpretieren. Die Abtretung der Kuxe und ihre weitere Verpfändung richtet sich daher fortab nach §§ 104 ff. A.B.G. und den sie ergänzenden allgemeinen Vorschriften des B.G.B.[1].

---

§ 237. Ist ein Anteil nach § 236 mit Pfandrechten, welche an die Stelle seitheriger Hypotheken getreten sind, belastet, so wird der darüber ausgefertigte Kuxschein, sofern nur ein seitheriger Hypothekengläubiger vorhanden ist, diesem ausgehändigt, sofern aber zwei oder mehrere solcher Gläubiger vorhanden sind, für diese von der Hypothekenbehörde (§ 239) in Gewahrsam genommen und aufbewahrt.

Zu § 237.

Die **Verwahrung der Kuxscheine** und die daraus sich ergebenden Rechte und Pflichten regeln sich nach allgemeinen Grundsätzen. Daraus folgt, dass der Grundbuchrichter nicht berechtigt ist, ohne Zustimmung der Pfandgläubiger den Kuxschein dem Gewerken etwa zu dem Zwecke herauszugeben, um das Recht des § 130 A.B.G. auszuüben[2]. Dagegen ist der Gewerke regelmässig zu einer Weiterverpfändung des Kuxes jetzt nach dem B.G.B. imstande, da er den Anspruch auf Herausgabe des Kuxscheins abtreten und verpfänden kann[3]. Ebenso ist eine Abtretung des Kuxes und seine Zwangsversteigerung jederzeit zulässig, da beides von dem Besitz des Kuxscheins unabhängig ist[4]. Die Form der Zession ist mangels einer Vor-

---

[1] Brassert, Klostermann-Thielmann Anm. 2, a. M. Oppenhoff 1198.
[2] K.G. 26./5. 84 XXVI S. 394.
[3] Vgl. oben zu § 108, für bisheriges Recht a. M. Brassert Anm. 1.
[4] Brassert, Klostermann-Thielmann und oben zu § 105 und 109.

schrift des Gesetzes die allgemeine des § 105 A.B.G., es genügt also einfache Schriftlichkeit[1]. Dass öffentliche Urkunde vorliegen muss, ist im Gesetz nicht ausgedrückt. Die blosse Bestimmung, dass das Gewerkenbuch vom Grundbuchrichter geführt wird, wird nicht die Annahme rechtfertigen, dass damit auch für die Form der Anträge zum Gewerkenbuche diejenige solcher zum Grundbuche für massgebend erklärt sei[2].

Es hat vielmehr dem Grundbuchrichter zu genügen, wenn er nach Lage des einzelnen Falles unter Anwendung pflichtmässiger Sorgfalt die Unterschrift auch ohne Beglaubigung für echt halten darf.

---

§ 238. Der Verkauf von Kuxscheinen behufs Befriedigung seitheriger Hypothekengläubiger erfolgt im Wege der Mobiliarversteigerung (§ 109).

Der Versteigerungstermin ist sämtlichen aus dem Kuxscheine ersichtlichen Realberechtigten bekannt zu machen.

Durch den Verkauf erlöschen alle Realansprüche auf den verkauften Anteil.

Der gelöste Kaufpreis wird unter die Gläubiger nach der Rangordnung ihrer Forderungen verteilt.

Zu § 238.

Ist bekannt zu machen, d. h. durch den Grundbuchrichter.

---

§ 239. Wenn und so lange infolge der Ausführung eines unter den § 235 fallenden Beschlusses

[1] Ebenso jetzt Klostermann-Thielmann Anm. 1 im Gegensatz zu früheren Auflagen.

[2] A. M. Hamm 28./5. 73 XVII S. 528, Brassert Anm. 4.

Anteile einzelner Gewerken mit Pfandrechten, welche an die Stelle seitheriger Hypotheken getreten, belastet sind, erfolgt die Führung des Gewerkenbuchs und die Ausfertigung der Kuxscheine (§§ 103 u. 121) durch die Hypothekenbehörde, welche das Hypothekenbuch über das Bergwerk selbst zu führen hat.

Zu § 239.

1. Ueber die Führung des Gewerkenbuches ist von dem Justizminister und dem Handelsminister eine besondere Instruktion erlassen[1].

2. Das Gewerkenbuch wird nur so lange vom Grundbuchrichter geführt, als auf einzelnen Anteilen noch Pfandrechte ruhen, welche an Stelle bisheriger Hypotheken, nicht auch dann noch, wenn nur noch Pfandrechte vorhanden sind, die an Stelle bisheriger anderweiter Realrechte getreten sind[2]

[1] VII S. 437 ff., vgl. auch Turnau Gr.B.O. Bd. II S. 37 ff. und Klostermann-Thielmann Anm. 3 zu § 239. Viele weiteren Einzelheiten über diesen Gegenstand bringt auch Dr. Walter Not in seinem Werk: „Gewerkenbuch und Kuxschein“, Halle, 1906.

[2] K.G. 31./1. 93 XXXIV S. 259, Brassert, Klostermann-Thielmann Anm. 1.

Sachregister.

(Zahlen bedeuten die Seiten.)

gemäss konnte dies nicht in vollem Umfange geschehen, da seit dem Erscheinen des Kommentars im Jahre 1888 und dem Nachtrage zu demselben aus dem Jahre 1892 eine umfangreiche Rechtsprechung und wissenschaftliche Erörterung der Bestimmungen des Allgemeinen Berggesetzes stattgefunden hat, die in dem Kommentare nachzutragen und soweit sie von den in der ersten Auflage geäusserten Ansichten in einer nach Ansicht des Herausgebers zutreffenden Weise abweicht, zu berücksichtigen war.

Die Notwendigkeit derartiger Abänderungen ergab sich jedoch weniger daraus, dass die Ansichten des Verfassers der ersten Auflage als unzutreffend erschienen, sondern vielmehr aus der modernen Gesetzgebung, vor allem dem Bürgerlichen Gesetzbuche und den mit ihm zusammenhängenden Reichsgesetzen, sowie aus den mehrfachen Novellen zum A. B. G., deren Bestimmungen vielfach von den zur Zeit der Herausgeber der ersten Auflage herrschenden Rechtsanschauungen abweichen.

Alle diese Gesetze sowie die neuerliche Rechtsprechung und Literatur in sachgemässer Weise dem Brassert'schen Kommentar unter möglichster Wahrung seines Inhalts und seiner Form anzufügen, hat sich der Bearbeiter zur Aufgabe gemacht.

FSC
www.fsc.org
MIX
Papier | Fördert
gute Waldnutzung
FSC® C083411

Kolibri 360 GmbH
Ferdinand-Jühlke-Straße 7
99095 Erfurt, Deutschland
produktsicherheit@kolibri360.de